Mikroplastik

Andreas Fath

Mikroplastik

Verbreitung, Vermeidung, Verwendung

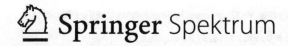

Andreas Fath
Fakultät Medical and Life Sciences
Hochschule Furtwangen
Villingen-Schwenningen, Deutschland

ISBN 978-3-662-57851-3   ISBN 978-3-662-57852-0   (eBook)
https://doi.org/10.1007/978-3-662-57852-0

Die Deutsche Nationalbibliothek verzeichnet diese Publikation in der Deutschen Nationalbibliografie; detaillierte bibliografische Daten sind im Internet über http://dnb.d-nb.de abrufbar.

Springer Spektrum
© Springer-Verlag GmbH Deutschland, ein Teil von Springer Nature 2019

Einbandabbildung: Darius Hummel
Planung/Lektorat: Rainer Münz

Springer Spektrum ist ein Imprint der eingetragenen Gesellschaft Springer-Verlag GmbH, DE und ist ein Teil von Springer Nature
Die Anschrift der Gesellschaft ist: Heidelberger Platz 3, 14197 Berlin, Germany

Vorwort

Die Floßfahrt, die Thomas Kipp (1. Vorsitzender des Flößervereins Schiltach) mit seinem selbst gebauten Floß zusammen mit mir und meinem Sohn Enzo, Juri Jander (Masterthesis im Studiengang NBT = Nachhaltige Bioverfahrenstechnik), Michael Kipp (Sohn von Thomas) und Martina Baumgartner (Presse OT) am Samstag, den 29. April 2017, von Biberach (Schwaibacher Brücke) bis Gengenbach (Flößermuseum) bei herrlichem Sonnenschein unternahmen, war für alle, außer den Herren Kipp (Flößerverein Schiltach), eine Prämiere und ein unvergessliches Ereignis der schönsten Art (Abb. 1). Alle Beteiligten konnten nur mit einer einzigen Einschränkung, auf die ich später näher eingehen werde, die Begeisterung Mark Twains aus dem Jahr 1878 nachvollziehen, die mit dem unvergleichlichen Naturerlebnis bei einer Floßfahrt verbunden ist (Twain 2014), auch wenn es heutzutage noch viele andere komfortablere Reisealternativen gibt.

Die Einschränkung gründet auf der Plastikmüllverbreitung entlang des Flusses, welches die oberflächliche Idylle stört, sobald sich der Fokus der Reise nur noch darauf richten kann. Die das Flussufer säumenden Büsche, Sträucher und

Abb. 1 Floßfahrt der Müllsammelaktion

Bäume offenbaren durch ihre künstliche Zierde die Plastikausbeute eines Hoch-
wassers. Wie in einem Rechen einer Kläranlage bleibt in dem Geäst alles hängen,
was der Fluss mit sich führt. Sinkt der Wasserspiegel wieder ab, wird der Fang für
jedermann sichtbar, im starken Kontrast zur grünen Natur. Erschreckend ist nicht
alleine die Menge, denn jeder Strauch war mit seinen Filterarmen erfolgreich,
sondern die Tatsache, dass der Uferbewuchs nur die Randausläufe des Flusses filtriert und die Hauptmenge der Plastikfracht, nicht mehr sichtbar, mit der schneller fließenden Mittelströmung in den Rhein und ins Meer transportiert wurde. Das
heißt, der sichtbare Plastikmüll ist nur die Spitze des Eisbergs und die ist schon
unübersehbar (Abb. 2).

Die Plastikmüllentsorgung im Fluss und in seiner Umgebung von einigen
unverantwortlich und unaufgeklärt handelnden Bürgern war, von der Flussmitte
aus betrachtet, erschreckend festzustellen, und man wurde sich dabei bewusst,
dass die wachsenden riesigen Plastikinseln in den Weltmeeren keine Übertrei-
bungen sind. Weder der junge Holländer Bojan Slat mit seinen kilometerlangen
schwimmenden Schlauchbarrieren noch eine Plastik fressende Raupe wird uns
von der Verantwortung für unsere Gewässer entbinden, denn nur eine sachgemäße
Entsorgung unserer Kunststoffabfälle kann einen weiteren Anstieg signifikant
reduzieren. Nicht sichtbar ist auch die Mikroplastikfracht, welche das Gewässer
mit sich trägt. Ein genauer Blick auf die „Plasikernte" führt einem unmittelbar vor
Augen, was früher oder später mit dem Plastikmüll geschieht. Er zerfällt langsam
in immer kleinere Partikel und scheint sich aufzulösen (Abb. 3). Das Problem ist
damit aber nicht beseitigt, denn was an der Plastikfolie fehlt, hat sich keineswegs

Abb. 2 Plastikmüll im Geäst der Kinzig

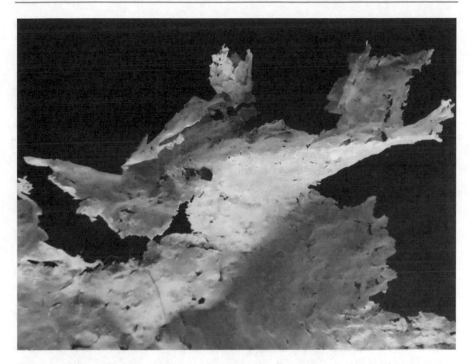

Abb. 3 Zerfetzte Plastiktüte

aufgelöst, sondern findet sich als Mikroplastik in unseren Gewässern wieder, wo es zu einer ernstzunehmenden Gefahr für marine Habitate, aber auch für den Menschen werden kann.

Als ich im Sommer 2014 den Rhein in der Rekordzeit von 28 Tagen von der Quelle bis zur Mündung durchschwamm, habe ich zusammen mit einem Team aus Studierenden und Mitarbeitern aus unterschiedlichen Instituten die 1231 Flusskilometer unter verschicdenen wissenschaftlichen Fragestellungen analysiert. Erstmals wurde im Rahmen des Wissenschaftsprojekts „Rheines Wasser" (www.rheines-wasser.eu) der Fluss über seine komplette Länge auch auf die Belastung durch Mikroplastik untersucht. Von den Schweizer Alpen bis zur Nordsee hat das Forschungsteam der HFU alle 100 Kilometer jeweils 1000 Liter des oberflächennahen Flusswassers durch ein extrem feines Metallsieb einer eigens für das Projekt angefertigten transportablen Filterpumpe gefiltert und die so gewonnenen Filterrückstände mit Unterstützung des Alfred-Wegener-Instituts auf Helgoland genauestens ausgewertet. Die Ergebnisse werden in diesem vorliegenden Buch vorgestellt und diskutiert.

Bereits die Rheinquelle ist belastet

In Summe sind es rund acht Tonnen Fracht an Kleinstkunststoffteilen, die allein das Oberflächenwasser des Rheins pro Jahr in die Nordsee trägt. Dies ist nur die sprichwörtliche Spitze des Eisbergs. Die tatsächliche Belastung des Rheins mit Mikroplastik dürfte noch um ein Vielfaches höher sein. Schließlich haben wir das

Wasser nur bis zu einer Tiefe von 15 Zentimetern gefiltert. Der überwiegende Teil des Mikroplastiks sinkt aber ab und befindet sich in den unteren Schichten des Flusswassers oder im Sediment, welches noch nicht untersucht wurde.

Insgesamt zehn verschiedene Kunststoffe befinden sich im Oberflächenwasser des Rheins. Besonders hoch waren die Anteile von Polypropylen (PP), das zum Beispiel für die Herstellung von -Bechern, Eimern und deren Plastikdeckeln benutzt wird, und von Polyethylen (PE), aus dem Plastiktüten, Tuben und sonstige Verpackungen produziert werden. Zusammen machen diese beiden Kunststoffarten rund 90 %der Teilchen aus, die das Team aus dem oberflächennahen Wasser herausgefiltert hat. Dies hat damit zu tun, dass man 15 Zentimeter unter der Wasseroberfläche in erster Linie jene Kunststoffteilchen findet, die aufgrund ihrer geringen Dichte – bei PP und PE ist sie sogar geringer als die des Wassers – an der Wasseroberfläche schweben. In tieferen Wasserschichten wird man dafür vermutlich zunehmend Kunststoffe mit einer größeren Dichte wie etwa Polyvinylchlorid oder Polyurethan entdecken.

Die Verunreinigung des Rheinwassers mit Kleinstteilen aus Kunststoffen beginnt bereits im Tomasee auf 2345 Metern Höhe in den Graubündner Alpen, der gemeinhin als Rheinquelle gilt. Dieses Resultat hat mich zunächst sehr erstaunt, denn in dieser mehr oder weniger unberührten Alpenlandschaft waren Quellen für die Verunreinigung nicht auf Anhieb auszumachen.

Die alarmierenden Ergebnisse der Plastikbelastung des Rheins, über die ich in vielen Vorlesungen und Vorträgen innerhalb des Projekts „Rheines Wasser" berichtet habe, haben mich auf die Idee gebracht, dieses Buch zu schreiben.

Durchgängig zu niedrige Schadstoffmesswerte?
Entscheidend für das Gefahrenpotenzial der Gewässerverunreinigungen durch Mikroplastik sind vor allem bestimmte Eigenschaften der kleinen Plastikteilchen, die sich nachteilig auf Mensch und Umwelt auswirken. Hierzu zählt an erster Stelle die Fähigkeit, organische Schadstoffe – beispielsweise die hochgiftigen Perfluorierten Tenside (PFT) – wie ein Magnet anzuziehen, diese an sich zu binden und derart weiter zu transportieren. Da das Mikroplastik aber normalerweise aus Wasserproben herausgefiltert wird, um die empfindlichen Analysegeräte nicht zu verstopfen, wird ein Teil der Schadstoffe von den heute üblichen Wasseruntersuchungen, etwa in den Rheinüberwachungsstationen, gar nicht erfasst. Ich gehe daher davon aus, dass die Belastung von Gewässern mit PFT und anderen organischen Schadstoffen, die in Kläranlagen nicht vollständig eliminiert werden, höher ist, als uns die üblichen Messungen offenbaren. Sofern nicht zusätzliche Festphasenextraktionen vorgenommen werden, bekommen wir ein falsches Bild von der tatsächlichen Qualität unserer Gewässer. Die Diskrepanzen können je nach Art, Menge und Oberflächenstruktur der Mikroplastikfracht und je nach Verteilungsgleichgewicht durchaus signifikant sein.

Dass die Kunststoffpartikel als Träger von Schadstoffen, wie PFT, fungieren ist aber auch deswegen überaus bedenklich, weil in den Gewässern lebende Organismen, wie inzwischen mehrere Untersuchungen belegen, Mikroplastik aufnehmen.

Dort gelangt es nicht nur in die Verdauungsorgane, sondern es kann darüber hinaus ebenso in das Gewebe und in Körperzellen vordringen – einschließlich der adsorbierten Schadstoffe. Ein weiteres Risiko geht zudem von den Zusatzstoffen wie Weichmachern, Flammschutzmitteln oder Farbstoffen aus, die ursprünglich die Eigenschaften des Kunststoffs verbessern sollten, sich im Zuge der im Wasser einsetzenden Zersetzung jedoch vom Kunststoff lösen und an die Umgebung abgegeben werden. Dabei besteht die Möglichkeit, dass diese bedenklichen Inhaltsstoffe auch im Innern von Fischen bei der Verdauung durch die Magensekrete aus der Kunststoffmatrix herausgelöst und ebenfalls im Gewebe eingelagert werden. Den genannten Zusatzstoffen ist eigens Abschn. 2.6 gewidmet.

Lösungen müssen bei den Ursachen ansetzen
Um die Gefahren zu minimieren, die von der Verunreinigung der Gewässer mit Mikroplastik ausgehen, gilt es, dort anzusetzen, wo die Ursachen für diese Kontaminierung liegen. Eine wesentliche Quelle für die Verunreinigung stellen sogenannte „Microbeads" dar. Bei diesen handelt es sich um Kunststoffformkörper im Mikrometerbereich, die vor allem als Zugaben für nahezu alle Arten von Körperpflegeprodukten – von Peelings über Sonnencremes bis hin zu Zahnpasten – hergestellt werden. Hier gibt es inzwischen alternative Feststoffe, auf die Kosmetikhersteller ihre Produkte nach entsprechendem Druck von Umweltschutzorganisationen wie dem BUND (www.bund.net/mikroplastik) zunehmend umstellen. Hier kommt es sowohl auf das Konsumverhalten der Verbraucher, wie auch auf die Bereitschaft der Kosmetikindustrie zu wirklich nachhaltigem Handeln an, um Verbesserungen zu erzielen.

Dies gilt ebenso für den Umgang mit Kunststoffabfällen. Denn Mikroplastik entsteht auch durch den Zerfall von Makroplastik, also wenn größere Plastikteile wie weggeworfene PET-Getränkeflaschen oder Plastiktüten auf physikalischem, chemischem oder biologischem Weg in immer kleinere Bestandteile zersetzt werden. Dass der Rhein eine riesige Plastikmühle ist, habe ich bei meinem Schwimm-Marathon hautnah selbst erlebt. Kies, Sand und Gesteine, die der Rhein mitführt, sind härter als Kunststoffe und zermahlen abgesunkenes Plastik. So entsteht durch rein mechanischen Abrieb aus Makroplastik viel Mikroplastik.

Das unvollständige oder unsachgemäße Verbrennen von Kunststoffen, das Waschen synthetischer Textilien, mit Plastik verunreinigter Klärschlamm oder Bioabfall sind weitere Beispiele, die Mikroplastikverunreinigungen von Gewässern begünstigen. Oft ist es ein kurzsichtiges Handeln, das uns Probleme beschert – etwa wenn Verwertungsstrategien nicht konsequent zu Ende gedacht werden. Bei der Fermentation abgelaufener Obst- und Gemüseprodukte aus Supermärkten zum Beispiel werden die Produkte vor ihrer Zerkleinerung häufig nicht sorgfältig genug oder gar nicht von ihren Kunststoffverpackungen befreit. Dies hat zur Folge, dass auch die Verpackungsmaterialien zerkleinert werden und den Dünger verunreinigen, der auf die Felder ausgebracht wird. Diese geschredderten Kunststoffreste geraten dann mit dem nächsten Niederschlag ins Grundwasser oder bei Starkregen über die Kanalisation in unsere Flüsse und Seen.

Das Hauptanliegen des vorliegenden Buches ist es, ein Bewusstsein für den Einfluss von Mikroplastik auf Mensch und Natur zu schaffen. Dabei werden die kausalen Zusammenhänge zwischen Kunststoffabfällen, Mikroplastik und Umweltchemikalien erklärt. Außerdem wird dem Leser eine Arbeitsanleitung an die Hand gegeben, um selbst in der Lage zu sein, Mikroplastikpartikel und deren Inhaltsstoffe zu untersuchen. Eine Einführung in die Laserbeugungsspektroskopie sowie die Infrarotspektroskopie, angereichert durch Erfahrungen und Praxisbeispiele aus der Industrie im Bereich der Kunststoffanalytik, gehören dabei zum notwendigen Werkzeug. Quellen und Gefahren von Mikroplastik werden vorgestellt und Ergebnisse am Beispiel des wichtigsten Binnengewässers in Europa, dem Rhein, präsentiert. Es geht in dem Buch nicht nur darum, Missstände aufzudecken und anzuklagen, sondern als „hydrophiler" Lehrender sehe ich mich einerseits weiter in der Pflicht auf die „schleichende Gefahr" hinzuweisen, sie wissenschaftlich intensiv weiter zu untersuchen und andererseits aber auch auf der Forschungsseite Chancen zu erkennen. Kap. 4 zeigt dem Leser eine Perspektive auf, wie man die besonderen Eigenschaften von Mikroplastik für die Gewässerreinigung nutzbar machen könnte.

In ehrenvoller Pflicht möchte ich mich bei allen bedanken, die das Projekt „Rheines Wasser" und „TenneSwim" unterstützt haben, vor allem bei den Master-Studenten Jonas Loritz, Juri Jander und Darius Hummel sowie bei Herrn Dr. Thorsten Hüffer (Universität Wien) und Dr. habil, Nikolaus Nestle (BASF), die mir teilweise noch unveröffentlichte Daten zur Verfügung stellten. Ein besonderer Dank gilt auch dem Master-Studenten Philipp Walter Neek für das Zeichnen der Strukturformeln. Großen Dank Frau Birte Bayer von der biologischen Anstalt Helgoland des AWI, die unter der Leitung von Dr. Gunnar Gerdts, zusammen mit Jonas Loritz, die Rheinproben auf Mikroplastik analysiert hat. Außerdem möchte ich mich bei meinen Assistenten Frau Dipl. Ing. Helga Weinschrott und Lars Kaiser bedanken, die zusammen mit mir das physikalisch-chemische und analytische Praktikum betreuen, aus dem einige Ergebnisse den Weg in dieses Buch gefunden haben.

Liebe Leserinnen und Leser zu guter Letzt wünsche ich Ihnen eine anregende und spannende Lektüre. Zusätzliche Informationen erhalten Sie unter www.rheines-wasser.eu, www.facebook.com/RheinesWasser und www.tenneswim.org.

Heidelberg am Neckar   Herzlichst
Im Mai 2018   Prof. Dr. Andreas Fath

Literatur

Twain, M. (2014). Gesammelte Werke: Reise um die Welt; Reise durch Deutschland. Band 5 der Ausgewählten Werke in zwölf Bänden von Mark Twain, hrsg. von Karl-Heinz Schönfelder im Aufbau Verlag, Berlin. Aus dem Amerikanischen übersetzt von Ana Maria Brock. © Aufbau Verlag GmbH & Co. KG, Berlin 1963, 2008. Abdruck mit freundlicher Genehmigung.

Inhaltsverzeichnis

Einleitung: Mikroplastik – eine wachsende Gefahr für Mensch und Umwelt

Inhaltsverzeichnis

Das Thema „Umweltverschmutzung durch den Menschen", sei es durch CO_2-Emissionen oder radioaktiven Atommüll, und wie man dieser entgegenwirken kann, gewinnt mehr und mehr an Bedeutung. Dabei spielt der Eintrag von Kunststoffen in die Umwelt eine ganz besondere Rolle (Cressey 2016). Kunststoffe sind nahezu überall in der Umwelt zu finden, selbst fernab menschlicher Zivilisation, und sie bauen sich innerhalb eines Menschenlebens nicht ab. Somit spüren wir selbst die Konsequenzen dieser Art Umweltverschmutzung am eigenen Leib und das Handlungsmotto vieler Bürger: „Aus den Augen aus dem Sinn" fällt uns sprichwörtlich an den Stränden vor die Füße (Cressey 2016) bzw. über das Meersalz ins Essen (Jander 2017).

1.1 Wie viel und wo überall sind Mikro-, Meso- und Makroplastik zu finden?

Seit 1976 ist Kunststoff der am meisten verwendete Werkstoff der Welt (ifw-Hamburg 2017). Seit seinem Boom in den 1960er-Jahren wurden schätzungsweise 8,3 Mrd. Tonnen Kunststoff weltweit produziert (Garms 2017). Einer Studie der Zeitschrift *Science* zufolge gelangten 2015 bis zu 12,7 Mio. Tonnen Kunststoff in die Weltmeere. Aufgrund der weiter steigenden Produktionsmenge von Kunststoff ist ohne

© Springer-Verlag GmbH Deutschland, ein Teil von Springer Nature 2019
A. Fath, *Mikroplastik*, https://doi.org/10.1007/978-3-662-57852-0_1

eine sofortige drastische Veränderung unseres Konsumverhaltens und eine intelligente Entsorgung bzw. Wiederverwendung selbst in diesem Jahrhundert der Höchststand der jährlichen Verschmutzung noch nicht erreicht. Aktuelle Prognosen gehen davon aus, dass sich die jährliche Verschmutzung bis zum Jahr 2025 verzehnfachen wird (Hoornweg et al. 2013). Dabei ist es irrelevant, ob der Plastikmüll als sogenanntes Makro- (>25 mm), Meso- (5–25 mm) oder Mikroplastik (Partikel von 100 nm–5 mm) in die Natur eingetragen wird (Napper et al. 2015).

Mikroplastik, Kunststoff im Mikrometerbereich, ist für die gesamte Nahrungskette in Binnengewässern und Ozeanen eine Bedrohung (Eerkes-Medrano et al. 2015; Desforges et al. 2015; Güven et al. 2017) die auch den Mensch erreichen kann. Mikroplastik kann Organismen einerseits durch toxische Kunststoffinhaltsstoffe wie DEHP oder Bisphenol A schädigen oder aufgrund ihrer großen Oberfläche als „Magnet" für Gift- und Schadstoffe im Wasser, beispielsweise pharmakologische Rückstände, agieren und so als Trojanisches Pferd diese Stoffe in den mikroplastikaufnehmenden Organismus einschleusen. Polymerpartikel in Form von Nano- und Mikroplastik fungieren damit als Vektoren für Schadstoffe (Anderson et al. 2016; Fröhlich und Roblegg 2012; Li et al. 2016; Ziccardi et al. 2016).

Tiere werden zum einen durch den Verzehr von Makroplastik in Form von z. B. Plastiktüten geschädigt, welches aufgrund seiner Unverdaulichkeit die Körperfunktionen stört, zum anderen kann sich Mikroplastik in das Gewebe von Pflanzen und Tieren einlagern (EFSA) 2016; Avio et al. 2015; Taylor et al. 2016). Das Vorkommen von Mikroplastik in der Umwelt steigt und damit auch die Freisetzung, der in den Kunststoffen enthaltenen Chemikalien (Teuten et al. 2009). Bisher liegt der Forschungsschwerpunkt auf der Untersuchung von Gewässern (Lassen et al. 2015; Anderson et al. 2016; Li et al. 2016; Deng et al. 2017). Sobald aber Mikroplastik in tierisches Gewebe eingelagert wird, ist auch der Mensch, über die Nahrungszufuhr, von Mikroplastik betroffen (Rochman et al. 2015).

Primäres Mikroplastik befindet sich vor allem in Kosmetikprodukten, in der für Mikroplastik definierten Größenordnung. Sekundäres Mikroplastik entsteht durch Erosion von Meso- und Makroplastik unter thermischen, mechanischen und photochemischen Einflüssen.

Während der amerikanische Kongress unter der Obama-Regierung im „Microbead-Free Waters Act 2015" (https://www.congress.gov/bill/114th-congress/house-bill/1321/text) ein Gesetz verabschiedet hat, welches den Einsatz von Mikroplastik in Kosmetikprodukten ab Juli 2017 in den USA verbietet, setzt man hierzulande jedoch auf die Einsicht der Produzenten. Mit Rezepturumstellungen reagieren diese einerseits auf die Anforderungen von umweltbewussten Kunden, andererseits möchte man so schnell wie möglich das Negativimage, das von einer Firmenpräsenz auf der BUND-Liste ausgeht, ablegen.

Doch selbst wenn wir, gesetzlich gezwungen oder freiwillig, auf Mikroplastik in Kosmetikprodukten gänzlich verzichten, wird sich an der Mikroplastikbelastung unser Gewässer durch unverantwortliche Entsorgung kaum etwas ändern, denn nach den Ergebnissen der internationalen Naturschutzunion IUCN entfallen weniger als 2 % auf die Mikroplastikmenge in Kosmetikprodukten (Boucher und Friot 2017).

Eher ist davon auszugehen, dass die Verschmutzung der Ozeane durch Plastikmüll weiter ansteigen wird. Nach einer Studie der Ellen-Mac-Arthur-Stiftung soll im Jahr 2050 in unseren Ozeanen gewichtsbezogen mehr Kunststoff als Fisch vorkommen (World Economic Forum 2016). Trotz eines verbesserten Abfallmanagements schätzt man schon jetzt die Menge an Plastikmüll, die jährlich vom Festland ins Meer gespült wird, auf 4,8–12,7 Mio. Tonnen (Jambeck et al. 2015). Für die Schätzung wurden weltweite Daten über Abfallmenge, Populationsdichte und ökonomischen Status von 192 küstennahen Ländern herangezogen. Berücksichtigt wurde dabei auch die jeweilige Infrastruktur des Abfallmanagements. Die Autoren der zitierten Veröffentlichung sehen sich in ihrer Prognose der kontinuierlich ansteigenden Plastikmüllmenge in unseren Ozeanen bestätigt und konstatieren, dass sich ohne drastische Verbesserungen in der Abfallentsorgung dieser Trend weiter fortsetzen wird.

Aufgrund der Widerstandsfähigkeit des Plastikmülls steigt die kumulierte Menge jährlich an, auch wenn der Kunststoffmüll langsam in kleinere Stücke und schließlich in Mikroplastik (wenn ihr Durchmesser < 5 mm beträgt) zerfällt (sekundäres Mikroplastik), bleibt er dennoch vorhanden, mit all den in Kap. 2 genannten negativen Aspekten des mikroskopisch kleinen synthetischen Materials. Die gesamte Plastikmüllfracht, die in die Weltmeere eingetragen wird, hat bereits einen Anteil von 15–31 % Mikroplastik (primäres Mikroplastik) (Boucher und Friot 2017). Die Hauptquelle dafür sind nicht etwa Kosmetikprodukte, die wie bereits erwähnt nur einen Anteil von 2 % ausmachen, sondern hauptsächlich Autoreifen und synthetische Kleidung (Boucher und Friot 2017). Mikroplastikpartikel reiben sich am Autoreifen aus vulkanisiertem synthetischen Kautschuk, z. B. aus NBR (Acrylnitrilbutadienkautschuck), kontinuierlich beim Fahren ab (Abb. 1.1). Wie viel Kunststoff dabei jährlich an die Umwelt abgegeben wird, kann jeder Autofahrer selbst an der sich pro Jahr verringernden Profiltiefe seiner Reifen nachmessen. Auf den Reifenabrieb entfallen demnach 28 % der gesamten Mikroplastikabfallmenge (Abb. 1.1) (Boucher und Friot 2017). Problematisch dabei sind nicht alleine die „Gummipartikel", sondern auch deren Inhaltsstoffe. Neben den PAK-haltigen Weichmacherölen enthält auch der mit Ruß geschwärzte Kunststoffreifen carcinogene polycyclische aromatische Kohlenwasserstoffe (PAK) (Umweltbundesamt 2016). Über die Eigenschaften, den Nachweis und weitere Vorkommen von PAK informiert Kap. 2.

Das Problem der Verbreitung von kleinsten Reifenpartikel und deren Inhaltsstoffen entsteht nicht nur durch Abrieb, sondern auch beim Recycling von Altreifen, die unter anderem als geschreddertes Granulat als Füllmaterialien eingesetzt werden, z. B. auf Kunstrasensportplätzen (Abb. 1.2). Auf den mit gummigranulat verfüllten Kunststoffrasenplätzen sorgt das Granulat zwischen den Polyethylenkunstfasern dafür, dass die Fasen entsprechend ausgerichtet sind und der pflegeleichte Platz eine ausreichende verletzungsvorbeugende Dämpfung erhält. Dieser Kunststoff ist noch weniger haftfest mit seinem Einsatzort verbunden als der Autoreifen und ist allen Witterungsbedingungen ausgeliefert. Dies hat zur Folge, dass man das Granulat, welches der Definition nach auch zu Mikroplastik gehört, in Stollenschuhen, Trikots, Waschmaschine, Haushalt, Parkplatz, Abwasserkanal und im vorbeifließenden Fluss findet (Abb. 1.2).

Abb. 1.1 Abrieb eines
Autoreifens mit einem
Schmirgelpapier

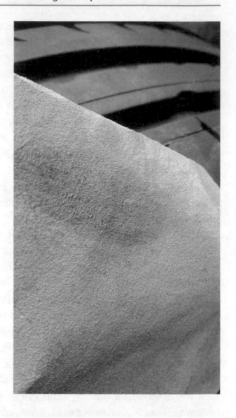

Abb. 1.2 Kunststoffgranulatverteilung auf einem Kunstrasen-Fußballplatz

Durch unterschiedliche Wege von Wind, Regenwasser, Abwasser oder Flüssen getragen, landet alles Mikroplastik im Meer als Sammelbecken, auch das Kunststoffgranulat, das als Streu in Tierstallungen zusammen mit oder anstatt Stroh ausgestreut wird (Umweltbundesamt Österreich o. J.). Wenn die Tierexkremente in der Biogasanlage verwertet werden und die Fermentationsreste, die das Kunststoffgranulat noch enthalten, als Dünger auf die Felder ausgebracht werden, beginnt die Reise des Mikroplastiks von dort in Richtung Meer.

Eine weitere Quelle für die Verunreinigung von Flüssen und Meeren mit Kleinstkunststoffteilchen sind synthetische Fasern, die beim Waschen aus der Kleidung herausgelöst werden und mit dem Abwasser in Gewässer gelangen. Diese Fasern machen rund ein Drittel (35 %) der Mikroplastikmenge in den Weltmeeren aus (Boucher und Friot 2017). Kein kleines Problem, denn diese Fasern summieren sich zum Äquivalent von 15.000 Plastiktüten pro 100.000 Einwohner, wie Forscher der University of California in Santa Barbara errechnet haben (Hartline et al. 2016). Doch auch hier gibt es jetzt eine Lösung: „Guppyfriend" (http://guppyfriend.com), ein Stoffbeutel für die Waschmaschine, in den man die Kleidung aus synthetischem Material vor dem Waschvorgang legt. Dieser Waschbeutel aus einem Hightech-Material wirkt wie ein Filter und hält 99 % der abgebrochenen Fasern zurück. Dass bei einem Waschgang einiges an Fasern zusammen kommt, zeigt die Abb. 1.3. Wobei hier nur der Abstrich des Siebes eines Wäschetrockners zu sehen ist. Im eigentlichen Waschgang zuvor wird eine noch größere Menge an Kunstfasern freigesetzt und nicht durch ein Sieb zurückgehalten. In der Waschtrommel kommt es beim Schleudern darauf an, möglichst schnell das Wasser von der Kleidung zu trennen, was durch ein feines Sieb verhindert würde. Beim Waschen einer einzigen Fleecejacke

Abb. 1.3 Synthetische Textilfasern. (Abstrich vom Wäschetrocknersieb)

werden 1,7 Gramm Mikrofasern freigesetzt (Hartline et al. 2016; Abb. 1.3). Um die freigesetzte Menge an Kunstfasern in Gewässern zu verringern, bleibt uns neben dem Waschbeutel als „intrinsischem Filter" auch noch die Möglichkeit, unsere synthetische Kleidung durch jene Textilien, die aus Naturfasern wie Baumwolle, Jute, Hanf, Leinen und Seide bestehen, zu ersetzen.

Die meisten Polymere sind eher unpolar, wodurch sich im Wasser befindliche unpolare organische Substanzen an der Oberfläche durch Adsorption, und abhängig von den Polymereigenschaften in den Polymeren durch Absorption, akkumulieren. An Mikroplastik können aufgrund der erhöhten Oberfläche, bezogen auf die Masse und das Volumen des Partikels, größere Mengen an Schadstoffen sorbieren als an Meso- und Makroplastik. Die Aufnahme der Polymerpartikel durch Tiere als auch den Menschen findet mit abnehmender Größe eher willkürlich statt, da die Kunststoffteilchen nur kaum oder gar nicht wahrgenommen werden können (Fröhlich und Roblegg 2012). Aufgrund physiologischer Bedingungen, wie verändertem pH-Wert und zum Beispiel vorhandenen Gallensäften o. Ä. in den Organismen, wird die Desorption der organischen Substanzen von den Polymerpartikeln begünstigt. Hierdurch wird die Bioverfügbarkeit der sorbierten Substanzen hergestellt. Abhängig von Art und Menge der Substanzen können diese nachweisbar Organismen negativ beeinflussen (Bakir et al. 2014; Sleight et al. 2017).

Die berechnete Menge von 4,8 bis 12,7 Mio. Tonnen Kunststoffmüll, die jährlich von den Küstenstaaten ins Meer transportiert werden (Jambeck et al. 2015), steht eine Menge von 236.000 Tonnen Mikroplastikpartikel gegenüber, die im Jahre 2015 mit dem Auswurf von 11.854 Netzen ermittelt wurden. Bei diesem „Durchkämmen" der Meeresoberfläche war einzig das arktische Meer ausgenommen (van Sebille 2015). Es stellt sich also die Frage, wo der Rest geblieben ist, zumal die bereits in Jahren zuvor ins Meer gespülte Plastikmenge und jene, die direkt auf See entsorgt wird, gar nicht berücksichtigt wurde. Große Plastikmüllmengen befinden sich gesammelt im großen pazifischen und anderen Müllstrudeln der Weltmeere (Moore et al. 2001). Auch diese Mengen sind bekannt. Millionen Tonnen des sogenannten „Missing Plastic" befinden sich woanders: Ein Teil sicher in der Tiefsee auf dem Meeresboden, auf den Kunststoffe mit einer höheren Dichte als Salzwasser absinken oder durch Anlagerung von Meeresorganismen an die an der an der Oberfläche schwebenden Plastikpartikel, hinabgezogen werden (Woodall et al. 2014). Während ein Anteil des Plastikmülls wieder an unsere Küsten zurück gespült wird, akkumuliert sich eine beträchtliche Menge von Mikroplastik im arktischen Eis, die um Größenordnungen höher ist als die in stark kontaminiertem Oberflächengewässer (Obbard et al. 2014). Es gibt viele Anhaltspunkte über weitere Mikroplastiksenken, wie zum Beispiel eine fortschreitende Zerkleinerung zu Nanoplastik, welches schwierig zu untersuchen und zu quantifizieren ist. Ein schwer zu schätzender Anteil des Plastikmülleintrags in die Ozeane wird von allen möglichen marinen Habitaten aufgenommen, angefangen von der kleinsten Form marinen Lebens, dem Plankton (Cole et al. 2013).

1.2   Wie gefährlich ist Mikroplastik wirklich?

Viele Untersuchungen zur Toxizität von Mikroplastik für unterschiedliche Spezies basieren auf zu hohen Konzentrationen, die in Gewässern bisher nicht erreicht werden. Der direkte Einfluss von Mikroplastik auf die Fruchtbarkeit wurde 2016 an pazifischen Austern festgestellt, deren Eier und Spermien eine schlechtere Qualität zeigten und demzufolge 41 % weniger Larven produziert werden konnten als in der Kontrollgruppe, die sich in sauberem Wasser ohne Mikroplastikpartikel aufhielt. Die Mikroplastikkonzentration, der die Austern ausgesetzt wurden, entsprach der im Sediment ihres natürlichen Lebensraums (Sussarellu et al. 2016). In einer Studie im selben Jahr zeigte sich, dass Barschlarven Mikroplastik vergleichbarer Konzentration gegenüber ihrem in aquatischer Umwelt vorkommendem natürlichem Futter vorzogen und sich damit ihr Wachstum und ihre Überlebenschancen signifikant verschlechterten (Lönnstedt und Eklöv 2016).

1.3   Das Mikroplastikproblem beginnt vor unserer Haustür und kehrt ins Haus zurück

Nicht nur die Küstenstaaten tragen die Verantwortung für die Verschmutzung der Ozeane mit Plastikmüll. Binnengewässer wie der Rhein befördern ebenfalls Plastikmüll und Mikroplastik aus Anrainerstaaten ins Meer (Fath 2016). Selbst der Schwarzwald liefert über die Kinzig, einen Zufluss des Rheins, einen Beitrag zur jährlichen Fracht in das atlantische Sammelbecken (Jander 2017).

In einem Kubikmeter des Kinzigwassers befinden sich rund 800 Mikroplastikpartikel im Größenbereich von 25 µm bis 500 µm. Auch im Magen eines untersuchten Fischs aus der Kinzig wurden Mikroplastikpartikel gefunden, hauptsächlich Polyethylen und Polypropylen (Abb. 1.4), die er von einem natürlichen Nahrungsangebot nicht unterscheiden kann.

Verglichen mit der Anzahl der Mikroplastikpartikel des Rheins (durchschnittlich ca. 200/m^3) oder des Jangtze (9000/m^3) (Wang et al. 2017) erscheinen die 800 Partikel pro Kubikmeter sehr viel. Entscheidend für die zunehmende Belastung der Weltmeere mit Plastikmüll ist jedoch die Gesamtfracht. Pro Jahr werden bei einem Volumenstrom der Kinzig von 5–10 m^3/s 15–30 kg Mikroplastikpartikel zwischen 10 µm und 500 µm Durchmesser in den Rhein abfließen. Der Rhein transportiert hierzu im Vergleich bei einem durchschnittlichen Volumenstrom von 2500 m^3 etwa 8 Tonnen Mikroplastik in die Nordsee. Dies ist aber nur die Spitze des Eisbergs, denn es sind für die Berechnung nur die Kunststoffpartikel nahe der Oberfläche einbezogen. Es wurde bisher weder ein Tiefenprofil erstellt, noch kennen wir die Sedimentkonzentrationen.

Aufgrund der geringeren Tiefe und einiger Stromschnellen werden in der Kinzig auch Kunststoffe mit einer höheren Dichte als Wasser, wie z. B. Polyvinylchlorid, gemessen, welche bei der Messung im Rhein in deutlich geringeren Anteilen nachgewiesen wurden, da sie sich im tieferen Flussbett absetzen. Tab. 1.1 zeigt die prozentuale Verteilung der unterschiedlichen Mikroplastiktypen in 1 m^3 Kinzigwasser im April 2017.

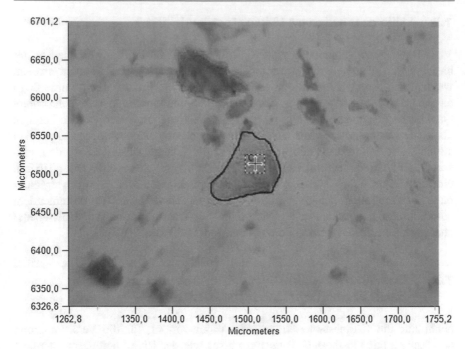

Abb. 1.4 Mikroplastik unter dem IR-Mikroskop. Polypropylen (PP, rot) und Polyethylen (PE, orange) aus dem Magen des Kinzigfischs

Tab. 1.1 Arten des Mikroplastiks im Kinzigwasser. (Jander 2017)		
PE (Polyethylen)	38,44 %
PF (Phenoplaste)	23,12 %
PP (Polypropylen)	7,66 %
PS (Polystyrol)	15,45 %
PSU (Polysulfon)	7,66 %
PVC (Polyvinylchlorid)	7,66 %

Untersuchungen an Speisesalz, welches in Salinen gewonnen wird, zeigen, dass ein Teil unserer Kunststoffabfälle als Mikroplastik den Weg zu uns zurück in die Küche und unseren Verdauungstrakt findet. Wir essen quasi unseren eigenen Plastikmüll. Während in Steinsalz aus dem Bergwerk kein Mikroplastik nachzuweisen war, werden im Mittelmeersalz bis zu 18.400 Partikel pro Kilogramm gefunden (Jander 2017). Verglichen mit den kürzlich in *Scientific Reports* veröffentlichten Werten von nur etwa 10 Partikeln/m^3 in verschiedenen kommerziell erhältlichen Salzprodukten (Karami et al. 2017) ist die Partikelanzahl im Mittelmeersalz sehr hoch. Die Werte sind jedoch nicht vergleichbar. In den kommerziellen Salzprodukten würden lediglich Mikroplastikpartikel, die einen Durchmesser größer als 145 µm haben, quantifiziert. Die Partikel, die wir (Jander 2017) gemessen haben, hatten einen

Abb. 1.5 Salzklotz

Durchmesser von 25–500 µm. Das heißt, die Anzahl der kleineren Mikroplastik-partikel ist um Größenordnungen höher als die der größeren Partikel.

In allen Proben wurden hauptsächlich Polypropylen und Polyethylen gefunden, welche durch ihre geringere Dichte an der Wasseroberfläche treiben und so vor-wiegend in die untersuchten Salzproben, die in Salinen gewonnen werden, gelangten (Jander 2017).

Der Nachweis von Kunststoffpartikeln in einer über 30 Jahre alten Salzprobe (Abb. 1.5) aus einer in den 1980er-Jahren stillgelegten Saline in Formentera zeigt auf, dass das Problem „Mikroplastik in Gewässern" nicht erst in den letzten Jah-ren entstanden ist, sondern wahrscheinlich so alt ist wie die Kunststoffproduktion selbst. Allein die Menge an Mikroplastik hat sich mit steigenden Produktions-zahlen erhöht. Während das Salz der alten Probe rund 6000 Mikroplastikpartikel pro Kilogramm enthielt, hat sich die Anzahl bei einer heutigen Salzprobe aus der-selben Region verdreifacht (Jander 2017).

1.4 Gegenmaßnahmen oder Kampf gegen Plastik im Gewässer

Gegen das bereits in unseren Gewässern verteilte Mikroplastik können wir lei-der nichts mehr ausrichten. Es wird nach und nach auf den Grund der Ozeane absinken und sich im Sediment einbetten. Auf die Dicke dieser Schicht, die in einigen Jahrhunderten ein Zeitzeugnis der Plastikgeneration sein wird, können wir allerdings schon Einfluss nehmen, indem wir erstens kein primäres Mikroplastik in Kosmetik- und Hygieneprodukten mehr einsetzen und zweitens unser Plastik-abfallmanagement sowie unseren Plastikkonsum überdenken, indem wir streng nach den drei „r" handeln: *reduce, reuse, recycle*. Der fotografierte Einkaufswagen in Abb. 1.6 mit 51 Plastiktüten liefert hierzu genug Potenzial (Weitere Tipps zur Plastikreduktion sind in Kap. 4 aufgelistet).

Die Folgen einer Veränderung der Zusammensetzung des Plastikmülleintrags in die Gewässer sind schon in kurzer Zeit auch fern der Eintragsstelle sichtbar. Eissturmvögel sind für diese Veränderungen effektive biologische Indikatoren. Eine Reduktion von Kunststoffgranulat im Plastikmüll seit den 1980er-Jahren führte zu einer 75 %igen Verringerung in den Eissturmvögeln als auch zu einer 75 %igen Verringerung im subtropischen Nordatlantik-Plastikmüllwirbel, während sich bei den Gebrauchsplastikprodukten kein Trend abzeichnete (van Franeker und Law 2015). Im Umkehrschluss zeigt das Beispiel, dass tatsächlich eine weltweit verbesserte Plastikmüllentsorgung in einem überschaubaren Zeitraum zu sicht- und spürbaren Veränderungen in der Umwelt führen kann, noch bevor unsere Erdölressourcen erschöpft sein werden. Was aber tun gegen die gigantischen Mengen von Makroplastikmüll in den großen Ozeanwirbeln? Boyan Slat, ein junger ambitionierter Holländer, ist dabei, die Oceane mit kilometerlangen u-förmigen verankerten Schwimmbarrieren aufzuräumen. Sie sind nicht fest verankert, sondern treiben etwas langsamer als die Meeresströmungen mit diesen mit. Dabei sammelt sich der oberflächennah treibende Plastikmüll in den unter den Barrieren angebrachten Netzen (The Ocean Cleanup 2018). Auch wenn Biologen diesem Vorhaben skeptisch gegenüberstehen, da sie befürchten, dass Fischpopulationen und Plankton zu Schaden kommen, und auch wenn Ingenieure die Widerstandsfähigkeit der Barrieren gegen die raue See infrage stellen, ist dies bislang der einzige Ansatz aufzuräumen, bevor der Kunststoffmüll nicht mehr greifbar ist. Diesen Ansatz muss man unterstützen. Die Barrieren sind keine Schleppnetze und damit

Abb. 1.6   Einkauf mit 51 Plastiktüten

keine Gefahr für gesunde Lebewesen, und die Frage nach der Funktionalität unter wechselnden Wetterbedingungen wird sich in der Praxis beantworten.

Eine ganz andere Frage stellt sich in Bezug auf die Sorptionseigenschaften von Mikroplastik. Besagte Eigenschaften werden bereits in Form von Passiv-samplern in der Analytik genutzt (Abschn. 3.1; Müller 2017), in denen spezielle Polymere in der Lage sind, Schadstoffe in nachweisbarer Konzentration zu binden und an ein entsprechendes Lösungsmittel wieder abzugeben. Könnte man nicht diese Sorptionseigenschaften nutzen, um Gewässer zu reinigen, quasi als Filter-material? Dass die Sorption von Schadstoffen an Polymeren potenziell möglich ist, wurde bereits gezeigt (Muhandiki et al. 2008; Matsuzawa et al. 2010). Wenn sich dafür auch klein gemahlener Plastikmüll, nach einer entsprechenden Vor-behandlung zur Reinigung und Aufrauung der Oberfläche, verwenden ließe, bevor man ihn ohnehin verbrennt, würde wieder ein Wertstoff daraus werden, im Sinne eines Upcylings. Der Plastikmüll wäre kein Müll mehr und würde auch nicht mehr so gedankenlos in der Umwelt allerorts abgelegt (deponiert) werden. Das klingt nach einer utopischen Vorstellung. in die das Abschn. 3.2 einen Ausblick gewährt (vorausschickt). An Mikroplastikpulver, welches mit einer Kryogenmühle aus Kunststoffabfällen erzeugt wurde, als auch an kommerziell erhältlichen Kunst-stoffpulver (Sintermaterial für 3-D-Drucker), wird die Sorption von Hormonen, abhängig vom Kunststofftyp und der Oberfläche, untersucht und quantifiziert (Hummel 2017). Dabei wird durch den Einsatz von unterschiedlichen Techni-ken festgestellt, ob das bestimmte Hormon an Kunststoffpartikel adsorbiert oder absorbiert wird (Hummel 2017). Dies ist eine entscheidende Fragestellung für die weitere Entwicklung von Mikroplastik als effektiver Wasserfilter, um Hormone quantitativ aus Abwässern zu entfernen und sie eventuell sogar durch Desorption mit einem geeigneten Lösungsmittel zurückzugewinnen und das Filtermaterial zu regenerieren.

Für die Sorptionsversuche wurden die Hormone 17α-Ethinylestradiol (EE2), Norethisteron (Nor) und Östron (E1) verwendet. Sie zählen ebenso wie DEHP, Atrazin, Imidacloprid und Thiacloprid, um nur einige weitere Vertreter die-ser Substanzklasse zu nennen, zu den endokrinen Disruptoren, die in unseren Abwässern vorkommen. In Kläranlagen werden diese Spurenstoffe nicht voll-ständig abgebaut und finden sich deshalb auch in Flüssen wieder. Selbst in sehr niedrigen Konzentrationen sind Hormone in der Lage, Stoffwechsel und Fort-pflanzung von Wasserorganismen zu beeinflussen (Manickum und John 2014).

Literatur

Anderson, J. C., Park, B. J., & Palace, V. P. (2016). Microplastics in aquatic environments: Implica-tions for Canadian ecosystems. *Environmental Pollution (Barking, Essex: 1987), 218,* 269–280.

Avio, C. G., Gorbi, S., & Regoli, F. (2015). Experimental development of a new protocol for extraction and characterization of microplastics in fish tissues: First observations in commercial species from Adriatic Sea. *Marine Environmental Research, 111,* 18–26.

Bakir, A., Rowland, S. J., & Thompson, R. C. (2014). Enhanced desorption of persistent organic pollutants from microplastics under simulated physiological conditions. *Environmental Pollution (Barking, Essex: 1987), 185,* 16–23.

Boucher, J., & Friot, D. (2017). *Primary microplastics in the oceans: Global marine and polar programme*. Switzerland: IUCN.
Cole, M., Lindeque, P., et al. (2013). Microplastic ingestion by zooplankton. *Environmental Science and Technology, 47,* 6646–6655. https://doi.org/10.1021/es400663f.
Cressey, D. (2016). The plastic Ocean. *Nature, 536,* 263–265.
Deng, Y., Zhang, Y., Lemos, B., & Ren, H. (2017). Tissue accumulation of microplastics in mice and biomarker responses suggest widespread health risks of exposure. *Scientific reports, 7,* 46687.
Desforges, J.-P. W., Galbraith, M., & Ross, P. S. (2015). Ingestion of microplastics by zooplankton in the Northeast Pacific ocean (eng). *Archives of Environmental Contamination and Toxicology, 69*(3), 320–330.
Eerkes-Medrano, D., Thompson, R. C., & Aldridge, D. C. (2015). Microplastics in freshwater systems: A review of the emerging threats, identification of knowledge gaps and prioritisation of research (eng). *Water Research, 75,* 63–82.
EFSA (European Food Safety Authority). (2016). Presence of microplastics and nanoplastics in food, with particular focus on seafood. *EFSA Journal, 14*(6), 1–30.
Fath, A. (2016). *Rheines Wasser*. München: Hanser.
Fröhlich, E., & Roblegg, E. (2012). Models for oral uptake of nanoparticles in consumer products. *Toxicology, 291*(1–3), 10–17.
Garms, A. (2017). Globale Statistik: Plastik-Welt. http://www.spiegel.de/wissenschaft/natur/plastik-menschen-haben-mehr-als-8-milliarden-tonnen-produziert-a-1158676.html. Zugegriffen: 23. Nov. 2017.
Güven, O., Gökdağ, K., Jovanović, B., & Kıdeyş, A. E. (2017). Microplastic litter composition of the Turkish territorial waters of the Mediterranean Sea, and its occurrence in the gastrointestinal tract of fish. *Environmental pollution (Barking, Essex: 1987), 223,* 286–294.
Hartline, N. L., Bruce, N. J., Karba, S. N., Ruff, E. O., Sonar, S. U., & Holden, P. A. (2016). Microfiber masses recovered from conventional machine washing of new or aged garments. *Environmental Science and Technology, 50*(21), 11532–11538. https://doi.org/10.1021/acs.est.6b03045.
Hoornweg, D., Bhada-Tata, P., & Kennedy, C. (2013). Comment waste. *Nature, 502,* 615–617.
Hummel, D. (2017). *Untersuchung der Sorption wässrig gelöster organischer Substanzen an Polymerpartikel*. Masterthesis, Nov. 2017, HFU.
ifw-Hamburg. (2017). Alles Plastik: Kunststoffe in Wissenschaft und Alltag. http://www.ifw-hamburg.de/daten/id_104/110715_albis_seiten.pdf. Zugegriffen: 23. Nov. 2017.
Jambeck, J. R., et al. (2015). Plastic waste inputs from land into the ocean. *Science, 347*(6223), 768–771. https://doi.org/10.1126/science.1260352.
Jander, J. (2017). *Mikroplastik in Flüssen und Lebensmitteln*. Masterthesis, HFU.
Karami, A., et al. (2017). The presence of microplastics in commercial salts from different countries (eng). *Scientific Reports, 7,* 46173.
Lassen, C., Hansen, S. F., Magnusson, K., Hartmann, N. B., Rehne Jensen, P., Nielsen, T. G., & Brinch, A. (2015). Microplastics Occurrence, effects and sources of releases to the environment in Denmark. www.eng.mst.dk.
Li, W. C., Tse, H. F., & Fok, L. (2016). Plastic waste in the marine environment: A review of sources, occurrence and effects. *The Science of The Total Environment, 566–567,* 333–349.
Lönnstedt, O. M., & Eklöv, P. (2016). Environmentally relevant concentrations of microplastic particles influence larval fish ecology. *Science, 352,* 1213–1216.
Manickum, T., & John, W. (2014). Occurrence, fate and environmental risk assessment of endocrine disrupting compounds at the wastewater treatment works in Pietermaritzburg (South Africa). *The Science of The Total Environment, 468–469,* 584–597.
Matsuzawa, Y., Kimura, Z.-I., Nishimura, Y., Shibayama, M., & Hiraishi, A. (2010). Removal of hydrophobic organic contaminants from aqueous solutions by sorption onto biodegradable polyesters. *Journal of Water Resource and Protection, 2*(3), 214–221.
Moore, C. J., Moore, S. L., Leecaster, M. K., & Weisberg, S. B. (2001). A comparison of plastic and plankton in the north Pacific central gyre. *Marine Pollution Bulletin, 42,* 1297–1300.

Muhandiki, V. S., Shimizu, Y., Adou, Y. A. F., & Matsui, S. (2008). Removal of hydrophobic micro-organic pollutants from municipal wastewater treatment plant effluents by sorption onto synthetic polymeric adsorbents: Upflow column experiments. *Environmental Technology, 29*(3), 351–361.

Müller. J. (2017). *Qualitativer Nachweis von Schadstoffen in Gewässern und deren Abbaupotenzial: Charakterisierung von Schadstoffen im Rhein, die mithilfe eines Passivsamplers während des Projektes „Rheines Wasser" nachgewiesen wurden.* Masterthesis, HFU.

Napper, I. E., Bakir, A., Rowland, S. J., & Thompson, R. C. (2015). Characterisation, quantity and sorptive properties of microplastics extracted from cosmetics. *Marine Pollution Bulletin, 99*(1–2), 178–185.

Obbard, R. W., Sadri, S., Wong, Y. Q., Khitun, A. A., Baker, I., & Thompson, R. C. (2014). Global warming releases microplastic legacy frozen in Arctic Sea ice. *Earth's Future, 2,* 315–320.

Rochman, C. M., Tahir, A., Williams, S. L., Baxa, D. V., Lam, R., Miller, J. T., et al. (2015). Anthropogenic debris in seafood: Plastic debris and fibers from textiles in fish and bivalves sold for human consumption. *Scientific reports, 5,* 14340.

Sleight, V. A., Bakir, A., Thompson, R. C., & Henry, T. B. (2017). Assessment of microplastic-sorbed contaminant bioavailability through analysis of biomarker gene expression in larval zebrafish. *Marine Pollution Bulletin, 116*(1–2), 291–297.

Sussarellu, R., et al. (2016). Oyster reproduction is affected by exposure to polystyrene microplastics. *Proceedings of the National Academy of Sciences of the United States of America, 113,* 2430–2435.

Taylor, M. L., Gwinnett, C., Robinson, L. F., & Woodall, L. C. (2016). Plastic microfibre ingestion by deep-sea organisms. *Scientific Reports, 6,* 33997.

Teuten, E. L., Saquing, J. M., Knappe, D. R. U., Barlaz, M. A., Jonsson, S., Björn, A., et al. (2009). Transport and release of chemicals from plastics to the environment and to wildlife. *Philosophical Transactions of the Royal Society of London. Series B, Biological Sciences, 364*(1526), 2027–2045.

The Ocean Cleanup. (2018). www.theoceancleanup.com.

Umweltbundesamt. (Hrsg.). (2016). Polyzyklische Aromatische Wasserstoffe – Umweltschädlich! Giftig! Unvermeidbar? https://www.umweltbundesamt.de/sites/default/files/medien/376/publikationen/polyzyklische_aomatische_kohlenwasserstoffe.pdf.

Umweltbundesamt Österreich (o. J.). Mündliche Mitteilung eines Mitarbeiters.

van Franeker, J. A., & Law, K. L. (2015). Seabirds, gyres and global trends in plastic pollution. *Environmental Pollution, 203,* 89–96.

van Sebille, E., et al. (2015). A global inventory of small floating plastic debris. *Environmental Research Letters, 10,* 124006.

Wang, W., Ndungu, A. W., Li, Z., & Wang, J. (2017). Microplastics pollution in inland freshwaters of China: A case study in urban surface waters of Wuhan, China. *The Science of The Total Environment, 575,* 1369–1374.

Woodall, L. C., et al. (2014). The deep sea is a major sink for microplastic debris. *Royal Society Open Science, 1,* 140317.

World Economic Forum (2016) The new plastic economy: Rethinking the future of plastics. http://www3.weforum.org/docs/WEF_The_New_Plastics_Economy.pdf.

Ziccardi, L. M., Edgington, A., Hentz, K., Kulacki, K. J., & Kane Driscoll, S. (2016). Microplastics as vectors for bioaccumulation of hydrophobic organic chemicals in the marine environment: A state-of-the-science review. *Environmental Toxicology and Chemistry, 35*(7), 1667–1676.

Mikroplastik

2

Inhaltsverzeichnis

© Springer-Verlag GmbH Deutschland, ein Teil von Springer Nature 2019
A. Fath, *Mikroplastik*, https://doi.org/10.1007/978-3-662-57852-0_2

2.1   Definition, Entstehung und Verwendung

Kunststoffe, die umgangssprachlich auch als Plastik (nicht zu verwechseln mit einer Plastik oder Skulptur eines Bildhauers) bezeichnet werden, werden aufgrund ihrer Haltbarkeit vielfältig eingesetzt. Dadurch ergeben sich Probleme mit der umweltschonenden Entsorgung, wobei insbesondere Mikroplastik eine besondere Rolle einnimmt.

Die Vorsilbe „Mikro" stammt vom Griechischen *mikros,* was so viel bedeutet wie „klein". Mit „Mikro" bezeichnen wir heute den einmillionsten Teil z. B. eines Meters. Damit liegen wir in der Größenordnung von µm. Bei Mikroplastik handelt es sich also um kleine Kunststoffpartikel oder Fasern.

Kunststoffe wiederum sind halb- oder vollsynthetisch hergestellte makromolekulare Werkstoffe. Zur Herstellung von halbsynthetischen Werkstoffen werden natürliche Polymere, sogenannte Biopolymere, wie beispielsweise Cellulose herangezogen, die durch Veresterung zu Kunstseide weiterverarbeitet werden. Die vollsynthetischen und nichtabbaubaren Kunststoffe mit einer Verrottungszeit von mehreren Tausend Jahren werden aus sogenannten petrochemisch hergestellten Monomeren synthetisiert. Je nach Funktionalität der Monomere werden die einzelnen Bausteine entweder durch eine radikalische Polymerisation, Polykondensation

oder Polyaddition zu linearen oder verzweigten hochmolekularen Molekülketten
mit n>1000 Kettengliedern aneinandergehängt. Bei der Polymerisation können
auch unterschiedliche Monomere in einer Kettenfortpflanzungsreaktion eingesetzt
werden, sodass eine Vielzahl möglicher Polymere entsteht. Dadurch existiert
mittlerweile eine breite Palette von Kunststoffen mit unterschiedlichsten Eigenschaften für eine Vielzahl von Anwendungsmöglichkeiten. Kunststoffe sind enorm
widerstandsfähig, flexibel, und leicht formbar, sie bestechen durch eine einfache
Verarbeitung und sind vor allem ein günstiges Ausgangsmaterial. Für eine Vielzahl
von Anwendungen sind Kunststoffe heute unverzichtbar. Sie werden in der Auto-
mobilindustrie, in der Medizintechnik in der Elektrotechnik, der Haustechnik der
Baubranche in Spiel und Sport u.v.m. verwendet.

Der größte Anteil an produzierten Kunststoffen wird für Verpackungen eingesetzt. Etwa 39 % der hergestellten Kunststoffe in Europa dienen Verpackungs-
zwecken (PlasticsEurope 2013). Der Bedarf nimmt immer mehr zu: So stieg die
weltweite Plastikproduktion von einer halben Million Tonnen im Jahre 1950 bis zu
288 Mio. Tonnen im Jahr 2012. Allein 2012 nahm die weltweite Plastikproduktion
im Vergleich zum Vorjahr um 2,8 % zu. Allerdings zeigte sich in Europa zur selben Zeit ein Rückgang der Produktion um 3 %, was jedoch mit 57 Mio. Tonnen
pro Jahr noch immer eine enorme Menge darstellt (PlasticsEurope 2013). In einer
Studie des Wuppertaler Instituts (Spezial zur Ausgabe 12. Jg. 46 der Kunststoff-
zeitung *Segen oder Fluch*) wird der Kunststoffeinsatz mit einer weiteren Zunahme
um 28 % bis zum Jahre 2030 prognostiziert, wenn keine Recyclat-Initiative
erfolgt. Mit zunehmendem Bedarf vergrößert sich dadurch auch die entstehende
Abfallmenge. Nicht mehr gebrauchte Kunststoffprodukte landen auf Abfall-
deponien, werden verbrannt oder wiederverwertet oder zu einem großen Teil
unsachgemäß entsorgt, sodass es zu Schlagzeilen wie „Müllstrudel belastet Nordpazifik – Millionen Tonnen Plastik landen jedes Jahr im Meer" kommt. Auch im
Atlantik ist die Anhäufung von Kunststoffen nicht zu übersehen (Abb. 2.1). Dieser
anfallende Berg an Kunststoffabfällen kann offensichtlich nicht komplett entsorgt
werden. Recycling wirft in vielen Fällen zu wenig Profit ab, und so ist es nicht zu
vermeiden, dass ein großer Teil über unterschiedlichste Wege in unsere Umwelt
gelangt und dort verheerenden Schaden mit bisher noch unvorhersehbaren Folgen
für unsere Umwelt anrichten kann. Sind Kunststoffe erst einmal den äußeren Einflüssen der Natur ausgesetzt, zerfällt der Kunststoff zu immer kleineren Partikeln –
man spricht von Mikroplastik, einer unsichtbaren Gefährdung unserer Abwässer.

Das Problem der Akkumulation von Kunststoffen als Makro- oder Mikroplastik in unserer Umwelt hat man teilweise schon erkannt, sodass Entwicklungen
für Produkte aus kompostierbaren Kunststoffen bzw. abbaubaren Kunststoffen wie beispielsweise das auf Milchsäure basierende Polylacticacid (PLA)
angelaufen sind. Der Vorteil dabei liegt auf dem nachwachsenden Rohstoff und
dem recyclingfähigen Polymer (https://www.thyssenkrupp.com/de/produkte/poly-
lactide.html).

Über die genaue Definition von Mikroplastik sind sich die Forscher nicht einig.
Es gibt bisher noch keine vereinheitlichte Definition für diese Form von Plastik.
So bezeichnet Moore et al. (2011) Plastikpartikel, die größer als 5 mm sind, als

Abb. 2.1 Ausbeute nach einer Flutphase in einer 10 m breiten Bucht an der kantabrischen Atlantikküste bei Comillias. Makroplastik auf dem Weg zu Mikroplastik. Die Kunststoffausbeute nach der darauffolgenden Flut war vergleichbar. Durch den Abrieb der Kunststoffartikel über den Gesteinsbrocken während der Wellenbewegungen kommt es zu mechanischer Zerkleinerung

Makroplastik, kleiner als 5 mm bezeichnet er als Mikroplastik. In der Veröffent-lichung von Browne et al. (2010) werden Plastikfragmente, die kleiner als 1 mm sind, als Mikroplastik bezeichnet. Der Begriff „Mesoplastik" fällt bei Andrady (2011), um zwischen Plastik, welches mit dem menschlichen Auge erkennbar ist, und solchem, das nur unter dem Mikroskop wahrnehmbar ist, zu unterscheiden.

Mittlerweile werden Plastikpartikel nach ihrer Größe (Durchmesser) definiert (Tab. 2.1).

Primäres und sekundäres Mikroplastik
Man unterteilt Mikroplastik weiter in primäres und sekundäres Mikroplastik. Zum primären Mikroplastik zählen kleinste Plastikpartikel im Mikrometer-bereich, sogenannte „Microbeads". Diese Kunststoffformkörper werden von der Industrie zur Weiterverarbeitung produziert (Liebezeit und Dubaish 2012).

Tab. 2.1 Größeneinordnung von „Plastik". (Andrady 2011; Cole et al. 2011; Ryan et al. 2009)

Größe der Partikel	Bezeichnung
>25 mm	Makroplastik
5–25 mm	Mesoplastik
1–5 mm	L-MPP (Large Microplastic Particle)
<1 mm	S-MPP (Small Microplastik Particle)

Kleinste Plastikteilchen finden Verwendung in der Kosmetikindustrie. In Pflegeprodukten wie etwa Duschgel, Wasch-Peelings, Make-up oder sogar in Zahnpasta
wird Kunststoff hinzugegeben. Viele Zahnpasta-Hersteller haben aufgrund der
„unsichtbaren Gefahr" mittlerweile auf den Einsatz von Mikroplastik in ihren Produkten verzichtet. Dieser Teilerfolg ist sicher auch ein Verdienst des Bundes für
Umwelt und Natur in Deutschland (BUND), der auf seiner Webseite (www.bund.
net/mikroplastik) Firmen und deren Produkte, die Mikroplastik enthalten, auflistet
und damit gewissermaßen als „Umweltsünder" anprangert. Die Produktpalette
ist einige Seiten lang und enthält Gesichtspflege-, Körperpflege-, Fußpflege- und
Handpflegeprodukte sowie Shampoos, Duschgels, Puder, Makeup, Concealer,
Rouge, Lidschatten, Mascara, Eyeliner, Augenbrauenstifte, Lippenstifte, Lipgloss,
Lipliner, Sonnencremes, Rasierschaum und Deodorants (Abb. 2.2). Sollten Sie
als Leser dieses Lehrbuches betroffene Kosmetikartikel entdecken, die noch nicht
aufgelistet sind, können Sie diese gerne dem BUND als Ergänzung der Produktliste zukommen lassen. Wie Sie erkennen, ob ein Produkt Mikroplastik enthält,
erfahren Sie in den folgenden Abschnitten.

Einige Firmen schwenken bereits ein und verwenden keine Kunststoffpartikel
mehr in ihren Produkten oder setzen alternative Feststoffe mit den gleichen Effek-
ten ein. An einer Alternative zu Mikroplastik forscht derzeit das Fraunhofer-
Institut Umsicht. Dabei stellen die Wissenschaftler kleinste Partikel aus Biowachs
im Hochdruckverfahren her. Die kaltgemahlenen Partikel entsprechen in Form
und Größe dem klassischen Mikroplastik. Dadurch können diese bedenkenlos in
Hygiene- und Pflegeprodukten eingesetzt werden (Fraunhofer Umsicht 2014).

Abb. 2.2 Unterschiedliche Mikroplastikpartikel

Andere Naturprodukte, wie beispielsweise zermahlene Walnussschalen oder Traubenkerne, erfüllen ebenfalls die Funktion eines abrasiven Effekts in Peelings. Des Weiteren werden feinste Plastikpartikel aus Polyethylen zur Luftdruckreinigung eingesetzt, um Schmutz und Rost zu entfernen In der Medizin kommen kleine Plastikpartikel als Vektor für diverse Wirkstoffe zum Einsatz (Patel et al. 2009). Bevor es in die Massenproduktion geht, wird bei der Herstellung von Prototypen Mikroplastik in Form von Polyamidpulver eingesetzt, welches mittels eines positionsgesteuerten Laserstrahls zu einem dreidimensionalen Bauteil zusammengeschmolzen wird.

Zu Mikroplastik zählen auch Mikrofasern, die sich beim Waschen aus synthetischen Fleece-Textilien lösen. In Abb. 2.3. sind die mikroskopisch kleinen Fasern zu erkennen. Jene, die nicht mit dem Abwasser der Waschmaschine Richtung Kläranlage abfließen, bleiben im Sieb des Trockners hängen und können somit optisch und IR-spektroskopisch untersucht werden.

Sekundäres Mikroplastik entsteht durch den Zerfall von Makroplastik. Größere Plastikteile werden dabei durch physikalische, chemische oder biologische Prozesse in immer kleinere Bestandteile zersetzt (Abb. 2.4).

Abb. 2.4 zeigt, auf welchem Weg sich makroskopische Kunststoffartikel, wie beispielsweise eine PET-Flasche, in der Umwelt zu kleineren Partikeln zersetzen. Dies kann auf rein physikalischem Wege ablaufen, etwa bei einem Großbrand, in dem bei hoher Temperatureinwirkung eine Verbrennung sattfindet. Neben der Oxidation und vollständigen Verbrennung zu Kohlendioxid enthält der Rauch der Brandwolke Plastikpartikel, die in die Atmosphäre geschleudert werden. Es

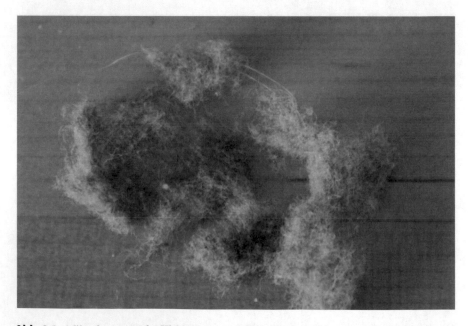

Abb. 2.3 Mikrofasern aus der Kleidung

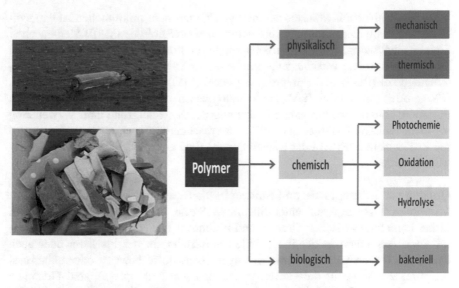

Abb. 2.4 Zersetzungsprozesse beim Abbau von Makroplastik zu Mikroplastik

ist nicht auszuschließen, dass Mikroplastikpartikel bei Bränden an Rußteilchen anhaftend in die Luft geschleudert werden. Wie sonst ließe sich erklären, dass auch in zivilisationsfernen Gewässern Mikroplastikpartikel gefunden werden. In Müllverbrennungsanlagen werden diese Partikel durch Rußfilter aufgefangen.

Die mechanische Zersetzung ist leicht nachzuvollziehen. Sand und Gesteine sind härter als Kunststoffe, auch wenn deren Glasfaseranteilen bis zu 60 %. betragen kann. Wenn Sand und Gesteine über Kunststoffe schmirgeln oder umgekehrt, wie bei den Gezeiten und starken Wellenbewegungen oder Kies in stark strömenden Flüssen wie dem Rhein, entsteht rein mechanisch partikulärer Abrieb und aus Makroplastik Mikroplastik. In Flüssen entsteht diese Situation größtenteils durch abgesunkene Kunststoffflaschen, die sich an den Staustufen zu Haufsammeln.

Eine chemische Zersetzung kann durch Sauerstoffeinwirkung (Oxidation), UV-Strahlung oder durch eine Reaktion mit Wasser (Hydrolyse) erfolgen. Der aggressive Sauerstoff greift als Diradikal beispielsweise ungesättigte Verbindungen wie Polybutadien an, die energiereiche UV-Strahlung führt zum Aufbrechen von kovalenten Bindungen und Polymide, Polyester oder Polyether können je nach pH-Wert früher oder später in kürzere Fragmente hydrolysiert werden. All die genannten Reaktionen führen zu einer Versprödung der Polymere. Die Kunststoffe werden mit der Zeit brüchig und fallen, durch mechanische Einwirkung unterstützt, in kleinere Teile auseinander.

Anstelle des zersetzenden Angriffs von Wasser, UV-Strahlung und Sauerstoff können auch Bakterien treten. Diese bakterielle Zersetzung von Kunststoffen kann man natürlich auch kontrolliert zur Reduktion von Kunststoffabfällen einsetzen. Das Institut für Molekulare Mikrobiologie und Biotechnologie der westfälischen

Wilhelms-Universität Münster beschäftigt sich mit dem mikrobiellen Abbau synthetischer Polymere (http://mibi1.unimuenster.de/Biologie.IMMB.Steinbuechel/
Steinbuechel/Index.html). Die Arbeitsgruppe um Prof. Steinbüchel untersucht den
biologischen Abbau verschiedener synthetischer Polymere, in erster Linie Polyet-
hyleneglykol (PEG) und Polypropylenglykol (PPG), aber auch Polyvinylalkohol
(PVA) oder Polyacrylat (PA). Dem biologischen Abbau dieser wasserlöslichen
Polymere kommt eine besondere Bedeutung zu, da sie aufgrund ihrer Verwendung
als nicht-ionische Detergenzien (PEG) in Waschmitteln, aber auch als Emulgato-
ren in Kosmetika (PPG) oder Chelatbildnern (PA) nicht recycliert und wiederverwertet werden.

Quellen von Mikroplastik und Eintrag in die Gewässer
Mikroplastik gelangt auf unterschiedliche Weise in unsere Flüsse und Seen.
Dabei kann man zwischen direkten und indirekten Wegen in das Gewässer unterscheiden. Vor allem in der industriellen Schifffahrt, in der Fischerei oder auch
durch die Folgen von Tourismus gelangen Kunststoffe bewusst oder unbewusst
auf direktem Wege in die Gewässer. Quellen von Mikroplastik sind Granulate
aus der Kunststoffproduktion, so ist es möglich, dass Plastikgranulate schon während der Produktion oder beim Transport versehentlich in die Umwelt gelangen
(Cole et al. 2011). Dies wird durch mehrere Granulatfunde an Meeresstränden
belegt (Claessens et al. 2011; Rios et al. 2007). In den Meeren zählen nicht mehr
gebrauchte oder abgerissene Fischernetze zum größten Anteil an gefundenem
Plastikmüll (Andrady 2011). Sogenannte „Geisternetze" verbleiben am Grund der
Gewässer und fangen weiter Fische, nachdem sie versenkt worden oder verloren
gegangen sind (Moore 2008; Lopez und Mouat 2009). Zum indirekten Eintragen
von Mikroplastik in ein Gewässer kommt es häufig durch die Nutzung von mikro-
plastikbelasteten Hygiene- und Pflegeprodukten. Durch den häuslichen Gebrauch
der genannten Produkte gelangen Plastikpartikel über das Abwasser in die Kläranlage. Da in den Kläranlagen eine hineichende Filterung momentan noch nicht
umsetzbar ist, gelangen die Plastikteilchen fast ungehindert in unsere Flüsse und
Seen (HELCOM BASE Project 2014). So gelangen etwa Textilfasern aus Polyester bei jedem Waschvorgang in das Abwasser. Eine Studie von Browne et al.
(2011) zeigte, dass pro Kleidungsstück etwa 1900 Kunststofffasern freigesetzt
werden. Aber auch Plastiktüten und Plastikflaschen sind Quellen für Mikroplastik,
sie gelangen entweder direkt in ein Gewässer oder der Kunststoff zersetzt sich
und kleinere Partikel versickern ins Grundwasser und gelangen auf diese Weise
in das Gewässer. So fanden Zubris und Richards (2005) kleinste Plastikfasern in
Klärschlamm. In der Agrarwirtschaft wird häufig Klärschlamm als Düngemittel
für die Felder eingesetzt, und so kommen Agrarprodukte in direkten Kontakt
mit Mikroplastik, oder Regen führt zu einer Versickerung der Teilchen. Extreme
Wetterbedingungen sind ebenfalls für den Eintrag von Plastikpartikel verantwortlich. Starke Regenfälle spülen die Partikel über die Kanalisation in die Gewässer.
Stürme und starke Winde befördern feinste Partikel in bodennahe Schichten der
Erdatmosphäre, auf diese Weise kann Mikroplastik kilometerweit an alle erdenk-
lichen Orte gelangen (Liebezeit und Liebezeit 2014).

Nicht nur der Klärschlamm sorgt für Plastikdünger auf deutschen Feldern. Ein Bericht in der Sendung *Kontraste* (ARD 2015) führte zu allgemeiner Verwirrung unter umweltbewussten Verbrauchern. Ob Eierschalen, Obst- und Gemüsereste, Kaffeesatz oder welke Blumen, all das gehört in die Biotonnen und kann dadurch als Kompost wiederverwertet werden. Aus dem Bioabfall wird notwendiger günstiger Dünger für die industrialisierte Landwirtschaft. Eigentlich eine sinnvolle Sache, doch bei genauerer Betrachtung wurde festgestellt, dass die Biotonne die Ursache für eine Umweltverschmutzung mit Mikroplastik ist. Es gelangen immer noch zu viele Kunststoffe in den Kompost. Bei der Verarbeitung des Komposts zu Dünger für die Landwirtschaft wird er zur Homogenisierung geschreddert und dann ausgebracht. Der Kunststoff wird mitgeschreddert und landet ebenfalls auf den Äckern. Da die Bauern ihren Dünger am liebsten vor einen Regenereignis ausbringen, damit er durch den Regen gut in den Boden eindringt, besteht dadurch natürlich die Gefahr, dass die leichten Kunststoffpartikel mit dem Oberflächengewässer abfließen, ohne dabei eine Kläranlage zu passieren. Durch dieses vermeintlich umweltbewusste Handeln wird auch Mikroplastik in unserer Umwelt verteilt und genau das Gegenteil eines nachhaltigen Handelns praktiziert.

Dass bei diesem Vorgehen aus den Kunststoffen durch kontinuierliches Auswaschen von Additiven das Grundwasser und damit auch unsere Lebensmittel gefährdet werden, versteht sich von selbst.

Ein weiteres Beispiel, bei dem eine Verwertungsstrategie nicht konsequent zu Ende gedacht wurde, ist die Fermentation von abgelaufenen Lebensmitteln, hauptsächlich Obst aus Supermarktketten. Da hier große Mengen an Biomasse anfallen, ist der Ansatz, daraus z. B. Bioethanol zu gewinnen, ökologisch und ökonomisch sinnvoll. Allerdings nur dann, wenn das Obst vor dem Zerkleinerungsprozess auch ausgepackt wird. Da dies Zeit und Geld kostet, wird gelegentlich nicht sorgfältig ausgepackt oder sogar ganz darauf verzichtet. Dies hat zur Folge, dass auch die Verpackungsmaterialien durch den Schredder gehen und zerkleinert werden. Da die Mikroorganismen, die den Gärprozess in Gang setzen, die Mikroplastikpartikel nicht verstoffwechseln, verbleiben sie in den Gärresten. Diese werden zusätzlich zu den Kunststoffresten aus unserer Biotonne dann inklusive Mikroplastik als Dünger auf die Felder ausgebracht. Auch dieses Beispiel zeigt, dass es zusätzliche, bisher unbekannte Einträge von Mikroplastikpartikel in unsere Gewässer gibt. Problematisch in diesem Fall ist, dass das Oberflächengewässer zum einen nicht in die Kläranlage fließt, sondern direkt in die Flüsse, und dass die kleinsten Mikroplastikpartikel zusammen mit den eingesetzten Pestiziden bis in unser Grundwasser eingetragen werden können.

2.2   Gefahrenpotenziale von Kunststoffen und Mikroplastik

Die Auswirkungen von Mikroplastik auf die Flüsse und Seen ist bisher noch weitestgehend unerforscht. Zahllose Untersuchungen an marinen Ökosystemen und deren Bewohnern zeigen jedoch deutlich, welche Folgen Mikroplastik haben kann. Um an das Thema heranzuführen, ist es zuvor wichtig zu klären, wie Kunststoffe aufgebaut sind, wie es zu den vielfältigen Eigenschaften von Plastik kommt und welche Gefahren damit verbunden sind.

Kunststoffe werden in Thermo-, Endo- und Duroplasten eingeteilt. Thermoplasten sind linear angeordnete Kohlenstoffketten, bestehend aus Tausenden aneinandergereihten Monomeren. Dieser Kunststoff wird formbar und schmilzt bei erhöhten Temperaturen.

Thermoplaste sind der am häufigsten eingesetzte Kunststofftyp. Da dieser Typ aufgrund der schwachen physikalischen Bindungen wenig bis gar nicht verzweigt ist, zersetzt sich diese Kunststoffart durch äußere Einflüsse am schnellsten. Neben Thermoplasten existieren vernetzte Makromoleküle, weniger vernetzte Kunststoffe sind elastisch, man ordnet sie den Elastomeren zu. Stark vernetzter Kunststoff ist hart und widerstandsfähig, genannt Duroplast (Saechtling und Baur 2007).

Um die Eigenschaften von Kunststoffen zu verbessern, werden ihnen in der Produktion Additive hinzugefügt, wie z. B. Weichmacher, Farbstoffe, UV-Stabilisatoren, Flammschutzmittel und weitere Inhibitoren. Einige der Zusatzstoffe sind toxisch. Phthalate werden u. a. in Lebensmittelfolien oder Kosmetika eingesetzt. Daneben finden sich andere Schadstoffe wie z. B. Bisphenol A oder Nonylphenol in vielen Kunststoffprodukten (Liebezeit und Dubaish 2012). Gelangt Plastik in ein Gewässer, beginnt die Zersetzung: physikalische, chemische und biologische Prozesse zersetzen den Kunststoff in immer kleinere Fragmente. Da Additive nicht chemisch an den Kunststoff gebunden sind, laugen sie aus oder trennen sich beim Zersetzungsprozess vom Kunststoff und werden dann an die Umgebung abgegeben. Geschieht dies in einem Gewässer, können die darin lebenden Organismen Schaden nehmen.

Eine weitaus größere Gefahr für die Wasserbewohner ist allerdings nicht der Zersetzungsprozess selbst, sondern das Endprodukt. Mikroplastik kann von verschiedenen Organismen aufgenommen werden. Beispielsweise verwechseln Fische kleinste Plastikfragmente mit ihrer Nahrung. Lusher et al. (2013) untersuchten zehn verschiedene Fischarten aus dem Ärmelkanal. Bei 36,5 % der insgesamt 504 gefangenen Fische wurde Mikroplastik im Magen-Darm-Trakt der Tiere gefunden. Möglich ist auch, dass die Nahrung der Fische bereits Mikroplastik enthält. Cole et al. (2013) wies die Aufnahme von kleinsten Plastikpartikel mit einem Durchmesser von 1,7–30,6 µm durch Zooplankton nach, das in der Regel das unterste Glied der Nahrungskette darstellt.

Die Aufnahme von Mikroplastik kann wiederum zur Verstopfung des Magen-Darm-Traktes führen oder die Tiere verspüren bei einer Anhäufung von Plastik ein „scheinbares" Sättigungsgefühl. Nicht nur Fische, sondern auch Reptilien, Vögel und Säugetiere sind durch die Aufnahme von Mikroplastik gefährdet. In einer Langzeitstudie zu Seevögeln im Mittelmeerraum fand man im Zeitraum von 2003 bis 2010 Mikroplastik im Magen fast jeden Tieres (Codina-Garcia et al. 2013). Von 44 % aller bisher untersuchten Seevogelarten weiß man, dass sie Plastik durch ihre Nahrung aufnehmen. Wie viele Fische, Säugetiere und Vögel jährlich durch die Aufnahme von Plastik sterben, ist nicht bekannt, man geht aber davon aus, dass es sich um eine Zahl im Millionenbereich handelt (Moore 2008). Es ist anzunehmen, dass eine fortschreitende Zerkleinerung von Plastik in den Gewässern die

Wahrscheinlichkeit der Aufnahme von Mikroplastik durch dort lebende Organismen erhöht (Barnes et al. 2009). Mit der zunehmenden Fragmentierung der Kunststoffteile steigt auch die Wahrscheinlichkeit an, dass Mikroplastik in das Gewebe von Organsimen gelangt. Beispielsweise zeigten Untersuchungen an Miesmuscheln *(Mytilus edulis),* dass Mikroplastikpartikel (80 µm im Durchmesser) in Zellen und sogar in Zellorganellen gelangen und dort zu schweren pathologischen Veränderungen der Organe führen können (Moos 2010). Mikroplastikpartikel können wiederum Schadstoffe wie Additive und sogar Schwermetalle absorbieren. Da sich die Oberfläche der Partikel durch den andauernden Zersetzungsprozess vergrößert, nimmt die Adsorption von chemischen Schadstoffen zu (Barnes et al. 2009). Mato et al. (2001) untersuchte Plastikgranulate aus Polyethylen, welche an der Küste Japans gefunden wurden. Sie wiesen hohe Konzentrationen an PCB, DDE und Nonylphenol auf, organische Giftstoffe mit zum Teil krebserregender Wirkung. In einem Experiment mit vergleichbaren Granulaten in Seewasser stellte er fest, dass sich die Konzentration der Schadstoffe innerhalb der Plastikgranulate deutlich erhöhte (Mato et al. 2001).

Bei der Aufnahme von Mikroplastik besteht ebenso das Risiko, dass Schadstoffe an die Tiere abgegeben werden. Tatsächlich zeigt eine Studie von Oehlmann et al. (2009), dass aufgenommene Schadstoffe von Plastikpartikeln auf Organismen übertragen werden. Teuten et al. (2009) beschreiben in einem Experiment an Seevögeln *(Calonectris leucomelas)* ebenfalls, dass nach der Aufnahme kontaminierter Mikroplastikpartikel Schadstoffe sequenziell an den Körper abgegeben werden. Oehlmann et al. (2009) untersuchten die Auswirkungen von Additiven auf die Entwicklung und die Reproduktionsrate von marinen Fischen, Krebstieren, Weichtieren und Amphibien. Dabei stellte sich heraus, dass Phthalate und Bisphenol A einen negativen Einfluss auf manche Lebewesen haben können, allerdings zeigten nicht alle untersuchten Arten negative Veränderungen. Bei Schwertfischen *(Xiphias gladius, L.)* fand man bei einem Viertel der 162 untersuchten Fische intersexuelle Ausprägungen (Metrio 2003). Ebenso wurden weibliche Eisbären dokumentiert, welche zusätzlich rudimentäre männliche Geschlechtsorgane ausgeprägt hatten. Man vermutet, dass das Hormonsystem der Tiere durch synthetisch hergestellte Pestizide gestört wurde (Wiig et al. 1998). Da entsprechende Langzeitstudien fehlen, lassen sich derartige Auswirkungen auf den Menschen nur vermuten. Es existieren Befürchtungen, dass im Plastik enthaltene Additive, Phthalate oder Bisphenol A, das Hormonsystem und andere biologische Mechanismen des menschlichen Körpers schädigen können (Meeker et al. 2009). Abb. 2.5 zeigt schematisch, wie aufgelistete oberflächenaktive Substanzen mit einem hohen Adsorptionsvermögen und der entsprechenden Polarität sich an der Oberfläche von Mikroplastikpartikeln anlagern können. Mikroplastikpartikel sind Akkumulatoren für hydrophobe Substanzen (Ziccardi et al. 2016)

Am Ende der Nahrungskette steht nun mal der Mensch – durch den Verzehr von Fischen und anderen Meeres- und Flussbewohnern kann Mikroplastik also auch vom Menschen aufgenommen werden. Mikroplastik stellt daher eine große Gefahr dar. Mittlerweile haben Forscher Mikroplastik sogar in verschiedenen Lebensmitteln nachgewiesen. So untersuchten Liebezeit und Liebezeit (2014) im Rahmen ihrer Studien zu Mikroplastik deutsche Biere unterschiedlicher Hersteller. In allen

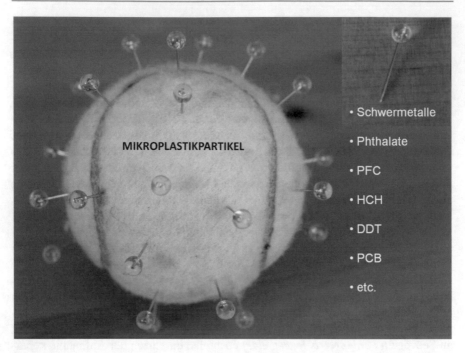

Abb. 2.5 Anlagerung von Schadstoffen an Mikroplastikpartikel

24 getesteten Biersorten fanden sie mikroskopisch kleine Plastikfragmente. Die Anzahl der Teilchen schwankte pro Biersorte zwischen 5 und 79 pro Liter Bier. Laut den Autoren ist dies allerdings noch keine besorgniserregende Menge; es zeigt jedoch, dass Mikroplastik allgegenwärtig in unserer Umwelt vorkommt. Nicht nur unsere Nahrungsmittel sind von Mikroplastik betroffen, sondern auch unser Trinkwasser ist gefährdet. Kunststoffpartikel gelangen auf Deponien oder als Begleitstoffe von Dünger auf unsere Felder. Dort treten photochemische und mikrobielle Zersetzungsprozesse in Gang, die den Kunststoff verspröden und zerkleinern, sodass ein Eintrag in unsere Grund- und Trinkwasser die Folgen sind. Die Mikroplastikbelastungen des Menschen und wie aus Makroplastik Mikroplastik entsteht und in unsere Nahrungskette gelangt, ist anschaulich in der Grafik des Fraunhofer-Instituts Umsicht dargestellt (Abb. 2.6).

Das Umweltproblem „Mikroplastik" umfasst ein Ausmaß, das uns noch in ferner Zukunft beschäftigen wird. Besonders für den Menschen bedarf es weiterer Studien, welche die Auswirkungen von Mikroplastik erforschen. Folgen für die Gesundheit des Menschen sind noch nicht bekannt und können nur erahnt werden, doch zeigen zahllose Untersuchungen an Tieren alarmierende Resultate (Abb. 2.6)!

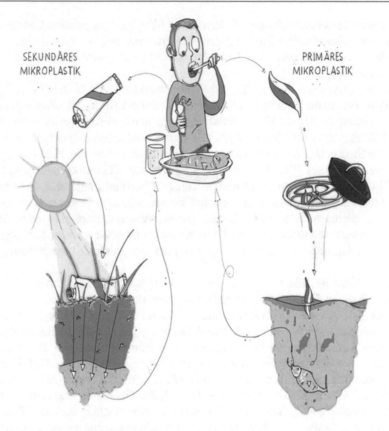

Abb. 2.6   Mikroplastik aus Makroplastik und die Auswirkungen auf den Menschen

2.3   Untersuchungsmethoden von Mikroplastik

2.3.1   Partikelgrößenverteilung mittels Laserbeugungsspektroskopie

Eine andere Methode, um die Partikelgrößenverteilung mikroskopisch kleiner Plastikteilchen zu untersuchen, besteht in der Analyse von Beugungsspektren. Unter einem Infrarotmikroskop ist es natürlich auch möglich, die einzelnen Kunststofffragmente innerhalb eines Filterkuchens auszuzählen und zu vermessen, jedoch erhält man damit nur die Verteilung auf der Oberfläche und nicht die integrale Verteilung in den darunterliegenden Schichten in der Sandmatrix. Mit der Laserbeugugungspektroskopie gibt es eine schnellere Methode, um die Partikelgrößenverteilung in Suspensionen, Emulsionen, Aerolsolen oder Sprays zu messen. Für die Untersuchung des Filterkuchens wäre allerdings zunächst noch einmal eine Trennung von Sand und Plastikpartikel über eine Dichteseparation notwendig. Die Plastikschwebeteilchen in der wässrigen Suspension könnten dann direkt über eine ultraschallunterstützte Nassdispergierung oder nach einer Filtration und Trocknung über eine Druckluft-Trockendispergierung in die Messzelle eingebracht werden.

In vielen Hygiene-, Kosmetik- und Pflegeprodukten (BUND 2018) wird Mikroplastik in Form von kleinen Pellets eingesetzt. Dabei erfüllen die Plastikgranulate eine Funktion als Schleifmittel, Füllstoff, Filmbildner, Formgeber oder als Bindemittel (Liebezeit und Dubaish 2012). Als primäres Mikroplastik gelangen die Partikel durch den täglichen Gebrauch mit dem Abwasser in die Kanalisation und in unsere Gewässer. Für die Untersuchung diverser Kosmetikprodukte hinsichtlich Größenverteilung der enthaltenen Kunststoffpartikel bietet sich das optische Verfahren der Laserbeugung an. Hierbei können wichtige Erkenntnisse über die Auswahl einzusetzender Filtergewebe für die Abwasserreinigung oder für die Gewässeruntersuchung auf Mikroplastik allgemein erhalten werden. Im Folgenden werden die Grundlagen der Laserbeugungsspektroskopie, kurz Laserbeugung, vorgestellt.

Wenn Licht auf die Grenzfläche zweier unterschiedlicher Medien trifft, sind prinzipiell die in Abb. 2.7 dargestellten Wechselwirkungen möglich.

Über jede Art der Wechselwirkung des Lichts mit dem Medium erhält man Informationen über das Material. Die Adsorption, bei der die Intensität des austretenden Lichtstrahls abnimmt, liefert Informationen über die Konzentration innerhalb des durchstrahlten Materials (Photometrie). Auch die Lichtbrechung liefert Informationen über die Reinheit (Konzentration) einer flüssigen Probe (Abbe-Refraktometer, Grad Oechsle = Zuckergehalt im Most). Die Reflexion wird zur Farbmessung ($L_{a,b}$-Wert-Bestimmung) von Oberflächen und zur Trübungsmessung von Gewässerproben eingesetzt. Die Lichtbeugung liefert in einer speziellen optischen Anordnung, wie sie in Abb. 2.9 zu sehen ist, Informationen über die Partikelgröße, Partikelgrößenverteilung und die Form von Partikeln. Sowohl bei den Streuungsphänomenen wie Brechung, Beugung und Reflexion, als auch bei der Absorption kommt es zur Schwächung der einfallenden Strahlung I_0. Dieser Effekt ist als Extinktion bekannt. Die Fraunhofer'schen Beugungsspektren berücksichtigen den Beugungsanteil in Vorwärtsrichtung. Dieser Beugungsanteil hängt stark von der Partikelgröße ab (Abb. 2.8).

Abb. 2.7 Wechselwirkung von Lichtstrahlen mit einem sphärischen Partikel als optisch dichteres Medium

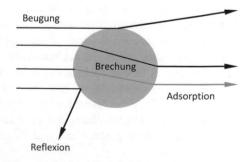

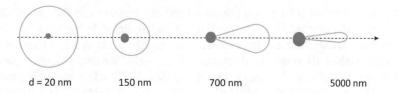

d = 20 nm   150 nm   700 nm   5000 nm

Abb. 2.8 Abhängigkeit der Laserbeugung in Vorwärtsrichtung vom Durchmesser d eines sphärischen Partikels

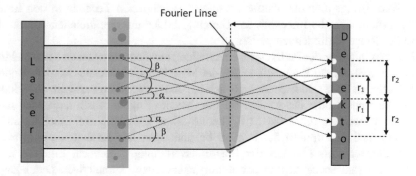

Abb. 2.9 Optische Anordnung zur Erzeugung von Beugungsspektren

Trifft energiereiches monochromatisches und kohärentes Licht, wie es von einem Helium-Neon-Gaslaser erzeugt wird, auf unterschiedlich große sphärische Partikel, dann werden die Rotlichtwellen (633 nm) in Abhängigkeit von der Größe der Partikel in charakteristischer Art und Weise elastisch gestreut. Je größer die Teilchen sind, desto stärker ist die Streuung in Vorwärtsrichtung. Bei Partikeln kleiner als 100 nm ist die Streuintensität in nahezu alle Richtungen identisch. Das Streulicht eines Helium-Neon-Laserstrahls an Partikeln, deren Durchmesser im Mikrometerbereich liegt, wird bei einer Laserbeugungsmessung von einer Sammellinse (Fourier-Linse) gebündelt und auf einem fest installierten Detektor in Abhängigkeit vom Streuwinkel abgebildet. Da die Streuwinkel β an kleinen Teilchen größer sind als die Streuwinkel α an großen Teilchen, kommt es zu einer Lichtstreuintensitätsverteilung auf dem Detektor, wie sie in Abb. 2.9 dargestellt ist.

Monodisperse Teilchen interagieren mit der Laserstrahlung und erzeugen einen konvergenten Strahl, in einem bestimmten Abstand r um das Zentrum des gebündelten Laserstrahls, der keine Wechselwirkung mit Partikeln in der Messzelle hatte. Der Einsatz einer Fourier-Linse hat den Vorteil, dass auch Streulicht bei sehr großen Beugungswinkeln detektiert werden können. Dadurch schafft man die Möglichkeit, auch sehr kleine Teilchen zu vermessen. Die Fourier-Sammellinse transferiert eine winkelabhängige Intensitätsverteilung in eine radienabhängige Verteilung ($r_2 > r_1$) um den zentralen Brennpunkt des Laserstrahls. Zur Erzielung einer möglichst hohen Genauigkeit müssen die zu messenden Teilchen näherungsweise in einer Ebene liegen, da im konvergenten Strahl die Größe des Streubildes vom Abstand der Teilchen zum Detektor abhängt.

Bei der Laserbeugung an sphärischen Partikeln entsteht ein Beugungsbild auf dem Detektor, bestehend aus konzentrischen hellen und dunklen Kreisen um den Brennpunkt. Dabei sind die Intensitäten und die Abstände von der Partikelgröße abhängig. Abb. 2.10 zeigt die Beugungsbilder zweier unterschiedlicher Partikelgrößen von sphärischen Teilchen. Je nach Größe der Teilchen sind die Abstände der hellen und dunklen Bereiche auf dem Detektor unterschiedlich groß. Kleine Partikel erzeugen große Ringabstände (linkes Bild), während große Partikel zu Intensitätsverteilungen mit eng benachbarten Ringen führen (rechtes Bild).

Der Durchmesser der Ringe ist umso größer, je kleiner die kreisförmigen Teilchen sind. Bringt man ein Vielfaches dieser gleichgroßen Teilchen in den Laserstrahl, erhöht sich die Intensität des Beugungsbildes um den gleichen Faktor, die Lage der Ringe bleibt jedoch gleich.

Die Bestimmung der Partikelgrößenverteilung aus den gemessenen Streuspektren kann entweder mit der Fraunhofer- oder der MIE-Theorie berechnet werden (Bohren und Huffmann 2008). Je nachdem, ob sich bei den sphärischen Partikeln das Modell für opake Kugeln oder das Modell für transluzente Kugeln besser anwenden lässt. Bei der Auswertung über die MIE-Theorie muss der komplexe Brechungsindex (Streuung und Absorption) der Partikel bekannt sein. Die Laserstreuung ermittelt das Partikelvolumen. Das aus der Intensitätsverteilung berechnete Ergebnis einer Laserstreuungsmessung sagt in der Summenkurve bzw. kumulativen Durchgangskurve ($Q3(X)$) aus, wie viel Prozent der Partikel im gesamten Probenvolumeneiner bestimmten Partikelgröße enthalten sind. Aus der ersten Ableitung der Summenkurve berechnet sich das sogenannte Histogramm ($dQ3(x)$), welches aussagt, wie viel Prozent des Probenvolumens in Partikeln einer bestimmten Größe liegen. Damit lässt sich auch die Gesamtoberfläche aller Partikel berechnen, eine wichtige Größe zur Abschätzung der Menge an adsobierbaren Substanzen.

Im Folgenden wird die Partikelgrößenverteilung von ausgewählten Kosmetikprodukten untersucht (Loritz 2014). Dabei wird sowohl auf das Vorgehen als auch auf die Interpretation der Ergebnisse eingegangen. Produkte, die Mikroplastik enthalten, sind auf einer Produktliste für Kosmetika und Reinigungsmittel, welche der Bund für Umwelt und Naturschutz Deutschland veröffentlicht hat, aufgelistet (BUND 2018). Von dieser Produktliste wurden fünf Produkte ausgewählt: zwei

Abb. 2.10 Beugungsbilder unterschiedlich großer Partikel. Links: kleine Partikel. Rechts: große Partikel

Zahnpasten, ein Lidschatten, ein Reinigungsmousse und ein Duschgel. Die Produkte sind in Abb. 2.11 aufgeführt.

Die Analyse der Partikelverteilung ist hilfreich für die Auswahl eines geeigneten Filtergewebes, um aus Gewässern auch das Mikroplastik zu erfassen, welches aus Kosmetikprodukten stammt. Nach der Abtrennung der Plastikpartikel vom Gel lässt sich der Kunststoff mittels IR-ATR-Spektroskopie schnell und einfach identifizieren. Tab. 2.2 zeigt eine Auswahl der unterschiedlichen Kunststofftypen, die in den untersuchten Pflegeprodukten verwendet werden.

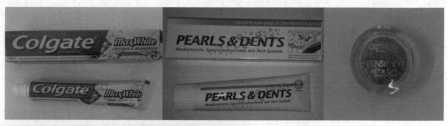

Abb. 2.11   Ausgewählte Produkte, die Mikroplastik enthalten. Oben von links nach rechts: Zwei unterschiedliche Zahnpasten und ein Lidschatten. Unten: ein Reinigungsmousse (links) und ein Duschgel mit Peeling-Effekt

Tab. 2.2   Kosmetikprodukte mit diversen Mikroplastikanteilen

Produkt	Verwendung	Kunststoffart
Catrice Intensif Eye Wet & Dry Shadow	Optische Funktion	Polyamid
Colgate Max White	Schleifmittel	Polypropylen
Melt Away Schäumendes Reinigungsmousse BeBe MORE	Bindemittel	Acrylat-Copolymer
Pearl and Dents Zahnpasta	Schleifmittel	Ethylenvinylacetat
Tägliches Waschpeelingpeeling NIVEA	Peeling	Polyethylen

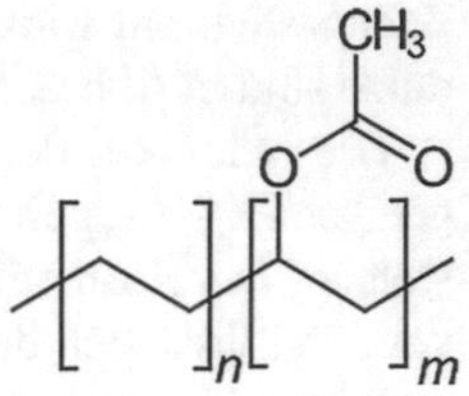

Abb. 2.12 Strukturformel des Copolymers EVAC

Polypropylen, Polyamid und Polyethylen werden in Abschn. 2.5 ausführlich vorgestellt. Das Ethylenvinylacetat (kurz EVAC) ist ein Copolymer, das aus den Monomeren Ethylen und Vinylacetat hergestellt wird (Abb. 2.12). Je nach Mengenanteil der einzelnen Monomertypen erhält man ein Polymer mit der abgebildeten allgemeinen Formel.

Das Copolymer wird nach dem gleichen Verfahren wie PE hergestellt. Die Vinylacetatkomponente verbessert die Bruchdehnung und Alterungsbeständigkeit gegenüber reinem Poylethylen und wird wie dieses auch hauptsächlich für Folien verwendet, aber auch als EVAC-Micropellets bzw. PEVA (Polytehylenvinylacetat) in kosmetischen Peeling-Produkten, wie das Beispiel in Tab. 2.2 zeigt.

Das Acrylat-Copolymer findet sich neben dem Reinigungsmousse auch in vielen anderen Duschgels mit ausgewiesenem Peeling-Effekt. Mit einem Blick auf die Rückseite des Produkts in die Bestandteilliste (Abb. 2.13) erhält man die Gewissheit darüber.

Neben den in Tab. 2.2 aufgeführten Polymeren werden in Kosmetikprodukten außerdem noch Polyethylenterephthalat (PET), Polyester (PES), Polyurethan, Polyimid (PI), Acrylat-Crosspolymere (ACS) und Polyquaternium-7 (P-7) eingesetzt. Unter der Sammelbezeichnung ACS finden sich Coplymere aus Acrylsäurealkylestern

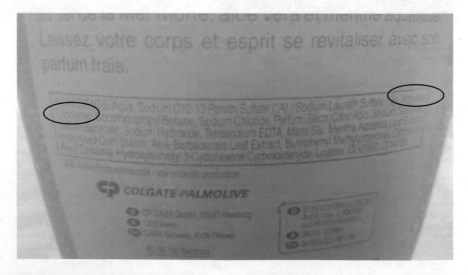

Abb. 2.13 Produktrückseitig aufgeführte Liste der Inhaltsstoffe, auf der das Acrylat-Copolymer (umkreist) aufgeführt ist

(C10–C30), Acrylsäure und Methacrylsäure, die über Propenyl-(allyl)-modifizierte Zucker quervernetzt sind. Polyquaterniumsalze sind eine polymere Verbindungsklasse, die durch eine radikalische Polymerisation von Acrylamid und Dimethyldiallylammoniumchlorid hergestellt werden. Sie werden in Kosmetik und Haarpflegeprodukten eingesetzt und je nach ihrer Funktion wird dem Namen noch eine Nummer hinzugefügt. Durch den Einsatz des quartären Ammoniumchloridmonomers entsteht ein Polykation, das als Filmbildner und Antistatikum in Pflegeprodukten eingesetzt wird. Das Bundesinstitut für Risikobewertung (BfR) hat als Quelle für die krebserregende Substanz Polyarylamid das Polyquaternium-7 identifiziert (BfR 2003), da es Polyarylamid als nicht vollständig umgesetztes Polymer beinhalten kann, welches dann als Mikroplastikbestandteil in Abwässer gelangt.

Selbst hochtemperaturbeständige und vergleichsweise teure Kunststoffe wie Polyimide (PI) werden als Mikroplastik in Kosmetika eingesetzt. Polyimide werden durch eine Polykondensationsreaktion erhalten. Das Verfahren durchläuft zwei Stufen. In der ersten Stufe wird ein Tetracarbonsäuredianhydrid mit einem Diamin zunächst zu einer Polyamidocarbonsäure umgesetzt. Die Polyamidocarbonsäure ist trotz aromatischer Gruppen noch viskos genug, um sie formgebend zu verarbeiten, bevor die Polykondensation zum festen Polyimid thermisch initiiert wird.

Als festigkeitsgebendendes aromatisches Anhydrid wird häufig das aromatische Benzol-1,2,4,5-tetracarbonsäure-1,2:4,5-dianhydrid (Pyromelittsäureanhydrid) und als Diaminokomponente ein 4,4'-Diaminodiphenylether eingesetzt, sodass das in Abb. 2.14 dargestellte Strukturmerkmal erhalten wird.

Mittlerweile haben einige Kosmetikprodukthersteller bereits eine Produktionsumstellung durchgeführt und aufgrund der beschriebenen Problematik kein Mikroplastik mehr zugesetzt oder durch abbaubare Alternativmatrealien einen funktionellen Ersatz gefunden. Aktuell ist dem BUND keine Zahnreinigung mehr bekannt, die Mikroplastik enthält. Auch bei Duschgels ist dieser positive Trend feststellbar. Das Thema „Mikroplastik als Umweltschadstoff" hat die Kosmetikkunden insoweit erreicht, als dass die Produktvermarkter die Nichtverwendung von Mikroplastik bereits aktiv ausloben (Abb. 2.15). Anstelle von Kunststoffpartikeln übernehmen Naturprodukte wie Mandelstein- oder Olivenkernmehl das „Peeling". Auch Körnungen aus dem Wachs der Jojobapflanze oder aus Bienenwachs sind in der Lage, Schmutz und trockene Hautschuppen zu entfernen.

Partikelgrößenanalyse in Kosmetikprodukten
Zur Durchführung der Partikelgrößenanalyse werden die Produkte in verschiedenen Lösungsmitteln suspendiert. Von einem Produkt werden etwa 5 g entnommen und die löslichen Bestandteile in destilliertem Wasser aufgelöst. Die

Abb. 2.14 Strukturmerkmal des Polyimids

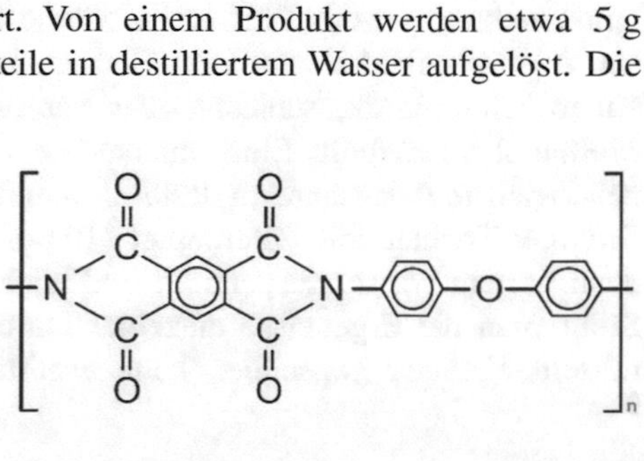

Abb. 2.15 Peeling
mit Jojobawachs statt
Mikroplastik

erhaltene Suspension, sofern Mikroplastikpartikel enthalten sind, wird in die
Probeaufnahmebehälter des Analysegerätes gegeben. Rührerdrehzahl und Pumpleistung des Geräts sowie die Beschallungszeit mit Ultraschall, um Agglomeratio-
nen aufzubrechen, sind wählbar. Es können mehrere Fraktionen der Suspension
hintereinander, nass oder trocken, in die Messzelle geleitet werden, sodass sich
die Beschallungszeit aufaddiert. Ergeben sich pro Durchlauf signifikante Unterschiede in der Partikelgrößenverteilung, erhält man damit eine Information über
die Agglomeration der Teilchen. Als Resultat der Messung erhält man eine grafische Darstellung der Summenverteilung in Prozent sowie den mittleren Partikeldurchmesser in Mikrometer. Die Verteilung der Partikel des Durchlaufs einer
Probe auf die unterschiedlichen Partikeldurchmesser wird an einer Art Gauß-Ver-
teilungskurve, welche die erste Ableitung der Summenkurve darstellt, ablesbar.
Die Durchläufe werden pro Produkt und Lösungsmittel in der hier dargestellten
Untersuchung jeweils fünfmal wiederholt. Als Lösungsmittel kommt destilliertes Wasser und Methanol zum Einsatz. Lösen sich Bestandteile eines Produkts,
außer Mikroplastik, schlecht oder gar nicht in Wasser, wird der Versuch mit
Methanol wiederholt. Eine untersuchte Zahnpasta musste als einziges Produkt
zusätzlich in Essigsäureethylester suspendiert werden. Nach dem Abfiltrieren im
Büchner-Trichter mit Filterpapier (10 µm Porengröße) kann der Filterkuchen in
destilliertem Wasser suspendiert und nochmals zum Vergleich gemessen werden.
Stellt man die Ergebnisse einzelner Durchläufe mit unterschiedlichen Lösungsmitteln einander gegenüber, kann ermittelt werden, welche Partikelgröße dem

Mikroplastik zuzuordnen ist. Vor jedem Durchlauf wird eine Referenzmessung mit destilliertem Wasser durchgeführt. Die Diagramme in Abb. 2.16 zeigen das Ergebnis der Mikroplastikpartikelgrößenverteilung in verschiedenen Produkten.

Auf der Abszisse ist die Porengröße in Mikrometer angegeben, die Ordinate gibt die Summenverteilung in Prozent an. Das Maximum der daraus resultierenden Ableitungskurve beschreibt den Wert x_{50}. Dieser besagt, dass 50 % der vorhandenen Partikel einen kleineren Durchmesser als der zugehörige x-Wert vorweisen. Die optische Konzentration c_{opt} gibt die Konzentration einer Partikellösung an, sie lag bei allen Versuchen zwischen 4 % und 25 %. Die Diagramme legen offen, dass die Größe der verwendeten Kunststoffpartikel sehr unterschiedlich sein kann, innerhalb einer Bandbreite von <10 µm bis >100 µm. Während der Kunststoff des schäumenden Reinigungsmousse (Abb. 2.16 unten rechts) einen gemittelten Partikeldurchmesser von 7,542 µm bei 50 % aller in der Suspension vorkommenden Partikel aufweist und die Partikel im Vergleich zu den anderen getesteten Produkten den kleinsten Partikeldurchmesser haben, erreicht der gemittelte Partikeldurchmesser des täglichen Wasch-Peelings den größten gemittelten Partikeldurchmesser mit 131,558 µm (Abb. 2.16 oben links). Bei den zwei weiteren Produkten liegen die gemittelten Partikeldurchmesser im Mittelfeld zwischen 10 und 40 µm. Um bei einer Flusswasserfiltration auch die Mikroplastikpartikel mit zu erfassen, deren Ursprung auf Kosmetikprodukte zurückzuführen ist, werden deshalb spezielle Edelstahlfilterkerzen mit einem Edelstahlgewebe, dessen Porengröße 10 µm beträgt, verwendet.

Eine weitere untersuchte Zahnpasta zeigt die in Abb. 2.17 dargestellte Partikelverteilung. Auffällig ist, dass neben dem Maximum bei 10 µm Partikeldurchmesser

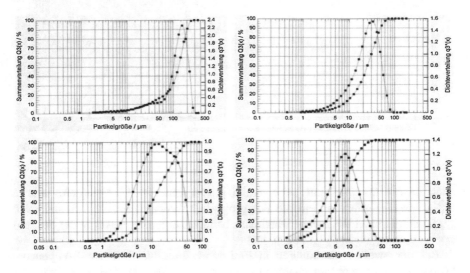

Abb. 2.16 Mikroplastikpartikelgrößen in einem Wasch-Peeling (oben links), einem Lidschatten (oben rechts), einer Zahnpasta (unten links) und einem schäumenden Reinigungsmousse (unten rechts)

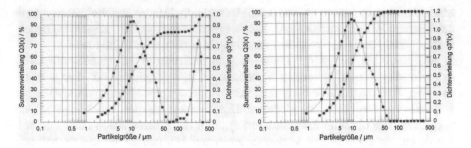

Abb. 2.17 Resultate der Partikelgrößenanalyse einer Zahnpasta. Das linke Diagramm zeigt das Ergebnis mit Methanol als Lösungsmittel. Das rechte Diagramm zeigt den Durchlauf mit destilliertem Wasser als Lösungsmittel nach der Behandlung mit Essigsäureethylester

Abb. 2.18 Inhaltsstoffe einer Zahnpasta

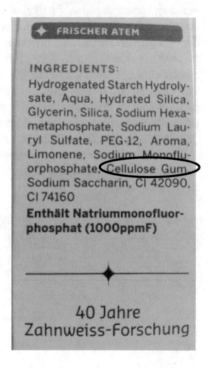

noch ein zweites Maximum bei etwa 380 μm zu sehen ist. Löst man die Paste in Essigsäureethylester, in dem die Polyproplylenmikropartikel (Tab. 2.5) unlöslich sind, verschwindet das zweite Maximum bei einer erneuten Messung der Suspension in dem organischen Lösungsmittel.

Bei der zweiten partikulären in Essigsäureethylester löslichen Komponente handelt es sich um das sogenannte Cellulose Gum. Das Cellulosederivat wird als „Naturprodukt" als Verdicker oder Bindemittel in Pasten und Cremes (auch Eiscreme) eingesetzt und findet sich häufig auf der Liste der Inhaltsstoffe (Abb. 2.18).

Cellulose Gum ist ein viskoses Cellulosederivat, das durch Veretherung unterschiedlicher Anteile, der Hydroxylgruppen der natürlichen β-D-Glucoseeinheiten der Cellulose synthetisiert wird. Dabei reagiert die Alkalicellulose mit Chloressigsäure zu den entsprechenden Carboxymethylcellulosen (CMC). Die Löslichkeit der CMS ist von der Anzahl der Carboxymethylgruppen und dem pH-Wert abhängig. Die anionische Form wird auch als Kationenaustauschermaterial verwendet. Aufgrund ihrer hohen einstellbaren Viskosität und ihrer nichttoxischen Eigenschaften werden Carboxymethylcellulosen hauptsächlich in der Lebensmittelindustrie als Zusatzstoff mit der Nummer E466 eingesetzt. Eine weitere Verwendung finden CMCs als Mikropartikel in der Knochengewebezüchtung *(bone tissue engeneering)* (Gaihre et al. 2016).

Die nachfolgende Partikelgrößenanalyse zweier Produkte gibt Aufschluss über das Agglomerationsverhalten der Mikroplastikpartikel. Während in dem Peeling-Produkt (Tab. 2.3) die Partikelgröße erst nach 600 s einen konstanten Wert annimmt, ist die Partikelgrößenverteilung der Kunststoffpartikel in der untersuchten Zahnpasta konstant und unabhängig von der Ultraschallbeschallungszeit der Suspension (Tab. 2.4).

Seit dem Jahr 1950 sind 8,3 Mrd. Tonnen Plastikprodukte produziert worden bis 2050 sollen es 34 Mrd. Tonnen sein. Bisher wurden davon weltweit nur 9 % recycelt und 12 % verbrannt (Quelle: Roland Geyer/University of California 2017). Die restlichen 79 % sind entweder noch in Gebrauch oder auf Deponien

Tab. 2.3 Ergebnisse der Partikelgrößenanalyse eines Peelings; optische Konzentration der Suspension c_{opt}: 32,5–22,29 %; Messbereich: 1,8–350 µm; Lösungsmittel: destilliertes Wasser; x_{10}: Partikeldurchmesser entsprechen 10 % des kumulierten Durchgangs-Q3(x); x_{50}: eEntsprechen 50 %; x_{90}: entsprechen 90 %

Messung	x_{10} [µm]	x_{50} [µm]	x_{90} [µm]	Beschallung [s]
1	2,65	9,02	22,68	120
2	2,34	8,10	19,70	240
3	2,07	7,36	17,88	360
4	1,89	6,84	16,92	480
5	1,75	6,39	15,96	600
Mittelwert	**2,14**	**7,542**	**18,628**	

Tab. 2.4 Ergebnisse der Partikelgrößenanalyse einer Zahnpasta; optische Konzentration der Suspension c_{opt}: 20,9–21,8 %; Messbereich: 1,8–350 µm; Lösungsmittel: destilliertes Wasser

Messung	x_{10} [µm]	x_{50} [µm]	x_{90} [µm]	Beschallung [s]
1	3,91	12,70	35,43	120
2	3,91	12,72	35,46	240
3	3,91	12,71	35,43	360
4	3,92	12,74	35,55	480
5	3,91	12,71	35,45	600
Mittelwert	**3,912**	**12,716**	**35,464**	

Tab. 2.5 Resonanzfrequenzen ($\tilde{\nu}$) ausgewählter Bindungen in Abhängigkeit von ihrer Dissoziationsenergie und Bindungslänge

Bindung	Bindungslänge [pm][a]	Dissoziationsenergie [kJ/mol][a]	$\tilde{\nu}$(cm^{-1}) (Hesse et al. 1987)
C–C	154	348	≈1000
C=C	134	611	≈1640
C≡C	120	837	≈2200
C–H$_{aliphatisch}$	110	411	<3000
C–H$_{aromatisch}$	108,5	468	>3000

[a]Bindungslängen und Dissoziationsenergien aus Lehrbüchern der organischen Chemie (z. B. Streitwieser, A., Heathcock, C. H., Kosower, E. M. (1994) Organische Chemie, Weinheim: Wiley-VCH)

oder in der Umwelt. Das heißt ohne massive Gegenmaßnahmen wird die Plastikmüllmenge in unseren Ozeanen weiter ansteigen.

Dass einige Bakterien und Pilze in der Lage sind, Polyethylen abzubauen (Yoshida et al. 2016; Yamada-Onodera et al. 2001) ändert daran auch nichts, da der Abbau nur sehr langsam vonstattengeht. Die Waxmotte *Galleria mellonella* arbeitet da schon wesentlich schneller. Einhundert Waxwürmer fressen in 12 Stunden 92 mg einer Plastiktüte (Bombelli et al. 2017; Dickmann 1933). Wachswurmlarven ernähren sich vorzugsweise von Bienenwachs, einer Komposition aus Alkanen, Alkenen, Fettsäuren und Estern, in denen das häufigste Strukturelement die Ethylengruppierung CH_2–CH_2 ist, genau wie im Polyethylen. Ob für die Verstoffwechslung von PE zu Ethylenglykol ein bestimmtes Enzym verantwortlich ist, ist Gegenstand aktueller Untersuchungen. Wenn dem so wäre, sind vielfältige biotechnologische Anwendungen denkbar. Dennoch werden Wachswurmlarven, Pilze und Bakterien, die in der Lage sind, Kunststoffe abzubauen, den Verbraucher keinesfalls von der Verantwortung entbinden, gewissenhafter mit Kunststoffabfällen umzugehen.

Aufgrund der Widerstandsfähigkeit des Plastikmülls wird die kumulierte Menge, trotz Wachswurmlarven, jährlich ansteigen. Auch wenn der Kunststoffmüll langsam in kleinere Stücke und schließlich in Mikroplastik zerfällt, wenn ihr Durchmesser <5 mm beträgt (sekundäres Mikroplastik), bleibt er dennoch vorhanden, mit all den in Abschn. 1.2 genannten negativen Aspekten des mikroskopisch kleinen synthetischen Materials. Die gesamte Plastikmüllfracht, die in die Weltmeere eingetragen wird, besteht bereits aus einem Anteil von 15–31 % aus Mikroplastik (primäres Mikroplastik) (Boucher und Friot 2017), welches sich zu jenem Mikroplastik gesellt, das sich bereits aus den 150 Mio. Tonnen Kunststoffmüll gebildet hat (sekundäres Mikroplastik). Die künstlichen Schwebeteilchen werden durch Meeresströmungen überall hin getragen. Sie finden sich in Sedimenten der Tiefsee (Van Cauwenberghe et al. 2013) ebenso wie in der Arktis (Bergmann et al. 2016). Mit Schwimmbarrieren soll nun versucht werden, den Kunststoffmüll aus den Meeren zu fischen (Spiegel online 2016).

Für das bereits verteilte Mikroplastik kommt diese Maßnahme allerdings zu spät. Sie ist dennoch eine sinnvolle Präventionsmaßnahme, um weiteres Mikroplastik zu reduzieren. Um einen signifikanten Rückgang des großen und kleinen

Plastikmülls in unseren Weltmeeren zu erreichen, muss die Prävention noch früher beginnen und an unserem Umgang mit Plastikmüll ansetzen. Für diesen Ansatz muss man die Müllquellen kennen.

Eine weitere Quelle für die Verunreinigung von Flüssen und Meeren mit Kleinstkunststoffteilchen sind synthetische Fasern, die beim Waschen aus der Kleidung herausgelöst werden und mit dem Abwasser in Gewässer gelangen. Diese Fasern machen rund ein Drittel (35 %) der Mikroplastikmenge in den Weltmeeren aus (Boucher und Friot 2017) – kein kleines Problem, denn diese Fasern summieren sich zum Äquivalent von 15.000 Plastiktüten pro 100.000 Einwohner, wie Forscher der University of California in Santa Barbara errechnet haben (Hartline et al. 2016). Doch auch hier gibt es jetzt eine Lösung: „Guppyfriend" (http://guppyfriend.com), ein Stoffbeutel für die Waschmaschine, in den man die Kleidung aus synthetischem Material vor dem Waschvorgang legt. Dieser Waschbeutel aus einem Hightech-Material wirkt wie ein Filter und hält 99 % der abgebrochenen Fasern zurück. Dass bei einem Waschgang einiges an Fasern zusammenkommt, zeigt zeigt Abb. 2.21. Wobei hier nur der Abstrich des Siebes eines Wäschetrockners zu sehen ist. Im eigentlichen Waschgang zuvor wird eine noch größere Menge an Kunstfasern freigesetzt und nicht durch ein Sieb zurückgehalten. In der Waschtrommel kommt es beim Schleudern darauf an, möglichst schnell das Wasser von der Kleidung zu trennen, was durch ein feines Sieb verhindert würde. Beim Waschen einer einzigen Fleecejacke werden 1,7 g Mikrofasern freigesetzt (Hartline et al. 2016; Abb. 2.21). Um die freigesetzte Menge an Kunstfasern in Gewässern zu verringern, bleibt uns neben dem Waschbeutel als „intrinsischem Filter" auch noch die Möglichkeit, unsere synthetische Kleidung durch jene Textilien, die aus Naturfasern wie Baumwolle, Jute, Hanf, Leinen, Seide etc. bestehen, zu ersetzen.

2.3.2 Einführung in die IR-Spektroskopie

Die Infrarotspektroskopie ist für die Identifikation von Kunststoffen sowohl makroskopischer als auch mikroskopischer Dimensionierung das prädestinierteste Analyseverfahren. Nicht nur das polymere Material, sondern auch dessen Zusatzstoffe, auch Additive genannt, können mit dieser einfachen und günstigen spektroskopischen Methode mittels Infrarotstrahlung identifiziert und quantifiziert werden. Da die Qualität der Kunststoffe von Zusätzen stark beeinflusst wird und diese zum Teil gesundheitliche und ökologisch bedenkliche Substanzen sind (Tab. 2.11), ist eine Qualitätskontrolle unumgänglich. Die analytische Kontrolle zieht sich dabei über die gesamte Lieferkette eines Kunststoffartikels hindurch, von den Grundstoffen (Monomeren) über den Granulathersteller, Kompoundeur, Kunststoffverarbeiter, bis zum Erzeugnishersteller und den Endkunden. Für das Endprodukt und dessen Ökobilanz wird im Sinne der Nachhaltigkeitsstrategie vieler Unternehmen der Verbleib des Produkts nach Ablauf seiner Lebensdauer immer wichtiger, und die Frage nach der Recyclingfähigkeit gewinnt erfreulicherweise an Bedeutung. Ein kostengünstiges und damit praktikables Recycling ist nur dann gegeben, wenn sich Kunststoffe sortenrein trennen lassen und keine bis wenige oder gleiche Inhaltsstoffe enthalten. Das Werkzeug, um all die genannten Anforderungen an Qualität, Unbedenklichkeit und Recyclingfähigkeit von Kunststoffen zu prüfen, ist die IR-Spektroskopie. Damit erklärt sich auch die Notwendigkeit, in einem Lehrbuch/Sachbuch zum Thema „Mikroplastik" die theoretischen Grundlagen zur IR-Spektroskopie voranzustellen, trotz einer Vielzahl von analytischen Lehrbüchern, die diese Methode aus einer ähnlichen Motivation beschreiben (Günzler und Heise 2003; Hesse et al. 2016; Alsonso und Finn 2000; Atkins 2013).

Mithilfe der Infrarot-(IR-)Spektroskopie lassen sich unbekannte organische Substanzen sowohl qualitativ als auch quantitativ bestimmen. Dabei werden Absorptionen im Infrarotbereich gemessen. Dieser wird zweckmäßig unterteilt in das kurzwellige Nahe Infrarot (Wellenlänge NIR: 800 nm–2,5 μm), das Mittlere Infrarot (Wellenlänge MIR: 2,5–50 μm) und das langwellige Ferne Infrarot (Wellenlänge FIR: 50–10^3 μm). Das infrarote Licht wird nur dann absorbiert, wenn es sich bei der zur untersuchenden Substanz um ein Dipolmolekül handelt. Das Dipolmoment μ tritt in Wechselwirkung mit dem elektrischen Vektor des Lichtes und es kommt dann zur Absorption (Naumer und Heller 1997), wenn das Dipolmoment μ_1 in einem Extrem der Schwingung ungleich dem Dipolmoment μ_2 im anderen Extrem der Schwingung ist. Es sind also nur jene Schwingungen in einem Molekül aktiv, bei denen $\Delta\mu \neq 0$ ist. Alle anderen Schwingungen, bei denen $\Delta\mu = 0$ ist, sind IR-inaktiv. Das Resultat dieser Auswahlregel ist, dass alle Schwingungen symmetrisch zu einem Symmetriezentrum in einem Molekül IR-inaktiv sind. Dies trifft z. B. auf alle biatomaren Gase wie N_2, O_2, H_2, Cl_2 zu. Symmetrische Schwingungen können aber in der Raman-Spektroskopie abgebildet werden, da sich bei einer symmetrischen Schwingung die Polarisierbarkeit ändert. Bei der Raman-Spektroskopie wird eine Probe mit monochromatischem Laserlicht bestrahlt. Die Frequenzunterschiede zum eingestrahlten Licht entsprechen den für das Material charakteristischen Energien von Rotationen und Schwingungen der Moleküle in der Probe, bei denen sich die Polarisierbarkeit ändert.

So gesehen, ergänzen sich beide Spektroskopiearten hervorragend, denn alle Moleküle, die IR-aktiv sind, sind Raman-inaktiv und umgekehrt. Die Tatsache, warum die IR-Spektroskopie für die Identifikation von Substanzen die bekanntere Methode ist, liegt daran, dass die meisten funktionellen Gruppen von organischen Molekülen kein Symmetriezentrum besitzen und es auch in symmetrischen Molekülen asymmetrische IR-aktive Schwingungen gibt, die zur Strukturaufklärung mit der IR-Spektroskopie beitragen.

Das Beispiel zweier unterschiedlicher Streckschwingungen (Abb. 2.19) (Änderung der Bindungslänge) im CO_2-Molekül zeigt, wie sich beide Spektroskopiearten aufgrund ihrer Auswahlkriterien ergänzen. Die asymmetrische Streckschwingung ν_s ist, wie die vereinfachte Grafik zeigt, IR-inaktiv, aber Raman-aktiv, während es sich bei der asymmetrischen Streckschwingung ν_{as} genau umgekehrt verhält.

Die Lage der Absorptionsbande im IR-Spektrum kann auf der Abszisse in Einheiten der Wellenlänge λ des absorbierten Lichts ausgedrückt werden. Es hat sich jedoch die Angabe in Einheiten der reziproken Wellenlänge, der sogenannten Wellenzahl $\tilde{\nu}$ (cm^{-1}), durchgesetzt; sie steigt auf der Abszisse von rechts nach links

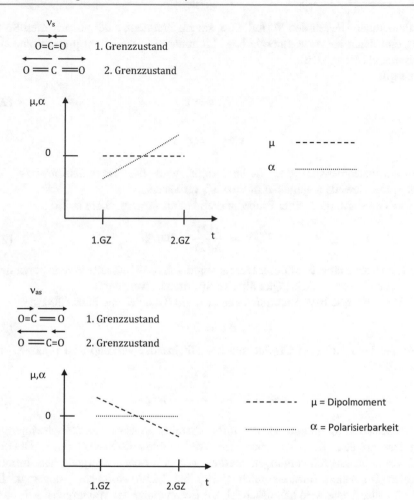

Abb. 2.19 Änderung des Dipolmomnts μ und der Polarisierbarkeit α während zweier unterschiedlicher Streckschwingungen im CO_2 Molekül

an. Der Zahlenwert signalisiert, wie viele Wellen der Infrarotstrahlung auf einen Zentimeter passen (Hesse et al. 2016).

Die Wellenzahl $\tilde{\nu}$ ist definiert durch:

$$\tilde{\nu} = \frac{1}{\lambda} \qquad (2.1)$$

Zur Umrechnung von Wellenzahlen in Wellenlängen gilt also bei Verwendung der gebräuchlichen Maßeinheiten:

$$\text{Wellenzahl } \tilde{\nu} \left(cm^{-1} \right) = \frac{10^4}{\textit{Wellenlänge } \lambda \, (\mu m)}$$

Wellenzahlen $\tilde{v}$ haben den Vorteil, dass sie zur Frequenz v der absorbierten Strahlung und damit auch zur Energie bzw. Lichtintensität ΔE direkt proportional sind (Hesse und Meier 2016).

Es gilt:

$$\lambda \cdot v = c \qquad (2.2)$$

$$v = \frac{c}{\lambda} = c \cdot \tilde{v}$$

Als Ordinatenmaßstab des IR-Spektrums wird die Transmission bzw. die Absorption, jeweils angegeben in Prozent, verwendet.

Die Transmission T einer Probe ist definiert als (Spangenberg o. J.):

$$T(\lambda) \;=\; \frac{I(\lambda)}{I_0(\lambda)} \;\cdot\; 100 \;\% \qquad (2.3)$$

Die Lichtintensität erfährt beim Durchgang durch die Messzelle eine exponentielle Abnahme (Abschn. 2.3.2, „Quantitative Spektrenauswertung").

Für die Energie bzw. Lichtintensität ΔE gilt (Günzler und Heise 2003):

$$\Delta E = h \cdot v \qquad (2.4)$$

Über die Frequenz sind Gl. 2.2 und 2.4 miteinander verknüpft zu (Günzler und Heise 2003):

$$\Delta E = h \cdot v = \frac{h \cdot c}{\lambda} = h \cdot c \cdot \tilde{v} \qquad (2.5)$$

Der normale bzw. mittlere (MIR) Infrarotbereich, in dem Molekülschwingungen angeregt werden, liegt zwischen den Wellenzahlen 4000–400 cm^{-1}. Oberton- und Kombinationsschwingungen werden von der höher energetischen Infrarotstrahlen im nahen Infrarotbereich (NIR) bei 12.500–4000 cm^{-1} angeregt. Die NIR-Spektroskopie wird hauptsächlich zur Bestimmung des Wassergehalts, Protein- oder Fettgehalts von Lebensmitteln eingesetzt. Eine Absorption der längerwelligen Infrarotstrahlen im fernen Infrarotbereich (FIR) (Abb. 2.20) führt hauptsächlich zur Rotationsanregung ganzer Moleküle.

Lage und Intensität der Absorptionsbanden im IR-Spektrum sind außerordentlich stoffspezifisch.

Deshalb ist das IR-Spektrum einer Substanz ein hochcharakteristisches Merkmal, ähnlich wie der Fingerabdruck eines Menschen. Die Grundlage der Auswertung von Absorptionsspektren bildet die Quantentheorie.

Das Auftreten der Absorptionsbanden verschiedener chemischer Verbindungen bei den jeweiligen charakteristischen Wellenzahlen im Spektrum ist in Abb. 2.21 dargestellt.

Molekülschwingungsmöglichkeiten

Um die Vorgänge bei der Entstehung eines IR-Spektrums verständlich zu machen, lässt sich das Modell des harmonischen Oszillators aus der klassischen Mechanik heranziehen.

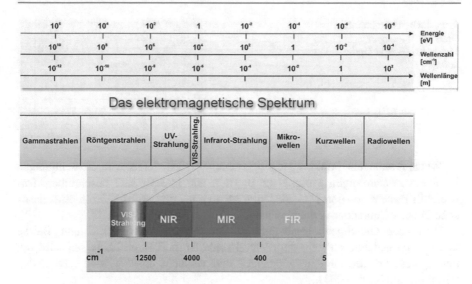

Abb. 2.20   Elektromagnetisches Spektrum

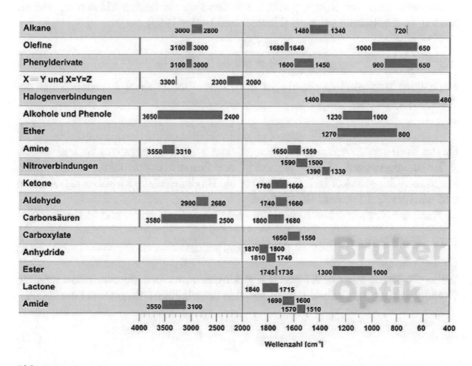

Abb. 2.21   Charakteristische Wellenzahlen chemischer Verbindungen. (Bruker Optik 2008)

Abb. 2.22 Hantelmodell
eines zweiatomigen
Moleküls. (Bruker Optik
2008)

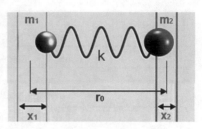

Wenn Atome als Punktmassen betrachtet werden, kann man Schwingungen in einem zweiatomigen Molekül (z. B. HCl) wie in Abb. 2.22 beschreiben. Das Molekül besteht aus den verschiedenen Massen m_1 und m_2, die durch eine elastische Feder miteinander verbunden sind.

Wird der Gleichgewichtsabstand r_0 der beiden Massen um den Betrag $x_1 + x_2 = \Delta r$ gedehnt, entsteht die rücktreibende Kraft F. Beim Loslassen schwingt das System um die Gleichgewichtslage und versucht diese wieder herzustellen (Günzler und Heise 2003).

Um die unterschiedlichen Massen von m_1 und m_2 zu berücksichtigen, wird die reduzierte Masse μ eingeführt. Je größer die Masse von m_2 im Vergleich zu m_1 ist, umso mehr rückt der Schwerpunkt s, um den sich die beiden Massen m_1 und m_2 drehen, in die Richtung von m_2 (Naumer und Heller 1997).

$$\mu = \frac{m_1 \cdot m_2}{m_1 + m_2} \quad = \frac{m_1}{\frac{m_1}{m_2} + 1} \tag{2.6}$$

Nach dem Hooke'schen Gesetz ist die rücktreibende Kraft F proportional der Auslenkung Δr:

$$F = -k \cdot \Delta r \tag{2.7}$$

Da die Kraft der Auslenkung entgegengerichtet ist, tritt ein negatives Vorzeichen auf.

Im mechanischen Modell entspricht der Proportionalitätsfaktor k der Federkonstanten. Im Molekül ist k ein Maß für die Bindungsstärke zwischen den Atomen und wird als Kraftkonstante bezeichnet.

Nach der Newton'schen Bewegungsgleichung gilt (Naumer und Heller 1997):

$$F = \mu \cdot a = \mu \cdot \frac{\partial^2 x}{\partial t^2} \tag{2.8}$$

Wenn die Kräfte aus Gl. 2.7 und 2.8 gleichgesetzt werden werden, erhält man die Grundgleichung der einfachen harmonischen Schwingung (Alonso und Finn 2000):

$$\frac{\partial^2 x}{\partial t^2} + \frac{k}{\mu} x = 0 \tag{2.9}$$

Diese Differenzialgleichung hat eine reelle Lösung (Alonso und Finn 2000):

$$x_A = A_S \cdot \sin\left(t \cdot \sqrt{\frac{k}{\mu}}\right) \tag{2.10}$$

Diese Gleichung beschreibt den Schwingungsvorgang eines zweiatomigen Moleküls, wobei der Massenpunkt seinen Ort x periodisch in Abhängigkeit der Zeit t ändert.

Nach der Zeit für eine Periode P befindet sich der Massenpunkt wieder am selben Ort wie eine Schwingung (Alonso und Finn 2000):

$$P = 2\pi \sqrt{\frac{\mu}{k}} \tag{2.11}$$

Damit ergibt sich die Frequenz ν_0 des Massenpunktes zu:

$$\frac{1}{P} = \nu_0 = \frac{1}{2\pi} \sqrt{\frac{k}{\mu}} \tag{2.12}$$

Diese Frequenz wird als klassische Eigenfrequenz eines harmonischen Oszillators bezeichnet und beschreibt die kinetische Energie E_{kin} des Systems.

Die Schwingungsfrequenz ν steigt bei Zunahme der Kraftkonstanten k, d. h. mit stärker werdender Bindung (Bruker Optik 2008). Dadurch ergibt sich die Möglichkeit, in Kohlenwasserstoffen die Art der Bindung zwischen den Kohlenstoffatomen zu unterscheiden, d. h. ob eine Einfachbindung oder eine stärkere Mehrfachbindung vorliegt. Tab. 2.5 verdeutlicht diesen Sachverhalt, indem sie die IR-Adsorption der Bindungsart gegenüberstellt. Kohlenwasserstoffe beinhalten naturgemäß C–H-Bindungen, die in einem bestimmten Frequenzbereich IR-Strahlung absorbieren. Hierbei hat der s-Anteil der σ-Bindung einen signifikanten Einfluss auf die Adsorptionsfrequenz. Je höher der s-Anteil, desto kürzer und stärker die Bindung. Damit lässt sich eine aromatische C_{sp2}–H-Bindung von einer aliphatischen C_{sp3}–H-Bindung unterscheiden (Tab. 2.5).

Des Weiteren steigt die Schwingungsfrequenz ν, je kleiner die Atommassen sind (Abb. 2.23). Folglich nimmt die Wellenzahl zu, da sie den reziproken Wert der Wellenlänge darstellt (Bruker Optik 2008). Dies wird auch im Vergleich der Adsorption einer Streckschwingung eines Kohlenstoffatoms, welches mit unterschiedlichen Substituenten verbunden ist, deutlich. Ist ein leichtes Wasserstoffatom mit einem sp³-hybridisierten Kohlenstoffatom verbunden, findet eine Adsorption im höher energetischen Bereich bei ≈2900 Wellenzahlen statt, während ein schweres Chloratom die Adsorption der Streckschwingung in den niedrigeren Frequenzbereich bei ≈700 Wellenzahlen verschiebt. Damit wird es durch die Infrarotspektroskopie möglich, funktionelle Gruppen und Substituenten, die mit einem Kohlenstoffgerüst verbunden sind, zu erkennen und zum Beispiel PVC von PE zu unterscheiden.

Die Gesamtenergie des schwingenden Systems setzt sich aus kinetischer und potenzieller Energie zusammen. Im Moment der maximalen Auslenkung besitzt die potenzielle Energie ein Maximum, E_{kin} ist hier null.

Beim Durchschwingen der Gleichgewichtslage erreicht die kinetische Energie ihr Maximum und E_{pot} ist null (Abb. 2.24). Die Summe der beiden Energieformen bleibt aber konstant (Günzler und Heise 2003).

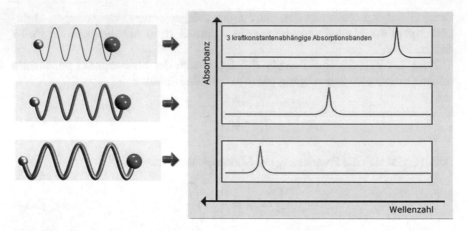

Abb. 2.23 Kraftkonstantenabhängige Lage der Absorptionsbanden im Spektrum. (Hart et al. 2002)

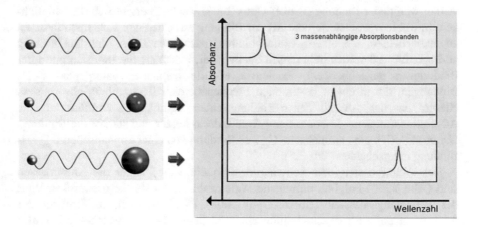

Abb. 2.24 Massenabhängige Lage der Absorptionsbanden im Spektrum. (Hart et al. 2002)

Die potenzielle Energie des harmonischen Oszillators berechnet sich unter Berücksichtigung von Gl. 2.12 zu (Alonso und Finn 2000; Atkins 2013):

$$E_{pot} = \int_0^x k \cdot x dx = \frac{1}{2} k \cdot x^2 = 2 \cdot \pi^2 \cdot \mu \cdot v_0^2 \cdot x^2 \qquad (2.13)$$

Diese Funktion ergibt eine Parabel, deren Scheitel sich in der Gleichgewichtslage befindet.

Energie kann aber nicht in beliebigen Beträgen aufgenommen werden. Handelt es sich um ein Molekül mit einem Dipolmoment, kann es durch Absorption nur gequantelte Energiebeträge aufnehmen, die entweder $h \cdot v$ oder Vielfachen davon entsprechen (Günzler und Heise 2003).

Die Schwingungsfrequenz Abb. 2.25 des Lichts muss hierbei mit der Eigen-frequenz des Moleküls übereinstimmen.

Die Energie des atomaren Systems muss mit der Schrödinger-Gleichung berechnet werden; sie beschreibt das Verhalten von Elektronen – und damit Bindungen – in Molekülen vollständig.

Es ist nun möglich, den Zustand des Materiefelds durch stehende Wellen, die auf diesen Raum beschränkt sind, zu beschreiben, wobei die Amplitude des Materiefelds bzw. der Wellenfunktion $\psi(x)$ sich innerhalb des Raums von Punkt zu Punkt ändert und außerhalb praktisch null ist (Alonso und Finn 2000).

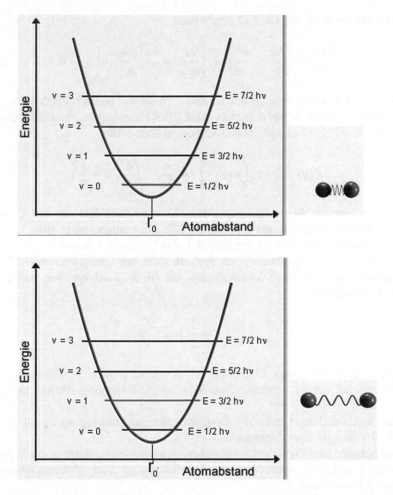

Abb. 2.25 Potenzialkurve des harmonischen Oszillators mit diskreten Energiezuständen bzw. Schwingungsniveaus. (Hart et al. 2002)

Die Schrödinger-Gleichung für alle drei Raumrichtungen (Alonso und Finn 2000; Atkins 2013):

$$-\frac{h^2}{8\Pi^2\,\mu}\left(\frac{\partial^2\psi}{\partial x^2} + \frac{\partial^2\psi}{\partial y^2} + \frac{\partial^2\psi}{\partial z^2}\right) + E_{\text{pot}}(x)\,\psi = E\psi \qquad (2.14)$$

Diese lässt sich mithilfe von Gl. 2.13 folgendermaßen umformen:

$$\frac{\partial^2\psi}{\partial x^2} + \frac{\partial^2\psi}{\partial y^2} + \frac{\partial^2\psi}{\partial z^2} + \frac{8\pi^2\mu}{h^2}\left(E - 2\pi^2\,\mu v_0^2 x^2\right)\psi = 0 \qquad (2.15)$$

Durch Umschreibung der Gl. 2.15 ergibt sich:

$$\frac{\partial^2\psi}{\partial x^2} + \frac{\partial^2\psi}{\partial y^2} + \frac{\partial^2\psi}{\partial z^2} + \left[\frac{2E}{hv_0} - \frac{4\pi^2\,\mu v_0 x^2}{h}\right]\psi = 0 \qquad (2.16)$$

Die Lösung der Differenzialgleichung Gl. 2.16 ist ein mathematisch zu schwieriges Problem, das hier nicht erörtert wird. Man kann zeigen, dass die erlaubten Energiewerte Gl. 2.17 entsprechen (Alonso und Finn 2000):

$$E(n) = h \cdot v_0\left(n + \frac{1}{2}\right) = \cdot\frac{h}{2\pi} \cdot \sqrt{\frac{k}{\mu}}\left(n + \frac{1}{2}\right) \qquad (2.17)$$

Setzt man nun die Schwingungsquantenzahl n zu null, hat der zur Quantenzahl gehörende Grundzustand die Energie $E/2$. Dies entspricht in Abb. 2.28 dem Abstand zwischen Scheitel der Parabel und dem Energieniveau $n = 0$.

Die Abstände der Energieniveaus sind im Falle des harmonischen Oszillators äquidistant, was sich durch Modifizierung der Gl. 2.17 zeigen lässt, indem man durch $h \cdot c$ dividiert:

$$\frac{E(n)}{h \cdot c} = \frac{v_0}{c}\left(n + \frac{1}{2}\right) = \tilde{v}\left(n + \frac{1}{2}\right) \qquad (2.18)$$

Zudem sind nur bestimmte Übergänge mit $\Delta n = \pm 1$ zugelassen. Diese Auswahlregeln basieren auf der zeitabhängigen Schrödinger-Gleichung, die hier nicht aufgeführt wird.

Die Energiedifferenz zwischen zwei benachbarten Schwingungszuständen entspricht der Energie eines Lichtquants.

Der harmonische Oszillator ist zur theoretischen Verdeutlichung der Wechselwirkungen zwischen schwingendem Molekülsystem und elektromagnetischer Strahlung hinreichend.

Jedoch entspricht der äquidistante Abstand des Termschemas der Energieniveaus nicht der Realität. Beim Übergang vom mechanischen Modell zum biatomaren linearen Molekül sind einige Phänomene, wie beispielsweise die Dissoziation, also das Aufbrechen der Bindung zwischen den Atomen mit steigender

Amplitude, nicht erklärbar. Außerdem ist die rücktreibende Kraft bei einer Stauchung (Kern-Kern-Repulsion) im Gegensatz zu einer Dehnung beider Massen um dieselbe Amplitude (Kern-Elektonenhülle-Attraktion) unterschiedlich, wodurch auch die Steigungen der beiden Parabeläste unterschiedlich (anharmonisch) werden. Als Resultat rücken die Terme der höher gelegenen Energiezustände in dem sogenannten anharmonischen Oszillator näher zusammen (Naumer und Heller 1997).

Die Energiewerte des anharmonischen Oszillators ändern sich unter Berücksichtigung der Dissoziationsenergie gemäß (Naumer und Heller 1997):

$$E(n) = h \cdot v_0 \left(n + \frac{1}{2} \right) - \frac{h^2 \cdot v_0^2}{4 \cdot D} \left(n + \frac{1}{2} \right)^2 \qquad (2.19)$$

Aus Gl. 2.19 lässt sich ableiten, dass die Termabstände mit steigenden Energieniveaus immer geringer werden (Abb. 2.26) und schließlich gegen null konvergieren (Günzler und Heise 2003).

Ein weiterer Unterschied zwischen harmonischem und anharmonischem Oszillator besteht darin, dass bei zuletzt Genanntem auch Übergänge der Energieniveaus von $\Delta n = \pm 2$, ± 3 etc. erlaubt sind (Günzler und Heise 2003).

Der Übergang von $n = 0$ ($n =$ Schwingungsquantenzahl) nach $n = 1$ wird als Grundschwingung, von $n = 0$ nach $n = 2$ als erste Oberschwingung und von $n - 0$ nach $n = 3$ als zweite Oberschwingung bezeichnet (Günzler und Heise 2003).

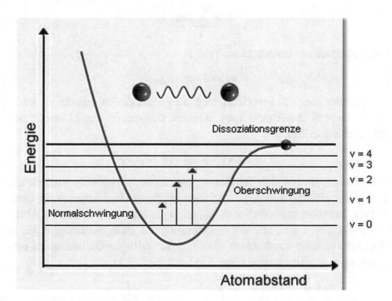

Abb. 2.26   Potenzialkurve des anharmonischen Oszillators mit diskreten Energiezuständen bzw. Schwingungsniveaus. (Hart et al. 2002)

Zur Anregung einer Oberschwingung ist im Vergleich mehr Energie nötig als zur Anregung einer Grundschwingung. Die logische Konsequenz ist die Absorption bei höheren Wellenzahlen $\tilde{v}$.

Jedoch nimmt die Wahrscheinlichkeit eines solchen Quantensprungs mit $\Delta n > 1$, und damit die Intensität der Absorptionsbande, mit zunehmender Distanz der zu überspringenden Energieniveaus stark ab.

Molekülrotation

Die Energieaufnahme bei einem Molekül mit Dipolmoment erfolgt nicht nur durch Schwingung, sondern auch durch Rotation. Dabei sind ein vorhandenes permanentes Dipolmoment im Grundzustand und dessen zeitliche Änderung bei einem Übergang der Energieniveaus Voraussetzung für die Aufnahme von Energie in einem rotierenden Molekül (Spangenberg o. J.).

In einem Molekül mit Symmetriezentrum sind damit alle Schwingungen, die symmetrisch zum Zentrum erfolgen, IR-inaktiv, da sich dabei das Dipolmoment nicht ändert. Aufgrund dessen besitzen homomolekulare zweiatomige Moleküle, wie z. B. H_2, O_2 oder N_2, kein IR-Spektrum (Hesse und Meier 2016).

Aus der klassischen Mechanik folgt für die Rotationsenergie E_{Rot} eines Moleküls (Spangenberg o. J.; Alonso und Finn 2000):

$$E_{Rot} = \frac{1}{2} \cdot I \cdot \omega^2 \tag{2.20}$$

Das Trägheitsmoment I berechnet sich aus den Summen aller Massen m_i mit dem Abstand r_i zur Drehachse:

$$I = \sum_i m_i \cdot r_i^2 \tag{2.21}$$

Die Winkelfrequenz ω berechnet sich zu:

$$\omega = 2 \cdot \pi \cdot v_{Rot} \tag{2.22}$$

Das Trägheitsmoment I berechnet sich folgendermaßen, wenn r_1 und r_2 den jeweiligen Abstand der Atome vom Massenschwerpunkt des Moleküls darstellen (Günzler und Heise 2003):

$$I = m_1 \cdot r_1^2 + m_2 \cdot r_2^2 = \mu \cdot r^2 \tag{2.23}$$

Anzumerken ist, dass es sich bei dieser Anordnung um einen starren Rotator handelt. D. h. man gibt das aus Abb. 2.25 demonstrierte Hantelmodell auf und ersetzt es durch die Rotation der reduzierten Masse μ um eine feste Achse im Abstand r.

Wie bereits zuvor im Falle der Schwingung, ist auch die Energie des molekularen Rotators quantenmechanisch über die Schrödinger-Gleichung zu berechnen (Spangenberg o. J.; Alonso und Finn 2000; Atkins 2013):

$$\frac{\partial^2 \psi}{\partial x^2} + \frac{\partial^2 \psi}{\partial y^2} + \frac{\partial^2 \psi}{\partial z^2} + \frac{8 \cdot \pi^2 \cdot \mu \cdot r^2}{h^2} E_{Rot}\, \psi = 0 \tag{2.24}$$

Auf die ausführliche Lösung der Differenzialgleichung wird hier nicht näher eingegangen. Es lässt sich beweisen, dass die Gleichung nur Lösungen für die folgenden diskreten Energieeigenwerte liefert (Spangenberg o. J.; Alonso und Finn 2000;
Atkins 2013):

$$E_{\text{Rot}} = \frac{h^2}{8\pi^2 \mu r^2} J(J+1) \tag{2.25}$$

Aus Gl. 2.25 lassen sich folgende Schlussfolgerungen ziehen:

- Im Rotationsgrundzustand mit $J=0$ ($J=$Rotationsquantenzahl) enthält das
  Molekül – im Gegensatz zum Schwingungszustand – keine Rotationsenergie.
- Je größer das Trägheitsmoment $I = \mu \cdot r^2$, desto kleiner werden die Rotations-
  energien.
- Das Molekül kann nur mit bestimmten Molekülgeschwindigkeiten rotieren.

Durch Erweiterung der Gl. 2.25 mit der Beziehung $\frac{E}{h \cdot c} = \tilde{v}$ ergibt sich die Gleichung für die Termfolge der Rotationsenergien:

$$F(J) = \frac{E_{\text{Rot}}}{h \cdot c} = \frac{h}{8\pi^2 \cdot c \cdot I} \cdot J(J+1) = B \cdot J(J+1) = \tilde{v} \tag{2.26}$$

$$B = \frac{h}{8\pi^2 cI} \rightarrow \text{Rotationskonstante}$$

Aus der Termdifferenz für einen Energieübergang kann direkt die Wellenzahl der
absorbierten Strahlung ermittelt werden.

In einer Gleichung lässt sich der Sachverhalt folgendermaßen
formulieren(Spangenberg o. J.; Alonso und Finn 2000; Atkins 2013):

$$\tilde{v} = F(J') + F(J) = BJ'(J'+1) - BJ(J+1) \tag{2.27}$$

$F(J')$ Rotationsterm höherer Energie
$F(J)$ Rotationsterm niedrigerer Energie
Für die Änderung der Rotationsquantenzahl J gilt die Auswahlregel:

$$\Delta J = \pm 1$$

Für ein IR-aktives Molekül setzt sich die Absorptionsenergie aus der Rotations-
und Schwingungsenergie zusammen (Naumer und Heller 1997):

$$E_{\text{Gesamt}} = h \cdot c \cdot \tilde{v}_0 \left(n + \frac{1}{2}\right) + h \cdot c \cdot B \cdot J(J+1) \tag{2.28}$$

Aufgrund der wesentlich geringeren Besetzungsenergie der Rotationszustände im
Vergleich zu den Schwingungsübergängen, befindet sich ein Molekül in einem
Schwingungsniveau in mehreren Rotationsniveaus.

Ein Schwingungsübergang erfolgt somit unter Berücksichtigung der Auswahlregeln für die Quantenzahlen $\Delta n = \pm 1$ bzw. $\Delta J = \pm 1$, von den Rotationszuständen eines Schwingungsniveaus zu den Rotationszuständen des höher gelegenen Schwingungsniveaus.

Dieser Sachverhalt spiegelt sich im Termschema eines Moleküls wider (Abb. 2.30). Ausgehend von der Zentrallinie, dem verbotenen Zustand, aufgrund der Nichterfüllung der Auswahlregeln, da $\Delta J = 0$, folgt im Abstand $2B$ rechts von ihr der Übergang $\Delta J = +1$ auf dem sogenannten R-Zweig.

Wiederum $2B$ von der Zentrallinie nach links entfernt, findet man den Übergang $\Delta J = -1$ auf dem P-Zweig.

Der Abstand von $2B$ zwischen zwei Absorptionsbanden eines Rotations-Schwingungs-Übergangs bleibt konstant.

Um diese Aussage zu beweisen, wird zunächst der Rotations-Schwingungs-Übergang von

$$J = 0, n = 0 \rightarrow J = 1, n = 1 \tag{2.29}$$

berechnet:

$$\tilde{v}_{1, n=0, J=0 \rightarrow n=1, J=1} = \left[\frac{3}{2} \cdot \tilde{v}_0 + B \cdot 1(1+1)\right] - \left[\frac{1}{2} \cdot \tilde{v}_0 + B \cdot 0(0+1)\right]$$

$$\tilde{v}_1 = \tilde{v}_0 + 2B$$

Um den Abstand zweier Rotations-Schwingungs-Banden zu erhalten, muss die Wellenzahl der benachbarten Bande berechnet werden, nämlich der Übergang von

$$J = 1, n = 0 \rightarrow J = 2, n = 1 \tag{2.30}$$

$$\tilde{v}_{2, n=0, J=1 \rightarrow n=1, J=2} = \left[\frac{3}{2} \cdot \tilde{v}_0 + B \cdot 2(2+1)\right] - \left[\frac{1}{2} \cdot \tilde{v}_0 + B \cdot 1(1+1)\right]$$

$$\tag{2.31}$$

$$\tilde{v}_2 = \tilde{v}_0 + 4B$$

Den Abstand zwischen den Banden erhält man durch Bildung der Differenz von Gl. 2.31 und 2.29:

$$\Delta\tilde{v} = \tilde{v}_2 - \tilde{v}_1 = (\tilde{v}_0 + 4B) - (\tilde{v}_0 + 2B) = 2B \tag{2.32}$$

Aus $B = \frac{h}{8\pi^2 c I}$ und $I = \mu \cdot r^2$ ist es nun möglich, durch Ablesen der Wellenzahlen zweier benachbarter Banden im Spektrum den Atomabstand r in einem biatomaren Molekül wie HCl direkt zu berechnen. Für lineare oder nichtlineare Moleküle wie CO_2 und H_2O lassen sich ebenfalls aus den entsprechenden Trägheitsmomenten ($I = 2m_O r^2$ bzw. $I = 2m_H r^2$) und der zugehörigen Rotationskonstante die Bindungslängen ermitteln (Atkins 2013). Die Rotationskonstante kann dabei aus einem hochaufgelösten IR-Spektrum ($\Delta\tilde{v} = cm^{-1}$) abgemessen werden. Im HCl-Molekül, dessen Termschema und das daraus resultierende Rotationsschwingungsspektrum in Abb. 2.27 dargestellt ist, erhält man einen $\Delta\tilde{v}$-Durchschnittswert zwischen den Banden von 20 cm^{-1} und ein $\tilde{v}_0 = 2889$ cm^{-1}. Nach Gl. 2.32 erhält

Abb. 2.27 Termschema
eines HCl-Moleküls. (Alonso
und Finn 2000)

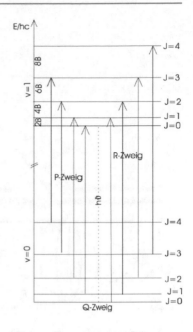

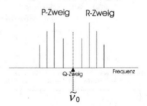

man eine Rotationskonstante $B = 10$ cm^{-1}. Setzt man die reduzierte Masse von HCl: $\mu = (m(H)*m(Cl))/(m(H)+m(Cl)) = 1{,}6138E{-}27$ kg in die oben angegebenen Formeln ein, erhält man neben der Federkonstante $k = 478{,}6$ N/m (Maß für die Bindungsstärke) das Trägheitsmoment $I = 2{,}79E{-}47$ kg m^2 und demzufolge auch die Bindungslänge im Grundzustand mit $r_0 = 1{,}3$ Å.

Bei der ATR-Spektroskopie von Kunststoffen befindet sich im Proberaum natürlich auch Wasserdampf, abhängig von Luftfeuchtigkeit und Kohlendioxid. Beide sind IR-aktive Moleküle. Alle anderen Gase der Luft sind nicht IR-aktiv. In der Gasphase können Wasser- und CO_2-Moleküle eine Schwingungs-Rotations-Anregung erfahren, und die entsprechenden R- und P-Zweige beider Moleküle erscheinen im IR-Spektrum. Das in Abb. 2.28 dargestellte Spektrum zeigt die Feinaufspaltung der Rotationsschwingungsspektren von Wasserdampf und Kohlendioxid.

Da die Lage der Absorptionen bekannt sind (Tab. 2.6), kann mithilfe der Software eine automatische Kompensation durchgeführt werden, sodass diese Banden im Spektrum eliminiert werden und sie keine anderen charakteristischen Banden überdecken.

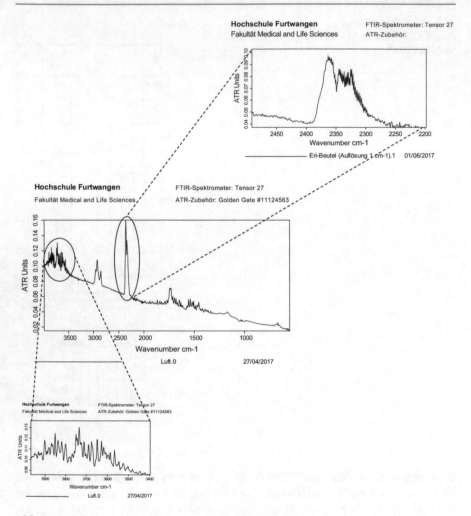

Abb. 2.28 Infrarotspektrum eines ungereinigten Proberaums

Tab. 2.6 Normalschwingungen des Wassers (g)und des Kohlendioxids. (Günzler und Heise 2003)

	H_2O (g)		CO_2	
Schwingung	Wellenzahl [cm^{-1}]	Schwingungsart	Wellenzahl [cm^{-1}]	Schwingungsart
ν_1	1285	ν_s; IR-inaktiv	3657	ν_s; IR-inaktiv
ν_2	2349	ν_{as}; IR-aktiv	1595	δ; IR-aktiv
ν_3	667	δ; zweifach entartet; IR-aktiv	3756	ν_{as}; IR-aktiv
ν_4	667			

Ein Molekül beliebiger Bauart aus N-Atomen besitzt aufgrund der unabhängigen Raumkoordinaten jedes Atoms 3N-Freiheitsgrade (Abb. 2.29). Davon entfallen drei Freiheitsgrade auf die Translationsbewegung längs der x, y- und z-Richtung, dabei verschieben sich die Atome nicht relativ zueinander, sondern bewegen sich alle in dieselbe Richtung unter Veränderung des Massenschwerpunktes. Somit ist keine Wechselwirkung mit elektromagnetischer Strahlung möglich (Günzler und Heise 2003).

Des Weiteren entfallen drei weitere Freiheitsgrade auf Rotationen um die Hauptträgheitsachsen.

Die Zahl der eigentlichen Schwingungsfreiheitsgrade n reduziert sich damit auf:

$$f = 3 \cdot N - 6 \quad (\text{Freiheitsgrade nichtlinearer Moleküle}) \tag{2.33}$$

Bei linearen Molekülen existieren nur zwei Rotationsfreiheitsgrade, da die Rotation um die Molekülachse mit keiner Bewegung der Atome oder des Massenschwerpunktes verbunden ist (Günzler und Heise 2003).

Daher verfügt dieser Molekültyp über einen weiteren Schwingungsfreiheitsgrad n:

$$f = 3 \cdot N - 5 \quad (\text{Freiheitsgrade linearer Moleküle} \tag{2.34}$$

Die auf diese Weise zu berechnende Anzahl von Schwingungen nennt man die Normal- bzw. Grundschwingungen eines Moleküls, die unabhängig voneinander angeregt werden können.

Die an der Normalschwingung beteiligten Atome schwingen mit gleicher Frequenz und fester Phase zueinander. Dabei ist jeder Normalschwingung eine bestimmte Schwingungsfrequenz bzw. Wellenzahl zugeordnet.

Komplexe Moleküle besitzen natürlich eine große Anzahl von Schwingungsmöglichkeiten. Für die Spektreninterpretation sind vor allem solche Schwingungen nützlich, die sich in erster Näherung auf Einzelbindungen oder funktionelle Gruppen eines Moleküls beschränken, d. h. die lokalisierten Schwingungen. Diese treten im Spektrum im Bereich der Wellenzahlen von 4000 cm^{-1} bis 1000 cm^{-1} auf.

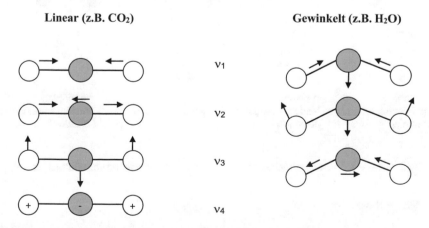

Abb. 2.29 Schwingungen von dreiatomigen Molekülen

Abb. 2.30 Streckschwingung
einer CH$_2$-Gruppe

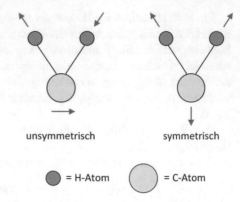

unsymmetrisch   symmetrisch

● = H-Atom   ◯ = C-Atom

Die lokalisierten Schwingungen werden je nach Schwingungsform wie folgt
unterschieden:

- *Valenzschwingungen ν* (Abb. 2.30): Die Atome werden in Richtung der
  Bindungsachse ausgelenkt. Der Bindungsabstand verändert sich periodisch.
- *Deformationsschwingungen δ, τ, γ* (Abb. 2.31): Der Bindungswinkel zwischen den Atomen ändert sich periodisch, während die Bindungsabstände
  annähernd konstant bleiben.

Weiterhin werden die verschiedenen Formen einer Deformationsschwingung unterschieden. Dabei sind die Spreiz- *(bending)* bzw. Pendelschwingung *(rocking)*
Beugungsschwingungen in der Ebene mit dem Symbol δ. Die Torsionsschwingung τ
(twisting) bzw. die Kippschwingung γ *(wagging)* ragen dagegen aus der Ebene heraus.

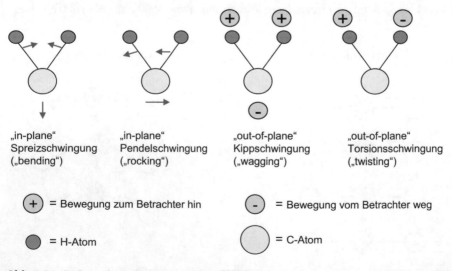

„in-plane"   „in-plane"   „out-of-plane"   „out-of-plane"
Spreizschwingung   Pendelschwingung   Kippschwingung   Torsionsschwingung
(„bending")   („rocking")   („wagging")   („twisting")

⊕ = Bewegung zum Betrachter hin   ⊖ = Bewegung vom Betrachter weg

● = H-Atom   ◯ = C-Atom

Abb. 2.31 Deformationsschwingungen einer CH$_2$-Gruppe

Quantitative Spektrenauswertung

Die Grundlage quantitativer Auswertungen in der IR-Spektroskopie bildet das Lambert-Beer'sche Gesetz. Darin wird der lineare Zusammenhang zwischen der Absorbanz der Probe und deren Konzentration dargestellt.

Die Lichtdurchlässigkeit wird als Transmission T bezeichnet und ist definiert durch (Hesse und Meier 2016):

$$T = \frac{I}{I_0} \cdot 100\ \% \tag{2.35}$$

Die Lichtintensität erfährt beim Durchlaufen einer Probelösung eine exponentielle Abnahme (Bruker Optik 2008):

$$I = I_0 \cdot \exp\left(-\tilde{\varepsilon} \cdot c \cdot d\right) \tag{2.36}$$

Durch Umformen der Gl. 2.36 ergibt sich:

$$\ln\left(\frac{I}{I_0}\right) = -\tilde{\varepsilon} \cdot c \cdot d \tag{2.37}$$

Der molare Extinktionskoeffizient und die Transmission sind jedoch nicht über den natürlichen Logarithmus definiert. Da hier aber ein linearer Zusammenhang zwischen natürlichem und dekadischem Logarithmus besteht, entspricht die Umformung einem Faktor in der Gleichung. Dieser wird in den Extinktionskoeffizienten gezogen. Damit wird $\tilde{\varepsilon}$ zu ε:

$$\lg\left(\frac{I}{I_0}\right) = -\varepsilon \cdot c \cdot d \tag{2.38}$$

Durch Umstellen von Gl. 2.38 erhält man das Lambert-Beer'sche Gesetz, das den Zusammenhang zwischen der Absorbanz A und der Konzentration c der absorbierenden Substanz als lineare Funktion beschreibt:

$$A = \lg\left(\frac{I_0}{I}\right) = \varepsilon \cdot c \cdot d \tag{2.39}$$

2.3.3 Anwendungen der IR-Spektroskopie auf Kunststoffe

Die Infrarotspektroskopie ist im Vergleich zur Massen- und NMR-Spektroskopie eine relativ günstige und vor allem schnelle Analysetechnik zur Identifizierung von Kohlenwasserstoffen. In der Empfindlichkeit und im Bereich der Quantifizierung ist sie jedoch den anderen beiden Analysetechniken unterlegen, zumal eine Strukturaufklärung mit der IR-Spektroskopie nicht möglich ist. Es können lediglich funktionelle Gruppen über die angeregten Schwingungen der an einer Bindung beteiligten Atome detektiert werden (Abschn. 2.3.2). Da in Kunststoffen unterschiedliche Atome und Bindungen vorhanden sind, ist die Wechselwirkung der Infrarotstrahlung in Form einer Schwingungsanregung prädestiniert, um schnell und einfach und ohne Lösungsmittel oder Trägergasverbrauch technische bzw. künstliche Polymere als Festkörper mithilfe der ATR-IR-Spektroskopie zu identifizieren (Abb. 2.32; Beschreibung in Abschn. 2.4).

Der Kunststofftyp der Mikroplastikpartikel <500 µm, wie sie in Gewässern oder auch Gärresten vorkommen (Leser 2015), kann mit einem Infrarotmikroskop aufgrund seines Peak-Musters im Vergleich zu einem hinterlegten bekannten Spektrum in der Kunststoffdatenbank identifiziert werden.

Außerdem ist die Infrarotspektroskopie ein Werkzeug, um sortenreine Kunststoffe über ihre spezifischen Adsorptionsbanden bzw. das Peak-Muster innerhalb einer Recyclinganlage zu trennen. Eine automatisierte Trennung der Reinkunststoffe, die wenig personalintensiv und damit kostengünstig ist, entscheidet auch mit darüber, ob unser Kunststoffmüll recycelt oder einer thermischen Verwertung zugeführt wird. Trennungsverfahren, die das unterschiedliche spezifische Gewicht verschiedener Plastiksorten in Schwimm-Sink-Verfahren oder Hydrocyclonen ausnutzt, sind durch die Infrarotspektroskopie abgelöst worden (Weber 2002). Warum dennoch nur rund 40 % der Kunststoffverpackungen, die im gelben Sack oder der gelben Tonne landen, recycelt werden, obwohl technisch ein weit größerer Prozentsatz möglich wäre, ist eine Frage der Wirtschaftlichkeit.

Ein Grund für die relativ geringe Quote ist der Wettbewerb der Recycler mit den Müllverbrennern, die den Kunststoff als wichtigen Brennstoff zur Erzeugung von Wärme und Strom benötigen. Diesen Preiskampf um den Kunststoffmüll verliert der Recycler, solange er nicht kostengünstig sortenrein auftrennen kann. Aus diesem Grund stagniert die Recyclingquote mehr oder weniger bei 40 %. Durch eine gesetzliche Regelung, wie sie der NABU fordert, beispielsweise einer Energiesteuer für MVA (Müllverbrennungsanlage), EBS-Kraftwerke (Ersatzbrennstoffkraftwerke), könnte hier entgegengewirkt werden. Die Schwierigkeit des

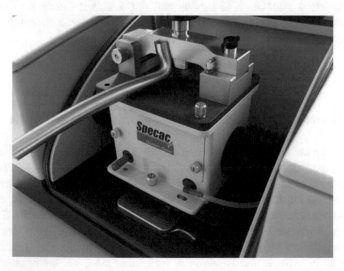

Abb. 2.32 Schlauch unter ATR-Einheit

sortenreinen Trennens, um ein Recyclat, das häufig mit Primärkunststoff gemischt wird, zu erhalten, liegt darin begründet, dass die Verpackungen oder Produkte wie Chipstüten oder Zahnpastatuben aus mehreren verschiedenen Kunststofftypen zusammengesetzt sind oder die Kunststoffe im Verbund vorkommen wie z. B. in Tetrapacks. Diese bestehen aus mehreren Lagen Papier, Kunststoff und Aluminium. Um eine Sortenreinheit zu erreichen, müssten Kunststoffmischungen und Verbunde eine kostenintensive mechanische Trennung durchlaufen, die bei einer Thermischen Verwertung dieser Mischprodukte eingespart wird. Selbst die sortenreinen Verpackungen, die hauptsächlich aus PP, PE, PS oder PET bestehen, unterscheiden sich durch ihren Zusatzcocktail, der die Verwendung des Recyclats einschränkt und nicht für hochwertigere Produkte qualifiziert.

Einige dieser Zusätze, wie beispielsweise Weichmacher, lassen sich parallel zur Kunststofftypidentifizierung innerhalb einer infrarotspektroskopischen Untersuchung eines Kunststoffgranulatkorns oder eines abgetrennten Kunststoffspans aus einem importierten Produkt mit erfassen. Eine schnelle Entscheidung, ob in einem Produkt ein Plastifizierungshilfsmittel eingesetzt wird, welches in Europa aufgrund der REACH-Verordnung nicht mehr ohne eine Deklarationspflicht an den Kunden erlaubt ist, kann hierbei schnell ermittelt werden.

Die drei beschriebenen zeitgemäßen und sehr aktuellen Anwendungsgebiete der Infrarotspektroskopie – Mikroplastikanalytik (Partikelgröße und Kunststofftyp, IR-Mikroskopie), Kunststoffrecycling und die Schadstoffdetektion – rechtfertigen eine intensive Vorstellung dieser Methodik.

Die Infrarotspektroskopie (IR) wird zur Identifizierung von Mikroplastik herangezogen. Einige Arbeitsgruppen haben bereits Sedimentproben mit der Technik der Mikro-FTIR-Spektroskopie untersucht (Vianello et al. 2013; Harrison et al. 2012). Am Alfred-Wegener-Institut auf Helgoland haben sich zwei Methoden für Wasser- und Sedimentproben erfolgreich etabliert:

- (ATR-)IR(Attenuated Total Reflection-IR)-Spektrometrie für Plastikpartikel mit einer Größe >500 µm
- Mikro-Fourier-Transformations-Infrarot-(FTIR-)Spektroskopie für Plastikpartikel mit einer Größe <500 µm (Löder et al. 2015a).

Für die Mikro-Fourier-Transformations-Infrarot-(FTIR-)Spektroskopie werden Infrarotmikroskope eingesetzt, die über ein ATR-Imaging Partikel mit einer Auflösung von 1–100 µm erkennbar machen. Mit diesem bildgebenden Verfahren lassen sich Oberflächen innerhalb eines Mappings abscannen und somit eine Mikroplastikpartikelverteilung auf einem Filterpapier (Reflexionsmessmodus, Aluminiumoxidfilter; Transmissionsmessmodus) erstellen.

Um Gewässer auf Mikroplastik zu untersuchen, ist zunächst eine aufwendige und zeitintensive Probenpräparation notwendig. Die Filterrückstände der Wasserproben, die im Edelstahlfilter verbleiben, nachdem 1000 Liter Wasser filtriert wurden, werden mit SDS (Proteindenaturierung), Protease, Cellulase, Chitinase und außerdem mit H_2O_2 enzymatisch aufgereinigt und in zwei Größenfraktionen

geteilt. Für die Quantifizierung und Identifizierung des Mikroplastiks werden zwei
verschiedene IR-Spektrometer eingesetzt. Für die Analyse der Partikel >500 µm
wird das *attenuated-total-reflection*(ATR)-IR-Spektrometer und für die Analyse der Partikel <500 µm wird das *micro-Fourier-transformed-infrared*(FTIR)-
Spektrometer eingesetzt.

Im Projekt „Rheines Wasser" wurden die Konzentrationen von Mikroplastik
der unterschiedlichen Polymertypen mittels beider Methoden analysiert. Bevor
die Ergebnisse dieser umfangreichen Untersuchung im weiteren Verlauf dieses
Kapitels vorgestellt werden, sind Ergänzungen zu den Grundlagen der Infrarotspektroskopie (Abschn. 2.4.2) hinsichtlich der speziellen Kunststoffpartikelana-
lysetechnik angebracht.

Es werden prinzipiell zwei Verfahren unterschieden, nach denen IR-Spektrometer
arbeiten:

1. Dispersives Verfahren
2. Fourier-Transformverfahren

Wesentliches Element des dispersiven IR-Spektrometers (Abb. 2.33) ist der Monochromator. Dieser besteht aus Eintrittsspalt, dispersiven Element und Austritts-
spalt. Als dispersives Element wird ein Prisma oder Beugungsgitter verwendet.
Dispersive IR-Spektrometer arbeiten praktisch ausnahmslos nach dem Zweistrahl-
prinzip. Das Licht der Quelle wird in zwei Strahlengänge geteilt: den Probenstrahl
und den Referenzstrahl. Falls die beiden Strahlen unterschiedliche Intensität aufweisen, wird der Referenzstrahl mittels einer Blende solange abgeschwächt, bis
die Intensitäten gleich sind. Dabei ist die Stellung der Blende ein Maß für die
Transmission.

Der Monochromator befindet sich hinter dem Probenraum, um das auftretende
Streulicht zu eliminieren.

FTIR

Die Fourier-Transformations-Infrarotspektroskopie (FTIR-Spektroskopie) ist eine
spezielle Variante der IR-Spektroskopie, die vor allem im mittleren und fernen
Infrarotbereich die dispersive IR-Spektroskopie abgelöst hat.

Bei einer dispersen Messung wird das IR-Spektrum durch eine schrittweise
Änderung der Energie des in die Probe einfallenden IR-Stahls aufgenommen.
Um die Energie der durch eine thermische Strahlungsquelle erzeugten poly-
chromatischen Strahlung aufzuteilen, wird in dispersen Spektrometern ein Monochromator eingesetzt. Die Spektralzerlegung im Monochromator erfolgt entweder

Abb. 2.33 Schematischer Aufbau eines Zweistrahl-IR-Spektrometers

durch ein Prisma oder ein Beugungsgitter als dispergierendes Element. Das IR-Spektrum wird durch eine schrittweise erfolgende Änderung der in die Probe fokussierten Wellenlänge durch Drehung des Gitters bzw. der Umlenkspiegel direkt über den Detektor aufgenommen.

Bei FTIR-Spektrometern erfolgt die Strahlteilung über ein Interferometer und das Spektrum wird durch eine Fourier-Transformation eines gemessenen Interferogramms berechnet. Das Interferometer besteht im Wesentlichen aus einem Strahlteiler für die einfallende breitbandige Infrarotstrahlung, einem festen und einen mobilen Spiegel. Ist die Entfernung L vom Strahlteiler zu beiden Spiegeln gleich lang, erfolgt keine Strahlteilung und die breitbandige Strahlung bleibt erhalten. Verschiebt man den beweglichen Spiegel um den Weg x, dann unterscheiden sich beide Strahlhälften beim Rekombinieren am Strahlteiler um 2x. Eine konstruktive Interferenz der Strahlung einer bestimmten Wellenlänge λ wird nur dann erreicht, wenn die Wegdifferenz von 2x ein ganzzahliges Vielfaches dieser Wellenlänge λ ist. Für alle anderen Wellenlängen erfolgt eine destruktive Interferenz, sodass die maximale Strahlungsintensität am Interferometerausgang und -eingang in die zu messende Probe genau dieser Wellenlänge zuzuordnen ist. Für alle anderen Wellenlängen wird aufgrund der destruktiven Interferenz das Detektorsignal viel geringer. Die resultierenden Intensitäten der Detektorsignale in Abhängigkeit von der Auslenkung x des beweglichen Spiegels ergeben das sogenannte Interferogramm. Die mathematische Umwandlung des Interferogramms mittels der Fourier-Transformation ergibt zunächst das Einkanalspektrum, indem dargestellt ist, mit welchen Intensitäten die einzelnen Wellenzahlen auftreten. Der Quotient dieses Spektrums gegenüber eines Referenzspektrums ohne Probe ergibt eine dem dispersiv gemessenen Spektrum analoge Darstellung (Günzler und Heise 2003).

Die FTIR-Messung weist gegenüber der konventionellen dispersiven Messung deutliche Vorteile im Signal/Rausch-Verhältnis und der kürzeren Messzeit auf. Während bei der dispersiven Messung über die Einstellung des Monochromators die unterschiedlichen Wellenzahlen nacheinander aufgenommen werden und weniger als 0,1 % der in den Monochromator eintretenden Strahlung auf den Detektor trifft, trägt im FT-Spektrometer der gesamte Spektralbereich mit wenig abgeschwächter Intensität für die maximale Interferenz zum Signal bei. Das Rauschen verteilt sich dadurch auch auf den gesamten Spektralbereich. Dies verbessert das Signal/Rausch-Verhältnis und damit die Empfindlichkeit der Messung (Günzler und Heise 2003).

Heutzutage kommen fast ausschließlich noch Fourier-Transform-IR-Spektrometer zum Einsatz. Diese sind praktisch immer Einstrahlgeräte und besitzen keinen Monochromator. Im Vergleich besitzen sie eine bessere Auflösung als dispersive Geräte und nutzen die Intensität der Strahlungsquelle besser aus. Statt des Monochromators arbeiten sie mit einem Michelson-Interferometer. Dabei wird zunächst die polychromatische IR-Strahlung durch einen halbdurchlässigen Spiegel in zwei Teilstrahlen zerlegt. Der eine Strahl wird an einem ortsfesten Spiegel reflektiert und hat somit eine feste Weglänge.

Die Weglänge des zweiten Strahls, der an einem beweglichen Spiegel reflektiert wird, kann kontinuierlich variiert werden. Bei der Wiedervereinigung der Teilstrahlen interferieren diese miteinander und liefern als Summe über alle Wellenlängen eine bestimmte Interferenzintensität.

Die Interferenzintensität (Abb. 2.34) wird in Abhängigkeit von der Zeit, in der die Weglänge des einen Teilstrahls kontinuierlich variiert wird, registriert und von einem Rechner gespeichert. Man erhält damit das sogenannte Interferogramm, das sämtliche Informationen des Spektrums in verschlüsselter Form enthält.

Mithilfe des Rechners können per Fourier-Transformation (Abb. 2.35) die gespeicherten Daten von der Zeitdomäne in die Frequenzdomäne transformiert werden. Abb. 2.36 verdeutlicht den Aufbau des Interferometerraums.

Bei leerem Probenraum wird ein Interferogramm aufgenommen und Fouriertransformiert. Es resultiert das Einkanal-Referenzspektrum $R(v)$. Ein zweites Interferogramm wird mit der Probe im Probenraum aufgenommen und transformiert. Damit erhält man das Einkanal-Probenspektrum $S(v)$. Das Probenspektrum ähnelt dem Referenzspektrum, zeigt aber geringere Intensität, in denjenigen Wellenzahlbereichen, in denen die Probe Strahlung absorbiert (Abb. 2.37) (Bruker Optik 2008). Das Transmissionsspektrum $T(v)$ entsteht durch Division des Probenspektrums durch das Referenzspektrum. (Gl. 2.40; Abb. 2.38)

$$T(v) = \frac{S(v)}{R(v)} \tag{2.40}$$

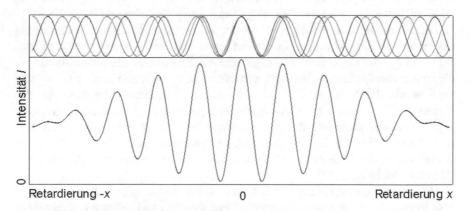

Abb. 2.34   Interferenz zweier Teilstrahlen in Abhängigkeit von der Laufzeit

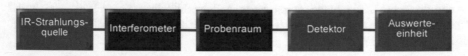

Abb. 2.35   Schematischer Aufbau eines FT-IR-Spektrometers

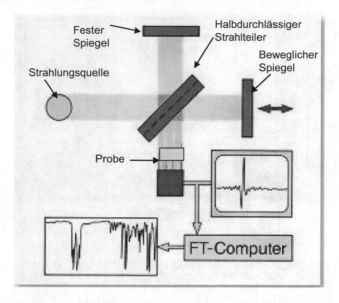

Abb. 2.36 Schematische Darstellung des Interferometerraums. (Bruker Optik 2008)

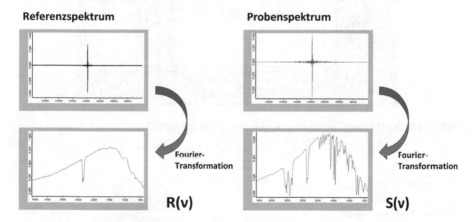

Abb. 2.37 Fourier-Transformation des Referenz- und Probenspektrums (Bruker Optik 2008). Das Transmissionsspektrum $T(\nu)$ entsteht durch Division des Probenspektrums durch das Referenzspektrum. (Gl. 2.40)

Transmissions-FT-IR-Spektroskopie

Bei der Transmissionsinfrarotspektroskopie, wie in Abb. 2.39 veranschaulicht, durchdringt der Infrarotstrahl zum Beispiel eine flüssige Probe innerhalb einer Küvette vollständig. Innerhalb der Transmissionsspektroskopie werden nicht nur Flüssigkeiten einer IR-aktiven Substanz in einem Lösungsmittel wie Nujol durchstrahlt, sondern auch KBr-Presslinge, heißgeprägte Kunststofffolien oder Mikrotomschnitte von Kunststoffen liefern bei einer Transmissionsmessung Informationen (Konzentration; Substanzklasse) über das Material bzw. die gelöste Substanz.

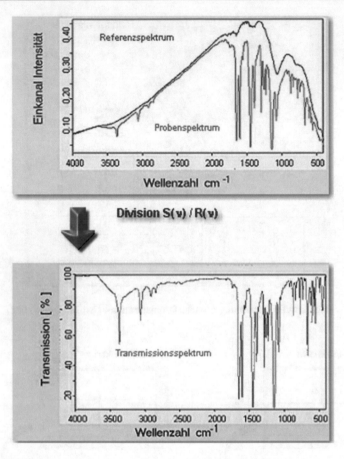

Abb. 2.38 Der Weg zum Transmissionsspektrum. (Bruker Optik 2008)

Abb. 2.39 Abschwächung der Infrarotstrahlungsintensität bei einer Transmission der Strahlung durch eine Probe der Konzentration c mit einem Absorptionskoeffizienten α

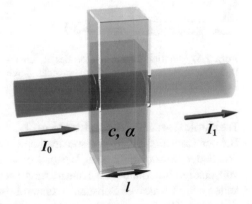

In diesem Abschnitt werden am Beispiel der Quantifizierung des Polybutadien-anteils in ABS (Abschn. 2.4) drei unterschiedliche infrarotspektroskopische Trans-missionsmethoden vorgestellt und ihre Genauigkeit verglichen:

1. Quantifizierung mittels ABS-Prägefolien
2. Quantifizierung mittels KBr-Presslingen
3. Quantifizierung in Lösungsmittel mittels Durchstrahltechnik

Um die Quantifizierung überhaupt erst zu ermöglichen, hat der Kunststofflieferant sechs Referenzproben mit verschiedenen bekannten Polybutadiengehalten zur Ver-fügung gestellt. Anhand der theoretischen Polybutadiengehalte werden im Folgenden die Kalibrationsgeraden der verschiedenen Messmethoden erstellt.

Ein zusätzliches Kontrollinstrument zur Überprüfung der verschiedenen Mess-methoden und -ergebnisse ist die Untersuchung der sortenreinen ABS-Kunststoffe P2mc und Polylac 727. Die Polybutadiengehalte beider Kunststoffe sind ungefähr bekannt, nämlich 20–24 % bei P2mc und 14–18 % bei Polylac 727. Damit dienen sie zur Überprüfung der Geradengleichung der jeweiligen Kalibrationsgerade.

Die klassische Methode zur Quantifizierung des Polybutadienanteils in ABS ist die Methode nach Wijs, die zusammen mit der Herstellerangabe (theoretischer Wert) dazu dient, die Ergebnisse der Infrarot-Transmissionsmessungen entsprechend zu bewerten.

Die Analyse nach Wijs ist ein Titrationsverfahren. Das Messprinzip besteht darin, Jod an Polybutadien anzulagern und den Überschuss an Jod mit 0,1 M Natriumthio-sulfatlösung zurückzutitrieren. Damit lässt sich der Polybutadiengehalt in der Probe direkt bestimmen. Die Untersuchung der vom Hersteller zur Quantifizierung bereit-gestellten Referenzproben führt zu dem in Tab. 2.7 dargestellten Ergebnis.

Tab. 2.7 Polybutadiengehalte unterschiedlicher ABS Typen nach der Methode Wijs

Probe	Einwaage in g	Thiosulfat in ml	%Pbu	Mittelwert	%Pbu theoretisch
Blindprobe	0	16,1			
1.1	0,0735	11,6	16,6	16,6	15,7
1.2	0,0735	11,6	16,6		
2.1	0,071	10,75	20,4	19,4	19,8
2.2	0,071	11,3	18,3		
3.1	0,0735	11,2	18,1	18,5	17,8
3.2	0,073	11	18,9		
4.1	0,0707	10,4	21,8	21,7	22,1
4.2	0,0755	10,1	21,5		
5.1	0,0709	4,3	45,1	44,6	54,0
5.2	0,073	4,2	44,2		
6.1	0,0805	7,8	27,9	30,6	30,0
6.2	0,079	6,4	33,3		

Die Bestimmung der prozentualen Anteile wird über folgende Gleichung ermittelt:

$$\%Pbu = \frac{(A - B) \cdot t \cdot 0,271}{Einwaage} \tag{2.41}$$

A   Verbrauch 0,1 molare Natriumthiosulfatlösung der Blindprobe
B   Verbrauch 0,1 molare Natriumthiosulfatlösung der Probe
T   Titer

Auf Basis der Produktrezepturen wird vom Hersteller der theoretische Polybutadiengehalt berechnet.

Wie aus Tab. 2.7 ersichtlich, korrespondieren die ermittelten mit den theoretischen Werten, bis auf eine Ausnahme. Die Ursache hierfür liegt evtl. bei der
schlechten Löslichkeit des Polymers oder es sind zusätzliche Additive enthalten,
die sich durch Jod oxidieren lassen.

Jedoch bestehen die Probleme der Analyse nach der Methode Wijs in dem
erheblichen Zeitaufwand und dem hohen Lösungsmittelverbrauch an halogenierten Lösungsmitteln.

Der Zeitaufwand zur Analyse soll so gering wie möglich gehalten werden,
sodass die angelieferte Charge noch vor dem Befüllen des Vorratssilos direkt aus
dem Transporter untersucht werden kann. Dadurch können die Ausfallzeit für das
Transportunternehmen und damit die Kosten für den Kunden so gering wie möglich gehalten werden.

Aufgrund dieser angeführten Gründe ist die Analyse nach der Methode Wijs
nicht mehr zeitgemäß und kann durch infrarotspektroskopische Methoden ersetzt
werden.

Quantifizierung mit ABS-Prägefolien über Durchstrahltechnik

Bei der Probenherstellung werden in einer auf 220 °C beheizten Presse ca. 20 mg
des Kunststoffes zwischen einer mit Magnesiumstereat beschichteten Alufolie ver-
presst (Abb. 2.40). Mit dieser Herstellungsmethode erhält man Kunststofffolien
mit wenigen μm Schichtdicke.

Die von der Alufolie abgezogene Kunststofffolie wird in der Halterung mit
Magneten fixiert (Abb. 2.41).

Von jeder Probe werden drei Folien hergestellt, um die Reproduzierbarkeit der
Messung zu überprüfen.

Zur Auswertung wird zunächst die Summe der Flächen des Butadien-Peaks
($1510,1-1478,27\ cm^{-1}$), des Nitril-Peaks ($2263-2217,7\ cm^{-1}$) und des Styrol-Peaks ($987,89-946,69\ cm^{-1}$) gebildet. Im Anschluss wird in Excel die Fläche
des Butadien-Peaks durch die Peak-Summe dividiert und über die bekannten theoretischen Butadiengehalte der vom Hersteller bereitgestellten Referenzproben aufgetragen. Zur Erstellung der Kalibrationsgerade (Abb. 2.42) wird der Mittelwert
aus den drei Einzelmessungen verwendet. Die mathematische Auswertung der
Peaks wird in Excel durchgeführt.

Über die Geradengleichung ist es nun möglich, den Polybutadiengehalt von
unbekannten Proben zu bestimmen. Dazu müssen die zur Auswertung herangezogenen

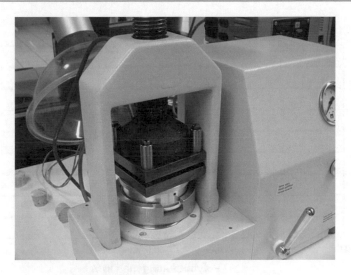

Abb. 2.40 Beheizbare hydraulische Presse

Abb. 2.41 Kunststofffolie auf Alufolie gepresst (links) und in Halterung fixiert

Peaks mit der Software zunächst integriert und die erhaltenen Flächeninhalte dann in Excel zueinander in Beziehung gesetzt werden.

Die durch die Geradengleichung ermittelten Polybutadiengehalte für P2mc und Polylac 727 liegen in den Bereichen von 21,74 % ± 1,43 % (P2mc) bzw. bei 15,7 % ± 2,51 %. Damit liegt die Abweichung innerhalb des vom Hersteller angegebenen Fehlerbereichs und die Methode ist somit zur Quantifizierung des Polybutadienanteils geeignet.

Quantifizierung mittels KBr-Presslingen

Zur Bestimmung des Polybutadienanteils in den Referenzproben muss zunächst ein KBr-Pressling hergestellt werden. Um eine konstante Peak-Intensität im Spektrum zu gewährleisten, müssen laut dem Lambert-Beer'schen-Gesetz die

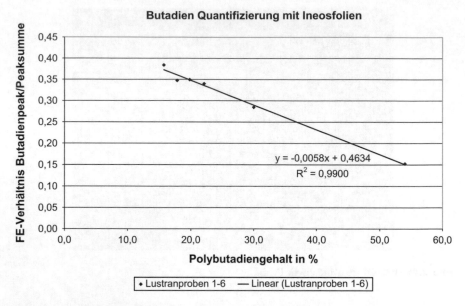

Abb. 2.42 Kalibrationsgerade zur Polybutadienquantifizierung über die Vermessung von Pressfolien

Abb. 2.43 Mit KBr-homogenisierte Kunststoffprobe im Achatmörser

Konzentration der zu messenden Substanz und die Schichtdicke des Mediums, hier des KBr-Presslings, konstant gehalten werden. Ansonsten können keine Vergleiche zwischen den verschiedenen Proben durchgeführt werden.

Es werden deshalb zur Untersuchung jeweils 150 mg KBr und 3 mg der Kunststoffprobe eingewogen. Die Homogenisierung der einzelnen Bestandteile erfolgt in einem Achatmörser (Abb. 2.43) unter Zugabe von zehn Tropfen Dichlormethan, welches die Aufquellung des Kunststoffs bewirkt. Ohne Zugabe des Dichlormethans wäre es nicht möglich, die Probe homogen in KBr zu verteilen.

Von der mit dem KBr homogenisierten, zermahlenen Probe werden drei Spatelspitzen in das Presswerkzeug eingefüllt (Abb. 2.44). In der Presse wird unter einem Druck von zehn Tonnen der KBr-Pressling hergestellt.

Nach dem Pressvorgang ist darauf zu achten, dass keine Berührung der Oberfläche mit den Fingern erfolgt, da dies aufgrund des aufgebrachten Fingerfettes zu einer Verfälschung des Messergebnisses führen würde.

Es ist außerdem darauf zu achten, dass die Aufbewahrung des Presslings (Abb. 2.45) in einem luftundurchlässigen Behältnis erfolgt, da KBr extrem hygroskopisch ist. Das aufgenommene Wasser würde die Messung ebenfalls stören.

Der KBr-Pressling wird in die Aufnahmeeinheit eingespannt (Abb. 2.46) und vermessen. Um ein repräsentatives Ergebnis zu erhalten, werden von jeder Granulatsorte fünf Presslinge vermessen, wovon jeder aus fünf verschiedenen Körnern des Granulats hergestellt wird. Wie bereits bei den zuvor untersuchten

Abb. 2.44   Presswerkzeug und Presse zur Herstellung von KBr-Presslingen

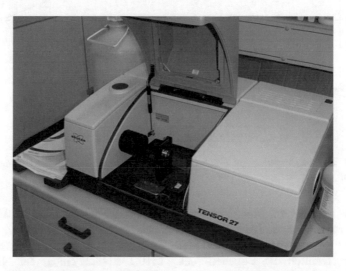

Abb. 2.45   IR-Gerät mit im Strahlengang eingesetztem KBr-Pressling

Abb. 2.46 Einspannvorrichtung mit KBr-Pressling

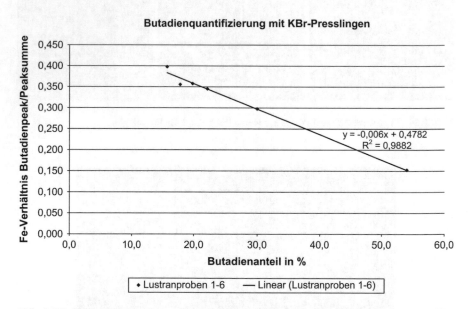

Abb. 2.47 Kalibrationsgerade zur Polybutadienquantifizierung über die Vermessung von KBr-Presslingen

Methoden wird der aus fünf Einzelmessungen gebildete Mittelwert zur Erstellung der Kalibrationsgeraden (Abb. 2.47) verwendet.

Es werden, wie bei allen drei Methoden, die gleichen Peaks im Spektrum analysiert, nämlich der Butadien-Peak ($1510{,}1$–$1478{,}27\ \mathrm{cm^{-1}}$), der Nitril-Peak ($2263$–$2217{,}7\ \mathrm{cm^{-1}}$) und der Styrol-Peak ($987{,}89$–$946{,}69\ \mathrm{cm^{-1}}$). Somit sind die Ergebnisse aller Methoden miteinander vergleichbar.

Die Überprüfung der Geradengleichung der Kalibrationsgeraden mit den Kunststoffen P2mc und Polylac 727 führt zu einem prozentualen Polybutadienanteil von 21,03 % ± 3,78 % im Falle von P2mc bzw. zu 16,53 % ± 1,54 % im Falle von Polylac 727. Der Wert des P2mc liegt am unteren Ende des vorgegebenen Fensters, berücksichtigt man den relativ großen Fehler, sogar darunter. Somit kann diese Methode nicht zur Quantifizierung des Polybutadienanteils herangezogen werden.

Die in Excel für jede Messmethode erstellten Kalibrationsgeraden lassen sich aufgrund der zur Auswertung herangezogenen identischen Peaks direkt miteinander vergleichen.

Im Falle der Messmethode mit KBr-Presslingen und Pressfolien ist das Bestimmtheitsmaß der Kalibrationsgerade zwar größer, zur Durchführung wäre aber eine zusätzliche Investition in eine hydraulische Presse und Presswerkzeug notwendig.

Die Standardabweichungen über die Einzelmessungen sind im Vergleich im Falle der Vermessung von Mikrotomschnitten am geringsten, was für die Reproduzierbarkeit der Messergebnisse bei dieser Messmethode spricht.

Deshalb wird als Methode der Wahl auf die Vermessung von Mikrotomschnitten über ATR zurückgegriffen, die mit einem Bestimmtheitsmaß der Kalibrationsgerade von 98,1 % hinreichend ist.

Quantifizierung in Lösungsmittel mittels Durchstrahltechnik

Eine weitere Möglichkeit zur Bestimmung des Polybutadienanteils in ABS-Kunststoffen bietet theoretisch die Analyse mit einer Flüssigkeitszelle. Die Flüssigkeitszelle mit entsprechenden KBr- oder CaF_2-Fenstern kann mit unterschiedlichen Probevolumina durch eingesetzte, sogenannte Spacer montiert werden (siehe hierzu die Explosionszeichnung in Abb. 2.48).

Als Hintergrundspektrum wird hier die leere Flüssigkeitszelle mit 16 Scans vermessen. Um das eigentliche Probenspektrum zu erhalten, muss zunächst die mit dem Lösungsmittel gefüllte Flüssigkeitszelle als Probenspektrum vermessen werden. Im Anschluss daran dann die gelöste Kunststoffprobe im Lösungsmittel (Abb. 2.49).

Über die Software Opus 6.5 kann dann eine Spektrensubtraktion des Lösungsmittelspektrums vom Spektrum der Kunststoffprobe im Lösungsmittel erfolgen, sodass daraus das reine IR-Spektrum der Kunststoffprobe resultiert.

In der Literatur wird zur Vermessung von Lösungen eine Konzentration von 10–20 % empfohlen, bei einer Schichtdicke der Zelle von 100–200 μm.

Diesen Angaben wird entsprochen und eine Suspension mit 10 Massenprozent angesetzt, indem auf 10 ml Methylenchlorid als Lösungsmittel 1,33 g Kunststoffgranulat eingewogen werden. Die Schichtdicke der Flüssigkeitszelle beträgt bei der Messung 100 μm.

Jedoch ist mit dieser Messmethode eine Quantifizierung des Polybutadienanteils nicht möglich, da die verwendeten Gläser der Flüssigkeitszelle aus Calciumfluorid (Abb. 2.50) bestehen. Bei einer Wellenzahl von ca. 1000 cm^{-1} gehen diese in Totalabsorption, d. h. die gesamte Strahlung wird von den Gläsern absorbiert. Somit ist eine Auswertung des für die Quantifizierung benötigten

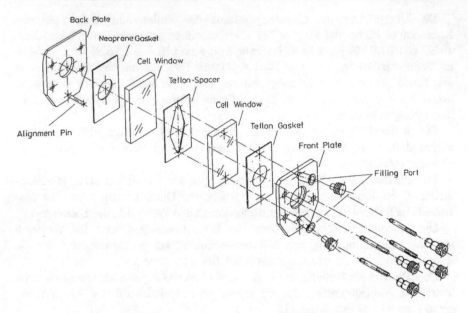

Abb. 2.48　Aufbau der IR-Flüssigkeitszelle (Explosionszeichnung)

Abb. 2.49　In Strahlengang eingesetzte Flüssigkeitszelle

Styrol-Peaks nicht möglich. Die Peak-Summe der drei für die Auswertung herangezogenen Peaks, kann deshalb nicht gebildet werden.

ATR-Spektroskopie und Mikroskopie

Anders als bei der Transmissionsinfrarotspektroskopie, bei der der Infrarotstrahl eine Probe vollständig durchdringt, tangiert die Infrarotstrahlung bei der
ATR-Spektroskopie eine feste Probe nur peripher. ATR *(attentuated total reflec-
tion)* bedeutet „verminderte oder abgeschwächte Totalreflexion", die bei Reflexion an absorbierenden Materialien auftreten kann. Die Methode wird daher auch
als Interne Reflexionsspektroskopie (IRS) bezeichnet und zählt deshalb zu den
Reflexionstechniken.

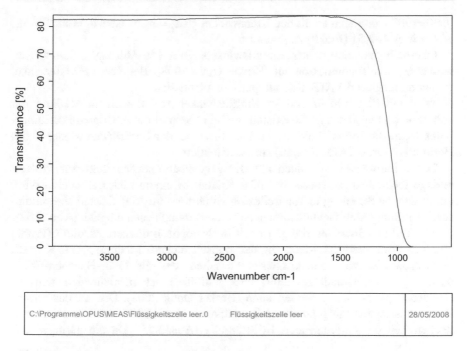

Abb. 2.50 IR-Spektrum der Calciumfluoridgläser

Das Kernstück der ATR-Methode ist ein IR-transparenter Kristall mit einem hohen Brechungsindex n. Als Einkristallmaterial mit hohem Brechungsindex wird Zinkselenid (ZnSe), Silicium (Si), Germanium (Ger) oder Diamant (C) verwendet. Der Brechungsindex ist eine dimensionslose Zahl, die das Verhältnis der Ausbreitungsgeschwindigkeit der elektromagnetischen Strahlung im Vakuum mit der im Medium i beschreibt. Der Brechungsindex ist wellenlängenabhängig:

$$n_{i(\lambda)} = c_v / c_i \tag{2.42}$$

Wenn ein Lichtstrahl mit dem Einfallswinkel α von einem optisch dichteren in ein optisch dünneres Medium übertritt, wird dieser vom Lot weg (β) gebrochen. In Abb. 2.53 (Bild 1) ist dieser Fall veranschaulicht. Da der Brechungswinkel β ($\beta > \alpha$, da $n_2 > n_1$) vom Einfallswinkel α abhängig ist, entsteht bei einem immer größer werdenden Einfallswinkel ein Grenzfall ($\beta = 90°$), bei dem der gebrochene Strahl sich entlang der Grenzfläche ausbreitet. Dieses Verhalten definiert den Grenzwinkel α_g, der von den Brechungsindices beider Medien abhängig ist.

Mithilfe des Snellius'schen Brechungsgesetzes kann der Lichtweg beim Auftreffen auf eine Grenzfläche zweier Medien unterschiedlicher optischer Dichte beschrieben werden (Bruker Optik 2008).

$$n_1 \sin\alpha = n_2 \sin\beta \tag{2.43}$$

für $\beta = 90°$ ergibt sich somit der Grenzwinkel $\sin\alpha_g = n_2/n_1$ oder $\alpha_g = \sin^{-1} n_2/n_1$, wie er in Abb. 2.51 (Bild 2) zu sehen ist.

Oberhalb eines bestimmten Einfallswinkels (Bild 3 in Abb. 2.51), dem Grenzwinkel α_g, tritt Totalreflexion auf (Bruker Optik 2008). Bei einem Einfallswinkel größer α_g fungiert der ATR-Kristall quasi als Lichtleiter.

Wird ein IR-Strahl mit einem Eintrittswinkel $>\alpha_g$ von einem Medium mit hohem Brechungsindex (ATR-Kristall) auf ein Medium mit niedrigem Brechungsindex (Kunststoffprobe) gelenkt, wird der Strahl an der Grenzfläche wieder in das Herkunftsmedium (ATR-Kristall) zurückreflektiert.

Der Infrarotstrahl wird auch auf der gegenüberliegenden Seite zur Probenauflage totalreflektiert, sodass der ATR-Kristall zu einem Lichtwellenleiter wird, durch den die Strahlung in Totalreflexion geführt ist. Im ATR-Kristall sind in dieser Ausführung Mehrfachreflexionen an beiden Grenzflächen möglich (Abb. 2.52).

Ein Teil der Strahlung dringt jedoch in das optisch dünnere Medium (Probe) ein, um etwas versetzt wieder in das optisch dickere Medium (ATR-Kristall) zurückgeworfen zu werden. Dieses Verhalten, das als Goos-Hänchen-Effekt bekannt ist, ist Grundlage dafür, dass mithilfe eines lichtleitenden Kristalls Spektroskopie betrieben werden kann (Bruker Optik 2008). Die auf das interne Reflexionselement aufgepresste Materialprobe absorbiert einen materialspezifischen Teil der eindringenden IR-Strahlung (Abb. 2.55). Da ein geringer Teil

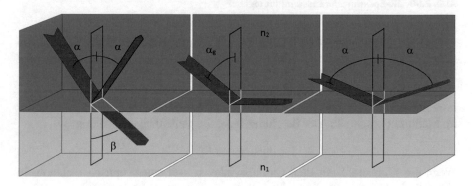

Abb. 2.51 Vom Einfallswinkel abhängige Brechungswinkel an der Grenzfläche zweier Medien mit unterschiedlichen optischen Dichten $n_2 > n_1$. (Bruker Optik 2008)

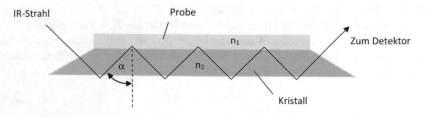

Abb. 2.52 Strahlengang einer Infrarotstrahlung durch ein optisch dichteres Medium (Kristall) als die Umgebung (Kunststoffprobe)

der Infrarotstrahlung an allen Reflexionspunkten von der Probe absorbiert wird, ist die Strahlung, die schließlich am Detektor ankommt, in einigen Frequenzen abgeschwächt. Damit lässt die gemessene reflektierte Intensität Rückschlüsse über das absorbierende Medium zu.

Nach Gl. 2.44 ist die Eindringtiefe d_p der Strahlung (Abb. 2.55) abhängig von der Wellenlänge der in Totalreflexion geführten Strahlung, vom Eintrittswinkel α und dem Quotient der Brechungsindices zwischen Probe und ATR-Kristall.

$$d_p = \frac{\lambda}{2 \cdot \pi \cdot n_1 \cdot \sqrt{\sin^2 \alpha - \left(\frac{n_1}{n_2}\right)^2}} \tag{2.44}$$

d_p Eindringtiefe in µm
λ Wellenlänge in µm
α Einfallswinkel
n_1 Brechungsindex des optisch dünneren Mediums
n_2 Brechungsindex des optisch dichteren Mediums

Nach Gl. 2.44 in Abb. 2.53 ist die Eindringtiefe d_p der Strahlung abhängig von der Wellenlänge der in Totalreflexion geführten Strahlung, vom Eintrittswinkel α und dem Quotient der Brechungsindices zwischen Probe und ATR-Kristall.

In Tab. 2.8 sind Brechungsindices einiger Materialien zusammengestellt und in Tab. 2.9 werden die berechneten Eindringtiefen in Abhängigkeit von der Wellenzahl bei Verwendung zweier unterschiedlicher ATR-Reflexionselemente angegeben. Als

Abb. 2.53 Eindringtiefe d_p einer elektromagnetischen Strahlung der Wellenlänge λ von einem optisch dünneren in ein optisch dichteres Medium

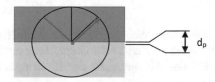

$$d_p = \frac{\lambda}{2 \cdot \pi \cdot n_1 \cdot \sqrt{\sin^2 \alpha - \left(\frac{n_1}{n_2}\right)^2}}$$

d_p: Eindringtiefe in µm

λ : Wellenlänge in µm

α : Einfallswinkel

n_1: Brechungsindex des optisch dünneren Mediums

n_2: Brechungsindex des optisch dickeren Mediums

Tab. 2.8 Brechungsindizes verschiedener Materialien

Brechungsindizes	
Germanium	4,0 (4,1[a])
Silicium	3,35[a]
Zinkselenid	2,59[a]
Diamant	2,42
PS	1,58
PMMA	1,49
PC	1,58
Quarzglas	1,46
Wasser	1,33
Luft	1,0

[a]Der Brechungsindex bei 633 nm; alle anderen Werte sind mit der Natrium-D-Linie bei 587 nm als Standardwellenlänge ermittelt

Tab. 2.9 Abhängigkeit der Eindringtiefe von der Wellenzahl des ATR-Kristalls und des Einfallwinkels α

Material	Germanium			Diamant
α	24° (=α_g)	36,9°	48°	48°
	Eindringtiefe [µm]			
3000 cm^{-1}	1,676	0,296	0,212	0,646
1800 cm^{-1}	2,793	0,491	0,353	1,077
600 cm^{-1}	8,380	1,474	1,055	3,230

Eindringtiefe ist der Weg der Strahlung definiert, nachdem die Intensität gegenüber dem ursprünglichen Wert an der Grenzfläche um 1/e abgenommen hat.

Aufgrund der Abhängigkeit der Eindringtiefe von der Wellenlänge bzw. der Wellenzahl unterscheiden sich die ATR-Spektren von den Transmissionsspektren dadurch, dass die Banden im niedrigeren Wellenzahlenbereich, im Vergleich zu hohen Wellenzahlen, intensiver sind.

Die Eindringtiefe hängt auch vom Einfallswinkel der Strahlung ab. Zur Untersuchung von Kohlenwasserstoffen wird hauptsächlich ein Einfallswinkel α um 45° verwendet, da ein Winkel von 60° weniger intensive Spektren liefern würde.

Die Tatsache, dass die Intensität der Strahlung in der optisch dünneren Probe im Abstand zu ihrer Oberfläche exponentiell abnimmt, macht die ATR-Spektroskopie zu einer adäquaten Methode für die Oberflächenanalytik. Die Materialanalyse ist damit unabhängig von der Probendicke bzw. der Probengröße. Der limitierende Faktor für die zerstörungsfreie Oberflächenanalyse ist lediglich die Probenaufnahme mit ihrer Anpressvorrichtung, deren Aufgabe es ist, den bestmöglichen Kontakt zwischen Probe und Reflexionselement zu gewährleisten. Mittels einer Drehmomentschraube ist sichergestellt, dass der Kristall nicht zerstört wird.

Falls flüssige oder pastöse Proben analysiert werden, ist ein Feststellen der Drehmomentschraube nicht nötig.

In der Industrie wird die ATR-Technik zur Untersuchung aller organischen Substanzen, wie z. B. Polymere, Fette, Wachse, Öle, Pasten, Weichmacher, Additive, eingesetzt.

Durch die Umrüstung der Analyseeinheit ist eine Untersuchung flüssiger Proben in einer Flüssigkeitszelle sowie von KBr-Presslingen und reinen Kunststofffolien über die Durchstrahltechnik ebenfalls am selben Spektrometer möglich (Abb. 2.54).

Bei der Durchstrahltechnik können aufgrund der Durchlässigkeit nicht im gesamten MIR-Spektrum Quartz- oder optische Glasküvetten, wie bei der UV-VIS-Spektroskopie üblich, verwendet werden (Günzler und Heise 2003). Einige Salze, wie KBr, NaCl, CaF_2, BaF, CsJ u. a., zeichnen sich allerdings durch gute Transparenz im IR-Bereich aus und haben überdies die Eigenschaft, schon bei relativ geringen Drücken zu einem quasi Einkristall zu sintern. Deshalb können meist trockene, pulverförmige Substanzproben mit KBr verrieben und zu einer Tablette (Pressling) gepresst werden. Da diese Präparationstechnik sehr zeitaufwendig und fehlerbehaftet ist, ist sie durch modernere ATR-Reflexionstechniken verdrängt worden.

Ein weiterer Vorteil dieser Technik ist, dass dabei auch nichtdurchstrahlbare Materialien, wie z. B. Kunststoffe, einer IR-Messung zugänglich werden. Eine weit weniger angewandte Technik besteht darin, dass meist unpolare Proben in einem adäquaten, unpolaren Lösungsmittel gelöst werden, die Lösung in entsprechende IR-durchlässige Küvetten (aus o. g. Salzen) gefüllt und gemessen wird. Diese Technik ist allerdings mit zwei wesentlichen Nachteilen behaftet: Einerseits gibt es kein IR-inaktives Lösungsmittel, weshalb die Spektren immer die Absorptionsbanden des Lösungsmittels als Artefakt enthalten, andererseits sind die IR-durchlässigen Küvetten sehr empfindlich bzgl. feucht, da sie aus wasserlöslichen Salzen bestehen. Will man also gemessene Spektren mit solchen aus der Literatur vergleichen, muss auch immer die Probenvorbereitungstechnik berücksichtigt und in den Vergleich mit einbezogen werden.

Die ATR-Spektroskopie bzw. die Infrarot-Reflexions-Absorptions-Spektroskopie (IRRAS) kann mit einem geringen präparativen Aufwand bei mäßigen Kosten in

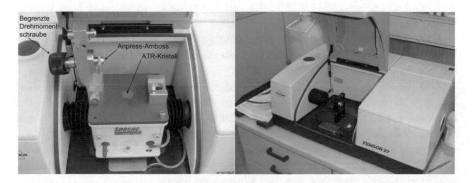

Abb. 2.54 Eingebaute Messeinheiten im IR-Spektrometer

der Oberflächenanalytik eingesetzt werden. Mit ihr können molekulare Baugruppen mit einer Informationstiefe im µ-Bereich nachgewiesen werden. Damit lassen sich sowohl Monolagen und organische Kontaminationen auf Oberflächen untersuchen als auch in tieferen Schichten (Multilagen) Informationen über das Probenmaterial selbst erhalten. Diese Eigenschaften qualifizieren die ATR-Spektroskopie für die Strukturaufklärung von Substanzen als auch für die Qualitätssicherung in der Beschichtungstechnologie innerhalb der Fehleranalyse. Ob ein Substrat für den weiteren Beschichtungsprozess entsprechend vorgereinigt und die Adsorptionsschicht abgetragen wurde, lässt sich mithilfe der ATR-Spektroskopie sehr schnell feststellen. Die ATR-Spektroskopie lässt sich mit einem µATR-Mikroskop auch bildgebend einsetzten *(IR Imaging)*, und mit einer Kalibrierung und geeigneten Probenpräparation ist auch die Möglichkeit der Quantifizierung von molekularen Baugruppen möglich, wie das Beispiel im folgenden Abschnitt zeigt.

Quantifizierung mittels Dünnschnittverfahren über die ATR-Technik

Die Quantifizierung des Polybutadienanteils des ABS-Granulatkorns ist mittels ATR-IR-Spektroskopie nicht durchzuführen. Das Granulatkorn weist nicht die erforderliche Homogenität zur oberflächennahen Untersuchungsmethode auf. Durch die sphärische bzw. globuläre Granulatform ergibt sich eine konkave oder auch konvexe Auflagefläche mit Lufteinschlüssen, wodurch ein Spektrum des Materials nicht reproduzierbar ist, da nicht die ganze Probenauflagefläche gleichermaßen von allen Granulatkörnern abgedeckt wird. Folglich erhält man bei verschiedenen Granulatproben des gleichen Sortentyps unterschiedliche Peak-Intensitäten, wie in Abb. 2.55 zu sehen ist. Die Integration der Butadien-Peaks ergäbe drei unterschiedliche Ergebnisse für das gleiche Material.

Dieses Problem lässt sich jedoch durch eine geeignete Probenpräparation lösen, sodass mit der ATR-Spektroskopie eine quantitative Analyse von Kunststoffanteilen und Zusätzen möglich wird. Die Eignung dieser Methode wird am Beispiel des Polybutadienanteils im ABS den Ergebnissen der Tansmissions-Infrarotspektroskopie gegenübergestellt.

Die Probenpräparation erfolgt mit einem Mikrotomschnittgerät (Abb. 2.56), welches Probenfolien mit einer Stärke von 30 µm vom Granulatkorn bzw. Grundkörper abgetrennt.

Das Verfahren gewährleistet eine homogene Auflagefläche auf dem ATR-Kristall und führt zu nahezu gleich bleibenden Peak-Größen bei Vermessung verschiedener Proben gleichen Materials.

Um die Reproduzierbarkeit der Messergebnisse zu verdeutlichen, werden fünf Körner des sortenreinen ABS-Kunststoffs P2mc vermessen und wiederum der Butadien-Peak ($1510{,}1–1478{,}27$ cm^{-1}), der Nitril-Peak ($2263–2217{,}7$ cm^{-1}) und der Styrol-Peak ($987{,}89–946{,}69$ cm^{-1}) zur Auswertung herangezogen.

Es wird sowohl die Standardabweichung des Verhältnisses des Butadien-Peaks mit der Peak-Summe aller drei Peaks im Korn zwischen den fünf Mikrotomschnitten als auch zwischen den fünf Körnern gebildet.

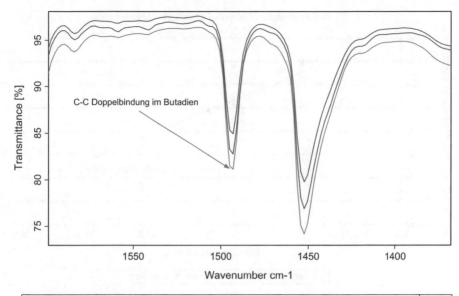

C:\Programme\OPUS\MEAS\LG Chemicals ABS MP211B (Peakvergleich).0	LC Chemicals AB3 MP211B (Peakvergleich)	Granulat	30/04/2008
C:\Programme\OPUS\MEAS\LG Chemicals ABS MP211B (Peakvergleich).2	LG Chemicals ABS MP211B (Peakvergleich)	Granulat	30/04/2008
C:\Programme\OPUS\MEAS\LG Chem MP 211B ABS.0	LG Chem MP 211B ABS	ABS Granulat	23/07/2007

Abb. 2.55 Vergleich der Peak-Größe von ABS-Granulat

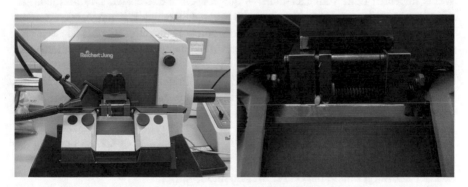

Abb. 2.56 Mikrotomschnittgerät mit eingespannter Granulatprobe

Mit einer Standardabweichung von 1,2 % über fünf Körner kann für die Erstellung der Kalibrationsgeraden (Abb. 2.57) das zur Auswertung herangezogene Peakverhältnis verwendet werden. Zur Erstellung der Kalibrationsgerade wird auch bei dieser Messmethode der Mittelwert aus fünf Einzelmessungen pro Probe herangezogen.

Durch die Überprüfung der Geradengleichung mit den Peak-Flächenverhältnissen von P2mc bzw. Polylac 727 erhält man die prozentualen Polybutadienanteile von

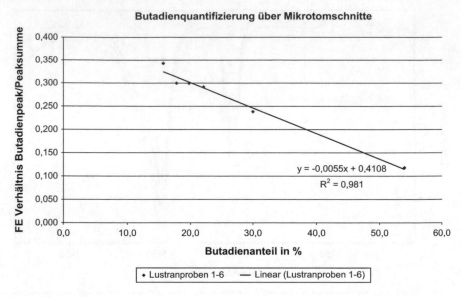

Abb. 2.57 Kalibrationsgerade zur Polybutadienquantifizierung über die Vermessung von Mikrotomschnitten

22,69 % ± 1,2 % für P2mc-ABS bzw. 17,24 % ± 1,29 % für Polylac-727-ABS. Die Werte liegen in dem vom Hersteller vorgegebenen Wertefenster. Die Methode der Messung kann also zur Quantifizierung des Polybutadienanteils herangezogen werden.

Die in Excel für jede Messmethode erstellten Kalibrationsgeraden lassen sich aufgrund der zur Auswertung herangezogenen identischen Peaks direkt miteinander vergleichen.

Im Falle der Messmethode mit KBr-Presslingen und Pressfolien ist das Bestimmtheitsmaß der Kalibrationsgerade zwar etwas größer, zur Durchführung wäre aber eine zusätzliche Investition in eine hydraulische Presse und in Presswerkzeug notwendig.

Die Standardabweichungen über die Einzelmessungen sind jedoch im Falle der Vermessung von Mikrotomschnitten am geringsten, was für die Reproduzierbarkeit der Messergebnisse bei dieser Messmethode spricht.

Deshalb wird als Methode der Wahl auf die Vermessung von Mikrotomschnitten über ATR zurückgegriffen, die mit einem Bestimmtheitsmaß der Kalibrationsgerade von 98,1 % hinreichend genau ist.

2.3.4 FTIR-Imaging mit ATR

Eine Möglichkeit, um mikroskopisch kleine Plastikteilchen innerhalb einer Matrix, wie beispielsweise eines Filterkuchens, der zusätzlich anorganische Verunreinigungen wie Sand enthält, sichtbar zu machen und zu identifizieren, bietet das IR-Imaging. Das IR-Imaging ist ein bildgebendes Verfahren, bei dem ein Infrarotmikroskop mit einem IR-Spektrometer, wie in Abb. 2.58 zu sehen, gekoppelt ist.

Mittels einer zweidimensionalen Anordnung von Strahlungsdetektoren eines sogenannten FPA-(Focal Plane-Array-)Detektors und dem IR-Spektrometer über das Mikroskop kann die räumliche Verteilung der Probenzusammensetzung sichtbar gemacht werden.

Das Kernstück im IR-Mikroskop, welches für eine bessere Auflösung als bei gewöhnlichen Lichtmikroskopen sorgt, ist das ATR-Objektiv. In Abb. 2.59 ist der Kontakt des Messkopfes (ATR-Kristall) mit einer Probe auf einem steuerbaren Probentisch zu sehen.

Abb. 2.58 Infrarotmikroskop (links) mit angekoppeltem FTIR-Spektrometer (rechts)

Abb. 2.59 Abgesenkter Germanium-ATR-Kristall auf einer Probe im idealen Probenkontakt

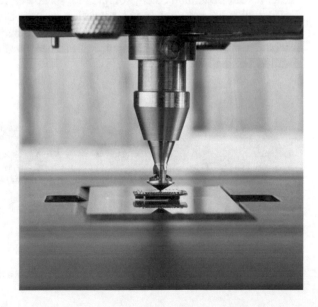

Die Arbeitsweise und der Strahlengang zwischen dem Spiegellinsenobjektiv (Cassegrain-Reflexionsobjektiv) und dem ATR-Kristall ist in Abb. 2.60 grafisch dargestellt. Zu einer hochauflösenden Untersuchung (im μm-Bereich) einer Probe wird zunächst über eine Fokussieroptik, die aus einem Lichtmikroskop mit Kamera besteht, mittels eines Autofokus ein Messpunkt ausgewählt. Aufgrund der spiegel-symmetrischen Anordnung im Spiegellinsenobjektiv trifft auch die Infrarotstrahlung über die identische Fokussieroptik auf den exakt gleichen Messpunkt. Um über die ATR-Reflexionstechnik Informationen über den ausgewählten Messpunkt zu erhalten, senkt ein Motor automatisiert den ATR-Kristall auf den Messpunkt ab. Die Probe wird zum direkten Kontakt an die Spitze des Kristalls von 600 μm Durchmesser gepresst. Ein Drucksensor im Probentisch regelt den optimalen Anpressdruck, um ein reproduzierbares Spektrum der im Kristall reflektierten Strahlung zu erhalten. Für eine maximale Effizienz des Infrarotlichts ist die der Probe abgewandte Kristalloberfläche entspiegelt.

Die IR-Strahlung tritt in den Kristall durch diese entspiegelte gekrümmte Oberfläche ein und erleidet eine interne Totalreflexion an der Probenoberfläche, bevor sie den Kristall wieder verlässt. Im Raum unmittelbar unter der Kristallspitze kann es dabei zu Energieabsorption durch die Probe kommen. Trifft dies ein, ist der reflektierte Strahl leicht geschwächt und enthält somit eine spektrale Information über die Oberfläche der absorbierenden Probe. Mit dem von der Probenfläche reflektierten Licht wird vom ATR-Kristall und dem Cassegrain-Objektiv ein Bild erzeugt. In der Bildebene des Systems befindet sich dafür ein Arraydetektor. Kristall und Probe werden lateral unter dem Objektiv abgetastet und das Bild wird so entlang des Detektors bewegt, dass alle Punkte der Probe erfasst werden. Dies erfolgt anhand einer in X-Y-Richtung bewegten Plattform auf dem Probentisch und gleichzeitigen Aufnahme eines IR-Spektrums für jede Position des Kristalls und der Probe, bis zur Erstellung einer „kompletten, spektralen Karte". Für eine verbesserte Signalqualität können auch in jeder Position mehrere Spektren aufgenommen werden. Über diese Technik können einzelne Punkte (Materialdefekte, Fehlstellen etc.) untersucht oder Partikelverteilungen auf Flächen über ein sogenanntes Mapping ermittelt werden.

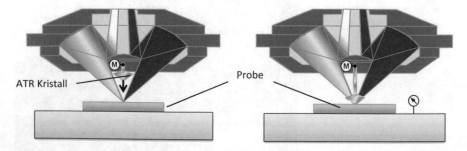

Abb. 2.60 Arbeitsweise des ATR-Objektivs. Links: Fokussieren des Messpunktes. Rechts: automatisiertes Absenken des ATR-Kristalls auf den Messpunkt

Durch einen Linescan über den Querschnitt einer Probe kann somit auch ein bildhaftes Tiefenprofil erstellt werden, welches in Abb. 2.61 dargestellt ist.

Jedem Messpunkt der gescannten Probefläche wird anhand eines charakteristischen Peaks bzw. Peak-Musters des aufgenommenen IR-Spektrums eine über die Software wählbare Farbe zugeordnet, wodurch die dargestellte Topografie erhalten wird. Charakteristische Peaks von verschiedenen Kunststoffen werden in Abschn. 2.4 vorgestellt.

Das Auflösungsvermögen d eines IR-Mikroskops kann ebenso wie das eines Lichtmikroskops über das Rayleigh-Kriterium nach folgender Gleichung berechnet werden.

$$d = 1.22\lambda/2\,NA = 0.61\lambda/n\,sin\,\theta \qquad\qquad (2.45)$$

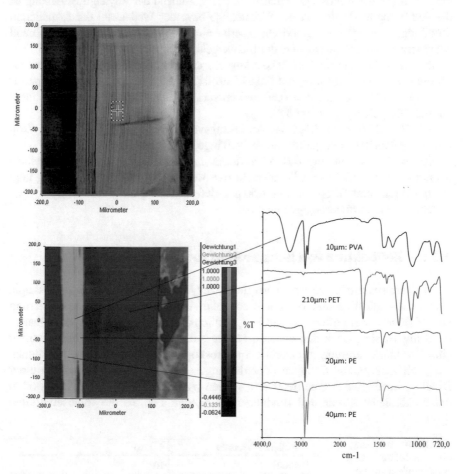

Abb. 2.61 Querschnitt einer Kunststofffolie. Oben: Lichtmikroskopische Aufnahme. Unten: ATR-Image. Rechts: Infrarotspektren der einzelnen Messpunkte und Schichtdicken der farblich zu unterscheidenden Kunststoffanteile in der Folie. Zwischen den Polyethylenschichten befindet sich eine dünne Schicht aus Polyvinylalkohol (PVA)

Abb. 2.62 Strahlengang
durch eine Bikonvexlinse

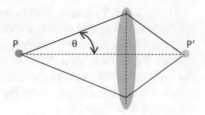

Dabei beschreibt die numerische Apertur das Vermögen eines optischen Elements, wie beispielsweise einer bikonvexen Linse (Abb. 2.62), Licht bzw. Strahlung zu fokussieren. Bei Objektiven bestimmt die numerische Apertur die minimale Größe des in seinem Fokus erzeugbaren Lichtflecks P' als Abbildung eines Objekts P und ist somit eine wichtige, die Auflösung begrenzende Größe Anhand der Rayleigh-Beziehung ist die Auflösung abhängig von der Wellenlänge bzw. der Wellenzahl der fokussierten Strahlung. Eine typische numerische Apertur eines Objektivs beträgt $NA = 0{,}60$ und entspricht einem Öffnungswinkel des Lichtkegels $\theta = 37°$.

In einem herkömmlichen Mikroskop ist der Brechungsindex $n = 1$, da das Medium zwischen Objektiv und Fokus Luft ist. Eine typische numerische Apertur eines Objektivs beträgt $NA = 0{,}60$ und entspricht nach Gl. 2.45 einem Öffnungswinkel θ des Lichtkegels von 37°.

Wie Tab. 2.10 zeigt, liegt das Auflösungsvermögen bei einem IR-Mikroskop um den Faktor 10 niedriger als die Wellenlänge des Lichts:

Durch die Anwendung des ATR-Messprinzips kann die klassische Ortsauflösung (10 µm bei 1000 cm^{-1}) unterschritten werden. Mit dem ATR-Imaging liegt sie bei 3 µm, und Bildpixel von 1,56 µm liefern bereits ein gutes IR-Spektrum, welches zur Identifizierung geeignet ist.

2.3.5   IR-Spektren von Kunststoffen zur Identifizierung

Die Infrarotspektroskopie ist im Vergleich zur Massen- und NMR-Spektroskopie eine relativ günstige und vor allem schnelle Analysetechnik zur Identifizierung von Kohlenwasserstoffen. In der Empfindlichkeit und im Bereich der Quantifizierung ist sie jedoch den anderen beiden Analysetechniken unterlegen, zumal eine Strukturaufklärung mit der IR-Spektroskopie nicht möglich ist. Es können lediglich funktionelle Gruppen über die angeregten Schwingungen der an einer Bindung beteiligten Atome detektiert werden (Abschn. 2.3.2). Da in Kunststoffen unterschiedliche Atome und Bindungen vorhanden sind, ist die Wechselwirkung

Tab. 2.10 Auflösung
eines IR-Mikroskops in
Abhängigkeit von der
Wellenzahl

Wellenzahl (cm^{-1})	d (µm)
4000	10
2000	5
1000	2,5

der Infrarotstrahlung in Form einer Schwingungsanregung prädestiniert, um schnell und einfach und ohne Lösungsmittel oder Trägergasverbrauch technische bzw. künstliche Polymere als Festkörper mithilfe der ATR-IR-Spektroskopie zu identifizieren (Abb. 2.34; Beschreibung in Abschn. 2.4).

Der Kunststofftyp der Mikroplastikpartikel <500 µm, wie sie in Gewässern oder auch Gärresten vorkommen (Leser 2015), kann mit einem Infrarotmikroskop aufgrund seines Peakmusters im Vergleich zu einem hinterlegten bekannten Spektrum in der Kunststoffdatenbank identifiziert werden.

Außerdem ist die Infrarotspektroskopie ein Werkzeug, um sortenreine Kunststoffe über ihre spezifischen Adsorptionsbanden bzw. das Peak-Muster innerhalb einer Recyclinganlage zu trennen. Eine automatisierte Trennung der Reinkunststoffe, die wenig personalintensiv und damit kostengünstig ist, entscheidet auch mit darüber, ob unser Kunststoffmüll recycelt, oder einer thermischen Verwertung zugeführt wird. Trennungsverfahren, die das unterschiedliche spezifische Gewicht verschiedener Plastiksorten in Schwimm-Sink-Verfahren oder Hydrocyclonen ausnutzt, sind durch die Infrarotspektroskopie abgelöst worden (Weber 2002). Warum dennoch nur rund 40 % der Kunststoffverpackungen, die im gelben Sack oder der gelben Tonne landen, recycelt werden, obwohl technisch ein weit größerer Prozentsatz möglich wäre ist eine Frage der Wirtschaftlichkeit (NABU o. J.)

Die zugrunde liegende Methodik für die vorgestellten Anwendungsgebiete der Infrarotspektroskopie – wie Mikroplastikanalytik, Kunststoffrecycling und die Schadstoffdetektion, wird in diesem Kapitel, basierend auf den Ergebnissen des Projekts „Rheines Wasser" (Abschn. 2.6) behandelt. Materialtypische IR-Adsorptionen, der aus dem Rhein herausgefilterten Mikroplastikpartikel, werden vorgestellt und interpretiert.

Die Spektren werden von weiteren wichtigen technischen Kunststoffen ergänzt, die aufgrund ihrer hohen Dichte nicht in den oberflächennahen Bereichen des Rheins aufzuspüren waren. Dies könnte ein Grund dafür sein, dass das universell einsetzbare POM sich wahrscheinlich in tieferen Wasserschichten oder im Sediment wiederfindet. PU hat zwar eine ähnlich hohe Dichte, wird aber häufig in seiner aufgeschäumten Variante verwendet. Die eingeschlossenen Kohlendioxidbläschen treiben diesen Kunststoff an die Wasseroberfläche. Ein Tiefenprofil und eine Sedimentuntersuchung ergäbe ein detaillierteres Bild über die Mikroplastikverteilung in Gewässern.

Vor der näheren Betrachtung der Polymere im Infrarotspektrum soll anhand der gestellten Frage nach der Unbedenklichkeit von Kunststoffen noch einmal die Wichtigkeit einer schnellen effektiven und wenig kostenintensiven Analytik in den Fokus gestellt werden.

Warum sind Kunststoffe trotz ihrer Beständigkeit ökologisch nicht unbedenklich?
Auf diese Frage gibt es mehrere Antworten. Zum einen sind es die vielfältigen Additive in Kunststoffen (Abschn. 2.5), welche in die inerte polymere Matrix eingelagert sind. Hierzu zählen organische und anorganische Stabilisatoren auf Schwermetallbasis, polybromierte oder polychlorierte Flammschutzmittel, anorganische

Pigmente, organische UV-Absorber wie Benzophenone oder Benzotriazole und natürlich die Vielzahl an unterschiedlichen Weichmachern, mit denen sich die Duktilität und Schlagzähigkeit des künstlichen Werkstoffs einstellen lässt. Die Additive sind nicht chemisch an die Polymerkette gebunden, sodass sie je nach Umweltbedingungen in die aquatische Umwelt oder in die Atmosphäre abgegeben werden können. Zusätzlich zu diesen niedermolekularen Zusätzen, die durch die verschiedenen Gewässer extrahiert werden können, zählen auch sogenannte Restmonomere, wie beispielsweise Bisphenol A, die in der Kunststoffmatrix eingeschlossen sind. Bisphenol A, PCBs als auch DEHP zählen zu den *endocrine disrupting substances* (EDS) Substanzen also, die endokrin aktiv sind (EAS). Endokrine Disruptoren sind hormonell aktive Substanzen mit schädlicher Wirkung. Neben den natürlich vorkommenden hormonell aktiven Substanzen (z. B. Phytoestrogene) gibt es auch die genannten synthetisch hergestellten. Sie können die Fruchtbarkeit von Lebewesen beeinträchtigen. Im Fall des Ethinylestradiols liegt eine synthetische endrokrin aktive Substanz vor, die in oralen Kontrazeptiva („Antibabypille") eingesetzt wird, um eine Schwangerschaft zu verhindern. In anderen Fällen sind die hormonähnlichen Wirkungen nachgewiesen, deren Auswirkung aber nicht gänzlich erforscht ist (Manickum 2014).

Einige Vertreter der funktionalen Zusätze sind nachweislich als SVHC-Stoffe eingestuft und finden sich in Tab. 2.11.

In der SVHC-Liste sind einige Chemikalien zu finden, die der Compoundeur dem Kunststoff zusetzt und das Granulat dem Kunststoffverarbeiter liefert. Die Lieferkette von den Monomeren und Additiven bis hin zum fertigen Kunststoffteil ist lang und die Informationen bezüglich der Inhaltsstoffe über den weltweiten Handel sind teilweise lückenhaft. Das Sicherheitsdatenblatt eines Produkts enthält nicht immer die unverwechselbare CAS-Nummer aller Inhaltsstoffe, da die Rezeptur entweder als Trade Secret betrachtet und das Know-how nicht preisgeben wird oder man zu spärliche oder gar keine Informationen von seinem günstigen Unterlieferanten erhalten hat. Auch eine Materialumstellung seitens eines Lieferanten kann ohne eine Analyse unerkannt bleiben, sofern die Qualitätsanforderungen an das Kunststoffendprodukt weiterhin erfüllt sind. Um dieser, trotz unterschiedlicher Gesetzesvorgaben (Reach; Corab, RoHs; Hauser etc.) immer noch bestehenden Unsicherheit von Seiten der kunststoffverarbeitenden Unternehmen entgegenzutreten, wurde das REACH-Radar-Verbund-Projekt mit der Unterstützung von der DBU ins Leben gerufen. Im Projektbaustein „Detect" geht es um die schnelle und kostengünstige Analyse von Reach-Verbotsstoffen in Kunststoffgranulaten und Kunststoffendprodukten. Auf die Aufarbeitungs- und Analysetechnik wird in Abschn. 2.4.13, „IR-Spektren von Kunststoffadditiven").

Ein weiteres Gefährdungspotenzial des Kunststoffs geht nicht nur von seinen Inhaltsstoffen, sondern auch von deren Verbrennungs- und bakteriellen Zersetzungsprodukten (Biokorrosion) aus.

Bei einer kontrollierten thermischen Verwertung von Kunststoffabfällen werden in Hochtemperaturöfen in den Müllverbrennungsanlagen über 1000 °C erreicht. Bei diesen Temperaturen verbrennen organische Schadstoffe vollständig. Was nicht vollständig verbrennen sollte, wird in der Rauchgasreinigungsanlage über

Tab. 2.11 SVHC (Substances of very high concern) Stoffe und ihr Einsatzbereich (aus REACH Kandidatenliste)

CAS-Nummer	Names des Stoffes	Verwendung
10043-35-3	Boric acid	Flammschutzmittel
10099-74-8	Lead dinitrate	Unwahrscheinlich in Kunststoffen
10108-64-2	Cadmium chloride	Galvanik
101-14-4	2,2'-dichloro-4,4'-methylenedianiline	Vernetzer bei PU
10124-43-3	Cobalt(II) sulphate	Pigment (rötlich)
10141-05-6	Cobalt(II) dinitrate	Unwahrscheinlich (nur bei Keramik als Pigment)
101-61-1	N,N,N',N'-tetramethyl-4,4'-methylenedianiline (Michler's base)	????
101-77-9	4,4'- Diaminodiphenylmethane (MDA)	Als Rückstand
101-80-4	4,4'-oxydianiline and its salts	Nur in behandelten Oberflächen (Korrosionsschutz)
10588-01-9	Sodium dichromate hydragenous	Unwahrscheinlich
7790-79-6	Cadmium fluoride	Unwahrscheinlich
10124-36-4	Cadmium sulphate (without crystal water)	Elektrolyt Galvanische Abscheidung
31119-53-6	Cadmium sulphate (including crystal water)	Elektrolyt Galvanische Abscheidung
15571-58-1	Dioctyltin bis (2-ethylhexyl), DOTE	Kunststoffverarbeitung
2687-91-4	N-ethyl-2-pyrrolidone, NEP	Lösemittel für Kunststoffe und Farben
97-99-4	Tetrahydrofurfuryl alcohol, THFA	Polymerisationsinitiator
3825-26-1	Ammonium pentadecafluorooctaroate, APFO	Bei Herstellung z. B Teflon
68515-50-4	1,2-Benzenedicarboxylic acid, dihexyl ester, branched and linear, D	Weichmacher
10588-01-9	Sodium dichromate	Korrosionsinhibitor Metalloberflächen
3846-71-7	2-benzotriazol-2-yl-4,6-ditertbutylphenol	UV-Stabilisation
25973-55-1	2-(2H-benzotriazol-2-yl)-4,6-ditertpentylphenol	Additiv Alterungsschutz

(Fortsetzung)

Tab. 2.11 (Fortsetzung)

CAS-Nummer	Names des Stoffes	Verwendung
15571-58-1	2-ethylhexyl-10-ethyl-4,4-dioctyl-7-oxo-8-oxa-3,5-dithia-4-stannatetradacanoate (DOTE)	Kunststoffverarbeitung
106-94-5	1-bromopropane (n-propyl bromide)	Entfettung von Kunststoff
107-06-2	1,2-dichloroethane	Vynilchlorid (Lösemittel)
109-86-4	2-Methoxyethanol	Lösemittel für Farben und Lacke
110-00-9	Furan	Lösemittel
110-71-4	1,2-dimethoxyethane; ethylene glycol dimethyl ether (EGDME)	Prozesshilfsmittel bei der Chemikalienherstellung
110-80-5	2-Ethoxyethanol	Zwischenprodukt auch Lösemittel
11103-86-9	Potassium hydroxyoctaoxodizincatedichromate	Beschichtungen (Luft und Raumfahrt)
11113-50-1	Boric acid	Flammschutzmittel und Antiseptisch
111-15-9	2-Ethoxyethyl acetate	Klebstoffherstellung, Lösemittelbeschichtung
11120-22-2	Silicic acid, lead salt	Unwahrscheinlich(Gips, Glas, Zement)
111-96-6	Bis(2-methoxyethyl) ether	Reaktives Lösemittel
112-49-2	1,2-bis(2-methoxyethoxy)ethane (TEGDME; triglyme)	Lösemittel und Hilfstoff
115-96-8	Tris(2-chloroethyl)phosphate	Flammschutzmittel, Viskositätseinstellung
1163-19-5	Bis(pentabromophenyl) ether (decabromodiphenyl ether; DecaBDE)	Flammschutzmittel
117-81-7	Bis (2-ethylhexyl)phthalate (DEHP)	Weichmacher
117-82-8	Bis(2-methoxyethyl) phthalate	Weichmacher
120-12-7	Anthracene	Unwahrscheinlich in Kunststoff
12036-76-9	Lead oxide sulfate	Kunststoffcompound
12060-00-3	Lead titanium trioxide	Unwahrscheinlich in Kunststoff

(Fortsetzung)

Tab. 2.11 (Fortsetzung)

CAS-Nummer	Names des Stoffes	Verwendung
12065-90-6	Pentalead tetraoxide sulphate	Kunststoffzusatz Bleiverstärkung
120-71-8	6-methoxy-m-toluidine (p-cresidine)	Zwischenprodukt ???
121-14-2	2,4-Dinitrotoluene	Zusatzstoff in PU
12141-20-7	Trilead dioxide phosphonate	Herstellung PVC, Kunststoffzusatz
12179-04-3	Disodium tetraborate, anhydrous	Klebstoff, Flammenschutzmittel, Keramiken
12202-17-4	Tetralead trioxide sulphate	Herstellung PVC, Batterien
12267-73-1	Tetraboron disodium heptaoxide, hydrate	Wasch und Reinigungsmittel, Flammenschutz
123-77-3	Diazene-1,2-dicarboxamide (C,C'-azodi(formamide))	Bleichmittel, Alterungsstoff
12578-12-0	Dioxobis(stearato)trilead	Kunststoffcompound
12626-81-2	Lead titanium zirconium oxide	Elektronische und optische Produkte
12656-85-8	Lead chromate molybdate sulphate red (C.I. Pigment Red 104)	Farbstoff in diversen Materialien auch Kunststoffe
127-19-5	N,N-dimethylacetamide	Lösemittel auch Kunststofffasern
1303-28-2	Diarsenic pentaoxide	Metallhärtung
1303-86-2	Diboron trioxide	Flammschutzmittel, div. Andere Anwendungen
1303-96-4	Disodium tetraborate, anhydrous	Flammschutzmittel
1306-19-0	Cadmium oxide	Hitzestabilisator
1306-23-6	Cadmium sulphide	Pigment
131-18-0	Dipentyl phthalate (DPP)	Weichmacher
1314-41-6	Orange lead (lead tetroxide)	Gummischutz, Pigment
13149-00-3	cis-cyclohexane-1,2-dicarboxylic anhydride	Bestandteil Epoxydharz, Weichmacher
1317-36-8	Lead monoxide (lead oxide)	Herstellung von Gummischutz, Keramik, Batterien

(Fortsetzung)

Tab. 2.11 (Fortsetzung)

CAS-Nummer	Names des Stoffes	Verwendung
1319-46-6	Trilead bis(carbonate)dihydroxide	PTC Keramik
1327-53-3	Diarsenic trioxide	Entfärbung von Glas und Emaille, Halbleiter
1330-43-4	Disodium tetraborate, anhydrous	Flammschutzmittel
1333-82-0	Chromium trioxide	Galvanik
134237-50-6	Hexabromocyclododecane (HBCDD) and all major diastereoisomers identified	Flammenschutzmittel vor allem styrolhaltige Kunststoffe
134237-50-6	Hexabromocyclododecane (HBCDD) and isomers	Flammenschutzmittel vor allem styrolhaltige Kunststoffe
134237-51-7	Hexabromocyclododecane (HBCDD) and all major diastereoisomers identified	Flammenschutzmittel vor allem styrolhaltige Kunststoffe
134237-51-7	Hexabromocyclododecane (HBCDD) and isomers	Flammenschutzmittel vor allem styrolhaltige Kunststoffe
134237-52-8	Hexabromocyclododecane (HBCDD) and all major diastereoisomers identified	Flammenschutzmittel vor allem styrolhaltige Kunststoffe
134237-52-8	Hexabromocyclododecane (HBCDD) and isomers	Flammenschutzmittel vor allem styrolhaltige Kunststoffe
13424-46-9	Lead diazide, Lead azide	Sprengstoff
1344-37-2	Lead sulfochromate yellow (C.I. Pigment Yellow 34)	Pigment(Gummi, Kunststoff, Lacke)
13530-68-2	Acids from Chromium trioxide	Galvanik, selten Pigment
13814-96-5	Lead bis(tetrafluoroborate)	Elektrolytisches Verbleien
140-66-9	4-(1,1,3,3-tetramethylbutyl)phenol	Herstellung von polymerischen Mischungen, Harzen, Gummi
14166-21-3	trans-cyclohexane-1,2-dicarboxylic anhydride	Herstellung von Epoxidharzen, Weichmacher, Insektenschutz, Alkyddharze
143860-04-2	3-ethyl-2-methyl-2-(3-methylbutyl)-1,3-oxazolidine	???
15245-44-0	Lead styphnate	Sprengstoff

(Fortsetzung)

Tab. 2.11   (Fortsetzung)

CAS-Nummer	Names des Stoffes	Verwendung
1506-95-8	Triethyl arsenate	Halbleiterherstellung
17570-76-2	Lead(II) bis(methanesulfonate)	Herstellung von Leiterplatten in elektrolytischen Verfahren
1937-37-7	Disodium 4-amino-3-[[4'-[(2,4-diaminophenyl)azo][1,1'-biphenyl]-4-yl] azo] -5-hydroxy-6-(phenylazo)naphthalene-2,7-disulphonate (C.I. Direct Black 38)	Färbemittel(Papier, Kunststoff, Leder, Holz)
1937-37-7	Disodium 4-amino-3-[[4'-[(2,4-diaminophenyl)azo][1,1'-biphenyl]-4-yl] azo] -5-hydroxy-6-(phenylazo)naphthalene-2,7-disulphonate	Färbemittel(Papier, Kunststoff, Leder, Holz)
19438-60-9	Hexahydro-4-methylphthalic anhydride	Herstellung von Alkydharzen, Polyester
2058-94-8	Henicosafluoroundecanoic acid	Fluorierte Polymere
20837-86-9	Lead cyanamidate	???
2451-62-9	1,3,5-Tris(oxiran-2-ylmethyl)-1,3,5-triazinane-2,4,6-trione (TGIC)	Härter von Harzen, Kleber, Kunststoffstabilisator
24613-89-6	Dichromium tris(chromate)	Stahl- und Aluminiumbeschichtung
25155-23-1	Trixylyl phosphate	Verwendung in Polyurethan, PVC, TPE sowie in Beschichtungen und Textilien, Flammschutzmittel in der Kunststoffproduktion, Verwendung als WeichmacherWeichmacher
25214-70-4	Formaldehyde, oligomeric reaction products with aniline	Ionentauscherharz, Härter für Epoxidharz, Klebstoff
25550-51-0	Hexahydromethylphthalic anhydride	Flammendhemmendes Additiv (Polymerherstellung)
25637-99-4	Hexabromocyclododecane (HBCDD) and all major diastereoisomers identified	Flammendhemmendes Additiv (Polymerherstellung)
25637-99-4,	Hexabromocyclododecane (HBCDD) and isomers	Flammendhemmendes Additiv (Polymerherstellung)
2580-56-5	[4-[[4-anilino-1-naphthyl][4-(dimethylamino)phenyl]methylene]cyclohexa-2,5-dien-1-ylidene] dimethylammonium chloride (C.I. Basic Blue 26) [with â‰¥ 0.1% of Michler's ketone (EC No. 202-027-5) or Michler's base (EC No. 202-959-2)]	Färbemittel(Textilien, Kunststoff, Papier)

(Fortsetzung)

Tab. 2.11 (Fortsetzung)

CAS-Nummer	Names des Stoffes	Verwendung
301-04-2	Lead di(acetate)	Zwischenprodukt, Laborchemikalie, Herstellung von Farben, Verdünnern, Kitt
307-55-1	Tricosafluorododecanoic acid	Herstellung von fluorierten Polymeren
3194-55-6	Hexabromocyclododecane (HBCDD) and all major diastereoisomers identified	Flammendhemmendes Additiv (Polymerherstellung)
3194-55-6	Hexabromocyclododecane (HBCDD) and isomers	Flammendhemmendes Additiv (Polymerherstellung)
335-67-1	Pentadecafluorooctanoic acid (PFOA)	Prozesshilfsstoff, welcher teilweise in der Galvanik verwendet wird
3687-31-8	Trilead diarsenate	Anwendung in metallurgischen Veredelungsprozessen (Kupfer, Blei; Edelmetalle)
376-06-7	Heptacosafluorotetradecanoic acid	Herstellung von fluorierten Polymeren
3825-26-1	Ammonium pentadecafluorooctanoate (APFO)	Wird teilsweise als Prozesshilfsstoff in der Galvanik verwendet
48122-14-1	Hexahydro-1-methylphthalic anhydride	Herstellung von Polyester und Alkydharzen sowie Weichmachern für thermoplastische Polymer
49663-84-5	Pentazinc chromate octahydroxide	Beschichtungen im Fahrzeugwesen
513-79-1	Cobalt(II) carbonate	Wird zur Herstellung von Katalysatoren verwendet
51404-69-4	Acetic acid, lead salt, basic	Herstellung von Feinchemikalien
548-62-9	[4-[4,4'-bis(dimethylamino) benzhydrylidene]cyclohexa-2,5-dien-1-ylidene]dimethylammonium chloride (C.I. Basic Violet 3) [with ä‰¥ 0.1% of Michler's ketone (EC No. 202-027-5) or Michler's base (EC No. 202-959-2)]	Papierfärbemittel

(Fortsetzung)

Tab. 2.11 (Fortsetzung)

CAS-Nummer	Names des Stoffes	Verwendung
548-62-9	[4-[4,4'-bis(dimethylamino) benzhydrylidene]cyclohexa-2,5-dien-1-yli-dene]dimethylammonium chloride (C.I. Basic Violet 3) [with â‰¤ 0.1% of Michler's ketone (EC No. 202-027-5) or Michler's base (EC No. 202-959-2)]	Papierfärbemittel
561-41-1	4,4'-bis(dimethylamino)-4''-(methylamino)trityl alcohol [with â‰¤ 0.1% of Michler's ketone (EC No. 202-027-5) or Michler's base (EC No. 202-959-2)]	Verwendung zum Färben verschiedenster Materialien
56-35-9	Bis(tributyltin)oxide (TBTO)	u. a Vewendung in Polyurethan-Schäumen
57110-29-9	Hexahydro-3-methylphthalic anhydride	Herstellung von Polyester und Alkydharzen
573-58-0	Disodium 3,3'-[[1,1'-biphenyl]-4,4'-diylbis(azo)]bis(4-aminonaphthalene-1-sulphonate) (C.I. Direct Red 28)	u. a. Färbemittel
573-58-0	Disodium 3,3'-[[1,1'-biphenyl]-4,4'-diylbis(azo)]bis(4-aminonaphthalene-1-sulphonate)	u. a. Färbemittel
59653-74-6	1,3,5-tris[(2S and 2R)-2,3-epoxypropyl]-1,3,5-triazine-2,4,6-(1H,3H,5H)-trione (ß-TGIC)	Verwendung in Lötstopplack, u. a. Verwendung als Auskleidungsmaterial und Stabilisatorfür Kunststoffe
60-09-3	4-Aminoazobenzene	Synthetische Azofarbstoff
605-50-5	Diisopentylphthalate	(DIPP) Weichmacher für Kunststoffe
62229-08-7	Sulfurous acid, lead salt, dibasic	Verwendung bei der Herstellung von PVC
625-45-6	Methoxyacetic acid	Verwendung zur Herstellung von Chemikalien und chemischen Produkten
629-14-1	1,2-Diethoxyethane	Lösemittel
64-67-5	Diethyl sulphate	u. a. Reaktant bei der Polymersynthese
6477-64-1	Lead dipicrate	Explosivstoff

(Fortsetzung)

Tab. 2.11 (Fortsetzung)

CAS-Nummer	Names des Stoffes	Verwendung
65996-93-2	Pitch, coal tar, high temp.	Pech, Kohleteer, Verwendung bei der Produktion von Elektroden
6786-83-0	Î±,Î±-Bis[4-(dimethylamino)phenyl]-4 (phenylamino)naphthalene-1-methanol (C.I. Solvent Blue 4) [with â‰¥ 0.1% of Michler's ketone (EC No. 202-027-5) or Michler's base (EC No. 202-959-2)]	Formulierung von Druckfarben
68-12-2	N,N-dimethylformamide	katalytische Funktionen, u. a. Fertigung von synthetischem/künstlichem Leder aus Polyurethan
683-18-1	Dibutyltin dichloride (DBTC)	Zusatzstoff in vielen Kunststoffen (z. B. Kautschuk, PVC, PU, …)
68515-42-4	1,2-Benzenedicarboxylic acid, di-C7-11-branched and linear alkyl esters	(DHNUP) Weichmacher in PVC
68515-50-4	1,2-Benzenedicarboxylic acid, dihexyl ester, branched and linear	Weichmacher in Polymeren
68515-51-5	1,2-benzenedicarboxylic acid esters with >0,3% of dihexyl phthalate	In Weichmacher, in Polymerolien und PVC-Komponenten
68648-93-1	1,2-benzenedicarboxylic acid esters with >0,3% of dihexyl phthalate	In Weichmacher, in Polymerolien und PVC-Komponenten
68784-75-8	Silicic acid (H₂Si₂O₅), barium salt (1:1), lead-doped <i> [with lead (Pb) content above the applicable generic concentration limit for â€™toxicity for reproductionâ€™ Repr. 1A (CLP) or category 1 (DSD); the substance is a member of the group entry of lead compounds, with index number 082-001-00-6 in Regulation (EC) No 1272/2008]</i>	(Kieselsäure) Beschichtungen von Kolben
69011-06-9	[Phthalato(2-)]dioxotrilead	Herstellung von Kunststoffprodukten
71-48-7	Cobalt(II) diacetate	Katalysator, u. a. Verwendung in Legierungen
71888-89-6	1,2-Benzenedicarboxylic acid, di-C6-8-branched alkyl esters, C7-rich	(DIHP) Weichmacher in PVC
72629-94-8	Pentacosafluorotridecanoic acid	Weichmacher in PVC
7440-43-9	Cadmium	Element, u. a. Verwendung im Korrosionsschutz

(Fortsetzung)

Tab. 2.11 (Fortsetzung)

CAS-Nummer	Names des Stoffes	Verwendung
75-12-7	Formamide	u. a. Verwendung als Weichmacher
75-56-9	Methyloxirane (Propylene oxide)	Verwendungen in Beschichtungen; Schmiermittel
7632-04-04	Sodium peroxometaborate	Bleich- und Reinigungsmittel
7632-04-4	Sodium peroxometaborate	Bleich- und Reinigungsmittel
7646-79-9	Cobalt dichloride	Verwendung in Verfahren zur Oberflächenbehandlung, Zwischenprodukt
77-09-8	Phenolphthalein	Indikatorlösungen
7738-94-5	Acids from Chromium trioxide	Verwendung in der Metallveredelung wie Galvanoplastik
7758-97-6	Lead chromate	Herstellung von Farbstoffen; Einbalsamierung/Wiederherstellung von Kunstprodukten
776297-69-9	N-pentyl-isopentylphthalate	Weichmacher in Kunststoffen
7775-11-3	Sodium chromate	Beschichtung von Metallen
77-78-1	Dimethyl sulphate	Zwischenprodukt als Methylierungsmittel
7778-39-4	Arsenic acid	Klärmittel
7778-44-1	Calcium arsenate	Nebenprodukte aus metallurgischen Prozessen
7778-50-9	Potassium dichromate	Behandlung und Beschichtung von Metallen, Korrosionsinhibitor
7784-40-9	Lead hydrogen arsenate	Primär Biozid, u. a. Verwendung bei der Herstellung von Kunststoffprodukten
7789-00-6	Potassium chromate	Korrosionsinhibitor
7789-06-2	Strontium chromate	Korrosionshemmer (z. B. in Beschichtungen)
7789-09-5	Ammonium dichromate	Oxidationsmittel

(Fortsetzung)

Tab. 2.11 (Fortsetzung)

CAS-Nummer	Names des Stoffes	Verwendung
7789-12-0	Sodium dichromate	Verwendungsgebiete: Farbbeize, Vitamin-K-Herstellung, Glasuren
78-00-2	Tetraethyllead	Kraftstoffzusätze und Kraftstoffmischungen
7803-57-8	Hydrazine	Veredelung von Chemikalien, Treibstoff für Raumfahrzeuge
79-01-6	Trichloroethylene	Reinigungs- und Lösungsmittel
79-06-1	Acrylamide	Verwendung bei der Synthese von Polyacrylamiden
79-16-3	N-methylacetamide	Zwischenprodukt und Laborreagenz
8012-00-8	Pyrochlore, antimony lead yellow	Verwendung in Farben
81-15-2	5-tert-butyl-2,4,6-trinitro-m-xylene (musk xylene)	Duftstoff bzw. Duftverstärker
838-88-0	4,4'-methylenedi-o-toluidine	Zwischenprodukt ???
84-69-5	Diisobutyl phthalate	Weichmacher für Kunststoffe
84-74-2	Dibutyl phthalate (DBP)	Verwendung u. a. in Zellophanverpackungen
84-75-3	Dihexyl phthalate	Weichmacher für Vinylplastik
84777-06-0	1,2-Benzenedicarboxylic acid, dipentylester, branched and linear	Laborchemikalie für analytische Zwecke
85-42-7	Cyclohexane-1,2-dicarboxylic anhydride	Herstellung von Alkydharzen, Weichmachern; Zwischenprodukt bei der chemischen Synthes
85535-84-8	Alkanes, C10-13, chloro (Short Chain Chlorinated Paraffins)	Herstellung von Gummierzeugnissen, Beschichtungen von Textilien, Dichtungsmittel, Kleber und Farben
85-68-7	Benzyl butyl phthalate (BBP)	Weichmacher für PVC und andere Polymere
872-50-4	1-Methyl-2-pyrrolidone	Anwendung als Lösungsmittel
88-85-7	Dinoseb (6-sec-butyl-2,4-dinitrophenol)	Herstellung von Kunststoffprodukten
90-04-0	2-Methoxyaniline; o-Anisidine	Herstellung von Farben, färben von Polymeren

(Fortsetzung)

Tab. 2.11   (Fortsetzung)

CAS-Nummer	Names des Stoffes	Verwendung
90640-80-5	Anthracene oil	Öl zur Herstellung von Industrieruß und Anthracen
90640-81-6	Anthracene oil, anthracene paste	Öl zur Herstellung von Industrieruß und Anthracen
90640-82-7	Anthracene oil, anthracene-low	Öl zur Herstellung von Industrieruß und Anthracen
90-94-8	4,4'-bis(dimethylamino)benzophenone (Michlerâ€™s ketone)	Zwischenprodukt bei der Farbstoffherstellung, mögliche Zugabe bei Kunststoffen
91031-62-8	Fatty acids, C16-18, lead salts	Herstellung von Kunststoffprodukten, Bleiverstärkungen
91995-15-2	Anthracene oil, anthracene paste, anthracene fraction	Herstellung von Farbstoffen, Reduktionsmittel, Imprägnierung
91995-17-4	Anthracene oil, anthracene paste,distn. lights	Herstellung von Farbstoffen, Reduktionsmittel, Imprägnierung
92-67-1	Biphenyl-4-ylamine	??
95-53-4	o-Toluidine	Zwischenprodukt und Laborreagenz
95-80-7	4-methyl-m-phenylenediamine (toluene-2,4-diamine)	Zwischenprodukt bei der Herstellung von Schwefelfarbstoffen
96-18-4	1,2,3-Trichloropropane	Farb- und Lackentferner, Lösungsmittel oder Bestandteil von Lösungsmitteln
96-45-7	Imidazolidine-2-thione; (2-imidazoline-2-thiol)	Zur Herstellung von Gummi- und Kautschukprodukten
97-56-3	o-aminoazotoluene	???

Aktivkohlefilter aus der Abluft eliminiert. Bei unkontrollierten Verbrennungen wie
z. B. bei einem Wohnungsbrand werden weder solch hohe Temperaturen erreicht
noch sind Filter im Einsatz. Die im Rauchgas enthaltenen schädlichen Ver-
brennungsprodukte von Kunststoffen wie Dioxine und polycyclische aromatische
Kohlenwasserstoffe (PAK) (LfU 2016; Ortner und Hensler 1995). Die Brandgas-
schadstoffe können sich an Rußpartikel anlagert über die Luft verbreiten und sich
an kalten Oberflächen absetzen oder kondensieren. Die Rußpartikel und Schadstoffe „regnen" auf Gebäude, Einrichtungen und Lebensmittel. Da die genannten
Stoffe als Brandrückstände eine toxische, mutagene oder kanzerogene Wirkung
zeigen (Dekant 1994), stellen sie zusammen mit dem verunreinigten Löschwasser
eine Gefahr für Mensch und Umwelt dar.

Mikroplastikpartikel und Mikrofasern aus Gewässern finden sich nicht nur im
Magen-Darm-Trakt von Fischen (Abb. 2.63 und 2.64) wieder, sondern auch unter
deren Schuppen und zwischen ihren Kiemen.

Welche Gefährdung für den Menschen beim Grillen eines Fisches entsteht,
wenn über der Glut auch der Kunststoff verbrennt und dabei toxische Gase freigesetzt werden, wurde bislang noch nicht untersucht, da noch zu wenige Erkenntnisse über die Mikroplastikmenge in limnischen Systemen bekannt sind.

Eine durchgeführte Pyrolyse von ABS-Granulat (Abb. 2.67) bei 200–300 °C
zeigt, welche teilweise stark toxische Substanzkomposition bei einer thermischen
Behandlung freigesetzt werden kann.

Abb. 2.63 Rapfen

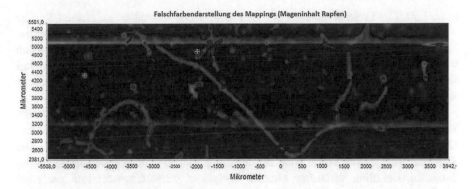

Abb. 2.64   Magen-Darm-Trakt des Rapfens

Abb. 2.65   ABS-Granulat (Probennr. ALL: 2015_85053)

Mikroplastikpyrolyse

Als Beispiel werden hier die Ergebnisse der Pyrolyse einen ABS-Granulats vorgestellt (Lewin-Kretzschmar o. J.; Abb. 2.65).

Um die Freisetzung von Schadstoffen zu untersuchen, wurden je ca. 3 g des
Granulats in Röhrchen (Vials) im Thermoblock erhitzt. Zur Untersuchung des
Verhaltens bei Erwärmung wurde zunächst eine Probe schrittweise von 200 °C
auf 250 °C (Probe A) und eine weitere von 250 °C auf 300 °C (Probe B) erhitzt
(Gesamtexpositionszeit jeweils 1 h). Anschließend wurden 2 Proben bei 200 °C

bzw. 250 °C 45 min temperiert (Proben C und D). Mit einer gasdichten Spritze wurden dann jeweils 500 µl Gas aus dem Dampfraum entnommen und anschließend chromatographiert und massenspektrometrisch detektiert. Morphologisch war bei 200 °C ein leichtes Anschmelzen des Granulats zu beobachten, welches sich mit zunehmender Temperatur stärker braun verfärbte. Ein vollständiges Schmelzen war auch bei 300 °C nicht zu verzeichnen.

Chromatographisch wurden als Hauptkomponenten im Dampfraum bei allen Versuchen ein komplexes Gemisch aus gesättigten und ungesättigten aliphatischen Kohlenwasserstoffen, Styrol, 4-Vinylcyclohexen und Ethylbenzol detektiert. Die Konzentration dieser Stoffe stieg mit zunehmender Temperatur und Expositionsdauer an. Bei allen Versuchen konnten in Spuren Schwefelwasserstoff sowie bei den Versuchen A, C und D Blausäure nachgewiesen werden. Hingegen konnte nur bei Versuch B in Spuren Ammoniak nachgewiesen werden.

Des Weiteren wurden je nach thermischer Belastung in Spuren bis zu mittleren Konzentrationen weitere Aromaten (z. B. Benzol, Xylole, Toluol, Cumol, Propylbenzol, Ethyltoluole, Trimethylbenzole, 1,3-Diphenylpropan), gesättigte und ungesättigte Aldehyde (z. B. Acetaldehyd, Acrolein (nicht in Probe B), Crotonaldehyd, Propanal, Benzaldehyd), Ketone (z. B. Acetophenon, 2-Butanon, 2-Pentanon, Methylvinylketon), Alkohole (z. B. Methanol, Ethanol, Propanole), Nitrile (z. B. Acrylnitril, Propannitril), Furan und Methylfurane detektiert. Zudem ergaben sich Hinweise auf Spuren weiterer Stickstoffverbindungen und Thiophen.

Fassen wir zusammen, dann ergibt sich eine Gefährdung von Mensch und Tier durch Mikroplastikverunreinigungen aus den vier angeführten Gründen:

1. durch die Schädigungen von inneren Organen beim Verzehr,
2. durch die Inhaltsstoffe des Kunststoffs,
3. durch die Freisetzung von toxischen Verbindungen bei einer Verbrennung und
4. durch die Anlagerung nicht-kunststoff-intrinsischer Schadstoffe aus der aquatischen Umgebung, dem Boden und der Atmosphäre.

Aufgrund der kleinen Größe, aber zum Teil sehr großen Oberfläche (Abb. 1.4) und der geringen Polarität sind mikrostrukturierte Kunststoffe sehr gut in der Lage, organische Stoffe zu adsorbieren. Diese Eigenschaft wird in Form des Passiv-Samplings (Abschn. 3.1) auch genutzt, um organische Schadstoffe zu ermitteln, indem man sie auf einer Kunststoffmembran akkumuliert. Ein Fisch, der Mikroplastikpartikel verzehrt, kann somit u. U. ein höheres toxisches Potenzial in sich aufnehmen als wenn er einen Liter Wasser trinken würde. Man kann sich Mikroplastikpartikel wie einen Magneten für organische Substanzen vorstellen. Gerade oberflächenaktive Schadstoffe wie perfluorierte Tenside (PFT) „suchen" große Oberflächen, um sich anzulagern. Je unpolarer die Substanzen sind, desto höher ist ihre Affinität, sich an Mikroplastikpartikel, die selbst unpolar sind, zu adsorbieren (Hüffer und Hofmann 2016).

Mikroplastikpartikel in Gewässern stellen neben den bekannten organischen Schwebstoffen wie Phytoplankton und Detritis sowie den anorganischen Schwebstoffen (z. B. Sand) eine neue Klasse von Schwebstoffen dar. Ergänzt wird der

Schwebstoffmix durch Reifenabrieb, Pflanzenfasen, Insektenbestandteile, Bakterien u. v. m. Diese Schwebstoffe beeinflussen je nach ihrer Polarität und der Polarität des Analyten das analytische Ergebnis einer Wasserprobe, die direkt nach einer Mikrofiltration mittels HPLC/MS analysiert wird. Untersucht man PAK, so muss der Filterrückstand mittels einer Festphasenextraktion von den stark adsorbierten kondensierten Aromaten mit einem geeigneten Lösungsmittel befreit werden, um sie der Analytik zugänglich zu machen. Bei dieser Verbindungsklasse ist diese Vorgehensweise in der Art und Weise festgelegt. Bei anderen Substanzen wie beispielsweise perfluorierten Tensiden wird bisher nur die Flüssigphase untersucht. Ein Zusatz von einem Gramm Mikroplastik (POM-Granulat) zu einer wässrigen Lösung von 120 ng/l PFOS zeigt nach dem Abfiltrieren des Granulats eine Differenz von 25 %. Da die Standardabweichung in der Analytik der perfluorierten Tenside auch in diesem Bereich liegt, macht eine Festphasenextraktion keinen Sinn. Wie stark der analytische Einfluss von unterschiedlichem Mikroplastik auf verschiedene Substanzen tatsächlich ist, ist Gegenstand aktueller Untersuchungen.

2.4   Herstellung, Verwendung und ATR-IR-spektroskopische Identifizierung von Kunststoffen

2.4.1   Polyamid (PA)

Polyamide (Abb. 2.66) werden durch eine Polykondensationsreaktion zwischen α,ω-Diaminen (z. B. Hexamethylendiamin) und einer α,ω-Dicarbonsäure (z. B. Adipinsäure) hergestellt. Dabei entsteht ein lineares aliphatisches Polyamid (PA 6.6; Nylon). Die beiden Zahlen geben dabei die Anzahl der Kohlenstoffatome in den beiden Edukten an. Polyamidfasern werden hauptsächlich in der Textilindustrie eingesetzt oder für Kosmetikprodukte wie Zahnbürsten. Mit speziellen Verfahren (z. B. Noviganth) ist Polyamid auch galvanisierfähig.

Das ATR-Infrarotspektrum im Absorptionsmodus in Abb. 2.67 zeigt charakteristische Schwingungen bei den in Tab. 2.13 aufgeführten Wellenzahlen. Ihnen ist die entsprechende Schwingung innerhalb des Moleküls zugeordnet. Auffällig ist, dass das hier gezeigte Spektrum einem Polyamid ohne aromatische Struktureinheiten zuzuordnen ist (Abschn. 2.3.2). Die Bande bei 3077 cm^{-1} ist demnach nicht einer aromatischen C–H-Streckschwingung zuzuordnen, sondern einer Kombinationsschwingung zwischen den beiden in Tab. 2.13 angegebenen Molekülschwingungen.

Polyamide, die aromatische Phenylgruppen beinhalten, werden als „Polyarylamide" bezeichnet und mit PAA abgekürzt. Generell zeigen die aromatischen Polyamide höhere Festigkeitseigenschaften und werden beispielsweise in

Abb. 2.66 Strukturmerkmal des Polyamids

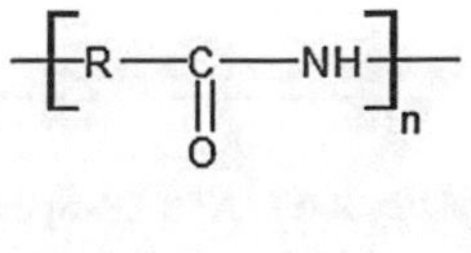

Tab. 2.12 Kunststoffe und deren Verwendung

Bezeichnung	kurz	Verwendung
Polypropylen	PP	Becher, Rohre, Behälter, Maschinen und Fahrzeugbau, Fahrradhelme
Polyethylen	PE	Plastiktüten, Verpackungen, Tuben, Kosmetikbehältnisse
Polystyrol	PS	Dämmung, Isolierung, Verpackung (Styropor)
Polyamid	PA	Kunstfasern (Nylon, Perlon), Textilien (Flies), Zahnbürsten
Polycarbonat	PC	CDs, DVD, Scheibenglasersatz, Brillengläser, Solarpanele
Polyvinylchlorid	PVC	Verpackungsfolien, Lebensmittelverpackungen, Schläuche, Bodenbelag, Kabelisolierungen
Styrolacrylnitril	SAN	Schüsseln, Gehäuse, Küchengeräte, Reflektoren, Lichtleiter (Duschabtrennungen)
Polyersterepoxy	PEST	Lacke, Harze, Beschichtungen
Polyurethan	PU	Haushaltsschwämme, Lacke, Dicht- und Klebstoffe, Matratzen
Acrylnitrilbutadienstyrol	ABS	Metallisierte Kunststoffe, Lego-Bausteine, Automobilteile, Snowboards, 3-D-Drucker, Gehäuse
Polylacticacid	PLA	Auf Milchsäure basierender Biokunststoff; Trinkhalme, Verpackungen, Büroartikel
Polyoxymethylen	POM	Zahnräder, Skibindung, Schlauchkupplungen, Feuerzeug-tank, Spielzeug, Aufsteckzahnbürsten
Polyethylenterephthalat	PET	Verpackungen, Plastikflaschen, Folien, Textilfasern

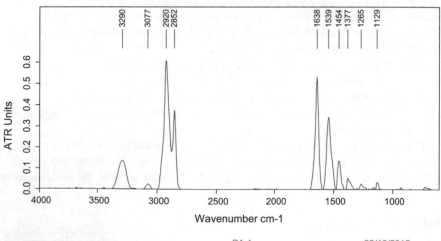

Hochschule Furtwangen

Fakultät Medical and Life Sciences

FTIR-Spektrometer: Tensor 27

ATR-Zubehör: Golden Gate #11124563

PA.1   29/10/2015

Abb. 2.67 ATR-IR-Spektrum von Polyamid (Granulat)

Tab. 2.13 Charakteristische
IR Schwingungsfrequenzen
($\tilde{v}$) von Polyamid (PA)

$\tilde{v}$	Bindung
3290	v(N–H)
3077	v(C=O)+ δ (N–H)
2920	v(C–H)
2852	v(C–H)
1638	v(C=O)
1539	δ (N–H)
1454	δ (C–H)

Rasierapparaten als Halterungen für die Klingen im Scherkopf eingesetzt. Zur Bezeichnung der einzelnen Schwingungsarten sei hier auf Abschn. 2.3.2 verwiesen.

2.4.2   Polycarbonat (PC)

Der Thermoplast Polycarbonat (Abb. 2.68) wird innerhalb einer Polykondensation aus einem Diol, wie beispielsweise Bisphenol A (Abb. 2.69) und Phosgen oder den Carbonsäurediestern Diethyl- bzw. Diphenylcarbonat hergestellt und beinhaltet somit aromatische Struktureinheiten, die auch im IR-Spektrum (Abb. 2.70) als wenig intensive Peaks zu erkennen sind. Ein typisches Erkennungsmerkmal des meistverwendeten Polycarbonats, basierend auf dem Bisphenol-A-Edukt im IR-Spektrum, ist der Dreizack bei 1200 Wellenzahlen. Diese Adsorption ist den C–O-Deformations- und Streckschwingungen zuzuordnen. Unterhalb dieser Banden finden sich die C–C-Streck- und Deformationsschwingungen um die 1000 cm^{-1}.

Die aromatischen Schwingungsbanden, welche durch das Bisphenol A in das Polymer eingebracht werden (Tab. 2.14), liegen bei 3041, 1601 und 1504 sowie 829 cm^{-1}. Sie sind den v(C–H)-, v(C=C)-, δ(C–H)- und γ(C–H)-Schwingungen in aromatischen Systemen zuzuordnen.

Charakteristisch für die funktionelle Gruppe des Esters ist eine C=O-Streckschwingung, die in gesättigten Systemen zwischen 1735–1750 Wellenzahlen adsorbiert. Im Fall des Polycarbonats liegt zum einen ein Diester vor,

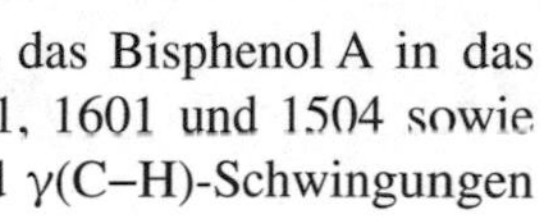

Abb. 2.68 Strukturmerkmale
des Polycarbonats

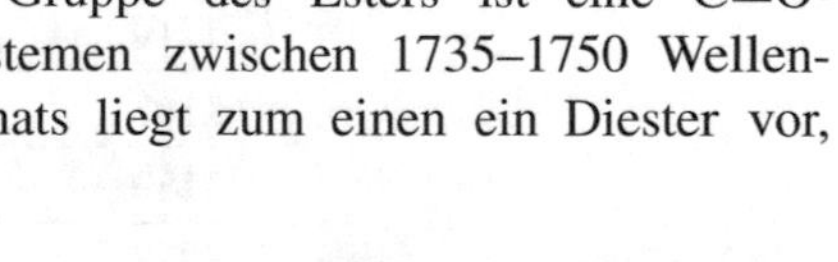

Abb. 2.69 Bisphenol A in
der Polyesterkette

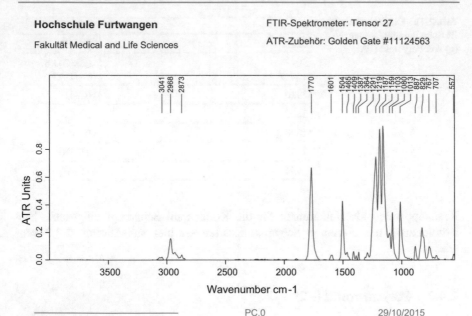

PC.0   29/10/2015

Abb. 2.70 ATR-IR-Spektrum von Polycarbonat (Granulat)

Tab. 2.14 Charakteristische
IR Schwingungsfrequenzen
($\tilde{v}$) von Polycarbonat (PC)

$\tilde{v}$	Bindung
3041	$v(C–H)_{arom}$
2968	$v(C–H)$
2873	$v(C–H)$
1770	$v(C=O)$
1601	$v(C=C)_{arom}$
1504	$v(C=C)_{arom}$
1409	$\delta_{as}(CH_3)$
1387	$\delta_{s}(CH_3)$
1219	$v(C–O)$
1187	$\delta_{as}(C–C)$
1159	$\delta_{s}(C–C)$
1013	$v(C–C)$
829	$\gamma(C–H)_{arom}$

sodass durch den zweifachen I-Effekt der Carbonykohlenstoff noch stärker posi-
tiv polarisiert ist, und zum zweiten durch die Konjugation der nicht bindenden
Elektronenpaare der beiden Sauerstoffatome mit der benachbarten Arylgruppe die
$v(C=O)$ Schwingung zu höherer Energie ($v(\tilde{v}) = 1770 \ cm^{-1}$) verschieben.

Polycarbonat zeichnet sich durch seine Transparenz und hohe Schlagfestigkeit
aus und wird daher aufgrund seiner geringeren Sprödigkeit als Glas-Alternative

eingesetzt, um eine Splitterbildung zu vermeiden. Die geringere Abriebbeständigkeit gegenüber Glas kann durch Sol-Gel-Beschichtungen, basierend auf Polysiloxanen mit keramischen Anteilen, sogenannten Ormocerschichten *(organic modified ceramics),* kompensiert werden. Derartige „Polycarbonatscheiben" werden bereits als Heckscheiben in Polizeifahrzeugen verwendet.

In der Kunststoffmetallisierung (POP = *Plating On Plastics*) wird als thermoplastisches Grundmaterial für den Spritzguss zu mehr als 80 % ABS (Acrylnitrilbutadienstyrol) und ABS Blends eingesetzt. Bei den Blends handelt es sich hauptsächlich um die Beimischungen von Polycarbonat zum ABS.

Durch die Zugabe von PC verschlechtert sich zwar die Galvanisierbarkeit, was die optischen Ansprüche an eine Hochglanzchromoberfläche betrifft, aber auf der anderen Seite verbessert der PC-Zusatz die Festigkeitseigenschaften und die Wärmeformbeständigkeit von ABS von 95 °C (Vicat-Erweichungstemperatur) auf 112 °C bei Bayblend T 45 MN (Suchentrunk et al. 2007). Als Grundmaterial für die Metallisierung werden zu mehr als 80 % ABS (Acrylnitrilbutadienstyrol) und ABS-Blends eingesetzt. Der Polycarbonatanteil in einem Blend kann, basierend auf einer Kalibrierung mit Blends, deren PC-Anteil bekannt ist, über charakteristische Peaks der beiden Komponenten ABS und PC mittels IR-spektroskopischer Methoden quantifiziert werden (Neek et al. 2017).

2.4.3   Polyethylen (PE)

Polyethylen (Abb. 2.71) wird durch radikalische Polymerisation von Ethylen hergestellt. Die Radikale für den Kettenstart können dabei thermisch oder photochemisch erzeugt werden. Für die photochemisch induzierte homolytische Bindungsspaltung von üblichen Radikalstartern, wie Benzoylperoxid ($\Delta_D H° = 126$ kJ/mol) oder Azobisisobutyronitril ($\Delta_D H = 131$ kJ/mol), reicht die Energie des Lichts aus, um die Kettenreaktion zu starten.

$$R{-}R \rightarrow 2\,R\bullet \quad \text{Kettenstart mit Radikalbildung} \tag{2.46}$$

$$R\bullet + R = R \rightarrow R{-}R{-}R\bullet \quad \text{Kettenfortpflanzung} \tag{2.47}$$

Der Kettenabbruch erfolgt durch die Rekombination zweier Radikale oder durch eine Disproportionierung. Als Polymere werden hochmolekulare Verbindungen mit einer Kettenlänge von n > 1000 bezeichnet bzw. einer Molekülmasse >10 kDa (1 Da = 1 u).

Trotz der gleichen Struktureinheit des Ethylens können die Eigenschaften des Polyethylens je nach Herstellungsprozess unterschiedlich sein. Im Niederdruckverfahren entsteht das härtere und wärmeformbeständigere HDPE *(High Density*

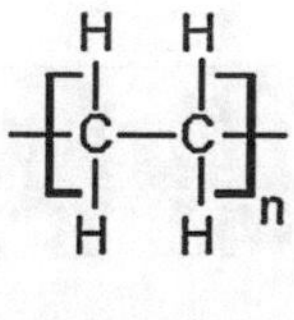

Abb. 2.71 Strukturmerkmal
des Polyethylens

Polyethylen) mit höherer Dichte, da sich die linearen Polymermolekülstränge über Van-der-Waals-Kräfte nahe aneinander binden, während im Hochdruckverfahren starke Molekülverzweigungen entstehen, welche das Aneinanderlagern der Molekülketten verhindern, und somit ein Polymer mit geringerer Dichte, das sogenannte LDPE *(Low Density Polyethylen)*, erzeugt wird. Das LDPE ist weicher und weniger wärmeformbeständig.

Neben dem Verzweigungsgrad sind die Kettenlängen und die Molekulargewichtsverteilung der Polymerketten für die Eigenschaften des Polyethylens verantwortlich. Diese lassen sich durch die Reaktionsbedingungen wie Druck, Temperatur und Katalysatoren einstellen bzw. beeinflussen.

Mit dem Infrarotspektrum in Abb. 2.72 lässt sich PE aufgrund der wenigen Schwingungen leicht identifizieren. Da mit dem Kohlenstoff und Wasserstoff nur zwei Atomtypen vorhanden sind, zeigt das Spektrum lediglich deren Streck- und Deformationsschwingungen. In Tab. 2.15 sind die charakteristischen Signale aufgeführt.

2.4.4   Polypropylen (PP)

Das Polypropylen (Abb. 2.73) wird ebenso wie das PE über eine radikalische Polymerisation hergestellt. Die zusätzliche Methylgruppe im Monomer Propen verändert dabei maßgeblich die Eigenschaften des thermoplastischen Kunststoffs gegenüber

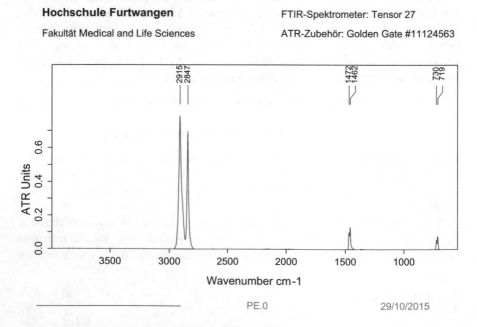

Abb. 2.72   ATR-IR-Spektrum von Polyethylen (Granulat)

Tab. 2.15 Charakteristische IR Schwingungsfrequenzen ($\tilde{v}$) von Polyethylen (PE)

$\tilde{v}$	Bindung
2915	$v(C–H)$
2847	$v(C–H)$
1472	$\delta_{as}(CH_2)$
1462	$\delta_s(CH_2)$
730	$\delta(CH_2)$rocking
719	$\delta(CH_2)$rocking

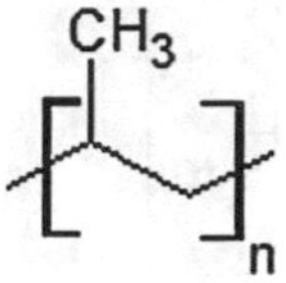

Abb. 2.73 Strukturmerkmal von Polypropylen

PE. Die seitlich vom Kettenstrang abstehende Methylgruppe ist wie ein Widerhaken, der sich mit der Nachbarkette verhaken kann und somit die Beweglichkeit der linearen Polymerketten einschränkt. Die Folge ist eine höhere Härte, Festigkeit und Belastbarkeit des PP. Durch unterschiedliche Reaktionsbedingungen lassen sich neben dem Hauptprodukt, dem teilkristallinen isotaktischen PP (PP-I), bei dem alle Methylgruppen in eine Richtung weisen, auch teilkristallines sydiotaktisches PP (PP-S) und amorphes ataktisches PP herstellen. Beim syndiotaktischen PP liegen sich die Methylgruppen alternierend gegenüber und beim ataktischen ist die Lage der Methylgruppen statistisch verteilt. Diese Taktizität bestimmt zusammen mit der Kettenlänge und der Molekulargewichtsverteilung die Eigenschaften des PP-Polymers. Die höchste Wärmeformbeständigkeit ($T_m = 184\,°C$) hat dabei das isotaktische Isomer.

Ebenso wie das Polyethlyen zeigt auch das PP-Polymer wenige Peaks im Infrarotspektrum (Abb. 2.74). Auch hier sind keine Heteroatome vorhanden. Der Unterschied zum PE-Spektrum ist auf die zusätzliche Methylgruppe zurückzuführen, die sich an den zusätzlichen C–H-Streckschwingungen und der symmetrischen Deformationsschwingung im Bereich von 1390–1370 cm^{-1} bemerkbar macht. In der Tab. 2.16 sind die spezifischen Peaks den einzelnen Schwingungen zugeordnet.

2.4.5   Polyester

Polyester, beispielsweise Polyethylenterephthalat (PET) (Abb. 2.75), werden ebenso wie die Polyamide durch eine Polykondensationsreaktionen synthetisiert. Anstelle eines Diamins reagiert ein Diol mit der Dicarbonsäure. Das heißt, auf der Produktseite in der Gleichgewichtsreaktion entsteht pro Estergruppe ein Molekül Wasser. Um das Gleichgewicht weiter auf die Produktseite zu verschieben, muss das entstehende Wasser aus dem System entfernt werden. Dies kann man durch eine azeotrope Destillation erreichen, indem man Toluol oder Xylol sowohl als

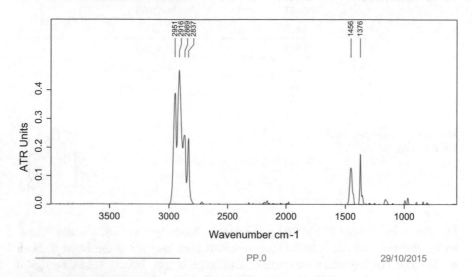

PP.0   29/10/2015

Abb. 2.74 ATR-IR-Spektrum von Polypropylen (Granulat)

Tab. 2.16 Charakteristische IR Schwingungsfrequenzen ($\tilde{v}$) von Polypropylen (PP)	$\tilde{v}$	Bindung
	2961	ν(C–H)
	2916	ν(C–H)
	2869	ν(C–H)
	2837	ν(C–H)
	1456	δ(CH$_2$)
	1376	δ_s(CH$_3$)

Abb. 2.75 Strukturmerkmal
von Polyethylenterephthalat

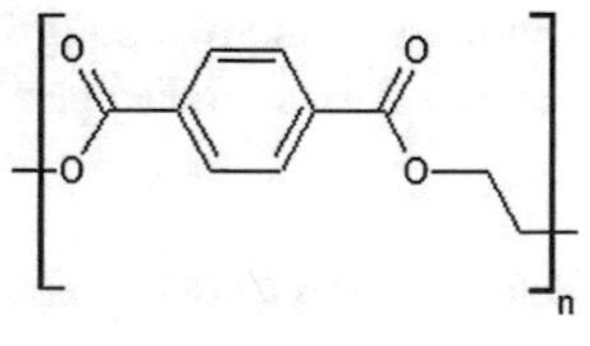

Lösungsmittel als auch als Schlepper einsetzt. Das entstehende Wasser kann während der Reaktion als Azeotrop mit Toluol (80:20) mit einer Siedetemperatur von 80 °C in einen Wasserabscheider abdestilliert werden. Im Abscheider trennt sich in der Kälte das Wasser vom Schlepperlösungsmittel, welches in den Reaktionskolben zurückfließt, wo es so lange weiter Wasser aufnehmen kann, bis die Edukte aufgebraucht sind. Reagiert die Terephthalsäure mit Etylenglykol, dann entsteht als Polyester das häufig für Kunststoffflächen eingesetzte PET. Wird als Diol 1,4-Butandiol eingesetzt, erhält man den Kunststoff PBT. Beide aromatische thermoplastische Polyester zeichnen sich durch eine hohe chemische Beständigkeit sowie eine hohe Festigkeit und Steifigkeit aus. Damit sind die Polykondensate dem Polyamid überlegen. In der Spritzgusstechnik zeigt das PBT ein besseres Abkühlverhalten und wird daher dem PET vorgezogen.

Aromatische und aliphatische C–H-Streckschwingen sind nur sehr schwach im Spektrum zu erkennen (Abb. 2.76). Ebenso die sogenannten Benzolfinger und die aromatischen C=C-Streckschwingungen um die 1600 cm^{-1} (Tab. 2.17).

Charakteristisch für die funktionelle Gruppe eines Esters ist die C=O-Streckschwingung bei 1714 Wellenzahlen. Im Infrarotspektrum ist PBT (vgl. PBT-Spektrum) nur schwer von PET zu unterscheiden, da beide Polymere die gleichen funktionellen Gruppen beinhalten.

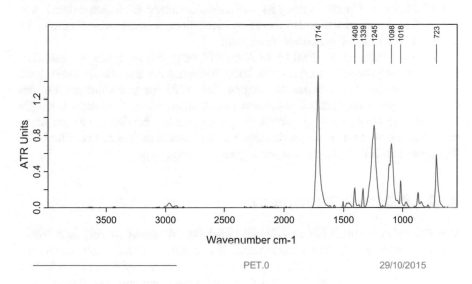

Hochschule Furtwangen

Fakultät Medical and Life Sciences

FTIR-Spektrometer: Tensor 27

ATR-Zubehör: Golden Gate #11124563

PET.0   29/10/2015

Abb. 2.76 ATR-IR-Spektrum von Polyethylentherephthalat (Granulat)

Tab. 2.17 Charakteristische IR Schwingungsfrequenzen ($\tilde{v}$) von Polyethylentherephthalat (PET)

$\tilde{v}$	Bindung
1714	$v(C=O)$
1408	$\delta_s(CH_2)$
1339	$\delta_{as}(CH_2)$
1245	$v(C-O)$
1098	$\delta(C-C)$
1018	$v(C-C)$
~800	$\gamma(C-H)$, 1,4 Subst.
723	$\delta(CH_2)$ *rocking*

2.4.6 Polymethylmethacrylat (PMMA; Plexiglas)

Polymethylmethacrylat (PMMA) (Abb. 2.77), auch Acrylglas oder Plexiglas genannt, wird wie alle Polymere, deren Monomere ungesättigte Kohlenwasserstoffe sind, über eine radikalische Polymeristion hergestellt. Nach der thermisch initiierten Radikal-bildung mit Dibenzoylperoxid erfolgt nach der CO_2-Abspaltung der Kettenstart mit dem ungesättigten Methacrylsäuremethylester (MMA=Methylmethacrylat). Inner-halb der radikalischen Polymerisation entsteht aus MMA ein ataktisches, völlig amor-phes transparentes Polymer. PMMA war eines der ersten thermoplastischen Polymere (1928). Aufgrund seiner Stabilität, Zähigkeit und UV-Beständigkeit, aber vor allem aufgrund seiner hohen Transparenz bzw. Lichtdurchlässigkeit wird das Polymer hauptsächlich für optische Anwendungen eingesetzt. Die ersten Kontaktlinsen (1950) wurden aufgrund ihrer biologischen Verträglichkeit aus PMMA hergestellt. Wegen der schlechten Sauerstoffdurchlässigkeit werden heute aber Siliconacrylate für Kontaktlinsen eingesetzt. Die weltweite PMMA-Produktion stieg im Jahr 2012 auf 1,8 Mio. t an. Für den Anstieg ist der Innovationsmotor der Elektroindustrie ver-antwortlich, die einen steigenden Bedarf an Lichtleitern, beispielsweise für die Licht-leiterplatten bei LED-Flachbildschirmen, hatte.

Das IR-Spektrum des PMMA in Abb. 2.78 zeigt die typischen aliphatischen C–H-Streckschwingen unterhalb von 3000 Wellenzahlen und die für einen Ester charakteristische C=O-Streckschwingung bei $1722\ cm^{-1}$; außerdem die den Methylgruppen entsprechenden Deformationsschwingungen. Unterhalb von 1250 Wellenzahlen bis $900\ cm^{-1}$ liegen die Fingerprintbanden, bei denen eine diagnosti-sche Zuordnung zu den entsprechenden Molekülschwingungen nur vermutet wer-den kann. Die Tab. 2.18 zeigt die wichtigsten Wellenzahlen.

2.4.7 Polystyrol (PS; Styropor)

Um Polystyrol (Abb. 2.79) zu erhalten, wird das Monomer Styrol, auch Vinyl-benzol genannt, radikalisch polymerisiert. Je nachdem, welche Katalysatoren ein-gesetzt werden, werden Isomere mit unterschiedlichen Eigenschaften erhalten. Ohne Katalysatoren sind die großen Phenylguppen entlang der Polymerkette zu beiden Seiten statistisch verteilt. Dieses ataktische Isomer besitzt eine amor-phe Struktur und ist transparent. Mit Ziegler-Natta-Katalysatoren entstehen isotaktische und mit Metallocenen als Katalysatoren werden syndiotaktische Polystyroltypen mit hoher Wärmeformbeständigkeit erhalten. Styrolpolymere

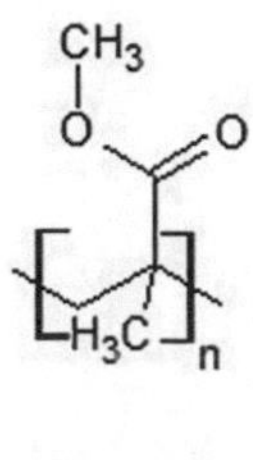

Abb. 2.77 Strukturmerkmal von Polymethylmethacrylat

Hochschule Furtwangen   FTIR-Spektrometer: Tensor 27

Fakultät Medical and Life Sciences   ATR-Zubehör: Golden Gate #11124563

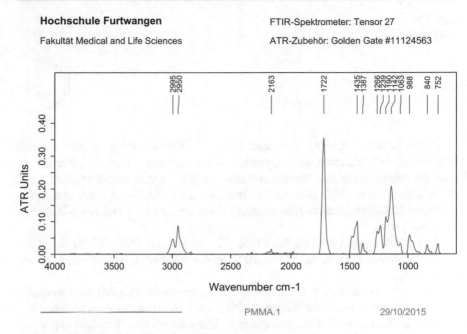

Abb. 2.78 ATR-IR-Spektrum von PMMA (Granulat)

Tab. 2.18 Charakteristische IR Schwingungsfrequenzen ($\tilde{\nu}$) von Polymethylmethacrylat (PMMA)

$\tilde{\nu}$	Bindung
2995	ν(C–H)
2950	ν(C–H)
1722	ν(C=O)
1435	δ_{as}(CH$_2$)
1387	δ_{s}(CH$_3$)
1266	δ (C–O)
1239	ν(C–O)
1190	δ_{as}(C–C)
1142	δ_{s}(C–C)
1063	ν(C–C)
840	δ(CH$_2$)rocking
752	δ(CH$_2$)rocking

besitzen eine hohe Festigkeit und werden als Verpackungsmaterialien für Lebensmittel (z. B. Kunststoffdeckel der Coffee-to-go-Becher) oder für Plastikbesteck verwendet. Aufgeschäumtes PS, welches zur Schall- und Wärmedämmung Verwendung findet, auch als Styropor bekannt, entsteht durch die Verwendung eines Treibmittels wie Kohlendioxid, das während des Extrudiervorgangs zudosiert wird.

Abb. 2.79 Strukturmerkmal
von Polystyrol

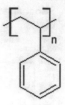

Styrol ist ein wichtiger Bestandteil für die Copolymerisation mit anderen Monomeren wie Butadien und Acylnitril. Dabei entstehen innerhalb einer Block- und Pfropfpolymerisation unterschiedliche wichtige technische Kunststoffe wie Butadienkautschuk (SBR oder SBS), Styrolacrynitril (SAN) oder mit drei unterschiedlichen Monomeren der Kunststoff ABS, der beispielsweise für Lego-Bausteine verwendet wird.

Polystyrole stellen hinter PE (30 %), PP (20 %) und PVC (15 %) die viertgrößte Gruppe mit einem Anteil von 10 % an der weltweiten Jahresproduktion dar (Abts 2014).

Im höher energetischen Bereich des IR-Spektrum (Abb. 2.80) sind zunächst die aromatischen C–H-Schwingungen >3000 cm^{-1} zu erkennen. Anschließend folgen die aliphatischen C–H-Schwingungen. Die energetische Verschiebung resultiert aus der niedrigeren Bindungsstärke der längeren Bindung zwischen einem sp^3-hybridisierten C-Atom und dem 1s-Orbital des Wasserstoffs im Vergleich zu

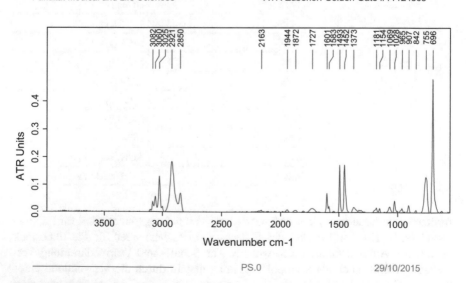

Abb. 2.80   ATR-IR-Spektrum von Polystyrol (Granulat)

Tab. 2.19 Charakteristische IR Schwingungsfrequenzen ($\tilde{v}$) von Polystyrol (PS)

$\tilde{v}$	Bindung
3082	$v(C–H)_{arom}$
3060	$v(C–H)_{arom}$
3025	$v(C–H)_{arom}$
2921	$v(C–H)_{aliph}$
2850	$v(C–H)_{aliph}$
1727, 1872, 1944	„Benzolfinger"
1601	$v(C=C)_{arom}$
1493	$\delta_s(CH_2)$
1452	$\delta_{as}(CH_2)$
842	$\gamma(C–H)_{arom}$
907	$\delta(C–H)$
755	$\delta(CH_2)$rocking
696	$\delta(CH_2)$rocking

einer sp^2-1s-Bindung. Die schwachen Banden im Bereich von 1600–2000 cm^{-1}, die sogenannten Benzolfinger, sind auf Ober- und Kombinationsschwingungen der aromatischen Bindungen zurückzuführen (Tab. 2.19). Sie sind ein Signal, aber keine Gewähr für das Vorliegen einer aromatischen Verbindung. Um sicher zu gehen, sollten weitere Kriterien wie die o. g. aromatische C–H-Streckschwingung wie auch die *out-of-plane*-Schwingungen <900 cm^{-1} vorhanden sein.

2.4.8 Polyurethan (PU oder PUR)

Polyurethane (Abb. 2.81) entstehen durch eine Polyaddition zwischen Diolen bzw. Polyolen und Diisocyanaten oder Polyisoyanaten. Bei dieser Additionsreaktion entstehen Urethangruppen, und es erfolgt keine Abspaltung von Nebenprodukten wie bei der Polykondensation.

$$n\ HO–R^1–OH\ (Diol) + n\ O=C=N–R^2–N=C=O\ (Diisocyanat) \rightarrow Polyurethan \quad (2.48)$$

Für Polyurethanschaumstoffe setzt man zusammen mit dem Diol Wasser als chemisches Treibmittel hinzu. Das Diisocyanat reagiert mit Wasser unter CO_2-Abspaltung und Bildung eines Diamins, welches ebenfalls als Reagens fungiert und zur Vernetzung beiträgt. Je nach Dioleinsatz kann der Vernetzungsgrad und damit die Härte des Polyurethans eingestellt werden. Während Glykol mit Diisocyanaten lineare Polyurethane erzeugt, werden mit höherwertigen Alkoholen wie Glycerin räumlich vernetzte Strukturen erreicht. Häufig finden lang- und kurzkettige

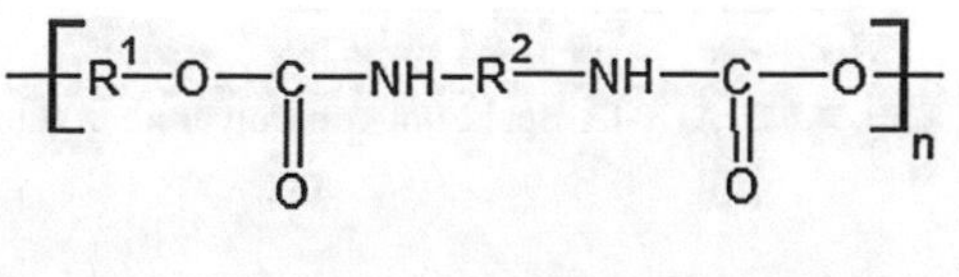

Abb. 2.81 Strukturmerkmal von Polyurethan

Polyetherpolyole und Polyesterpolyole (sogenannte Weichsegmente) Verwendung. Eine gängige Diolkomponente ist beispielsweise das Polyesterpolyol, welches mit Adipinsäure $(HOOC-(CH_2)_4-COOH)$ und 1,4-Butandiol $(HO-(CH_2)_4-OH)$ synthetisiert wird. Das unten abgebildete IR-Spektrum gehört zu dieser Gruppe der Polyester-Polyurethane. Als Disisocyanatkomponenten werden hauptsächlich aromatische difunktionelle Verbindungen eingesetzt, wie zum Beispiel Toluol-2,4-Diisocyant, Toluol-2,6-Diisocyant (TDI) und Diphenylmethan-4,4'-Diisocyanta (MDI), oder das aliphatische Hexamethylen-1,6-Diisocyanat (HDI).

Polyurethane, auch Kunstharze genannt, finden als Weichschäume ihre Anwendungen, hauptsächlich bei Polsterungen in Möbeln und Matratzen. Die härteren Kunstharzschäume werden als Isolationsmaterialien verwendet, beispielsweise um Fenster und Türen dicht auszuschäumen. Blockschaumstoffe werden im Gießverfahren hergestellt (Matratzen) und Formschaumstoffe in geschlossenen Werkzeugen in einem Spritzgussverfahren (Elektronikeinhausungen).

Aus weichen Polyurethanen werden Haushaltsschwämme hergestellt und aus den härteren Armaturenbretter. Ein weiteres wichtiges Anwendungsgebiet sind die OUR-Lacke; hierbei werden zum Beispiel innerhalb eines 2-Komponenten-Systems Präpolymere (Polyether- oder Polyesterpolyole) mit einem Härter (Diisocyanat) zusammengebracht, wobei das System sehr schnell bei Raumtemperatur weiter polymerisiert und vernetzt.

Charakteristisch für die Polyurethane ist die N-H-Streckschwingung der Urethangruppe bei 3323 Wellenzahlen (Abb. 2.82). Es folgen die aliphatischen

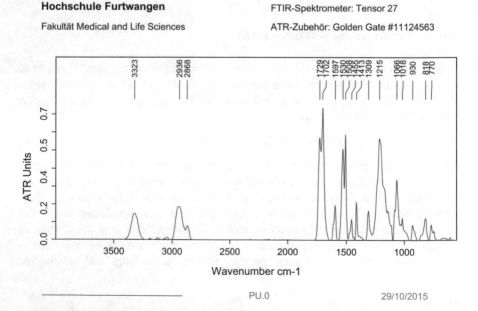

Abb. 2.82 ATR-IR-Spektrum von Polyurethan (Granulat)

C–H-Streckschwingungen und im aromatischen Bereich >3000 cm^{-1} ein schwacher Peak, der ein aromatisches Polymer vermuten lässt. Unterstützt wird diese Vermutung durch die C=C-Valenzschwingungen bei 1508 cm^{-1} und 1597 cm^{-1}, die in diesem Bereich für Aromaten typisch sind. Sie lassen sich deshalb nicht zweifelsfrei zuordnen, da die Amid-II-Bande in Urethanen, wenn mindestens ein H am Stickstoff sitzt, auch zwischen 1500 cm^{-1} und 1600 cm^{-1} zu finden ist. Da jedoch nur eine Bande der Amid-II-(N–H-)Deformationsschwingung zuzuordnen ist, liegt hier ein aromatisches Polyurethan vor. Die *out-of-plane*-Schwingungen im IR-Bereich unterhalb von 900 Wellenzahlen bestätigen diese Aussage. Da die allermeisten Diisocyanat-Monomere, außer dem HDI, aromatisch sind, ist die Interpretation des IR-Spektrums in Tab. 2.20 plausibel.

Auffällig in dem vorliegenden Polyurethanspektrum ist der Doppel-Peak im Bereich der 1700 Wellenzahlen. Zwischen 1660 cm^{-1} und 1850 cm^{-1}, je nach funktioneller Gruppe (Säurechlorid, Keton, Ester, Amid etc.), absorbieren die Streckschwingungen der C=O-Bindung bei unterschiedlichen Frequenzen. je nach Bindungsordnung (Abschn. 2.3.2). Durch einem +M-Effekt der benachbarten Aminogruppe wird eine mesomere Grenzstruktur erhalten, die insgesamt die Bindungsordnung der C=O-Bindung verringert. Im Vergleich zu einer isolierten Carbonylgruppe verringert sich dadurch die Wellenzahl auf 1702 cm^{-1}. Die Bande bei 1729 spricht für eine Carbonylschwingung, zugehörig zu einem Ester. Demzufolge handelt es sich bei dem vorliegenden Polyurethan um ein Polyester-Polyurethan.

Tab. 2.20 Charakteristische IR Schwingungsfrequenzen ($\tilde{\nu}$) von Polyurethan (PUR)

$\tilde{\nu}$	Bindung
3323	ν(N–H)
2936	ν(C–H)
2868	ν(C–H)
1729	ν(C–O)$_{Ester}$
1702	ν(C=O)$_{Amid\,I}$
1597	ν(C=C)$_{arom}$
1530	δ(N–H)$_{Amid\,II}$
1508	ν(C=C)$_{arom}$
1413	δ_{as}(CH$_3$); δ_s(CH$_2$);
1309	ν(C–O)$_{Urethan}$
1215	ν(C–O)$_{Ester}$
1187	ν(C–O)
1066	δ_s(C–C)
1018	ν(C–C)
818	γ(C–H)$_{arom}$
770	γ(C–H)$_{arom}$

Abb. 2.83 Strukturmerkmal
von Polyvinylchlorid

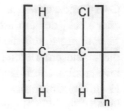

2.4.9 Polyvinylchlorid (PVC)

Polyvinylchlorid (Abb. 2.83) wird in einer radikalischen oder ionischen Polymerisation des Monomers Chlorethen bzw. Vinylchlorid hergestellt. Als Radikalstarter dienen Peroxide oder AIBN (Azobisisobutyronitril vgl. PE). Ebenso wie beim Polystyrol entsteht dabei, aufgrund der sperrigen Seitenketten im Vergleich zu dem Wasserstoff im Ethen, vorzugsweise das ataktische Polymer. Mit Ziegler-Natta-Katalysatoren, an die sich das wachsende Polymer zeitweise anlagert, kann das isotaktische Polymer erzeugt werden. Diese Stereoregularität (Taktizität = Anordnung) hat einen starken Einfluss auf die Eigenschaften des Kunststoffs. Sie entscheidet zusammen mit anderen Faktoren, wie dem Vernetzungsgrad oder der Kettenlänge und Kettenlängenverteilung, über die Härte, Sprödigkeit, Formbeständigkeit und den Schmelzpunkt bzw. die Glasübergangstemperatur des thermoplastischen Elastomers. Je gleichmäßiger die Anordnung der Seitenketten, desto leichter kann sich eine kristalline Struktur ausbilden. Der Grad der Kristallinität, innerhalb derer starke intermolekulare Wechselwirkungen vorhanden sind, prägt damit auch die genannten makroskopischen Eigenschaften des Kunststoffs.

PVC, bekannt von der Vinylschallplatte, ist hart und spröde. Es wird für Fußbodenbeläge und Rohre, die Flüssigkeiten transportieren, eingesetzt. In der chemischen und metallverarbeitenden Industrie wird PVC allerdings sukzessiv durch PP ersetzt. Beim Ausbruch eines Brandes zum Beispiel durch eine Knallgasexplosion in einer Kunststoffgalvanik entsteht beim Verbrennen des PVC ätzende Salzsäure, die zu starken Korrosionsschäden an tragenden Stahlelementen führt.

Um das harte und spröde PVC plastischer zu machen, werden dem Polymer bis zu 50 % sogenannter Weichmacher zugesetzt. Damit vergrößert sich der Anwendungsbereich des dritthäufigsten Kunststoffs auf alle Arten von Schläuchen und Kabelisolierungen.

Diese Plastifizierungsadditive lagern sich zwischen die Polymerketten und sorgen somit dafür, dass sie sich weniger ineinander verhaken, sondern aneinander vorbeigleiten können. Die Weichmacher gehen dabei keine chemische Bindung mit dem Kunststoff ein und können damit, je nachdem, in welcher Umgebung das Weich-PVC eingesetzt wird, in ein anders Medium, wie zum Beispiel Wasser, freigesetzt werden. Die Wasserlöslichkeit und die Beweglichkeit des Weichmachers in der Polymermatrix spielen für die Quantität der Freisetzung eine wesentliche Rolle. Einige dieser Weichmacher wie bestimmte Phtalate sind gesundheitsschädigend (Abschn. 2.5.1). Sie sind zwar schlecht wasserlöslich, dennoch sind sie in der Lage, bei hohen Temperaturen im Extruder auszugasen oder durch andere wässrige Lösungen wie Mundspeichel aufgenommen zu werden. Aus diesem Grund wurde beispielsweise die Verwendung von DEHP (Diethylhexylphtalat) bzw. DOP (Dioctyphthalat) in der EU seit 1999 in Kleinkinderspielzeug verboten.

Mittlerweile sind neben DEHP auch andere Phthalsäureester wie DBP (Dibutylphthalat), DIBP (Diisobutylphthalat) und BBP (Benzylbutylphtalat) auf der REACH-Verbotsliste (Anhang XIV der europäischen Schadstoffverordnung) aufgeführt. Alle genannten Stoffe sind als fortpflanzungsschädigend eingestuft.

Untersuchungen zur Freisetzung von Weichmachern aus Twist-off-Deckeln unter Verwendung von PVC-Dichtmassen haben ergeben, dass die Migration des Weichmachers ESBO (epoxydiertes Sojabohnenöl) in fetthaltige Lebensmittel den in Europa geltenden Grenzwert von 60 mg ESBO pro kg Lebensmittel deutlich überschreitet und dass darüber hinaus auch Phthalate als Weichmacher verwendet werden, die ebenfalls in hohen Mengen in Lebensmittel übergehen (BfR 2003b).

Neben den gesundheitsgefährdenden Phthalaten werden mittlerweile auch weniger bedenkliche Alternativen wie die Aliphaten DINCH oder Pevalen eingesetzt (Abb. 2.84). Auch andere Weichmacher wie Acethyltributylcitrat, Diethyhexyladipat und Verbindungen der Substanzklasse Alkansulfonsäurephenylester erfüllen die Funktion der Plastifizierung von PVC (Umweltbundesamt 2011).

Charakteristisch für das Hart-PVC (PVC-U; U für engl. *unplasticized*) sind die symmetrischen und asymmetrischen C–H-Streckschwingungen. Hinzu kommen die typischen CH_2-Deformationsschwingungen (Abb. 2.85; Tab. 2.21). Im Unterschied zum PE ist im PVC ein um das 35-Fache schwereres Atom, an einen Kohlenstoff gebunden. Diese deutliche Veränderung ist im Schwingungsspektrum an der CHCl-Deformationsschwingung erkennbar sowie an den C–Cl-Streckschwingungen im niedrigen Energiebereich von 600–700 Wellenzahlen.

Durch einen Peak-Vergleich des Spektrums eines Weich-PVC (PVC-P; P für engl. *plasticized*) mit dem des Hart-PVC-U, welches keinen Weichmacher enthält, ist zumindest unzweifelhaft zu erkennen, welcher Typ Weichmacher im PVC enthalten ist. Das heißt, ob beispielsweise ein Plastifizierungshilfsmittel auf Phthalatbasis enthalten ist oder nicht.

Mittels einer Kalibrierung lässt sich der Weichmacheranteil in der PVC-Matrix mittels IR-Spektroskopie einfach und schnell ermitteln (Harsch und Kirschner 2014). Das abgebildete Spektrum in (Abb. 2.86) zeigt die Infrarotschwingungsabsorptionen eines Schlauches aus Weich-PVC. Die beiden anderen Spektren zeigen die jeweiligen IR-Banden für DINP und DINCH.

Ein Vergleich der Schwingungsadsorptionsbanden im Hart-PVC gegenüber jenen des Weich-PVC lässt einige zusätzliche Peaks (grau unterlegte Wellenzahlen in Tab. 2.22) erkennen, die nicht dem Polymer zugeordnet werden können.

Ein Vergleich der grau unterlegten Adsorptionsbanden mit denen zweier im PVC häufig verwendeten Weichmacher DINP und DINCH(Abb. 2.87) zeigt eindeutig anhand der aromatischen Schwingungen und der Übereinstimmungen im Fingerprintbereich ($<1500 \text{ cm}^{-1}$), dass im Weich-PVC der Weichmacher DINP (Abb. 2.88) ein Phthalat, enthalten ist. Die grau unterlegten Wellenzahlen sind charakteristisch für DINP, was durch einen Abgleich mit der Reinsubstanz bestätigt wird (Tab. 2.23).

[3-pentanoyloxy-2,2-bis(pentanoyloxymethyl)propyl] Pentanoate CAS NO.15834-04-5

"Pevalen"

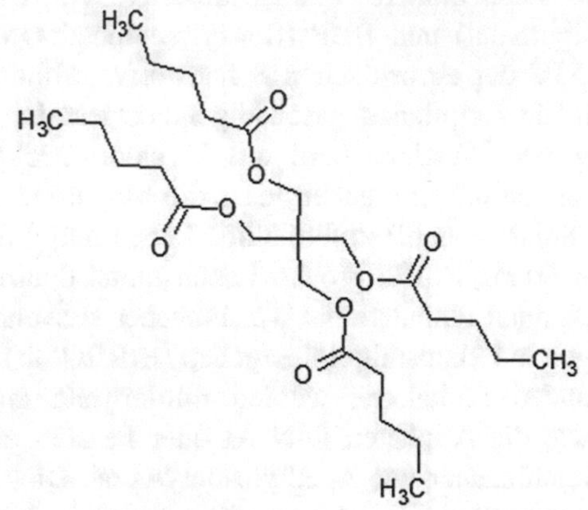

DINP (Diisononylphthlatat) IUPAC CAS Nr.

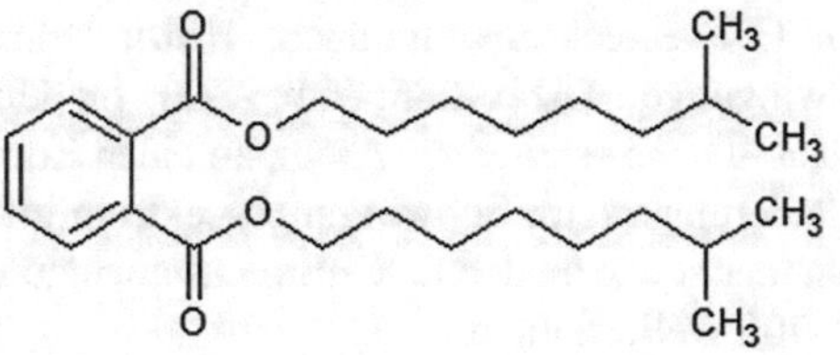

DINCH (IUPAC CAS)

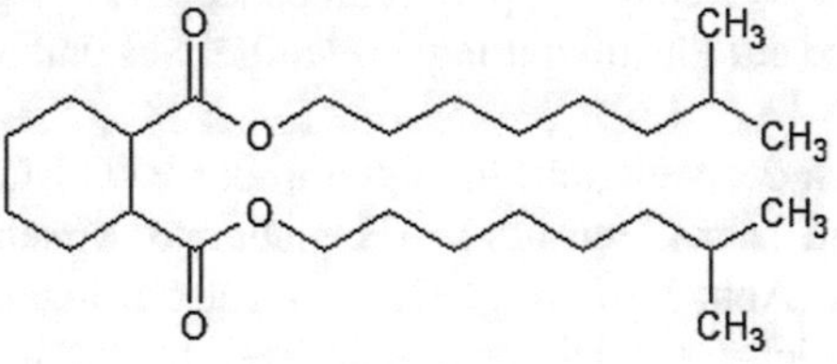

Abb. 2.84 Struktur unterschiedlicher PVC-Weichmacher

Der prozentuale Weichmacheranteil lässt sich infrarotspektroskopisch nach einer entsprechenden Kalibrierung ermitteln (Harsch und Kirschner 2014).

Die Gegenüberstellung der Schwingungsadsorptionsbanden in Tab. 2.23 gibt Aufschluss über die strukturellen Gemeinsamkeiten und deckt auch die Unterschiede der beiden Weichmachermoleküle auf.

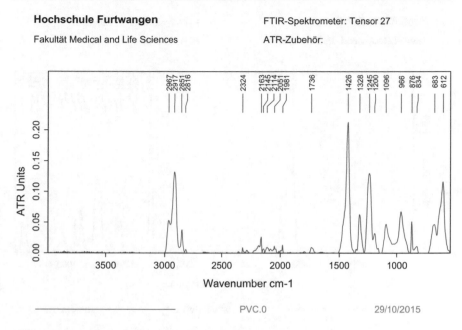

Hochschule Furtwangen   FTIR-Spektrometer: Tensor 27

Fakultät Medical and Life Sciences   ATR-Zubehör:

PVC.0   29/10/2015

Abb. 2.85   ATR-IR-Spektrum von Polyvinylchlorid (Granulat)

Tab. 2.21 Charakteristische IR Schwingungsfrequenzen ($\tilde{\nu}$) von hartem Polyvinylchlorid (PVC-U)	$\tilde{\nu}$	Bindung
	2967	$\nu_{as}(C\text{–}H)$
	2917	$\nu_{as}(C\text{–}H)$
	2851	$\nu_{s}(C\text{–}H)$
	2816	$\nu_{s}(C\text{–}H)$
	1426	$\delta(CH_2)$
	1328	$\delta_{as}(C\text{–}ClH)$
	1245	$\delta_{s}(C\text{–}ClH)$
	1066	$\delta(C\text{–}C)$
	966	$\nu(C\text{–}C)$
	683	$\nu_{as}(C\text{–}Cl);$ $\delta(CH_2)_{rock}$
	612	$\nu_{s}(C\text{–}Cl)$

2.4.10   (Poly-)Styrolacrylnitril (SAN)

Polystyrolacrylnitril (Abb. 2.89) ist ein Copolymer, das aus zwei unterschiedlichen Monomereinheiten, S (Styrol) und A (Acrylnitril), innerhalb einer radikalischen Kettenpolymerisation entsteht. Während der Kettenfortpflanzung werden je nach

Hochschule Furtwangen   FTIR-Spektrometer: Tensor 27

Fakultät Medical and Life Sciences   ATR-Zubehör:

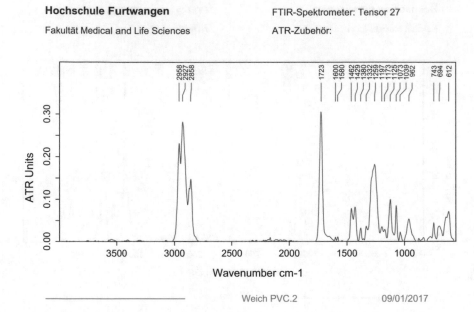

Weich PVC.2   09/01/2017

Abb. 2.86   ATR-IR-Spektrum von Weich PVC (Granulat)

Tab. 2.22 Charakteristische IR Schwingungsfrequenzen (ν) von weichem Polyvinylchlorid (PVC-P)

$\tilde{\nu}$	Bindung
2958	$\nu_{as}(C–H)$
2927	$\nu_{as}(C–H)$
2858	$\nu_{s}(C–H)$
2816	$\nu_{s}(C–H)$
1723	$\nu(C=O)$
1600	$\nu(C=C)_{arom}$
1580	$\nu(C=C)_{arom}$
1462	$\delta(CH_2)$
1429	$\delta_{as}(C–ClH)$
1380	$\delta_{s}(CH_3)$
1332	$\delta_{s}(C–ClH)$
1259	$\delta_{s}(C–ClH); \nu(C–O)$
1125	$\nu(C–O)$; ober. + komb.
1073	$\delta(C–C)$; fingerprint
1039	$\nu(C–C)$; fingerprint
962	$\nu(C–C)$
743	$\gamma(C–H)_{arom}$
694	$\nu_{as}(C–Cl); \delta(CH_2)_{rock}$
612	$\nu_{s}(C–Cl)$

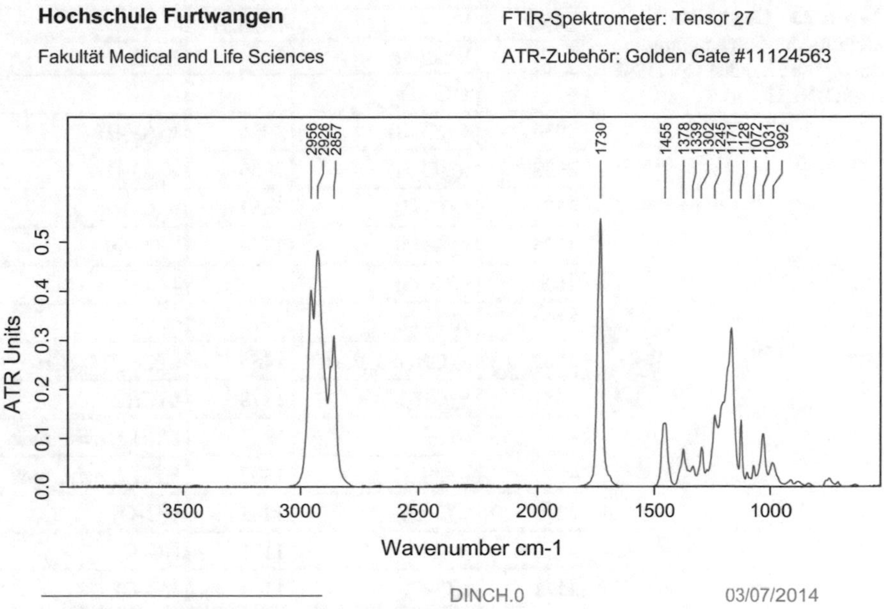

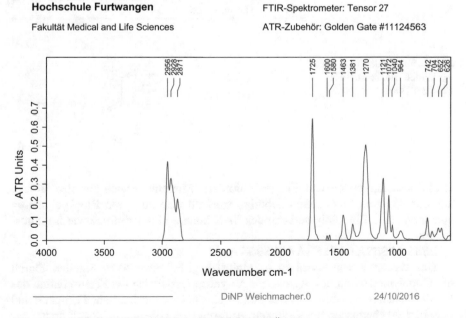

Abb. 2.87   ATR-IR-Spektrum des Weichmachers DINCH (Öl)

Abb. 2.88   ATR-IR-Spektrum des Weichmachers DINP (Öl)

Tab. 2.23 Gegenüberstellung der Schwingungsadsorptionsbanden von DINP und DINCH

DINP		DINCH	
$\tilde{\nu}$	Bindung	$\tilde{\nu}$	Bindung
–	$\nu(C–H)_{arom}$	–	–
2956	$\nu_{as}(C–H)$	2956	$\nu_{as}(C–H)$
2928	$\nu_{as}(C–H)$	2926	$\nu_{as}(C–H)$
2871	$\nu_s(C–H)$	2857	$\nu_s(C–H)$
1725	$\nu(C=O)$	1730	$\nu(C=O)$
1600	$\nu(C=C)_{arom}$	–	–
1580	$\nu(C=C)_{arom}$	–	–
1463	$\delta_s(CH_2); \delta_{as}(CH_3)$	1455	$\delta_s(CH_2); \delta_{as}(CH_3)$
1381	$\delta_s(CH_3)$	1378	$\delta_s(CH_3)$
–	–	1339	$\delta(CH_2)$, *twist, rock*
–	–	1302	$\delta(CH_2)$, *twist, rock*
1270	$\nu(C–O)$	1245	$\nu(C–O)$
–	–	1171	$\delta(C–C)$
1121	$\delta(C–C)$	1128	$\delta(C–C)$
1072	$\delta(C–C)$	1073	$\delta(C–C)$
1040	$\delta(C–C)$	1031	$\delta(C–C)$
964	$\nu(C–C)$	992	$\nu(C–C)$
742	$\gamma(C–H)_{arom}$	–	–
704	arom. Ringdef.	–	–

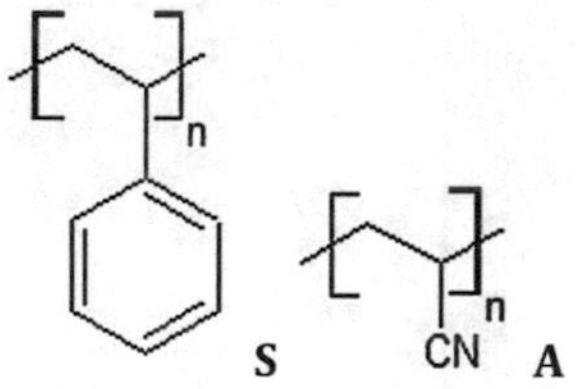

Abb. 2.89 Strukturmerkmale der beiden Blöcke im SAN-Blockpolymer

Reaktionsbedingungen und Konzentration der Monomere auch einzelne Blöcke aus den gleichen Monomeren gebildet, weshalb man auch von Blockpolymeren sprechen kann. Eine Polymerkette des SAN könnte in der Abfolge wie folgt aussehen:

SSSSAASSSAAASSSAAASSSSSAA…

Das Verhältnis von Styrol zu Acrylnitril liegt bei etwa 70:30 Anteilen. Durch die Copolymersiation des Styrols mit Acrynitril lassen sich die Eigenschaften des PS signifikant verbessern. Das Resultat ist eine höhere mechanische Festigkeit und eine bessere chemische Beständigkeit. Aufgrund der höheren Steifigkeit finden wir SAN im privaten Haushalt in der Küche in Form von Besteck, Schüsseln, Messbecher und Küchenmaschinen etc. und im Badezimmer z. B. in Form von Duschkabinenabtrennungen.

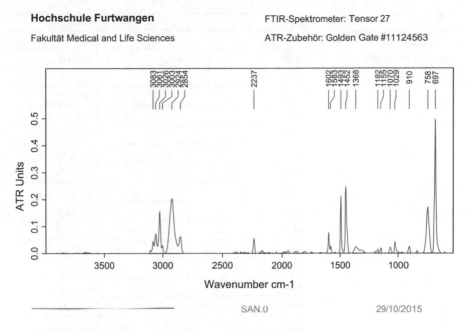

Abb. 2.90   ATR-IR-Spektrum von Polystyrolacrylnitril (Granulat)

Das Infrarotspektrum von SAN (Abb. 2.90) ist mit dem des Polystyrols fast identisch und zeigt demnach nur gering verschobene Adsorptionsschwingungen (Tab. 2.24). Die markanteste Unterscheidung ist auf die zusätzliche Streckschwingungsadsorption der Dreifachbindung in der Nitrilgruppe bei 2237 cm^{-1} zurückzuführen. Um diese Schwingungsbande zu sehen, ist es notwendig, nach der Spektrenaufnahme eine atmosphärische Kompensation durchzuführen, da die IR-aktiven Deformationsschwingungen des Kohlendioxids in der Messkammer die Nitrilbande überlagern können.

2.4.11   (Poly-)Acrylnitrilbutadienstryrol (ABS)

Das Styrol-Acrylnitril-Copolymer ist sehr spröde, mit einer sehr geringen Bruchdehnung. Ein SAN-Werkstoff ist dadurch schlecht geeignet, sich durch Zug- und Druckkräfte zu verformen, ohne dabei zu brechen. Diese unter dem Begriff „Schlagzähigkeit" messbare Eigenschaft beschränkt den Einsatzbereich des steifen SAN-Polymers. Das Einbringen einer Kautschukphase in Form eines Polybutadienpolymers in das Styrol-Acrylnitril-Copolymer eröffnet eine sehr große Variationsbreite des nun als ABS (Acrylnitril-Butadien-Styrol) bezeichneten Copolymers. Wichtige Kunststoffwerkstoffparameter wie, Wärmeformbeständigkeit, Schlagzähigkeit, Steifigkeit, E-Modul, Bruchdehnung, chemische Beständigkeit, Spannungsrissempfindlichkeit etc., lassen sich durch entsprechende Polymeranteile, Polymerverteilung und den Herstellungsprozess justieren.

$\tilde{\nu}$	Bindung
Tab. 2.24 Charakteristische IR Schwingungsfrequenzen ($\tilde{\nu}$) von Polystyrolacrylnitril (SAN)	
3083	$\nu(C-H)_{arom}$
3061	$\nu(C-H)_{arom}$
3026	$\nu(C-H)_{arom}$
3003	$\nu(C-H)_{arom}$
2924	$\nu(C-H)$
2854	$\nu(C-H)$
2237	$\nu(C\equiv N)$
1602	$\nu(C=C)_{arom}$
1583	$\nu(C=C)_{arom}$
1493	$\delta_s(CH_2)$
1452	$\delta_{as}(CH_2)$
1368	$\delta_s(CH_3)$
1029	$\nu(C-C)$
910	$\delta(C-H)$
(842)	$\gamma(C-H)_{arom}$
758	$\delta(CH_2)_{rocking}$
697	$\delta(CH_2)_{rocking}$

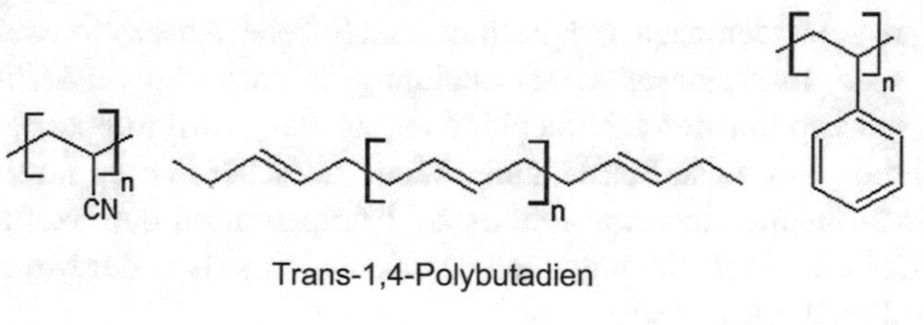

Trans-1,4-Polybutadien

Abb. 2.91 *trans*-1,4-Polybutadien

Durch die Verwendung des 1,3-Butadien als Monomer bleibt nach dessen radikalischer Polymeristation pro Monomer eine für die radikalische Polymerisation reaktive Doppelbindung bestehen, unabhängig davon, ob eine 1,2- oder 1,4-Polymersation stattfindet. Bei einer 1,4-Polymersitation liegen die isolierten Doppelbindungen innerhalb der Hauptkette (Abb. 2.91; *trans*-1,4-Polybutadien) und bei einer 1,2-Polymersitaion in der Seitenkette des Kautschuks (Abb. 2.92; Syndiotaktisches 1,2-Polybutadien). Da die Polymerisation an diesen durch die Polymerisation generierten reaktiven Zentren in eine zusätzliche Richtung (Verzweigung) aufsetzt, spricht man auch von einer Pfropfpolymerisation.

Im ABS-Herstellungsverfahren unterscheidet man die gemeinsame und die getrennte Polymeristation des Pfropfpolymers (Polybutadien) und des Polystyrolacrylnitrils (SAN). Bei der gemeinsamen mischt man alle drei Monomere. Es bilden sich Blockpolymere aus den einzelnen Monomereinheiten und Pfropfen aus

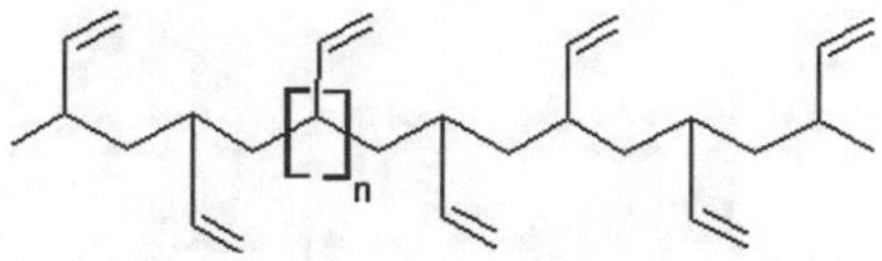

Abb. 2.92 Syndiotaktisches
1,2-Polybutadien

Syndiotaktisches 1,2-Polybutadien

Abb. 2.93 REM-Aufnahme
eines galvanisierfähigen
ABS-Kunststoffs

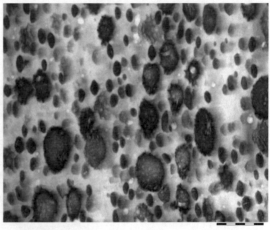

50000 : 1   500nm

Copolymeren auf den Butadienblöcken. Mit der getrennten Polymersationsme-
thode wird beispielsweise das galvanisierfähige ABS (Abb. 2.93) hergestellt.

Dabei wird das Butadien getrennt zu dem plastischen Kautschuk (Polybutadien)
polymerisiert (dunkel eingefärbte globuläre Partikel). Im nächsten Schritt
wird SAN (weiße Bereiche) aufgepfropft, zu sehen an den weißen Punkten in
den dunklen Bereichen. Das Aufpropen erfüllt hierbei die Funktion, dass die
Kautschukpartikel nicht koagulieren (verklumpen bzw. zusammenballen). Die
Festigkeitsgebende Stützmatrix das SAN (weiße Zwischenräume zwischen den
dunkeln Kugeln) wird getrennt polymerisiert und dann je nach Anforderung an die
ABS-Eigenschaften mit Pfropfpolymer gemischt. Das Schaubild in Abb. 2.94 skiz-
ziert diesen beschriebenen zweiten Herstellungsprozess.

Je weicher und verformbarer das ABS-Polymer sein muss, desto höher der
Polybutadienanteil. In der folgenden rasterelektronenmikroskopischen Aufnahme
wird die Funktion des verformbaren Kautschukanteils deutlich sichtbar. Durch
einen zu hohen Nachdruck wird das ABS-Spritzgussteil (Abb. 2.95) sehr stark
verformt. Die globulären Polybutadienphasen im Thermoplast nehmen die Druck-
spannungen auf und verformen sich dabei sichelförmig. Ab einer bestimmten
Belastung ist aber auch wie hier in diesem Fall die Kompensationsfähigkeit der
weichen Komponenten erschöpft und die festigkeitsgebende und spröde SAN-
Matrix bricht, wie in der Aufnahme deutlich an den Rissen zu erkennen ist. Ohne

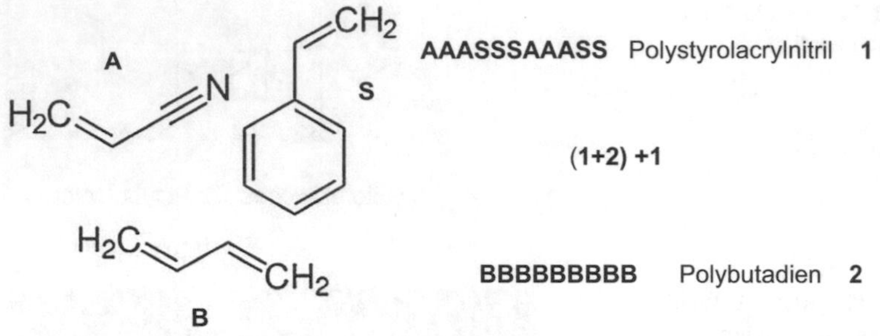

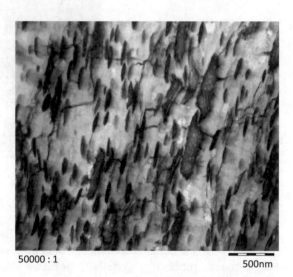

A

H_2C ⟍ N ⟋ S — CH$_2$

H_2C ⟍ ⟋ CH$_2$

B

AAASSSAAASS Polystyrolacrylnitril **1**

(1+2) +1

BBBBBBBBB Polybutadien **2**

Abb. 2.94 Herstellungsprozess von Polystyrolacrylnitril

Abb. 2.95 REM-Aufnahme
eines ABS-Spritzgussteils

50000 : 1   500nm

den Kautschuk würde die Rissbildung schon bei sehr viel niedrigerer Krafteinwirkung beginnen.

Für eine bessere Wärmeformbeständigkeit muss der Kautschukanteil verringert werden. Ohne den Polybutadienanteil im ABS wäre ABS nicht galvanisierfähig. Der für die Qualität der verchromten Oberfläche wichtige Polybutadienanteil liegt bei etwa 20 % und kann mittels IR-Spektroskopie unkompliziert und ohne Chemikalienverbrauch quantifiziert werden (Abschn. 2.3.3).

Von allen metallisierungsfähigen Kunststoffen nehmen ABS und ABS Blends (hauptsächlich PC) den größten Anteil von über 80% ein. Da die Wärmeformbeständigkeit der verchromten Kunststoffartikel für spezielle Anwendungen oft nicht ausreichend ist wird entweder Polycarbonat (ABS Blend) zugemischt oder als Styrolkomponente das sperrigere α-Methylstyrol als Monomer eingesetzt.

Um einen besseren Einblick in die Materialeigenschaften des für die Kunststoffmetallisierung wichtigsten Basiskunststoff ABS zu erhalten, wird an dieser Stelle auf dessen Produktionsprozess und molekularer Aufbau detailliert eingegangen.

Der Kunststoff wird aus den Monomeren **A**crylnitril, **B**utadien und **S**tyrol synthetisiert. Makromoleküle, die aus mehreren verschiedenen Monomeren aufgebaut sind, werden als Copolymere zusammengefasst (Briehl 2008). Besteht das Makromolekül aus drei verschiedenen Monomeren, wie es bei ABS der Fall ist, wird das Copolymer als Terpolymer bezeichnet (Briehl 2008).

Auf einer Polybutadien-Hauptkette sind Polystyrol- und Polyacrylnitril-Seitenketten angebracht („aufgepfropft"), deshalb zählt man ABS zur Gruppe der Pfropfcopolymere (Briehl 2008).

Aufgrund der nicht vorhandenen bzw. geringen Quervernetzung der einzelnen Ketten im ABS-Kunststoff, wird ABS den Thermoplasten zugeordnet. Die geringe Quervernetzung begründet die großen Variationsmöglichkeiten im Aufbau des Kunststoffes und die damit verbundenen unterschiedlichen Eigenschaften (Suchentrunk et al. 2007).

Je höher also der SAN-Anteil im Kunststoff, desto spröder wird dieser (Abb. 2.96). Anders formuliert, der Polybutadienanteil ist ein Maß für die Zähigkeit des Materials. Der Anteil des Polybutadiens in der Matrix (Abb. 2.97) variiert von 8–24 %. Entsprechend liegt der SAN-Anteil zwischen 92 % und 76 %. Der Polybutadienanteil ist im Trägergerüst des SAN eingebettet.

Das ABS-Polymer wird über ein Emulsionsverfahren (Abb. 2.98) hergestellt, bei dem zunächst, in Lösung, SAN auf Polybutadien aufgepfropft wird, um in einem späteren Schritt die Löslichkeit in der SAN-Matrix zu gewährleisten.

Hinsichtlich der Analyse mit der ATR-IR-Spektroskopie ist der Polybutadiengehalt im Kunststoff von Interesse. Dieser legt den zeitlichen Rahmen für die

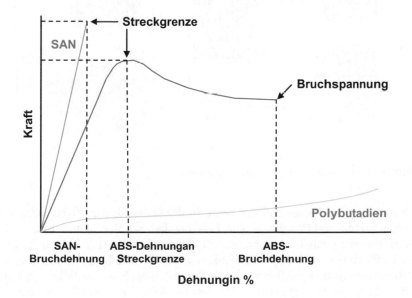

Abb. 2.96 Spannungs-Dehnungs-Diagramm von ABS und dessen Komponenten. (Suchentrunk et al. 2007)

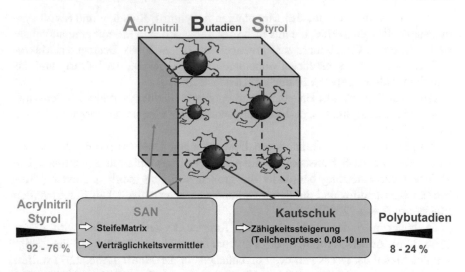

Abb. 2.97   Aufbau der ABS-Matrix. (Suchentrunk et al. 2007)

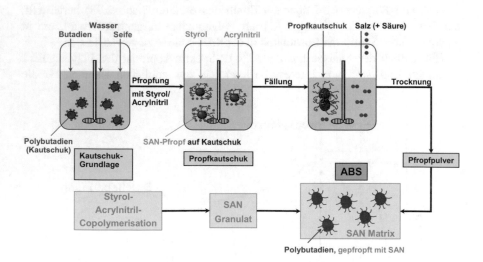

Abb. 2.98   Herstellungsprozess von ABS in Emulsion

Vorbehandlung im Prozessbad der Beize in der Galvanik fest. Dabei wird durch eine Chromschwefelsäurelösung das Polybutadien aus der Matrix herausgelöst, was zu Kavitäten mit Hinterschnitten im Kunststoff führt. Die höhere Rauigkeit der Oberfläche bedingt im späteren Prozessschritt die Anhaftung der Metallschicht. Der Beizvorgang darf zeitlich weder zu kurz noch zu lange ausfallen, da sich in beiden Fällen die Hafteigenschaft der Kunststoffoberfläche rapide verschlechtert. Zu kurze Verweilzeit bedeutet zu wenig Hinterschnitte, die Metallschicht kann nicht anhaften. Eine zu lange Verweildauer führt zum Herausbrechen der Haftungs-stege, die sich zwischen dem herausgelösten Polybutadien ausbilden (Abb. 2.99).

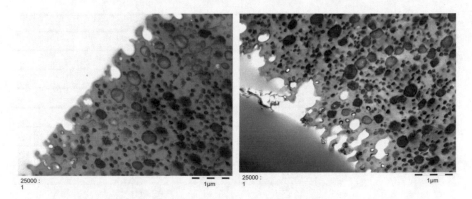

Abb. 2.99 Vergleich der REM-Aufnahmen von korrekt gebeizter (links) und überbeizter ABS-Oberfläche (rechts)

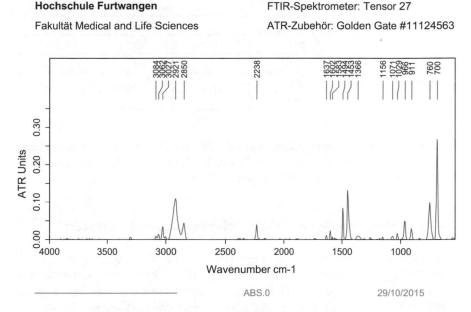

Abb. 2.100   ATR-IR-Spektrum von Acrylnitrilbutadienstyrol (ABS Granulat)

Von allen metallisierungsfähigen Kunststoffen nehmen ABS und ABS-Blends (hauptsächlich PC) den größten Anteil von über 80 % ein. Da die Wärmeformbeständigkcit der verchromten Kunststoffartikel für spezielle Anwendungen oft nicht ausreichend ist, wird entweder Polycarbonat (ABS-Blend) zugemischt oder als Styrolkomponente das sperrigere α-Methylstyrol als Monomer eingesetzt.

Das Infrarotspektrum von ABS (Abb. 2.100) ist dem des Polystyrols und damit auch dem des SAN sehr ähnlich und zeigt demnach auch nur gering verschobene Adsorptionsschwingungen. Die markanteste Unterscheidung des ABS von den

Tab. 2.25 Charakteristische IR Schwingungsfrequenzen ($\tilde{\nu}$) von Polyacrylnitrilstyrol (ABS)

$\tilde{\nu}$	Bindung
3084	$\nu(C-H)_{arom}$
3062	$\nu(C-H)_{arom}$
3027	$\nu(C-H)_{arom}$
2921	$\nu(C-H)$
2850	$\nu(C-H)$
2238	$\nu(C\equiv N)$
1637	$\nu(C=C)$
1602	$\nu(C=C)_{arom}$
1583	$\nu(C=C)_{arom}$
1494	$\delta_s(CH_2)$
1453	$\delta_{as}(CH_2)$
1366	$\delta_s(CH_3)$
1029	$\nu_s(C-C)$
966	$\nu_{as}(C-C)$
911	$\delta(C-H)$
(842)	$\gamma(C-H)_{arom}$
760	$\delta(CH_2)_{rocking}$
700	$\delta(CH_2)_{rocking}$

beiden anderen Styrolpolymeren ist auf die zusätzliche Streckschwingungsadsorption der einzigen olefinischen Doppelbindung in der Kautschukphase im Polybutadien bei 1637 cm^{-1} zurückzuführen (Tab. 2.25).

2.4.12 Polyoxymethylen (POM), Polyformaldehyd, Polyacetal

Aufgrund seiner mechanischen Eigenschaften ist Polyoxymethylen (POM) (Abb. 2.101) sehr formstabil. Außerdem zeigt dieser bevorzugte Konstruktionswerkstoff ein hervorragendes Gleit- und Verschleißverhalten, was ihn zu einem beliebten Werkstoff für Präzisionsteile in der Feinwerktechnik macht.

Das Polyacetal entsteht durch radikalische oder anionische Polymerisation des Grundbausteins Formaldehyd (H$_2$CO). Die gebildete Polymerkette ist weitgehend linear und besteht im Gegensatz zu Polyethylen nicht mehr nur aus Kohlenstoffatomen, sondern auch aus Sauerstoff-Heteroatomen. Man bezeichnet sie daher

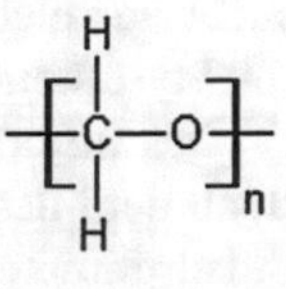

Abb. 2.101 Polyoxymethylen

auch als „Heterokette“. Die Heteroatome haben einen Einfluss auf die Polarität der Kette. Durch die zusätzlichen polaren Wechselwirkungen zwischen den linearen Ketten steigt die Glasübergangstemperatur bzw. der Schmelzpunkt im Vergleich zu den Isoketten (Briehl 2008). Durch die vorzugsweise linearen Ketten im POM ergibt sich ein hoher Kristallinitätsgrad, welcher für die chemische Beständigkeit verantwortlich ist. Durch die verstärkte Wechselwirkung und die damit verbundenen geringen Abstände zwischen den linearen Ketten erreicht POM eine hohe Dichte von 1,41–1,43 g/cm^3.

Um eine Depolymerisation des POM über die reaktiven halbacetalischen Endgruppen zu verhindern, werden diese entweder verethert oder verestert.

Das charakteristischste im Infrarotspektrum (Abb. 2.102), welches POM von anderen aliphatischen Kunststoffen unterscheidet, resultiert aus der Heterokette. Die C–H-Streckschwingungen der Methylengruppe zwischen zwei Sauerstoffatomen in dem Polyacetal liegen bei 2791 cm^{-1} und sind typisch für diese funktionelle Gruppe (Hesse et al. 1987) im Polymer. Ein weiteres Merkmal für das Acetal ist die Erhöhung der Wellenzahl für eine C–O-Streckschwingung, die in Ethern (R–O–R') zwischen den Wellenzahlen 1070 und 1150 cm^{-1} zu finden sind. Durch ein weiteres Sauerstoffatom am Kohlenstoffatom O–C–O im Acetal steigt die Energie dieser Schwingung auf 1235 cm^{-1} an (Tab. 2.26).

Nicht nur PVC, sondern auch anderen Kunststoffen werden Weichmacher zugesetzt, wie hier einem anderen POM-Material (Abb. 2.103). Es treten die typischen Phtalat-Peaks bei 1732, 1597, 1532 und als schwache Schulter-Peak 743 cm^{-1} auf.

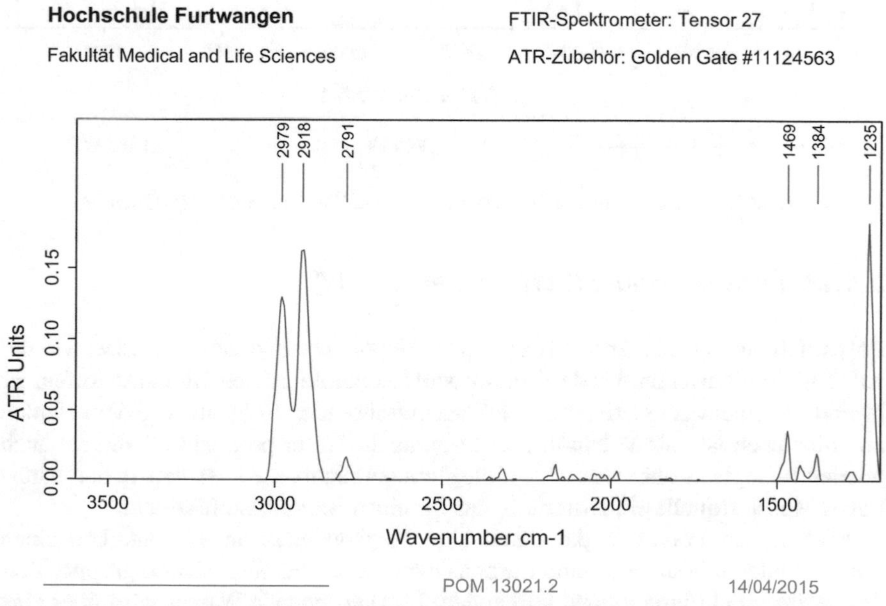
Hochschule Furtwangen
Fakultät Medical and Life Sciences
FTIR-Spektrometer: Tensor 27
ATR-Zubehör: Golden Gate #11124563
2979
2918
2791
1469
1384
1235
ATR Units
0.00
0.05
0.10
0.15
3500
3000
2500
2000
1500
Wavenumber cm-1
POM 13021.2
14/04/2015

Abb. 2.102 ATR-IR-Spektrum von Polyoxymethylen (Granulat)

Tab. 2.26 Charakteristische IR Schwingungsfrequenzen ($\tilde{v}$) von Polyoxymethylen (POM)

$\tilde{v}$	Bindung
2979	$v(C–H)$
2918	$v(C–H)$
2791	$v(C–H)_{acetal}$
1469	$\delta_s(CH_2)$
1384	$\delta_s(CH_3)$
1235	$v(C–O)$

Hochschule Furtwangen   FTIR-Spektrometer: Tensor 27

Fakultät Medical and Life Sciences   ATR-Zubehör:

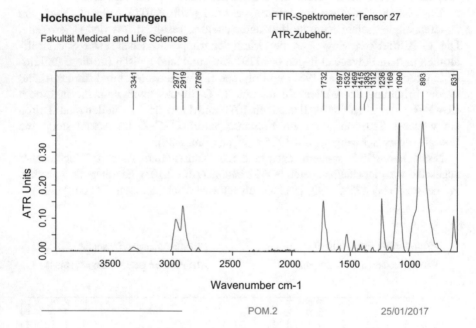

POM.2   25/01/2017

Abb. 2.103   ATR-IR-Spektrum von Polyoxymethylen mit Weichmacheranteil (Granulat)

2.4.13 Polymilchsäure (PLA; *poly lactic acid*)

Polymilchsäure (PLA; Abb. 2.104) ist ein Biopolymer und gehört ebenso wie der auf Cellulose basierende erste Biokunststoff Zelluloid zu den Biokunststoffen. Er basiert auf einem erneuerbaren, sprich nachwachsenden Rohstoff, wie dem Namen zu entnehmen ist, der Milchsäure. Alles, was die Natur produziert, kann sie auch wieder biologisch abbauen. Die biologische Abbaubarkeit ist neben der natürlichen Rohstoffquelle ein Kriterium, das für einen Biokunststoff spricht.

PLA ist ein Polyester, der durch eine Polykondensation entsteht. Um einen Ester zu bilden, braucht es eine Carbonsäuregruppe und eine Alkoholgruppe. Beides ist im Milchsäuremolekül vorhanden. Das entstehende Wasser wird über eine azeotrope Destillation dem Reaktionsgleichgewicht entzogen.

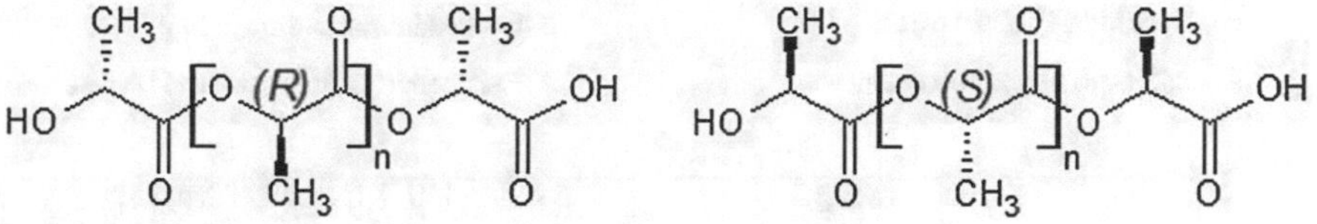

Abb. 2.104 Strukturmerkmale der stereoisomeren Polymilchsäuren

Milchsäure bzw. 2-Hydroxypropionsäure ist ein Zwischenprodukt des Energie-stoffwechsels und entsteht beim mikrobiellen Abbau von Kohlenhydraten (saure Milch). Milchsäure besitzt ein Chiralitätszentrum und ist daher optisch aktiv. Bei einem enzymkatalysierten Abbau werden entweder die reinen R- oder S-Enantiomere (Abb. 2.92) gebildet (Stoffwechsel) oder das racemische Gemisch (mikrobieller Abbau).

Dass Bakterien in der Lage sind, Milchsäure aus Zucker oder Stärke zu generieren, nutzt man für die biotechnologische Herstellung der Milchsäure. Dabei fermentieren Milchsäurebakterien das Substrat. Die mikrobielle Fermentation ist der wichtigste Prozess zur Herstellung von über 250.000 Tonnen Milchsäure jährlich (weltweit).

PLA wird vor allem aufgrund seiner Biokompatibilität für Lebensmittelver-packungen oder in der Landwirtschaft als Abdeckfolie verwendet und in Produk-ten, die keine lange Haltbarkeit aufweisen müssen, wie beispielsweise Implantate (Schrauben, Fäden), Trinkhalme oder Plastikbesteck. Neben ABS ist PLA der am meisten verwendete Kunststoff für 3-D-Drucker.

Der aliphatische Polyester ist zwar aufgrund seiner Molekülstruktur als bio-logisch abbaubarer Kunststoff eingestuft, tatsächlich ist es aber so, dass lediglich industrielle Kompostieranlagen die notwendigen Umweltbedingungen erreichen, um erst mit Hitze einen langsamen Zerfall in Gang setzen.

Ob der deklarierte Biokunststoff PLA als Mikroplastikpartikel und damit als potenzielles Vehikel für Schadstoffe ebenso keinen negativen Einfluss auf Lebe-wesen hat wie das Grundmaterial, ist noch zu untersuchen.

Die Abb. 2.105 zeigt das IR Spektrum der Polymilchsäure. In der Zusammen-stellung der Hauptpeaks in Tab. 2.27 fallen die in Klammern aufgeführten Adsorptionsbanden heraus, da sie nicht den im Polymilchsäuremolekül vor-handenen funktionellen Gruppen zugeordnet werden können. Da in einem Polymer häufig Additive eingesetzt werden, um die notwendigen Eigenschaften wie Farbe, Duktilität (vgl. Weichmacher bei PVC), Flammschutz, chemische Beständigkeit (Antioxidanzien) oder UV-Beständigkeit einzustellen, sind auch Signale dieser Zusätze zu sehen, die teilweise Polymersignale überdecken können. Bei den in Klammen aufgeführten Werten handelt es sich um aromatische Signale, die im rei-nen, auf Milchsäure basierten Polymer nicht vorkommen.

Die O–H-Streckschwingung bei 3297 cm^{-1} ist entweder auf freie nicht ver-esterte Hydroxylgruppen oder auf eingebundenes Wasser im Polymer zurückzuzu-führen. Charakteristisch für den Polyester ist natürlich die C=O-Streckschwingung (Tab. 2.27).

Hochschule Furtwangen   FTIR-Spektrometer: Tensor 27

Fakultät Medical and Life Sciences   ATR-Zubehör: Golden Gate #11124563

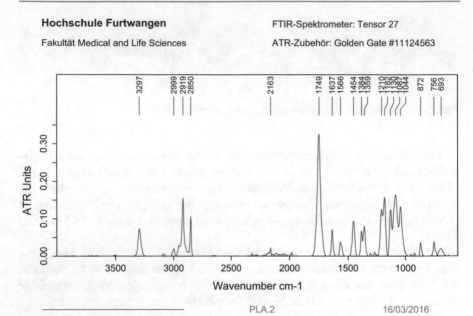

PLA.2   16/03/2016

Abb. 2.105   ATR-IR-Spektrum von Polymilchsäure (PLA Granulat)

Tab. 2.27 Charakteristische IR Schwingungsfrequenzen ($\tilde{v}$) von Polymilchsäure (PLA)	$\tilde{v}$	Bindung
	3297	$\nu(O-H)$
	(2999)	$\nu(C-H)_{arom}$
	2919	$\nu(C-H)$
	2850	$\nu(C-H)$
	1749	$\nu(C=O)$
	(1637)	$\nu(C=C)$
	(1566)	$\nu(C=C)$
	1384	$\delta_s(CH_3)$
	1359	$\delta_s(CH_3)$
	1210	$\nu(C-OR)$
	1130	$\nu(C-OH)$
	1087	$\delta_s(C-C)$
	1044	$\nu(C-C)$
	(872)	$\gamma(C-H)_{Benzol}$
	756	$\delta(CH_2)_{rocking}$
	693	$\delta(CH_2)_{rocking}$

IR-Spektren von Kunststoffadditiven

Einige Beispiele von Kunststoffadditiven, wie UV-Stabilisatoren, Flammschutzmittel, Farbpigmente etc. wurden in Abschn. 2.5 schon vorgestellt. Da einige dieser Zusätze gesundheitlich für den Kunststoffverarbeiter, den Endkunden und das Wasser und der darin lebenden Organismen nicht unbedenklich sind, ist es aufgrund mangelnder bzw. unzureichender Daten der Compoundeure über die Inhaltsstoffe des Kunststoffs notwendig, eine Identifizierung und bei Vorlage von Grenzwerten eine Quantifizierung durchzuführen. Kunststoffgranulathersteller sogenannte Compoundeure betrachten die Rezeptur ihres Produkts als Trade Secret und geben teilweise nicht alle Daten über dessen Inhaltsstoffe preis. Eine eindeutige unverwechselbare Kennzeichnung aller Inhaltsstoffe über die CAS-Nr. wäre wünschenswert und wird leider nicht durchgängig von allen Lieferanten der Kunststoffverarbeiter praktiziert.

Um einen ausreichenden Schutz des Menschen vor schädlichen Chemikalien zu gewährleisten, wurde die europäische Schadstoffverordnung REACH in Stockholm ins Leben gerufen. Innerhalb des Projektes REACh-Radar-Verbund – Systematische Identifizierung und Priorisierung besonders besorgniserregender Stoffe – im Unternehmensverbund in der Galvanik des Öko-Instituts e. V. in Kooperation mit der Hochschule Furtwangen (HFU) sowie einigen kleinen und mittelständischen Unternehmen hat die Fakultät Medical and Life Sciences (MLS) der HFU am Campus Villingen-Schwenningen den Projektbaustein DETECT, in welchem Einsatz- und Betriebsstoffe kleiner und mittelständiger Unternehmen (KMU) auf besonders besorgniserregende Stoffe (engl. SVHC – *substances of very high concern*) untersucht werden, übernommen. Diese Stoffe weisen aufgrund ihrer physikalischen und chemischen Beschaffenheit sog. PBT-Eigenschaften auf, d. h., sie sind persistent (schwer abbaubar), bioakkumulierbar (reichern sich in Organismen an) und toxisch. Aufgrund dieser Eigenschaften wird der Einsatz bestimmter SVHC in Europa durch die europäische Chemikalienverordnung REACh (engl. *Registration, Evaluation, Authorisation and Restriction of Chemicals*) beschränkt bzw. verboten; daher müssen geeignete Ersatzstoffe gefunden werden, die weniger schädliche Eigenschaften aufweisen. Die entsprechenden SVHC sind im Anhang XIV der REACH-Verordnung aufgelistet (REACh-Kandidatenliste (Tab. 2.11).

Die Aufgabenstellung mittels einer geeigneten Probenvorbereitung und eines schnellen und kostengünstigen Verfahrens SVHC-Stoffe in Kunststoffprodukten zu identifizieren und falls notwendig auch zu quantifizieren, wurde im ersten Schritt auf die sogenannten Weichmacher auf Phtalatbasis beschränkt. Ein Blick in die Kandidatenliste und auch die SIN-Liste *(Substitute It Now)* zeigt, dass einige Vertreter dieser Substanzklasse bereits aufgeführt sind. Ein deutliches Signal dafür, einerseits Gewissheit über deren Verwendung in Produkten mittels eines Schnelltests zu erhalten und andererseits eine vorliegende Reach-Konformitätserklärung eines Lieferanten aus dem europäischen Ausland oder auch Inland zu prüfen.

Weichmacher (Phthalate)

Weichmacher sind Substanzen, die Kunststoffe flexibel machen; sie werden diesen daher als Additive zugesetzt. Sie lagern sich zwischen die Polymerketten der Kunststoffe und sorgen für deren Verschiebbarkeit. Dadurch, dass die Weichmacher keine kovalente Elektronenpaarbindung mit den hauptsächlich linearen Polymerketten eingehen, können sie durch ein geeignetes Lösungsmittel (bspw. Mineralwasser in PET-Flaschen) herausgelöst werden und gelangen so in den menschlichen Körper (Zhang et al. 2017). Eine gebräuchliche Gruppe von Weichmachern sind die sog. Phthalate, welche reproduktionstoxische und endokrine Wirkungen auf Organismen aufweisen (BfR 2010). Vier der vielfach verwendeten Phthalate stehen aufgrund ihrer Eigenschaften auf der SVHC-Kandidatenliste des Anhangs XIV der REACH-Verordnung: Dies sind Benzylbutylphthalat (BBP), Bis(2-ethylhexyl)phthalat (DEHP), Dibutylphthalat (DBP) und Diisobutylphthalat (DIBP).

Um diese vier Weichmacher, die eventuell in den eingesandten Kunststoff-granulaten vorhanden sind, zu identifizieren, wurde das IR-Spektrum von drei der vier SVHC-Kandidaten als Reinsubstanz aufgenommen (Abb. 2.93).

Aufgrund der Vielzahl an unterschiedlichen Phtalsäurediestern als Weich-macher ist es zum Teil sehr schwierig, ein Dibutylphthalat von einem Dihexyl-phtalat zu unterscheiden, zumal die Adsorptionsbanden des Matrixpolymers die des Weichmachers überlagern können. Um Sicherheit zu haben, welcher Weich-macher im Kunststoff nun tatsächlich vorliegt, kann dies über eine GC/MS-Analyse ermittelt werden, sofern die Referenzsubstanzen vorhanden sind.

Die in Abb. 2.106 dargestellten Infrarotspektren der drei unterschiedlichen Phthalsäureester zeigen einerseits die für die Substanzklasse typischen Signale, wie beispielsweise den Absorptions-Peak für die Carbonylschwingung der Ester-gruppe bei 1725 cm^{-1}, aber auch charakteristische Unterschiede. Die zusätzliche

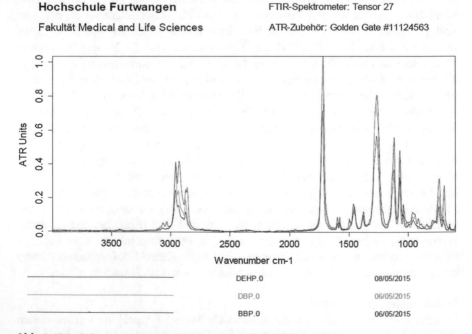

Abb. 2.106 Infrarotspektrum der Weichmacher DEHP, DBP und BBP

Phenylgruppe im Benzylbutylphthalat (blaues Spektrum) ist an den aromatischen C–H-Streckschwingungen im Bereich 3000–3100 cm[®1] und an der zusätzlichen *out-of-plane*-Schwingung im Bereich 700 cm^{-1} zu erkennen. DEHP lässt sich von DBP nur durch die Anzahl der C–H-Streckschwingungen unterscheiden. Aufgrund der Verzweigung und längeren Kette der Alkylgruppe sind im Bereich 2800–3000 cm^{-1} mehrere Schwingungsabsorptionssignale zu erkennen.

Ein Vergleich der Weichmachersignale (Abb. 2.107) mit denen eines Kunststoffgranulats zeigt sehr schnell an, dass im untersuchten Polyethylen keiner der in der angelegten Spektrendatenbank hinterlegten Weichmacher enthalten ist (Abb. 2.108).

DINP-Quantifizierung in PVC mittels FTIR-Analytik

Eine schnelle Methode zur Identifizierung von Kunststoffzusätzen ist mittels der ATR-IR Spektroskopie sehr gut und ohne hohen Zeitaufwand dann zu praktizieren, wenn die Vergleichsspektren der Additive vorliegen. Aber auch eine Quantifizierung der Zusätze ist mit der Infrarotspektroskopie möglich, sofern eine Kalibrierung erstellt werden kann.

Eine schnelle und einfache Methode, die Anforderungen an das Material zu prüfen und beispielsweise den DINP-Weichmacher zu analysieren, ist durch die ATR-FTIR-Spektroskopie gegeben. Für eine Granulatprüfung im Wareneingang sind nur wenige Granulatkörner aus der Charge stichprobenartig herauszunehmen. Die eigentliche Messung mittels ATR-FTIR ist einfach durchzuführen. Das einzelne Granulatkorn muss lediglich mit einem gewissen Druck auf den Messkristall gepresst werden (Abb. 2.95). Eine aufwendige Probenvorbereitung ist nicht notwendig.

Eine Quantifizierung des Diisononylphthalats über die Peak-Intensität oder die Peak-Fläche der charakteristischen Carbonylsteckschwingung im Phtalsäureester ist nicht reproduzierbar und sehr ungenau, da sowohl Peak-Höhe als auch Peak-Fläche von der Eindringtiefe der Infrarotstrahlung in die Probe abhängen. Die Probenform, die Oberflächenstruktur der Probe und der Anpressdruck beeinflussen das abgescannte Probevolumen. Dadurch kann das Ergebnis bei jeder Messung variieren. Für eine exaktere Bestimmung des Weichmacheranteils werden die Flächenverhältnisse zwischen ausgewählten charakteristischen Peaks der PVC-Polymermatrix quasi als interner Standard benutzt. Die Flächenverhältnisse sind unabhängig von der Peak-Höhe, wodurch sich die oben genannten Einflüsse eliminieren lassen und gut reproduzierbare Ergebnisse erhalten werden.

Für die Bestimmung des DINP-Anteils in Weich-PVC wird ein typischer Absorptions-Peak des PVC, der deutlich von den Signalen des Weichmachers zu unterscheiden ist, integriert und für die Berechnung des Weichmacheranteils herangezogen.

Die Flächen A_x (x = spezifische Schwingungsanregung einer funktionellen Gruppe im Polymermolekül) der zwei ausgewählten charakteristischen Peaks werden dann mit der mathematischen Beziehung (Gl. 2.49) in ein Verhältnis gesetzt, um ein Peak-Flächenverhältnis (Phthalat-Index) zu erhalten. Dabei liefert das Integral des Carbonyl-Peaks bei 1722 cm^{-1} (esterspezifisch; Weichmacher) für die

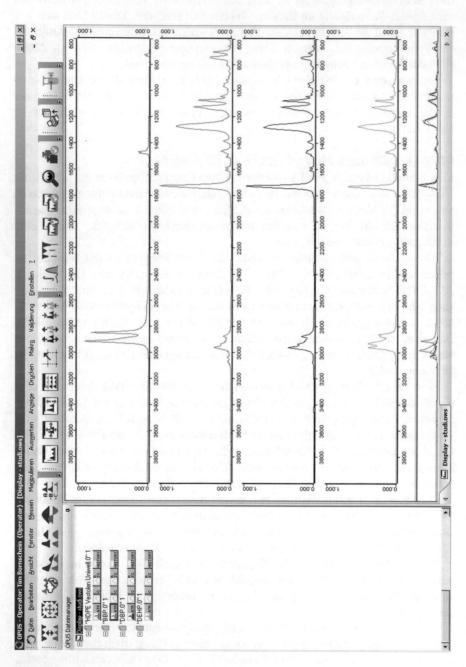

Abb. 2.107 Screenshot; Kontrolle auf Weichmacheranteil in einem HDPE-Material

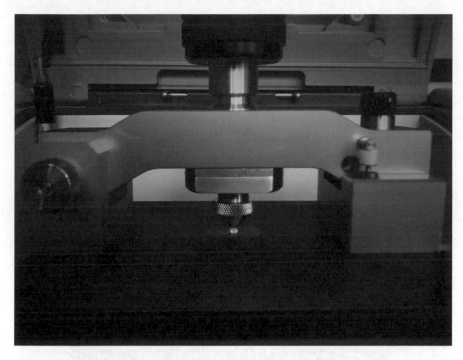

Abb. 2.108   PVC-Granulatkorn Golden Gate

C=O-Streckschwingung die Fläche A_{CO} und das Integral des Adsorptions-Peaks für die C–Cl-Streckschwingung im PVC-Polymer bei 614 cm^{-1} die Fläche A_{CCl}.

$$\text{Peak}-\text{Fl ä chenverhältnis} = \frac{A_{CO}}{A_{CO} + A_{CCl}} \qquad (2.49)$$

Für die Kalibrierung im Peak-Vergleich werden vier verschiedene Weich-PVC-Granulate mit unterschiedlichem und bekanntem DINP-Gehalt vermessen und ausgewertet (Abb. 2.109). Dabei liegen PVC-Granulate mit einem DINP-Gehalt von 21,9 %, 32,5 %, 39,1 % und 44,6 % vor. Mit der somit erhaltenen Kalibriergerade mit einem Korrelationsfaktor von mehr als 99 % lässt sich in wenigen Minuten der DINP-Gehalt in PVC in den entsprechenden Konzentrationsgrenzen sehr genau bestimmen.

Das gleiche „trockene" ATR-IR-spektroskopische Analyseprinzip, das ohne einen hohen Lösungsmittelverbrauch auskommt, wurde bereits erfolgreich für die Bestimmung des Polycarbonatanteils in ABS-Blends (Neek et al. 2017) und zur Bestimmung des Polybutadiengehalts in ABS eingesetzt (Fedhahn 2008).

Wenn keine Konzentrationsangabe vonseiten des Herstellers oder des Kunststoffverarbeiters bezüglich deren Inhaltsstoffe vorliegt, die für die Erstellung einer Kalibierkurve notwendig ist, müssen die Inhaltsstoffe zunächst über andere analytische Verfahren zugänglich gemacht werden.

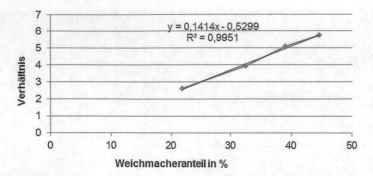

Abb. 2.109 Grafische Darstellung des Zusammenhangs zwischen den beiden Peak-Höhen bei 1722 cm⁻¹ und bei 614 cm⁻¹ und dem tatsächlichen Weichmachergehalt

Abb. 2.110 PVC mit (links) und ohne (rechts) DINP

Eine geeignete Methode, den Weichmacheranteil in PVC zu ermitteln, ist eine gravimetrische Bestimmung, vorausgesetzt der Weichmacher, in diesem Fall DINP, ist der einzige PVC-Zusatz im Prozentbereich.

Zunächst löst man das Kunststoffgranulat in einem unpolaren Lösungsmittel vollständig auf. Für PVC bietet sich THF (Tetrahydrofuran) an. Anschließend fällt man durch sukzessive Zugabe eines zweiten polareren Lösungsmittels das Polymer so aus, dass der Weichmacher noch in Lösung bleibt. Das Ausfällen des Polymers ist durch Zugabe von Wasser möglich. Jedoch ist auch die Löslichkeit der Phthalate in Wasser sehr gering. Um die Mitfällung der Weichmacher zu vermeiden, kann Cyclohexan als geeignetes Fällungsmittel für PVC und gutes Lösungsmittel für DINP verwendet werden. In Abb. 2.110 ist links (blau) das herkömmliche Weich-PVC-Granulat zu sehen und rechts (weiß) das mit Cyclohexan ausgefällte PVC.

Eine IR-Untersuchung des PVC-Präzipitats zeigt durch das Fehlen der Carbonylabsorptionsbande an, dass kein DINP mehr im abfiltrierten PVC enthalten ist und dass der Weichmacher in der Cyclohexanlösung vollständig verblieben ist (Abb. 2.111) (Harsch und Kirschner 2014).

Nach dem Trocknen bis zur Gewichtskonstanz des ausgefällten PVC-Pulvers wird durch Differenzwägung zur Einwaage ein Gewichtsverlust von 45,24 % erhalten, der der Angabe des Herstellers von 44,6 % mit einer Abweichung von 2,5 % sehr gut entspricht. Diese Abweichung ist durch systematische Fehler (Reste im Fällungsgefäß etc.) oder andere Zusätze wie beispielsweise Pigmente, die in der Cyclohexanlösung verblieben sind, zu erklären (siehe Farbunterschied in Abb. 2.111).

Mithilfe des PVC-Granulates mit bekannter DINP-Konzentration kann die Qualität der erarbeiteten Methode zur Quantifizierung des Weichmachergehalts geprüft werden. Das Ergebnis der hier dargestellten Methode hat gezeigt, dass die Methode in diesem speziellen Fall sehr gut geeignet ist.

Für Konzentrationsbestimmungen <1 % Anteil im Kunststoff müssen empfindlichere Analyseverfahren eingesetzt werden. Zur Erfüllung der REACH-Konformität ist ein Masseprozentanteil im Produkt von unter 0,1 % notwendig. Um in diesem Konzentrationsbereich zu analysieren, kann die Flüssigphase nach dem Ausfällen des Polymers gaschromatographisch getrennt und massenspektrometrisch analysiert werden. Auch mit der Infrarotspektroskopie lassen sich in der Flüssigkeitszelle (Abb. 2.48) geringere Konzentrationen des Weichmachers DINP in Cyclohexan oder Tetrachlorkohlenstoff nachweisen. Bei der Durchstrahlmessung durch die Flüssigkeitszelle kann alleine das Integral eines charakteristischen Peaks herangezogen werden. Da die Streckenlänge, innerhalb derer eine Absorption sattfindet, mit der Küvettenlänge als konstant zu betrachten ist, ist die Konzentration des Analyten nach dem Lambert-Beer'schen Gesetz proportional zur Absorption. Für die Bestimmung des Weichmacheranteils über die

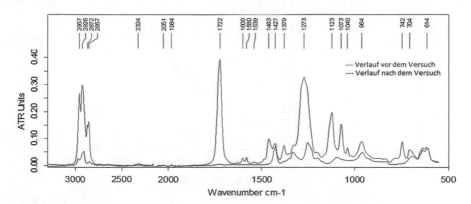

Abb. 2.111 Infrarotspektrum des PVC-Granulats nach dem Ausfällen mit Cyclohexan aus einer THF-Lösung von Weich-PVC (blau). Das rote Spektrum zeigt die PVC-Probe mit einem DINP-Anteil von 44,6 %

Carbonylbande des Esters kann keine Quarzküvette eingesetzt werden, da Quarz schon ab 2500 cm^{-1} eine starke Eigenabsorption zeigt. Stattdessen können in der modularen Flüssigkeitszelle Zellfenster aus CaF$_2$, NaCl, KBr, CsBr oder CsI einsetzt werden, die bei 1700 cm[®1] keine Absorption aufweisen (Wilhelm 2008). Weder das Lösungsmittel Cyclohexan noch Tetrachlorkohlenstoff zeigen in dem analytisch relevanten Wellenzahlenbereich überdeckende Banden (siehe IR-Spektrum von Cyclohexan in Abb. 2.112). Findet sich kein Lösungsmittel, welches den Kunststoff eventuell noch mit Glasfaseranteil vollständig auflöst, lassen sich Weichmacher oder andere Inhaltsstoffe wie polybromierte Diphenylether oder Amidwachs mittels einer Soxhletextraktion extrahieren. Bevor das Kunststoffgranulat in die Extraktionshülle eingefüllt wird, empfiehlt es sich, das Granulat in einer Kryogenmühle zu Puler zu zerkleinern, um die Oberfläche zu vergrößern. Der Extraktionsvorgang kann dadurch beschleunigt werden und die Additive können vollständig aus der Polymermatrix extrahiert werden. Für organische Kunststoffzusätze, die über ihre C–H-Valenzschwingungen quantifiziert werden müssen, eignet sich als Lösungsmittel CCl$_4$ (Tetrachlorkohlenstoff). Der Nachteil ist, dass sie als giftig und krebserrengend eingestuft sind.

Die Tab. 2.28 gibt eine Übersicht über eine Auswahl weiterer Kunststofftypen und deren Markennamen über den sie zu finden sind.

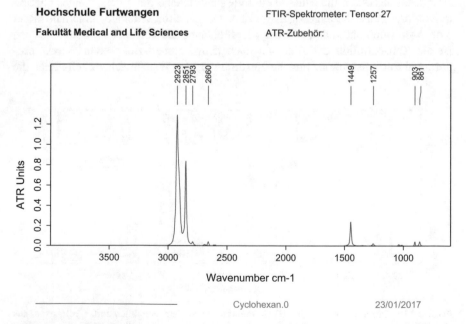

Abb. 2.112 Infrarotspektrum von Cyclohexan mit C–H-Streck- und Deformationsschwingungen

Tab. 2.28 Bekannte Markennamen einiger Kunststofftypen

Kurzzeichen	IUPAC-Name	Trivialname/Markenname
PA	Polyamid	Nylon, Perlon, Zytel®, Durethan®, Dinalon®
PE-HD	Polyethylen, hohe Dichte	Hostalen
ABS	Acrylnitril-Butadien-Styrol	
PBT	Polybutylenterephthalat	Crastin®
PC	Polycarbonat	Lexan, Makrolon
PE	Polyethylen	Hostalen, Lupolen, Vestolen
PE-LD	Polyethylen, niedrige Dichte	Hostalen
POM	Polyoxymethylen (Polyacetal)	Delrin®, Hostaform
PP	Polypropylen	Vestolen, Hostalen PP
PS	Polystyrol	Polystyrol
PVC	Polyvinylchlorid	Vestolit, Vinnolit
EP	Epoxidharz	
ETFE	Ethylen-Tetrafluorethylen	
PAN	Polyacrylnitril	
PE-MD	Polyethylen, mittlere Dichte	
PMMA	Polymethylmethacrylat	Plexiglas, Acrylglas, Paraglas
PPE	Polyphenylenether	
PTFE	Polytetrafluorethylen	Teflon®, Turcon, Gore-Tex®
PUR	Polyurethan	
PVDF	Polyvinylidenfluorid	Solef
SI	Silikone	
TPE	Thermoplastische Elastomere	Riteflex, Hytrel®
VMQ	Silikon-Kautschuk	
CA	Celluloseacetat	
EPDM	Ethylen-Propylen-Dien-Kautschuk	Buna
FKM, FPM	Fluor-Polymer-Kautschuk	Viton
LCP	Liquid Crystal Polymer	Vectra
NBR	Acrylnitril-Butadien-Kautschuk	
PAI	Polyamidimid	Torlon, Tecator
PEEK	Polyetheretherketon	
PEI	Polyetherimid	Ultem
PE-LLD	Polyethylen, linear, niedrige Dichte	Hostalen
PESU	Polyethersulfon	Ultrason
PET	Polyethylenterephthalat	Impet, Rynite®
PFA	Perfluoralkoxylalkan	

(Fortsetzung)

Tab. 2.28 (Fortsetzung)

Kurzzeichen	IUPAC-Name	Trivialname/Markenname
PFPE	Perfluorpolyether	Krytox, Fomblin, Galden, Solvera
PI	Polyimid	Vespel®, Kapton®
PP-C	Polypropylen, Copolymer	
PPS	Polyphenylensulfid	Fortron, Ryton
PS-E	Polystyrol, expandiert	Styropor
PSU	Polysulfon	
PVF	Polyvinylfluorid	
SBR	Styrol-Butadien-Kautschuk	
UP	Ungesättigte Polyesterharze	
PPO		Noryl
APE	Aromatische Polyester	
ASA	Acrylester-Styrol-Acrylnitril	
BR	Butadien-Kautschuk	
CN	Cellulosenitrat	Zelluloid
COC	Cyclo-Olefin-Copolymere	
CR	Chloropren-Kautschuk	Neopren
CSM	Chlorsulfoniertes Polyethylen	
ECB	Ethylen-Copolymer-Bitumen	Lucobit
EPM	Ethylen-Propylen-Copolymer (Kautschuk)	
EVA, EVM	Ethylenvinylacetat	
FEP	Perfluor(Ethylen-Propylen-)-Kunststoff	
FFKM, FFPM	Perfluorierter Kautschuk	Kalrez, ISOLAST®, Chemraz
FVMQ	Fluor-Silikon-Kautschuk	
IIR	Butylkautschuk	
IR	Isopren-Kautschuk	
MF	Melamin-Formaldehyd-Harz	
MPF	Melamin-Phenol-Formaldehyd-Harz	
NR	Naturkautschuk	
PAEK	Polyaryletherketon	
PCT	Polycyclohexylendimethylenterephthalat	Eastar, Thermx®
PCTFE	Polychlortrifluorethylen	
PEC	Chloriertes Polyethylen	
PE-HMW	Polyethylen, hochmolekular, hohe Molmasse	
PEK	Polyetherketon	

(Fortsetzung)

Tab. 2.28 (Fortsetzung)

Kurzzeichen	IUPAC-Name	Trivialname/Markenname
PEN	Polyethylennaphthalat	
PE-UHMW	Polyethylen, ultrahochmolekular, sehr hohe Molmasse	
PF	Phenol-Formaldehyd-Harz	Bakelit
PIB	Polyisobuten	
PMI	Polymethacrylimid	Rohacell
PMP	Polymethylpenten	TPX
PP-H	Polypropylen; Homopolymer	
PPSU	Polyphenylensulfon	
PPY	Polypyrrol	
PVAC	Polyvinylacetat	Vinnapas
PVAL	Polyvinylalkohol	
PVDC	Polyvinylidenchlorid	
SAN	Styrol-Acrylnitril	
UF	Harnstoff-Formaldehyd-Harz	

2.5 Kunststoffinhaltsstoffe (Additive): Eigenschaften und Verwendung

Kunststoffe sind in der Regel keine reinen Polymere, sondern sie enthalten Zusatzstoffe bzw. Additive, welche zugesetzt werden, um die mechanischen, optischen, tribulogischen und andere Eigenschaften der Polymere zu verändern bzw. zu erweitern. Dadurch wird das Einsatzspektrum des künstlichen, auf Erdöl basierenden Materials so groß, dass die Jahresproduktion von Kunststoffen in den letzten Jahren stetig bis auf 300 Mio. Tonnen pro Jahr angestiegen ist. Die verwendeten Zusatzstoffe stellen für Mensch und Umwelt nicht selten ein Gefährdungspotenzial dar. Zusammen mit dem Mikroplastik gelangen diese Stoffe in die Umwelt und auch in den Magen-Darm-Trakt unterschiedlicher aquatischer Lebewesen. Da im primären Mikroplastik, welches bevorzugt aus Kosmetikartikeln stammt, kaum Zusätze enthalten sind, stellt die Analyse der Zusätze eine Methode dar, mit der primäres von sekundärem Mikroplastik unterscheidbar ist. Hierdurch besteht die Möglichkeit, Ursachenforschung für eine Mikroplastikverunreinigung in Gewässern zu betreiben. In diesem Kapitel wird eine Auswahl intrinsischer Schadstoffe vorgestellt, die dem Kunststoff bereits im Herstellungsprozess zugesetzt werden. Im Gegensatz zu jenen extrinsischen Schadstoffen, die sich während der Exposition von Mikroplastik im Gewässer aus diesem an den Kunststoffoberflächen anlagern (Adsorption) bzw. einlagern (Absorption).

2.5.1 Weichmacher

Weichmacher sind Substanzen, welche den von Natur aus harten und spröden Kunststoff elastisch machen. Flexible Brauseschläuche oder Kabelisolierungen beispielsweise bestehen hauptsächlich aus PVC. Reines PVC, ohne Weichmacher, kann als starres und stabiles unbiegsames Rohr in Leitungssystemen verwendet werden, während der Zusatz von Weichmachern, auch Plastifizierungshilfsmittel genannt, aus dem Rohr einen flexiblen biegsamen Schlauch werden lässt (Abb. 2.113).

Als Weichmacher werden vorzugsweise hydrophobe flache organische Moleküle eingesetzt. Diese Substanzen lagern sich zwischen die sperrigen Polymerketten (Abb. 2.114) und sorgen so beispielsweise für die Flexibilität einer Folie oder eines Schlauches. Entlang der Weichmachermoleküle können die Polymerketten viel leichter, ohne sich ineinander zu verhaken, aneinander vorbeigleiten. Da die Weichmacher nicht chemisch an die Kunststoffketten gebunden sind, können sie natürlich die Polymermatrix auch verlassen und in die Umgebung freigesetzt werden. Die Freisetzung hängt dabei von einigen Faktoren wie sterische Hinderung, Löslichkeit, Dampfdruck, Temperatur, K_{ow}-Wert und der Henry-Konstanten ab. Die Freisetzung dieser Weichmacher in die Umwelt, ins Wasser, in Nährlösungen oder in den Verdauungsorganen in Mensch und Tier stellt bei den als Weichmacher eingesetzten

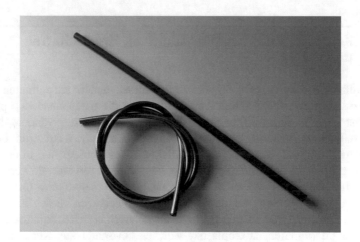

Abb. 2.113 Hart-PVC-Rohr und Weich-PVC-Schlauch

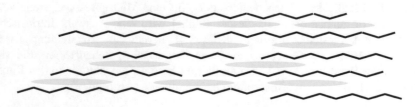

Abb. 2.114 Polymerketten (schwarz) mit zwischengelagerten Weichmachermolekülen (gelb)

Stoffen aufgrund ihrer Nicht-Verankerung eine weitere Gefährdung dar, die von Kunststoffen und damit auch von Mikroplastik ausgeht.

Die Gruppe der *ortho*-Phthalsäurediester, kurz als „Phtalate" bezeichnet, stellen immer noch die Hauptmenge aller Weichmacher für die unterschiedlichsten in Tab. 2.29 aufgeführten Anwendungen. Als Beispiel ist in Abb. 2.115 die Strukturformel des häufig in flexiblen Schläuchen eingesetzten DINP (Diisononylphthalat) dargestellt, welches als Alternative für DEHP von Kunststoffherstellern angeboten wird.

Zu 90 % werden phthalathaltige Weichmacher hauptsächlich für die Herstellung von Weich-PVC verwendet. Der Weichmacheranteil kann im PVC bis zu 50 % betragen. Im PVC verteilt sich der Weichmacher auf die Anwendungsgebiete Kabel (25 %), Folien (22 %), Bodenbeläge (14 %), Schläuche (11 %), beschichtetes Gewebe (10 %), Pasten (9 %), Sonstiges (9 %) (Umweltbundesamt 2007).

DEHP als bekanntester Vertreter der Phthalate gehört immer noch zu den am häufigsten verwendeten Weichmachern. Insgesamt werden in Westeuropa über eine Million Tonnen Phthalate hergestellt (Umweltbundesamt 2007).

Bei den eingesetzten Phthalsäureestern handelt es sich meist um Verbindungen mit identischen Alkylgruppen (Ausnahme: BBP bzw. BBzP. Beim Di-(*n*-butyl)phthalat (DBP) sind die Alkylketten (*n*-Butylreste) unverzweigt, während die Octylreste des Di-(2-ethylhexyl)phthalats (DEHP) am C2-Kohlenstoff verzweigt sind. Da alle vier Substituenten am C2-Kohlenstoff unterschiedlich sind, hat dies zur Folge, dass bei der Herstellung mehrere Stereoisomere entstehen, die für ihren

Tab. 2.29   Einsatz von Phtalaten als Weichmacher. (IPASUM o. J.)

Phthalat	Anwendungen
DMP	Körperpflegemittel, Parfums, Deodorants, Pharmazeutische Produkte
DEP	Körperpflegemittel, Parfums, Deodorants, Pharmazeutische Produkte
BBzP	PVC z. B. Transformatoren, Bodenbeläge, Rohre und Kabel, Teppichböden, Wandbeläge, Dichtmassen, Lebensmittelverpackungen, Kunstleder, Lebensmitteltransportbänder
DBP	PVC, Cellulose-Kunststoffe, Dispersionen, Lacke/Farben (auch Nagellacke), Klebstoffe (v. a. Polyvinylacetate), Schaumverhüter und Benetzungsmittel in der Textilindustrie, Körperpflegemittel, Parfums, Deodorants, Pharmazeutische Produkte (*time-release*-Medikamente), (Lebensmittel-)Verpackungen
DEHP	PVC z. B. Bodenbeläge, Rohre und Kabel, Teppichböden, Wandbeläge, Schuhsohlen, Vinyl-Handschuhe, KFZ-Bauteile, Dispersionen, Lacke/Farben, Emulgatoren, (Lebensmittel-)Verpackungen
DnOP	PVC-Produkte (wie DEHP)
DiNP	PVC z. B. Bodenbeläge, Rohre und Kabel, Teppichböden, Wandbeläge, Schuhsohlen, KFZ-Bauteile, Dispersionen, Lacke/Farben, Emulgatoren, Lebensmittel-)Verpackungen
DiDP	PVC z. B. Bodenbeläge, Rohre und Kabel, Teppichböden, Wandbeläge, Dispersionen, Lacke/Farben, Emulgatoren, (Lebensmittel-)Verpackungen

DMP = Dimethylphthalat, DEP = Diethylphthalat, BBzP = Butylbenzylphthalat, DBP = Dibutylphthalat (Di-*n*-butylphthalat und Di-*iso*-butylphthalat), DEHP = Di(2-ethylhexyl)phthalat, DnOP: Di-*n*-octylphthalat, DiNP = Di-*iso*-nonylphthalat, DiDP = Di-*iso*-decylphthalat

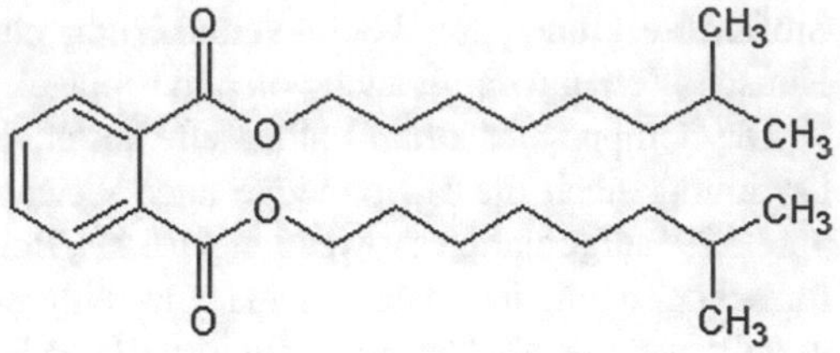

Abb. 2.115   Strukturformel
von DINP

Einsatz aber nicht notwendigerweise durch eine Enantiomerentrennung kostspielig aufgereinigt werden müssen. Jedoch sind hier unterschiedliche physiologische Wirkungen der einzelnen Stereoisomere (Abb. 2.116) durchaus denkbar, aber noch nicht untersucht. Lediglich die Wirkungsweise des Isomerengemischs ist bekannt (NDR 2010; Koch 2006; van der Meer und Devine 2017; SWR2 2016; Fath 2010; Ivashechkin 2005; Umweltbundesamt 2007, 2013; Braun et al. 2001; Thalheim 2016). Stellt man die wichtigsten physikalisch-chemischen Eigenschaften von DBP und DEHP einander gegenüber, stellt man Folgendes fest Diss: Beide Stoffe haben eine niedrige Schmelztemperatur (−35 °C für DBP und −50 °C für DEHP) und einen hohen Siedepunkt (340 bzw. 385 °C). Beide Verbindungen sind über einen großen Temperaturbereich flüssig. Ihre Konsistenz ist ölig und beide Verbindungen sind farb- und geruchlos. Beide Substanzen haben einen geringen Dampfdruck (DBP mit etwa 10^{-2}–10^{-3} Pa; DEHP von etwa 10^{-5} Pa).

DEHP ist demnach schwerer flüchtig als DBP. Die Wasserlöslichkeit der beiden Phthalate ist relativ gering und liegt bei 9,9 mg/L für DBP und bei 2,49 µg/L für DEHP (Skrzypek 2003). Die Wasserlöslichkeit der Phthalate ist für deren biologischen Abbau sehr wichtig, da er im gelösten Zustand stattfindet. Der Octanol/Wasser-Verteilungskoeffizient ist mit 7,7 deutlich höher als der von DBP (4,3), aufgrund der längeren hydrophoben Alkylketten. Aus K_{OC}- Werten kann beispielsweise die Affinität zum organischen Material des Sediments und damit das Sorptionsverhalten erklärt werden. DEHP besitzt aufgrund seiner längeren, verzweigten Alkylketten stärkere Wechselwirkungen mit den organischen Bestandteilen des Sediments als DBP. Das Adsorptionsverhalten von Phthalaten verhält sich damit invers zu ihrer Wasserlöslichkeit. Da der Kohlenstoffanteil in Kunststoffen generell höher ist als der von Sedimenten mit hohen mineralischen Anteilen wie beispielsweise Kalk oder Silicat, ist daher zu erwarten, dass DEHP an Mikroplastik noch stärker adsorbiert.

Es konnte gezeigt werden, dass in einer heterogenen Mischung von Mikroplastik und Wasser die Konzentration von DEHP an den Polyethylen-Mikroplastikpartikeln 100.000-mal größer ist als im Wasser 22.

Trotz ihres geringen Dampfdrucks können signifikante Mengen an Phthalaten durch Ausgasen aus Kunststoffen in die Umwelt freigesetzt werden, da sie nicht kovalent an die Kunststoffmatrix gebunden sind.

Exposition und Toxikologie

Als Weichmacher in Kunststoffen wird eine Vielzahl an Substanzen eingesetzt, hauptsächlich aber Substanzen aus der Klasse der Phtalate. Die fehlende chemische Bindung der Weichmacher an die Polymermatrix führt dazu, dass sie sich überall in unserer Umwelt verteilen. Solange sich Phthalate in Kunststoffen

Abb. 2.116 Stereoisomere
Strukturformeln von DEHP

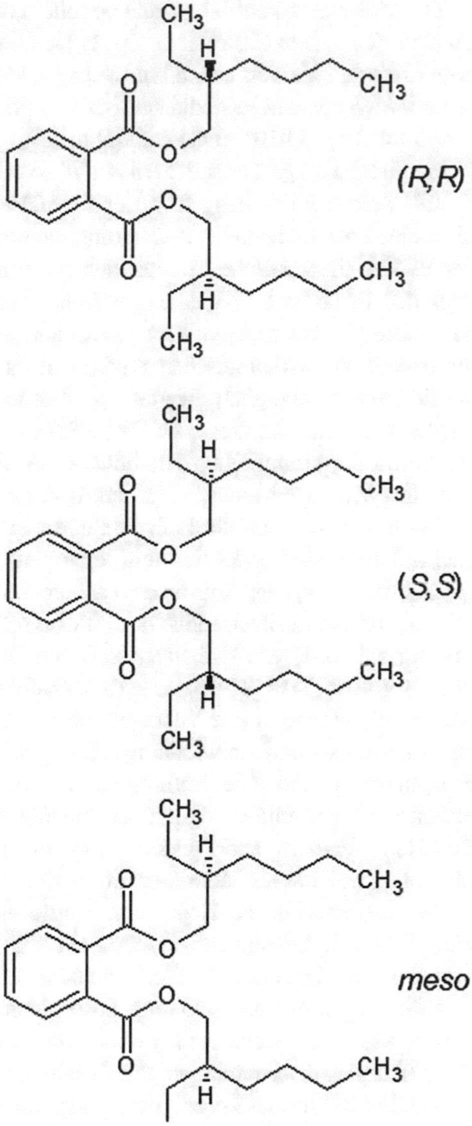

befinden und dort nach und nach „ausbluten", ist der Mensch ihnen permanent ausgesetzt. Man findet sie in unserer Nahrung, dem Trinkwasser, der Luft und in Alltagsgegenständen. Sie entweichen bereits im Extruder bei der Verarbeitung und Temperaturen von 200 °C und kondensieren in den Absaugleitungen, entweichen aus Fußböden und Tapeten, gelangen über Deponiesickerwasser in unser Grundwasser, Verpackungsmaterial gibt sie vorzugsweise an das damit verpackte fetthaltige Lebensmittel ab oder sie werden von Kleinkindern über den Speichel aufgenommen, wenn sie ihr Sielzeug in den Mund nehmen (Selke und Culter 2016). Über diese Wege gelangen Phthalate in unseren Körper und das kann, wie man heute weiß, gravierende gesundheitliche Folgen haben.

Die schlechte Ökoeffizienz und vor allem die toxikologischen Eigenschaften einiger Phtalate (González-Castro et al. 2011; Dutescu 2011; BfR 2005) haben dazu geführt, dass bisher einige Vertreter dieser Substanzklasse auf der REACH-SVHC*(Substances of very high concern)*-Kandidatenliste zu finden sind (Tab. 2.11). Für DEHP (Diethyl-hexylphthalat), DIBP (Disiobutylphthalat), BBP (Benzylbutylphthalat) und DBP (Dibutylphthalat) gibt es seit 2015 ein Verwendungsverbot. Diese zulassungspflichtigen Stoffe, welche im Anhang XIV der REACH-Verordnung zu finden sind, können nur über eine entsprechende Autorisierung weiter eingesetzt werden. Ein weiteres Signal der ECHA (Europäische Chemikalien-Agentur in Helsinki) an die Industrie, generell über den Ersatz von Phthalaten nachzudenken und langfristig zu ersetzen, liefert die SIN-Liste *(Substitute it now),* auf der weitere Phtalate aufgeführt sind. Früher oder spä-ter, sobald die toxikologischen Studien an diesen Substanzen abgeschlossen sind und sie höchstwahrscheinlich ebenfalls als besonders besorgniserregende Stoffe (SVHC) einzustufen sind, werden auch diese Substanzen in die Kandidatenliste eingetragen. Aufgrund der strukturellen Ähnlichkeit der Phthalate ist auch von einem ähnlichen Struktur-Wirkungs-Mechanismus auszugehen.

Für einige Vertreter der Phthalate und hier vor allem für das am intensivsten unter-suchte DEHP sind endokrine und teratogene Eigenschaften nachgewiesen. Als EDS (Endokrin Disrupting Substances) können Sie die Funktion von Hormonen beein-trächtigen bzw. besitzen selbst hormonähnliche Wirkungen, sodass bestimmte Weich-macher auf Basis von Phthalaten z. B. die Unfruchtbarkeit bei Männern verursachen können (NDR 2010; Thalheim 2016). Endokrine Disruptoren (ED) sind Substanzen, welche die biochemische Wirkweise von Hormonen stören können und demzufolge zu Wachstums- und Entwicklungsstörungen führen können. Eine Beeinflussung der Fortpflanzung und eine Anfälligkeit für spezielle Erkrankungen sind durch diese endokrine Eigenschaft möglich. Zu Ihnen zählen nicht nur DEHP und einige andere Phthalate, sondern auch andere Kunststoffinhaltsstoffe wie nicht vernetztes Bis-phenol A, welches als Monomer für die Polycarbonatherstellung verwendet wird.

In Tierversuchen an Nagetieren wurde ebenfalls festgestellt, dass die Fortpflan-zungsfähigkeit beeinträchtigt wird. Da die Phthalatkonzentrationen in Gewässern aufgrund der schlechten Wasserlöslichkeit sehr niedrig sind und weil sie auch bereits in Kläranlagen am Klärschlamm adsorbieren, ist der Einfluss auf aquatische Lebe-wesen wie z. B. Fische nicht zweifelsfrei nachgewiesen (Cheng et al. 2013). Durch die Mikroplastikverunreinigungen (Thalheim 2016) steht nun eine neue Quelle von Phthalaten in Gewässern zur Verfügung, da Mikroplastik, mit den darin enthaltenen Additiven wie den Weichmachern, von Fischen, Muscheln und anderen Lebewesen im Wasser aufgenommen werden (Stryer 1990; Torre et al. 2016; EFSA 2016; Lart 2018; Collard et al. 2017; Van Cauwenberghe und Janssen 2014; Catarino et al. 2018; Lusher et al. 2017). Damit wird die Exposition mit Phthalaten deutlich höher, denn Studien haben gezeigt, dass an Mikroplastik Schadstoffe in hoher Konzentration adsorbieren (Hüffer und Hofmann 2016; Bakir et al. 2014; Hummel 2017) und anschließend in einer simulierten Magen-Darm-Trakt Umgebung, um ein Vielfaches schneller desorbieren als in Wasser (Bakir et al. 2014).

Phthlate werden als Teratogene bezeichnet, da sie aufgrund äußerer Ein-wirkungen Fehlbildungen am ungeborenen Leben (Embryo) hervorrufen können.

Beide negativen gesundheitlichen Auswirkungen hatten zur Folge, dass bereits 1999 die meisten Phthalate in bestimmten Spielzeugen und Babyartikeln verboten (1999/815/EG) wurden. 2004 wurde das Verbot auf alle Spielzeug- und Babyartikel ausgeweitet (2004/781/EG). Es folgte das Verbot in Kosmetikartikeln und Kosmetikzusätzen (2004/93/EG). 2007 wurde die Verwendung von DEHP als Weichmacher in Verpackungen fetthaltiger Lebensmittel verboten. Ab 2015 darf DEHP nach der EU-Chemikalienverordnung REACH in der EU nicht mehr ohne Zulassung für die Herstellung von Verbraucherprodukten verwendet werden, was nicht heißt, dass wir nicht mehr mit DEHP in Berührung kommen, denn weiterhin dürfen Fertigprodukte, sogar Lebensmittel, von außerhalb Europas importiert werden, die DEHP enthalten wie das Beispiel der Blutbeutel zeigt.

Die Mitgliedsstaaten der Europäischen Union (EU) stuften nicht nur DEHP, sondern mittlerweile auch die Phthalate DIBP, DBP und BBP als fortpflanzungsgefährdend ein. Nach 67/548/EEC werden für den Umgang mit DEHP, DBP, BBP und DIBP daher folgende Gefahrenhinweise verwendet:

- R 60: Kann die Fortpflanzung beeinträchtigen
- R 61: Kann das Kind im Mutterleib schädigen

Zubereitungen, die mehr als 0,5 % der genannten Phthalate enthalten, müssen EU-weit mit dem Buchstaben T (Toxic) und dem Giftsymbol gekennzeichnet werden. Es wird zwar versucht, phtalathaltige Weichmacher zu substituieren, doch ist dies bisher nur teilweise gelungen. Als Alternativen sind hier neben Hexamoll DINCH, Pevalen, Diethyhexylterephtalat (eigentlich streng genommen auch ein Phthalat als Ester der Terephthalsäure), Alkylsulfonsäureester, Acetyltributylcitrat, acetyliertes Ricinusölderivat oder epoxidiertes Sojaöl zu nennen. Trotzdem sind in allen anderen in Tab. 2.29 aufgelisteten Einsatzgebieten Phthalate immer noch in großen Mengen enthalten. Sogar in Medizinprodukten wie Blutbeuteln, Infusionsbeuteln, Dialysebeuteln, Urinbeuteln, Kathedern, Intubationsschläuche, Handschuhen, Kontaktlinsen und vielen anderen PVC-haltigen Produkten der Medizin wird DEIIP als Weichmacher immer noch eingesetzt (Rosado-Berrios et al. 2011). Zwar gibt es mittlerweile alternative Weichmacher in der Medizin (Lagerberg et al. 2015), doch hält sich DEHP als einziger Weichmacher mit FDA-Zulassung (Choi et al. 2012) in medizinischen Geräten hartnäckig. Seiner hohen toxischen Effekte auf Reproduktionssyteme (BMG 2005) stehen der gute Schutz der roten Blutkörperchen vor einer Hämolyse in den Blutkonservierungbehältern gegenüber. Die Zellen behalten über längere Zeit ihre Morphologie, die osmotische Stabilität ist gewährleistet und die Zellen zeigen eine verbesserte Wiederfindungsrate 24 Stunden nach einer Transfusion, wenn das Blut in Blutbeuteln mit DEHP konserviert wird (Lagerberg et al. 2015).

Verbreitung im Wasser und gesundheitliche Gefährdung

Wie sieht die Freisetzung von Weichmachern ins Oberflächengewässer aus? Dies wurde am Beispiel eines Brauseschlauchs aus Weich-PVC untersucht. Einerseits fließt Trinkwasser in unseren Duschen durch ihn hindurch, bevor es als Grauwasser das Haus in Richtung Kläranlage verlässt und zu Oberflächenwasser wird. Andererseits kommt der Badewannenschlauch mit dem schaumigen Badewasser in Kontakt. In beiden Fällen können Weichmacher ins Wasser freigesetzt werden, was vor allem dann ein Problem wäre, wenn das Wasser aus dem Brausekopf tatsächlich als Trinkwasser verwendet und getrunken wird.

Die meisten Brauseschläuche sind aus mehreren PVC-Schichten aufgebaut: einem Innen-, Mittel und Überzug- (Außen-)schlauch. Ein Nylonfasergeflecht, um den Inliner verbessert die mechanischen Eigenschaften wie z. B. die Zugfestigkeit, während der Mittelschlauch als Trägermaterial für eine Metallprägefolie fungiert (Abb. 2.117). Der Überzugschlauch schützt diese Folie und dient zum Beispiel als Reservoir für antibakterielle Zusätze, welche auch im Innenschlauch enthalten sein können.

Das Grundmaterial PVC ist ohne „Weichmacher" ein starres Rohr (Abb. 2.113), welches für den Anwendungszweck eines flexiblen Brauseschlauches für die Nasszelle gänzlich ungeeignet wäre. Als Weichmacher werden die eingangs genannten Phthalate (Ester der Phthalsäure) wie beispielsweise das in Abb. 2.115 dargestellte DINP (Diisononylphthalat) eingesetzt.

Die Frage, ob und in welcher Menge die eingesetzten Weichmacher in das Wasser freigesetzt werden, wird anschließend ausführlich diskutiert und untersucht. Prinzipiell sind die Phthalsäurediester je nach Länge der Alkylketten als wasserunlöslich zu bezeichnen. Dies zeigt die deutliche Phasengrenze zwischen DINP und Wasser in Abb. 2.118, die sich auch nach starkem Schütteln neu bildet. Die Diesterphase ist zur Kontrastoptimierung mit einem organischen Farbstoff gelb gefärbt.

Produkte, die in Deutschland im Trinkwasserbereich eingesetzt werden, müssen die Trinkwasserverordnung erfüllen. Bei Kunststoffen müssen dafür die Normen zweier Prüfverfahren erfüllt werden. Zum einen die DVGW-270-Prüfung, welche das Wachstum von Mikroorganismen auf Kunststoffoberflächen untersucht, und zum anderen die sogenannte KTW(Kunststoffe im Trinkwasser)-Prüfung, bei der im Wesentlichen die Parameter Klarheit, Färbung, Geruch, Geschmack und die Abgabe von organisch gebundenen Kohlenstoffen (TOC) bewertet werden.

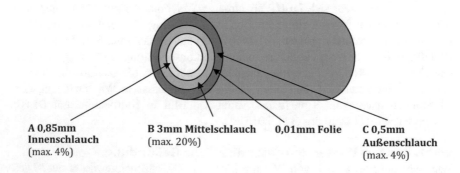

A 0,85mm
Innenschlauch
(max. 4%)

B 3mm Mittelschlauch   0,01mm Folie   C 0,5mm
(max. 20%)   Außenschlauch
                                                (max. 4%)

Abb. 2.117 Schichtaufbau eines PVC-Brauseschlauchs

Abb. 2.118 Reagenzglas mit DINP (gelbe Phase unten) und Wasser (oben farblos)

Tab. 2.30 Zusammensetzung eines PVC-Granulats für die Schlauchherstellung

Substanz	Anteil in %
PVC	>60
Phthalat-Weichmacher (DINP)	<40
Stabilisator-Mix auf Zinn-Basis	<2
Gleitmittel (Amidwachs)	<1
UV-Stabilisator (auf Basis Benzotriazol)	<0,5
Schönungspigment (Bläuungspigment)	<0,5

Für eine Zulassung muss der Prüfstelle die Rezeptur des zu prüfenden Produkts zur Verfügung gestellt werden. In Tab. 2.30 ist die Rezeptur eines Schlauches aufgeführt.

Das KTW-Prüfzeugnis der Brauseschläuche aus dem in Tab. 2.30 aufgeführten Granulats zeigt, dass das Produkt den KTW-Empfehlungen des Bundesgesundheitsamtes entspricht und damit keine gesundheitliche Gefährdung des Menschen vorliegt.

Zur Beantwortung der Frage nach der Weichmacherfreisetzung kann die im Prüfzeugnis angegebene C(Kohlenstoff)-Abgabe = TOC-Wert *(Total Organic Carbon)* über einen Zeitraum von 9 Tagen herangezogen werden. Der Kaltwasserwert von 0,4 mg C/m^{2}d wird für eine Einschätzung verwendet. Angenommen der TOC-Wert resultiert zu 100 % aus dem eingesetzten Weichmacher, dann würde ein Mensch, der den über einen Tag komplett gefüllten Brauseschlauch austrinkt, eine Weichmachermenge von 0,016 mg zu sich genommen haben. Bei einem Körpergewicht von

Tab. 2.31 NOAEL-Werte, TDI-Werte *(tolerable daily intakes)* und RfD (Referenzdosis der EPA) für einige Phthalate. (übernommen von CSTEE 1998)

Phthalat	NOAEL mg/kg/day	*Tolerable daily intake* µg/kg/day	RfD (Referenzdosis) µg/kg/day
DINP	15	150	k. A.
DNOP	37	370	k. A.
DEHP	3,7	37	20
DIDP	25	250	k. A.
BBP	20	200	200
DBP	52	100	100

k. A. = keine Angabe, EPA = Environmental Protection Agency, NOAEL = No Observed Adverse Effect Level (toxikologischer Endpunkt in der Toxizitätsbestimmung)

70 kg wären das 0,0002 mg/kg (0,2 µg/kg). Dass ein Verbraucher das tut, ist sehr unwahrscheinlich. Aber selbst wenn, dann wäre die Aufnahmemenge von 0,2 µg/kg deutlich unter den in Tab. 2.31 aufgelisteten Werten. Damit ist eine gesundheitliche Gefährdung durch den Weichmacher DINP im Schlauch ausgeschlossen.

Da aus jedem Haushalt eine enorme Menge an Grauwasser zusammen- kommt, die durch PVC-Schläuche in Richtung Kläranlage abfließt, wurde auch die Belastung des Oberflächengewässers durch Weichmacher untersucht, um eine Aussage zur ökologischen Gefährdung zu erhalten.

Eine Studie des Landesumweltamtes (Braun et al. 2001) zum „Vorkommen von Phthalaten in Oberflächenwasser und Abwasser" hat ergeben, dass Abwasser- leitungen keinen wesentlichen Beitrag zur Belastung der Oberflächengewässer leisten, da die Phthalate in den Abwasserbehandlungsanlagen nahezu vollständig zurückhalten werden. Phthalate werden hauptsächlich über das Sickerwasser von Deponien freigesetzt und finden sich hauptsächlich in Sedimenten nahe ihrer Frei- setzungsquelle wieder.

Nachdem die Klärschlämme aufgrund der PFT-Problematik einer Verbrennung zugeführt werden und nicht mehr als Dünger auf Äcker und Felder ausgebracht werden, gelangen Phtalate aus dem Abwasser nicht mehr auf diesem Wege in die Umwelt.

Über die Mikroplastikverunreinigungen unserer Gewässer ist eine neue Quelle entstanden, über die wir Weichmacher, sorbiert an Mikroplastikpartikel, auf- nehmen, sei es über den Verzehr von Fisch oder anderem Seafood (Stryer 1990; Torre et al. 2016; EFSA 2016; Lart 2018; Collard et al. 2017; Van Cauwenberghe und Janssen 2014; Catarino et al. 2018; Lusher et al. 2017) oder über den Ver- zehr von marinem Salz, das mit Mikroplastikpartiklen kontaminiert ist (Karami et al. 2017; Jander 2017). Dass DEHP nicht nur an Sedimenten (Skrzypek 2003), sondern auch an Polyethylenpartikeln in hoher Konzentration „hängenbleibt" ist bereits erwiesen.

Aufgrund der endokrinen (hormonähnlichen) und reproduktionsschädigenden Wirkungen haben Phthalate ein sehr negatives Image. Um ihre Wirkung zu entfalten, müssen sie allerdings in den menschlichen Blutkreislauf gelangen. Dies ist, wie bereits erwähnt, über das Trinkwasser innerhalb der Grenzwerte ausgeschlossen.

Um der Diskussion, unter welchen Umständen die im Verruf stehenden Phthalate gesundheitsschädigend sind und in welcher Konzentration sie dennoch an verschiedene wässrige Lösungen (Leitungswasser, Badewasser, Mundspeichel, Nährlösungen) abgegeben werden, zu entgehen, sind phthalatfreie Weichmacher gerade in Produkten mit Wasserkontakt auf dem Vormarsch. Um die Flexibilität des PVCs weiterhin zu gewährleisten, kommt mit DINCH (1,2-Cyclohexandicarbonsäureisononylester) eine gesundheitlich unbedenklichere Verbindung zum Einsatz. Die Struktur ist äußerlich von dem Phthalat DINP kaum zu unterscheiden (vgl. Abb. 2.119 mit Abb. 2.115, doch gibt es ein wesentliches Strukturmerkmal, welches darüber entscheidet, wie stark die Migration aus der Kunststoffmatrix ist und ob die Verbindung potenziell erbgutschädigend ist.

Dreht man die Moleküle um 90° um ihre Längsachse, ist der Unterschied deutlicher zu erkennen (Abb. 2.120). Die räumliche Ausdehnung senkrecht zum aromatischen Ring des Phthalats entspricht etwa einem Atomdurchmesser, also ca. einem Angström bzw. 0,1 nm.

In der Sesselform des auf Cyclohexan basierenden Weichmachers DINCH liegt die räumliche Ausdehnung in der gleichen Richtung 4-mal höher, bei etwa 0,4 nm.

Phthalate sind aufgrund des aromatischen Rings (Benzolring + Carbonylgruppe) flach und durch ihre Hydrophobizität in der Lage, sich zwischen die wasserstoffverbrückten Basenpaarungen, welche die DNA-Stränge in einer Doppelhelix zusammenhalten, einzuschieben (Intercalation). Für die DNA-Replikation (Verdoppelung) schließt ein Enzym (DNA-Helikase) die Basenpaarungen auf und ein zweites Enzym (DNA-Polymerase) kopiert die Einzelstränge. Durch das Einschieben von Fremdverbindungen in die Doppelhelix kann man sich die Störung bei der Verdopplung der DNA, welche für die Zellteilung wichtig ist, um die Erbinformationen weiterzugeben, gut vorstellen (Chi et al. 2016).

Der Weichmacher DINCH enthält keinen flachen aromatischen Strukturanteil, stattdessen ein sperriges Cyclohexangrundgerüst (Sesselkonformation; Abb. 2.108 unten), welches nicht in der Lage ist, sich zwischen die DNA-Stränge zu schieben. Das Einschieben in die DNA-Doppelhelix ist in Abb. 2.121 veranschaulicht. Die Abstände der Basenpaarungen voneinander innerhalb der Doppelhelix liegen je nach Helyp zwischen bei 0,23 (A-Typ), 0,34 (B-Typ) oder 0,38 nm (Z-Typ) (Stryer 1990).

Abb. 2.119 Strukturformel von DINCH

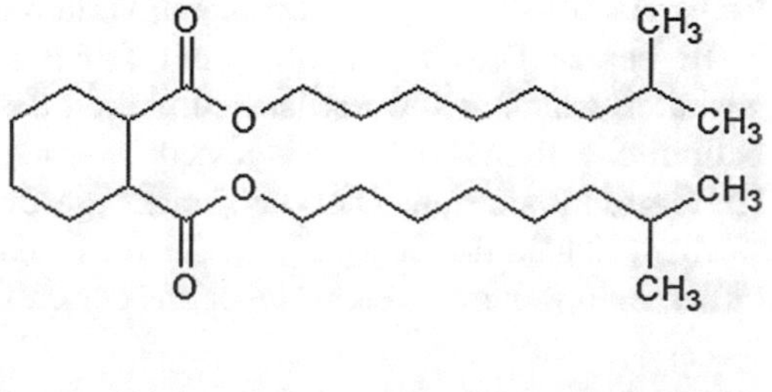

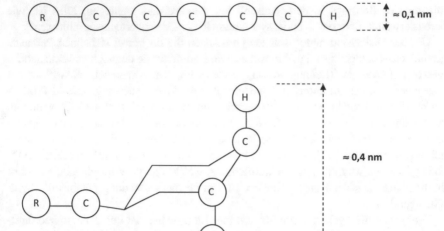

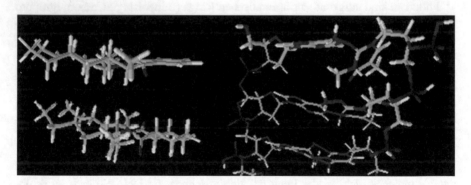

Abb. 2.120 Räumliche Ausdehnung des Dicarbonsäureanteils der Weichmacher DINP (oben) und DINCH (unten)

Abb. 2.121 Links: Weichmachermoleküle DINP (oben) und DINCH (unten). Rechts: Ausschnitt aus der DNA

Die zeitabhängige Freisetzung des phthalathaltigen Weichmachers DINP und des phtalatfreien Weichmachers DINCH in Brauseschläuchen, gefüllt mit Reinstwasser, wurde am Fraunhofer-IPA-Institut von Dipl.-Biol. Markus Keller untersucht. Abb. 2.122 zeigt den zeitlichen Verlauf der Weichmacherfreisetzung.

In beiden Duschschläuchen, mit DINP und DINCH als Weichmacher ausgestattet, konnte keine zeitliche Migration des Weichmachers in das im Schlauch befindliche Reinstwasser festgestellt werden. Es konnte lediglich eine höhere Hintergrundsbelastung bei den nicht gespülten DINP-Schläuchen festgestellt werden. Sobald der oberflächennahe Weichmacher abgelöst ist, migriert in beiden Fällen kein weiterer Weichmacher aus der PVC-Matrix nach.

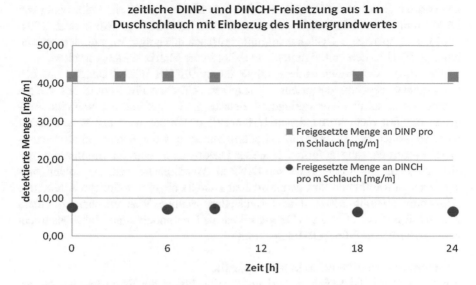

Abb. 2.122 Zeitliche DINP- und DINCH-Freisetzung aus den Duschschläuchen nach Inkubation mit Reinstwasser mit der Hintergrundsbelastung

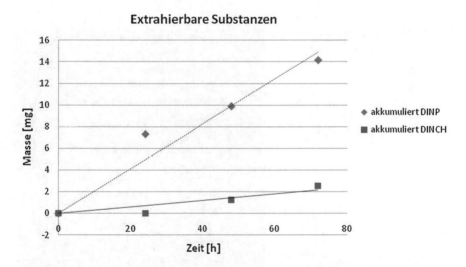

Abb. 2.123 Zeitlicher Verlauf der Weichmacher-Elution mit Hexan aus Duschschläuchen

Mit einem unpolaren Lösungsmittel können beide Weichmacher in ihrem Verhalten aus der Kunststoffmatrix eluiert und unterschieden werden (Abb. 2.123).

Es kann beim DINP-Schlauch eine deutlich stärkere zeitliche Freisetzung des Weichmachers gegenüber dem DINCH-Schlauch aufgezeigt werden. Dieses Ergebnis ist aufgrund der unterschiedlichen Strukturen der beiden Weichmacher zu erwarten gewesen und wird auch durch eine Studie, welche die Freisetzung von DEHP und DINCH in Nährlösungen untersucht hat, bestätigt (Welle et al. 2004, 2005). Das sperrigere Cyclohexangrundgerüst kann weniger ungehindert an den linearen PVC-Ketten vorbeigleiten und bleibt in der Matrix stärker verankert.

Der Ersatz des Weichmachers DINP durch DINCH führt basierend auf den vorliegenden Ergebnissen zu einer geringeren zeitlichen Freisetzung des Weichmachers und somit einer geringeren Belastung des geförderten Wassers. Aufgrund der fast nicht vorhandenen Löslichkeit in Wasser wird der Weichmacher nicht zusätzlich durch strömendes Leitungswasser aus der Schlauchmatrix extrahiert. Zusätzlich kann aufgrund aktueller Diskussionen und der Empfehlung des Umweltbundesamtes ein Ersatz von DINP als Weichmacher sehr empfohlen werden. Das Umweltbundesamt nennt explizit DINCH als eine mögliche Alternative (Umweltbundesamt 2007). Um festzustellen, welche Weichmacher in einem Kunststoffprodukt oder in Mikroplastikpartikel enthalten sind, lohnt sich ein genauerer Blick auf die ATR-IR-Spektren.

Weichmacheridentifikation in Mikroplastik
Ein Beispiel für die Weichmacheridentifikation liefert die Fragestellung, ob tatsächlich auch heute noch in Blutbeuteln (Erythrocytenbeutel; Abb. 2.124) der Weichmacher DEHP enthalten ist.

Abb. 2.124 PVC-Blutbeutel

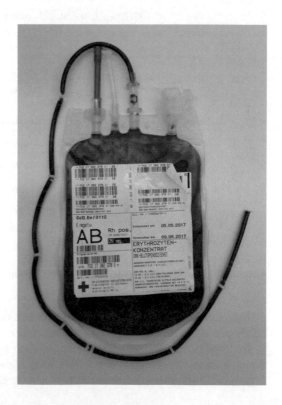

Diese Frage ist aufgrund der strukturellen Ähnlichkeiten der Weichmacher nicht so leicht zu beantworten. Dennoch ist es beim genauen Studium der Infrarotspektren möglich zu entscheiden, ob ein Weich-PVC-Material DEHP als Weichmacher enthält. Die Entscheidung wird allerdings erst durch einen exakten Vergleich der Signale mit anderen ähnlichen Weichmachern als Referenz möglich. Abb. 2.125 zeigt das IR-Spektrum des in Abb. 2.124 dargestellten Blutbeutels (Erythrocytenbeutel; graues Spektrum) über den gesamten MIR-Bereich von 4000 bis 400 Wellenzahlen.

Dass das Beutelmaterial Weichmacher enthält, ist an der Absorption bei 1725 Wellenzahlen zu erkennen, welches ein typisches Merkmal für eine Estergruppe ist. Die Spektren einer möglichen Auswahl an Weichmacherestern ist ebenfalls im Spektrum zu sehen. Herangezogen zum Vergleich ist das DEHP-, das DINP- und das DINCH-Spektrum, die alle ähnliche Signale aufweisen. Schaut man sich bestimmte Ausschnitte vergrößert an (Abb. 2.126), stellt man fest, dass DINCH als Weichmacher nicht infrage kommt.

Im Spektrum 1 fehlen für DINCH die entsprechenden Banden im Deformationsbereich, die sowohl im PVC-Beutel und den Weichmachern DEHP und DINP vorhanden sind. Außerdem fehlen DINCH aufgrund des fehlenden aromatischen Systems die C=C-Streck- und Deformationsschwingungen im

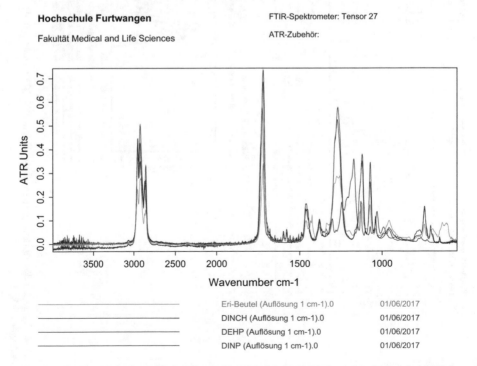

Abb. 2.125 Vergleich der Infrarotspektren eines Weich-PVC-Blutbeutels mit den drei Weichmachern DEHP, DINCH und DINP

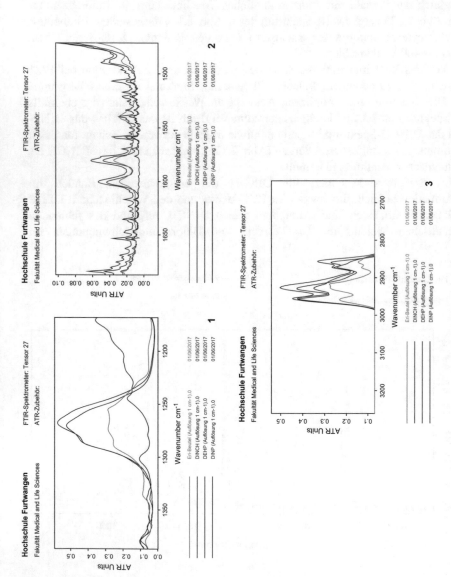

Abb. 2.126 Vergleich der Infrarotspektren eines Weich-PVC-Blutbeutels mit den drei Weichmachern DEHP, DINCH und DINP in unterschiedlichen Wellenzahlenbereichen

Bereich 1500–1600 cm^{-1} (Abb. 2.114, Spektrum 2). Den entscheidenden Unterschied im IR-Spektrum findet man im C-H-Streckwingungsbereich zwischen 2800 und 3000 cm^{-1}. Die vier Signale aus den Alkylgruppen stimmen am besten mit den Signalen des reinen Weichmachers DEHP überein. DINCH zeigt zwar ebenfalls die 4 Signale, basierend auf den Alkylgruppen der Seitenketten und des Cyclohexangerüsts, allerdings kann DINCH als Bestandteil aufgrund der o. g. Nichtübereinstimmungen in anderen Energiebereichen ausgeschlossen werden. Demnach ist festzuhalten, das mittels der ATR-IR-Spektroskopie geklärt werden kann, ob in Weich-PVC nach wie vor DEHP enthalten ist. Der Blutbeutel ist 2017 in einem Krankenhaus verwendet worden.

2.5.2 Gleitmittel

Unter den sonstigen Additiven wird hier das sogenannte Amidwachs vorgestellt, welches auch im PVC-Granulat (Tab. 2.30) enthalten ist. Im Wesentlichen handelt es sich bei dem Amidwachs um das Distearylethylendiamd (Abb. 2.127). Es ist eine halbsynthetische Substanz, da sie aus natürlich vorkommender Stearinsäure von pflanzlichen oder ticrischen Fetten über eine Kondensationsreaktion mit synthetischem Ethylendiamin synthetisiert wird.

Das Distearylethylendiamid wird als Gleitmittel, Trennmittel, als Additiv für Beschichtungen oder als Hilfsmittel, um Pigmente zu dispergieren, verwendet. Das Carbonsäurediamid ist in der HSDB (Hazardous Substances Data Bank), einer toxikologischen Datenbank, aufgelistet und damit als nicht-unbedenklich im Einsatz bei kommerziellen Produkten zu betrachten (Bibra Toxicology Advice & Consulting 2005).

Ob das Gleitmittel in Mikroplastikpartikeln oder in Granulat, welches ebenfalls als Mikroplastik einzustufen ist, enthalten ist, lässt sich, bei geringer Konzentration, mittels der IR-Spektroskopie erst nach einer 1–2-stündigen thermischen Exposition in Erfahrung bringen. Im Kunststoffgranulat hat das Amidwachs die Funktion, das Granulat vor dem Verklumpen zu bewahren und es damit bis zum Extruder oder der Spritzgussmaschine förder- bzw. rieselfähig zu halten. In der PVC-Schlauchherstellung verhindert das Wachs das Aneinanderkleben der abgelängten Schläuche, die maschinell einer weiteren Konfektionierung zugeführt werden müssen.

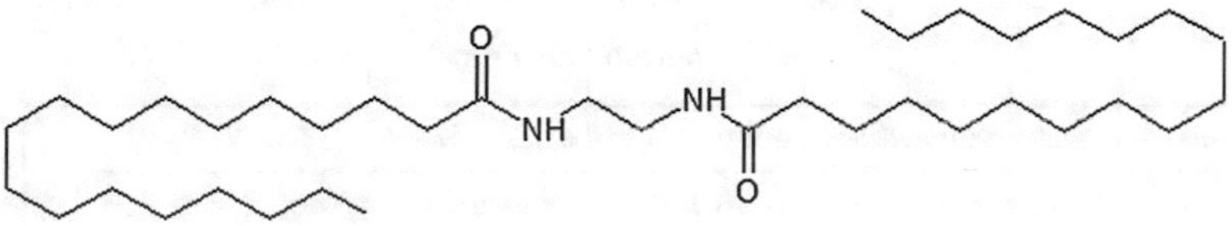

Abb. 2.127 Strukturformel von Distearylethylendiamid

Das Amidwachs, welches im PVC-Granlat (Tab. 2.29) zu weniger als 1 % enthalten ist, ist im IR-Spektrum (Abb. 2.116; schwarze Linie) des extrudierten Mittelschlauchs nicht zu sehen. Erst ein 1–2-stündiges Tempern führt dazu, dass das Wachs aus der Kunststoffmatrix an die PVC-Oberfläche diffundiert und sich dort agglomeriert. Damit erhöht sich die Konzentration auf der Kunststoffoberfläche, die auf dem ATR-Kristall aufliegt. Das Amidwachs wird durch diese beschleunigte Diffusion an die PVC-Oberfläche anhand der charakteristischen Amidschwingungen detektierbar. Die N–H-Streckschwingung wird im roten Spektrum in Abb. 2.128 bei 3300 cm^{-1} sichtbar, ebenso wie die N–H-Deformationsschwingung bei etwa 1600 cm^{-1}.

Tritt das Amidwachs zwischen Mittel und Außenschauch an die Oberfläche, kann es an den PVC-Duschschläuchen zu Haftungsproblemen zwischen Mittel- und Außenschlauch kommen, was zur beidseitigen Ablösung der aufgeprägten Metallfolie zwischen Mittel- und Außenschlauch und damit einer Blasenbildung führt. Insbesondere bei höheren Temperaturen tritt dieser Effekt auf. Dieses angeführte Qualitätsproblem konnte mithilfe der IR-Spektroskopie gelöst werden. Bei einem PVC-Granulat ohne Amidwachs trat das Blasenbildungsproblem nicht auf. Das Beispiel zeigt auch, dass bei Kunststoffproben mit einem geringen Amidwachsanteil bzw. bei der Überprüfung, ob Amidwachs enthalten ist, die Probe vor der Aufnahme eines Spektrums erhitzt werden muss.

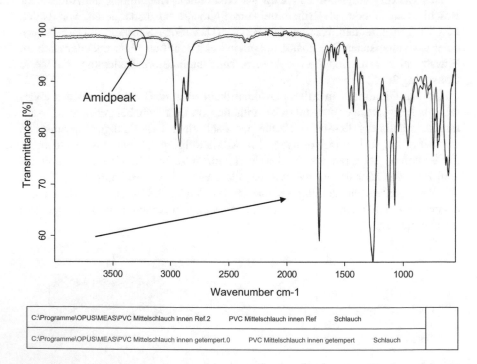

Abb. 2.128 IR-Spektren des getemperten (rot) und ungetemperten Mittelschlauchs mit Amidwachszusatz

Zur Verdeutlichung des Sachverhaltes wird der charakteristische Peak des Amids bei einer Wellenzahl von 3300 cm^{-1} nochmals vergrößert dargestellt. Zusätzlich sind weitere Probenformen abgebildet (Abb. 2.129).

Die Proben ohne Amidwachs (gelbes, schwarzes, blaues, grünes Spektrum) zeigen trotz Hitzebehandlung einen vernachlässigbar kleinen Peak, was auf eine sehr geringe Konzentration des Gleitmittels im Kunststoff schließen lässt. Optisch wird dieser Sachverhalt bestätigt, da sich am modifizierten Schlauch keine Blasen mehr bilden. Die Umstellung der Zusammensetzung des Kunststoffgranulats hat somit durch den Einsatz des IR-Spektrometers zu einer Qualitätsverbesserung des Produkts geführt. Das Beispiel zeigt, dass bei Kunststoffproben mit einem geringen Amidwachsanteil bzw. bei der Überprüfung, ob Amidwachs in Kunststoffteilchen enthalten ist, die Probe vor der Aufnahme eines Spektrums erhitzt werden muss.

2.5.3 Stabilisatoren

Die meisten Kunststoffprodukte sind der Sonnenstrahlung ausgesetzt, vor allem in Außenbereichen. Der UV-Anteil dieser Strahlung, welcher nicht in der Atmosphäre durch die Ozonschicht adsorbiert wird, die sogenannte UV-A-Strahlung im Wellenlängenbereich von 315–380 nm ist ausreichend energiereich, um nach $E = h\nu$ Kohlenstoff-Kohlenstoff-Bindungen mit einer Bindungsenergie von etwa

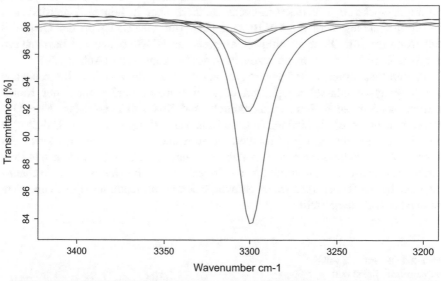

Abb. 2.129 Charakteristischer Peak des Amids bei verschiedenen Schlauchanteilen

300 kJ/mol homolytisch zu spalten. Durch die Abnahme der Ozonschicht aufgrund von Treibgasen erreicht auch ein immer größer werdender Anteil der höher energetischen UV-B-Strahlung (280–315 nm) die Erde. Die UV-strahlungsinduzierte Zersetzung des Kohlenwasserstoff-Polymergerüsts über radikalische Zwischenstufen und Rekombinationen mit dem Sauerstoffdiradikal führt zu Veränderungen des Materials. Durch den photolytischen Aufbruch der Hauptketten und der Peroxidbildung kommt es zu Farbveränderungen im Kunststoff, der immer gelbstichiger wird, je länger er der Sonnenstrahlung ausgesetzt ist. Man spricht hier von einer zunehmenden Vergilbung des Kunststoffs. Durch die Dauerbestrahlung ändert sich nicht nur die Farbe der polymeren Werkstoffe, sondern mit den neuen molekularen Strukturen werden die mechanischen Eigenschaften wie Bruchdehnung, E-Modul und Duktilität negativ beeinflusst. Die optischen Mängel (Vergilbung) zusammen mit dem Werkstoffbruch oder der Rissbildung auf der Oberfläche tragen zum Materialversagen bei. Um die sogenannte Bewitterungsstabilität von Kunststoffen zu verbessern, werden dem Polymer UV-Absorber als Additiv zugesetzt. Die Effektivität unterschiedlicher UV-Absorber wird durch die sogenannte Gelbfärbungsinduktionszeit ermittelt. Das ist die Zeit, die benötigt wird, bis bei einem Kunststoff mit einer bestimmen UV-Absorberkonzentration nach Bestrahlung die gleiche Gelbfärbung gemessen wird wie ohne den Einsatz eines UV-Absorbers. Je nach Konzentration können durch den Einsatz von UV-Absorbern über 3000 h erreicht werden (Maier und Schiller 2016). Um reproduzierbare Bewitterungs- bzw. Bestrahlungsbedingungen zu gewährleisten, nutzt man den standardisierten Sun-Test. Hierbei wird eine Xenon-Gasentladungslampe eingesetzt, die das gleiche Strahlungsspektrum wie das Tageslicht emittiert, aber in höherer Intensität. Mit dieser Einrichtung wird die UV-Beständigkeit von Materialien in der Qualitätssicherung geprüft. Die am häufigsten eingesetzten UV-Stabilisatoren basieren auf der Struktureinheit des Benzotrialzols bzw. des Benzophenons (Abb. 2.130).

Phenol-Benzotriazole und Hydroxybenzophenone, wie z. B. das Benzophenon 3(2-Hydroxy-4-methoxybenzophenon oder Oxybenzon, werden nicht nur Kunststoffen, sondern auch Sonnenschutzmitteln und Kosmetika zugesetzt. Eine UV-Absorption in beiden Verbindungsklassen kann dann erfolgen, wenn die UV-Energie für eine Isomerisierung der Verbindungen ausreichend ist und die Rückkehr des höher energetischen Isomers in den stabileren günstigeren Zustand nicht mit einer Strahlungsemission, sondern mit einer Wärmeabgabe verbunden ist. Der Mechanismus der beschriebenen reversiblen Strukturänderung im tautomeren Gleichgewicht ist in Abb. 2.131 dargestellt.

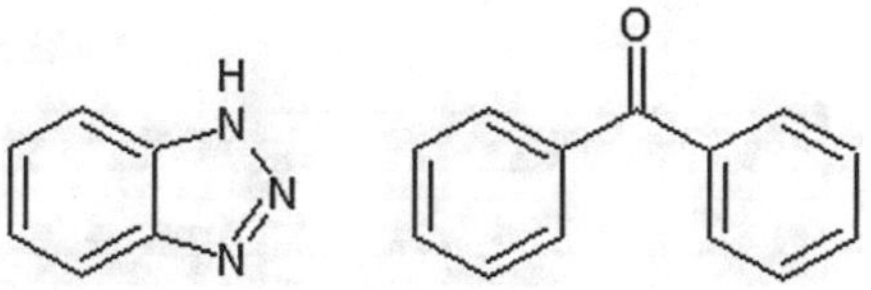

Abb. 2.130 Struktur von Benzotriazol (links) und Benzophenon (rechts)

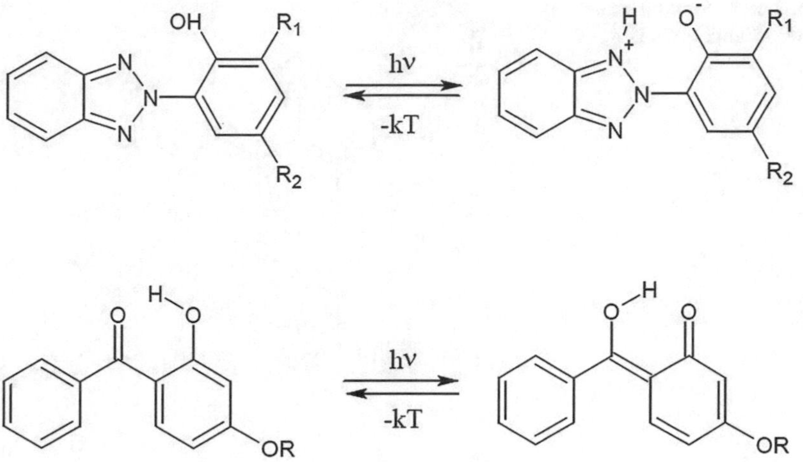

Abb. 2.131 Funktionsweise der UV-Stabilisatoren am Beispiel eines Hydroxyphenylbenzotriazols (oben) und eines 2-Hydroxybenzophenons (unten)

Die UV-Absorption ist nach dem Lambert-Beer'schen Gesetz von der Konzentration und der Schichtdicke des Substrates abhängig. Entweder ist die Absorbersubstanz im Kunststoff durchgängig integral in niedrigerer Konzentration <1 % verteilt oder eine zusätzliche Beschichtung mit hoher Absorberkonzentration >1 % schützt den darunterliegenden Kunststoff.

Im Gegensatz zu dem unsubstituierten Benzotriazol in Abb. 2.118 sind die als UV-Stabilisatoren eingesetzten hydroxyphenylderivatisierten Benzotriazole (UV-326, UV-320, UV-329, UV-350, UV-328, UV-327, UV-928, UV-234 und UV-360) sehr schlecht wasserlöslich. Als lipophile Substanzen lösen sie sich einerseits gut in Kunststoffen und Lacken, werden andererseits aus diesen oder aus Kosmetikartikeln in die aquatische Umwelt freigesetzt. Sie besitzen aufgrund ihrer lipophilen Eigenschaft ein hohes Sorptions- und Bioakkumulationspotenzial. Die o. g. neun UV-Stabilisatoren wurden alle sowohl in Sedimenten als auch in Schwebstoffen nachgewiesen. Das Phenol-Benzotriazol UV-360 (Abb. 2.132) erwies sich als eine der dominanten Substanzen in Sedimenten und Schwebstoffen und erreichte Maximalkonzentrationen von etwa 60 ng/g Trockengewicht (Wick et al. 2016).

Abbauversuche ergaben, dass die genannten Phenol-Benzotriazole in der aquatischen Umwelt fast ausschließlich sorbiert vorliegen und sehr persistent sind (Wick et al. 2016). Mit Mikroplastik ist nun eine neue künstliche Art von Schwebstoffen mit großen Oberflächen in unsere Gewässern gelangt, deren Adsorptionspotenzial gegenüber den allermeisten Umweltschadstoffen, zu denen auch die UV-Absorber gehören, noch nicht erschlossen ist. Mikroplastikpartikel können aufgrund ihrer unpolaren Eigenschaften und niedrigen Oberflächenspannung als „Sorptionsinseln" für UV-Absorber fungieren, ebenso wie sie das auch gegenüber DDT und DEHP tun (Bakir et al. 2014). Die Persistenz oder auch Stabilität und die Eigenschaft der Anreicherung in Organismen (Bioakkummulierbarkeit)

Abb. 2.132 Strukturformel
des UV-Stabilisators UV-360

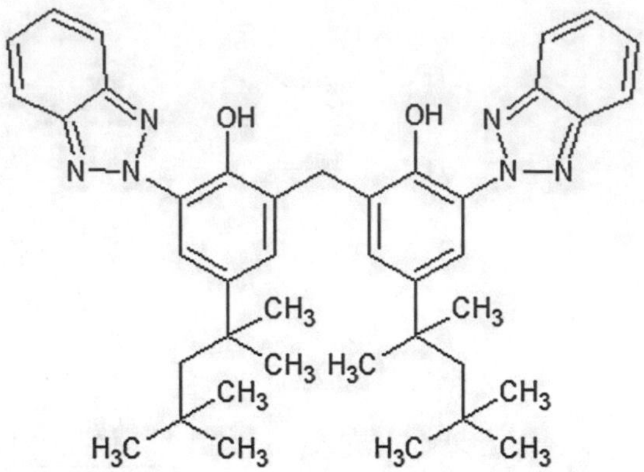

zusammen mit den teilweise erwiesenen toxischen Eigenschaften machen einige UV-Absobersubstanzen zu solchen, mit sogenannten pbt-Eigenschaften. Damit sind sie SVHC-Stoffe und werden nach und nach in die REACH-Kandidatenliste für besonders besorgniserregende Stoffe aufgenommen. Mittlerweile befinden sich mit UV-327, UV-350, UV-320 und UV-328 vier Phenol-Benzotriazole in der Kandidatenliste. Damit ergibt sich für den Vertreiber gegenüber seinen Kunden eine Informationspflicht, wenn z. B. die UV-Absorber-Konzentration in einem Kunststoff die 0,1-Massenprozentmarke überschreitet. Beschließt die ECHA eine Zulassungspflicht, gelangen die Substanzen auf die Verbotsliste in den Anhang XIV der REACH-Verordnung und können damit nur noch ab einem gewissen Ablaufdatum (SunSet day) mittels einer befristeten Authorisierung produziert bzw. verwendet werden.

Auch Benzophenone, wie beispielsweise das krebserzeugende 4,4′-Bis(dimethylamino)benzophenon (Michlers Keton), sind als SVHC-Stoff auf der Kandidatenliste aufgeführt (CIRS 2008).

Während lipophile Hydroxybenzotriazole und Benzophenone am Klärschlamm sorbieren, sofern Abwasserströme eine Kläranlage passieren, werden die wasserlöslichen unsubstituierten Benzotriazole nur zu einem kleinen Teil in Abwasserbehandlungsanlagen am Klärschlamm adsorbiert. Der größere Anteil wird mit dem behandelten Abwasser in Flüsse geleitet, da auch die Mikroorganismen des Belebtschlammbeckens das stabile Benzotriazol nicht verstoffwechseln können (Hinterbuchner 2006), was zu vergleichsweise hohen Konzentrationen dieser Spurenstoffe in unseren Gewässern führt (Hinterbuchner 2006). Im Rhein wurden im August 2014 der Konzentrationsverlauf von Benzotriazol von der Quelle bis zur Mündung ermittelt (Fath 2016). Abb. 2.121 zeigt den kontinuierlichen Anstieg bis zur Mündung. Bei einer Abflussmenge von 2500 m³/s (WSV o. J.) (gemessen in Emmerich) entspricht das einer Fracht von etwa 40 Tonnen Benzotriazol, die in die Nordsee fließen. Der Rhein ist eine Trinkwasserquelle für 22 Mio. Menschen. Die polaren 1H-Benzotriazole und Tolylbenzotriazole können aufgrund ihrer Wasserlöslichkeit, ihrem schlechten biologischen Abbau durch Mikroorganismen im Verlauf der Uferfiltration und der geringen Entfernungseffizienz in Kläranlagen bis ins Rohwasser der Trinkwassergewinnung vordringen (Kurzenberger 2010). Dort müssen sie durch spezielle Trinkwasseraufbereitungsmethoden wie die Ozonierung bzw. eine Aktivkohlebehandlung aus dem Rohwasser eliminiert werden.

Die Hauptursache für den Benzotriazoleintrag ins Abwasser bzw. die Gewässer ist der Einsatz der Substanz als Korrosionsschutzmittel und nicht etwa die Abspaltung der Hydroxyphenylgruppen von den UV-Absorbern. Ob eine derartige Fragmentierung innerhalb der Bedingungen in Abwasserbehandlungsstufen überhaupt möglich ist, ist Gegenstand aktueller Untersuchungen.

Aufgrund der komplexbildenden Eigenschaften mit Buntmetallen wie Kupfer, Messing oder Silber werden Benzotriazole und die am Phenylring methylierten Tolyltriazole auch als Korrosionsschutzmittel eingesetzt und finden sich in Flugzeugenteisungsmitteln, in Frostschutzmitteln und Kühlflüssigkeiten für Kraftwerke und Kraftfahrzeuge, in Brems- und Schneidflüssigkeiten und in Spülmaschinenreinigungsmitteln (Spülmaschinenpulver und -tabs) als Anlaufschutz.

Die unsubstituierten Bezotriazole scheinen für die menschliche Gesundheit unbedenklich zu sein, denn das saubere Besteck aus der Spülmaschine nimmt man wieder in den Mund. Der größte Anteil der Benzotriazole hat dabei aufgrund der guten Wasserlöslichkeit (20g/L) den Geschirrspüler verlassen und ist als Abwasser auf dem Weg zur Kläranlage. Dort werden die Benzotriazole nur zu einem geringen Anteil aus dem Abwasser entfernt und fließen somit über den Zulauf in den angrenzenden Fluss (Abb. 2.133). 1H-Benzotriazole und die am Aromaten methylierten Benzotriazole weisen keine mutagenen Eigenschaften auf und sind nicht in der Lage, Chromosomenbrüche zu verursachen. Dennoch zeigen sie gegenüber drei verschiedenen Wasserorganismen wie *Vibrio fischeri* (Biolumineszenzbakterium), *Ceriodaphnia dubia* (Wasserfloh) und *Pimephales promelas* (Elritze) einen toxischen Einfluss, der anhand des LC_{50}-Wertes ermittelt werden kann. Der LC_{50}-Wert gibt an, bei welcher Konzentration 50 % der eingesetzten Testorganismen absterben. Während bei einer Konzentration von 22 mg/l 5-Methyl-Benzotriazol

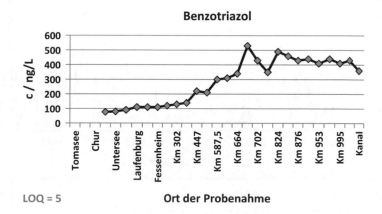

Abb. 2.133 Konzentrationsverlauf des Benzotriazols entlang des Rheins im August 2014. (Fath 2016)

bei einer Einwirkzeit von 96 Stunden 50 % der Elrizen verstarben, wurde für das gleiche Resultat die dreifache Menge an 1H-Benzotriazol benötigt (Reemtsma et al. 2010). Die Methygruppen am Aromaten des Bezotriazols erhöhen die Toxizität gegenüber den Testorganismen (Pillard et al. 2001). Aufgrund der geringeren gesundheitsschädigenden Wirkung von Benzotriazolen wäre eine effektive Behandlung von benzotriazolderivatisierten UV-Stabilisatoren, welche in der Lage sind, die aromatische und damit stabile Benzotriazolgruppe mit maximaler Ausbeute abzuspalten, wünschenswert. Inwieweit das eine elektrochemische bzw. eine UV(AOP)-Behandlung in realen Abwässern vermag, ist Gegenstand aktueller Forschungsarbeiten.

Inwieweit man durch die Aufnahme des IR-Spektrums eines Mikroplastikpartikels die Adsorption bzw. die Absorption von Benzotriazol-UV-Absorbern ermitteln kann, zeigt ein Vergleich des Kunststoff-IR-Spektrums mit dem des reinen kristallinen Benzotriazols. Bei einer Oberflächenkonzentration >1 % sind die charakteristischen und scharfen Peaks des Benzotriazols (Abb. 2.134) innerhalb des Kunststoffspektrums je nach Typ zu erkennen. Konkret sind hier zu nennen die N-H-Valenzschwingung bei 3400 cm^{-1}, die aromatischen C-H-Schwingungen bei 3100 cm^{-1}, die aromatischen konjungierten C=C-Streckschwingungen bei 1623 cm^{-1} und die N=N-Streckschwingung bei 1575 cm^{-1} und die aromatische *out-of-plane*-Schwingung für 1–2 substituierte Aromaten bei 737 cm^{-1}.

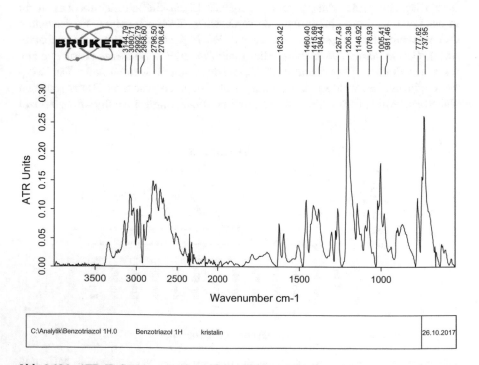

Abb. 2.134 ATR-IR-Spektrum von kristallinem 1H-Benzotriazol

2.5.4 Flammschutzmittel

Flammschutzmittel sind Substanzen, die brennbaren Materialien wie z. B. Kunststoffen zugesetzt werden, um bei einem Brand die Flammenausbreitung zu verzögern oder zu verhindern. Sie werden in Textilien, Möbeln, Teppichen, Fassaden, Dämmstoffen ebenso eingesetzt wie in elektronischen Geräten, wo Zündquellen zu einem Brand führen können (Gächter und Müller 1993). Die Verzögerungszeit, bis ein Brand auf flammgeschütze Gegenstände übergreift, kann Leben retten. Als Flammschutzmittel werden unterschiedliche chemische Verbindungen eingesetzt. Neben den anorganischen, auf Aluminiumhydroxid basierenden Flammschutzmitteln stellen bromierte organische Flammschutzmittel die größte Gruppe dar, noch vor den chlorierten und den Organophosphorverbindungen. In Abb. 2.135 werden einige gängige Vertreter aromatischer und aliphatischer bromierter Flammschutzmittel vorgestellt. Für die Flammschutzfunktion ist die halogene Funktionalisierung entscheidend, unabhängig von der Verbindungsklasse. So können als bromierte oder polybromierte Verbindungen, neben Cyclohexanen, auch Biphenylmethane, Biphenyle, Dibenzofurane oder Dibenzodioxine eingesetzt werden (Abb. 2.135).

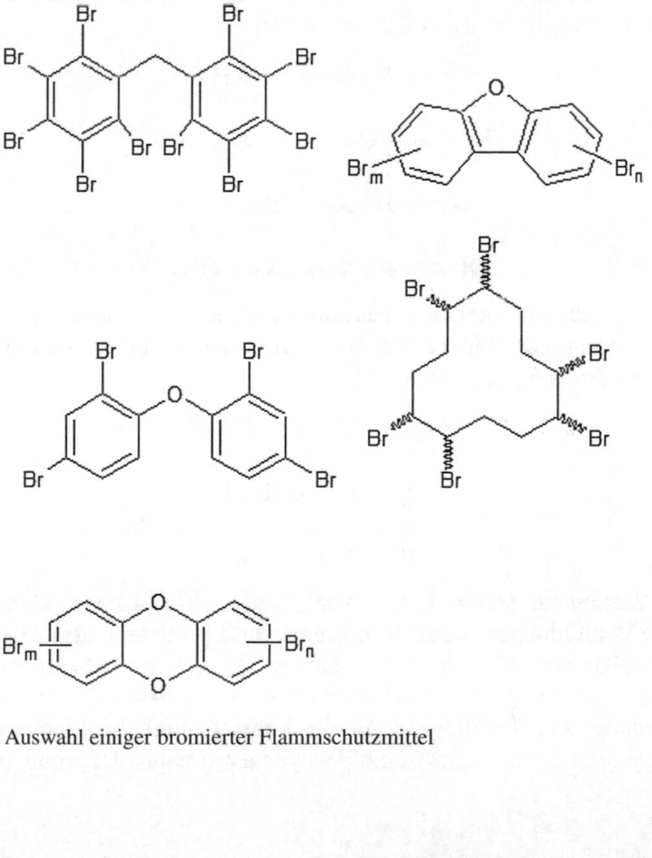

Abb. 2.135 Auswahl einiger bromierter Flammschutzmittel

Flammschutzmittel wirken durch eine Kombination aus chemischen und physikalischen Prozessen während der Verbrennung. Bei der Pyrolyse der Flammschutzmittel entstehen in der Gasphase Halogenradikale, die den Sauerstoff binden, der die Verbrennung somit nicht weiter fördern kann. Das unter Sauerstoffmangel verkohlende Flammschutzmittel bildet auf dem Brandgut eine Schutzschicht und erstickt quasi das Feuer, da die Sauerstoffzufuhr unterbrochen wird. Endotherme Reaktionen des Flammschutzmittels entziehen dem Brand Energie, wodurch die Temperatur absinkt. Diese Kühlung verlangsamt den exothermen Verbrennungsprozess. Die Verdünnung der brennbaren Gase durch inerte Gase wie HBr, welches bei der Pyrolyse der bromierten Flammschutzmittel entsteht, reduziert die Reaktionsgeschwindigkeit ebenso.

Die Wirkung der halogenierten Flammschutzmittel lässt sich durch folgende Reaktionen im Gasraum beschreiben. Durch die Pyrolyse der Halogen-Kohlenwasserstoffflammschutzmittel wird eine Radikalkettenreaktion in Gang gesetzt (Umweltbundesamt 2008; https://de.wikipedia.org/wiki/Flammschutzmittel). Die Homolyse von R-X generiert ein Alkyl und ein Halogenradikal (Gl. 2.50).

$$R-X \rightarrow R\bullet + X\bullet \tag{2.50}$$

Die gebildeten Halogenradikale reagieren mit den Kohlenwasserstoffen des Brandgutes und bilden unbrennbaren Halogenwasserstoff (Gl. 2.51) und sie reagieren mit dem Sauerstoffdiradikal aus der Luft und binden ihn über mehrere endotherme Zwischenstufen (Gl. 2.52 bis 2.54).

$$X\bullet + R-H \rightarrow R\bullet + HX \tag{2.51}$$

$$X\bullet + \bullet O-O\bullet \rightarrow X-O\bullet + \bullet O\bullet \tag{2.52}$$

$$\bullet O\bullet + H-X \rightarrow OH\bullet + X\bullet \tag{2.53}$$

$$X-O\bullet + HX \rightarrow 2X\bullet + OH\bullet \tag{2.54}$$

Am Ende der Reaktionskaskade neutralisieren sich die entstandenen reaktiven Radikale über unterschiedliche Rekombinationsreaktionen zu thermodynamisch stabilen Verbindungen (Gl. 2.55 bis 2.57).

$$H-X + OH\cdot \rightarrow H_2O + X \tag{2.55}$$

$$R\cdot + OH\cdot \rightarrow ROH \tag{2.56}$$

$$R\cdot + R\cdot \rightarrow R-R \tag{2.57}$$

Bromierte Flammschutzmittel kosten wenig und sind mit Kunststoffen gut mischbar. Etliche Verbindungen dieser Stoffgruppe sind persistent, also in der Umwelt schwer abbaubar, und reichern sich in Lebewesen an – sind also bioakkumulativ. Aufgrund der pbt(persistent bioakkumulierbar und toxisch)-Eigenschaften sowie der Gefährdung von Säuglingen und der Umwelt sind die Flammschutzmittel Hexabromcyclododecan, Pentabromdiphenylether (Penta-BDE) und (Octa-BDE) als SVHC-Stoffe klassifiziert und finden sich im Anhang XIV der REACH-Liste wieder, was einem Verwendungsverbot ohne Autorisierung gleichkommt. Weltweit werden um die 2 Mio. Tonnen Flammschutzmittel produziert (2012) und in die entsprechenden Produkte im Haushalt verarbeitet (Troitzsch 2012). So ist es keine Überraschung, dass sie durch Ausdünstungen und Auswaschungen überall hin gelangen. Man findet die lipophilen Flammschutzmittel im Hausstaub, im Blutserum von Tier und Mensch, in der Muttermilch sowie in Sedimenten bis hin zu den Polkappen, an die sie, an Mikroplastik oder Staub gebunden, über Luftströmungen getragen werden (Lunder et al. 2008; Sjödin et al. 1999; Fromme et al. 2016). Eine noch größere Gefährdung entsteht bei Kunststoffbränden, bei denen hochgiftige Dioxine während der Pyrolyse der strukturähnlichen polybromierten und polychlorierten Flammschutzmittel freigesetzt werden. Ein bekanntes Beispiel hierzu ist das Seveso-Gift, bei dem es sich um 2,3,7,8-Tetrachlordibenzodioxin (TCDD) handelt, welches bei einem Brand in Seveso (Italien) nahe Mailand freigesetzt wurde. Bei der Kunststoffverbrennung in Müllverbrennungsanlagen werden die entstehenden Dioxine durch entsprechende Filteranlagen vor einer Emission zurückgehalten. Flammschutzmittel aus Kunststoffartikeln können sowohl während der Gebrauchsphase, der Produktions- und in der Entsorgungsphase der Artikel entweder auf einer Deponie oder bei der thermischen Verwertung austreten (Kemmlein et al. 2003), ebenso wie andere Additive wie z. B. die zuvor beschriebenen Weichmacher. Die Additive können dabei abhängig von ihrem Dampfdruck zunächst in die Gasphase übergehen und sich andernorts abscheiden oder durch flüssige Medien, hauptsächlich wässrige Medien, extrahiert werden. Durch Abrieb während der Gebrauchsphase oder auch in der Produktion, wo Angüsse oder Ausschussteile geschreddert werden, um das entstehende Granulat wiederzuverwerten (Abb. 2.136), entsteht ebenso Mikroplastik wie auch bei

Abb. 2.136 POM-Recyclat in einem Schredder. Dimensionen der Partikel und des Kunststoffpulvers erfüllen in der Größenverteilung die Definition von Mikroplastik

Kunststoffverbrennungsprozessen. Das entstandene Mikroplastik enthält natürlich weiterhin alle eingesetzten Additive bzw. adsorbiert, wenn Mikroplastik in die Umwelt freigesetzt wird, im Gewässer oder der Luft andere Schadstoffe. In der mikroskopischen Form stellt der Kunststoff mit seinen gesundheitsgefährdenden Zusätzen, wie Flammschutzmittel (Birnbaum und Staskal 2004) oder adsorbierten SVHCs, nicht nur aufgrund seiner Lungengängigkeit ein höheres Gefahrenpotenzial dar. Auch Nahrungsmittel wie Meersalz (Karami et al. 2017) und Trinkwasser (Carrington 2017) können mit Mikroplastikpartikeln belastet sein und gelangen somit in unseren Körper, wo sie in unserem Verdauungstrakt gänzlich anderen Bedingungen ausgesetzt sind, bei denen eine höhere Desorptions- und Extraktionsrate zu erwarten ist (Bakir et al. 2014). Durch Mikroplastik als Carrier oder Trojaner können somit Giftstoffe in unseren Organismus eingetragen werden. Eine schnelle und kostengünstige Methode, um festzustellen, ob Kunststoffteile oder Mikroplastikpartikel bromierte Flammschutzmittel enthalten, liefert auch hier die ATR-Infrarotspektroskopie.

Abb. 2.137 zeigt das IR-Spektrum des bromierten aromatischen Flammschutzmittels BDE 47. Dabei handelt es sich um 2,2',4,4'-Tetrabromdiphenylether. Charakteristisch für das aromatische System sind die C_{sp2}-H-Valenzschwingungen bei 3080 cm^{-1}. Da einige Kunststoffe ebenfalls aromatische Systeme enthalten, wie beispielsweise Polycarbonat oder Polystyrol, ist mit dieser aromatischen Schwingungsadsorption nicht zweifelsfrei festzustellen, ob diese Kunststoffe beispielsweise

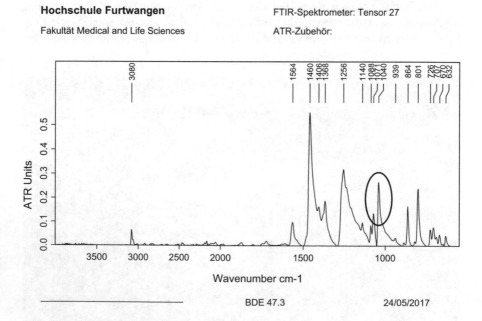

Abb. 2.137 ATR-Infrarotspektrum von BDE 47

BDE 47 oder andere Bromdiphenylether enthalten. Ein charakteristischeres Kriterium, um dieser Frage nachzugehen, liefern die C_{sp2}-Br-Valenzschwingungen, die bei Wellenzahlen von 1028–1073 cm^{-1} absorbieren. Die entsprechenden Peaks zu dieser Schwingung sind im Spektrum (Abb. 2.137) umkreist.

Da in Kunststoffen auch aliphatische bromierte Flammschutzmittel der Verbindungsklasse polybromierte bzw. -halogenierte Cycloalkane zum Einsatz kommen, besteht auch hier die Möglichkeit, mittels der ATR-IR-Spektroskopie sehr schnell in Erfahrung zu bringen, ob in Mikroplastikpartikeln beispielsweise diese Art von Flammschutzmitteln vorhanden ist. Wichtig dafür ist es natürlich, einen Abgleich mit der IR-Spektrendatenbank durchzuführen, indem auch das Spektrum des vermuteten Flammschutzmittels abgelegt ist. Abb. 2.138 und 2.139 zeigen das IR-Spektrum des bromierten aliphatischen Flammschutzmittels HBCD. Dabei handelt es sich um 1,2,5,6,9,10-Hexabromcyclododekan. Sollte diese Substanz in dem untersuchten Kunststoff vorhanden sein, wäre das beispielsweise am Vorhandensein der C-Br-Valenzschwingungen im niedrigen Energiebereich zwischen 515 und 680 cm^{-1} zu erkennen (siehe eingekreiste Peaks in Abb. 2.139). Außerdem werden die C-H-Valenzschwingungen im aliphatischen Kohlenwasserstoff durch den Einfluss der sechs schweren Bromsubstituenten im Wellenzahlenbereich von 2800–3000 cm^{-1} aufgespalten (Abb. 2.138).

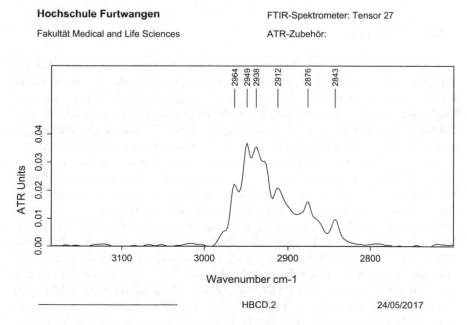

Hochschule Furtwangen

Fakultät Medical and Life Sciences

FTIR-Spektrometer: Tensor 27

ATR-Zubehör:

HBCD.2   24/05/2017

Abb. 2.138   ATR-Infrarotspektrum von HBCD im Wellenzahlenbereich 2700–3200 cm^{-1}

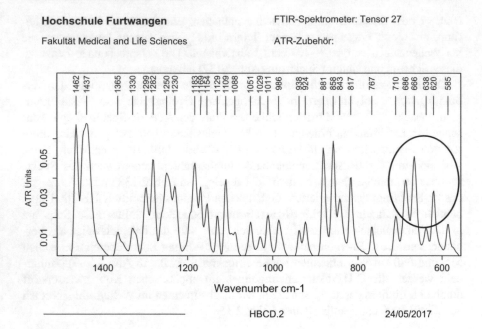

HBCD.2   24/05/2017

Abb. 2.139   ATR-Infrarotspektrum von HBCD im Wellenzahlenbereich 550–1500 cm^{-1}

2.5.5   Pigmente

Kunststoffen werden zur Farbgebung Pigmente zugesetzt. Diese können anorganischer oder organischer Natur sein und sind nicht in der Kunststoffmatrix löslich, sondern dispergiert. Es kommen neben den farbigen Schwermetallverbindungen, die je nach Schwermetall mehr oder weniger toxisch sind, für eine Schwarzeinfärbung Ruße zum Einsatz, sogenanntes Carbon Black. Dichtungen und schwarze Kunststoffleitungen in Produktionsstätten oder Hydraulikleitungen im Automobil oder Reifen enthalten Ruß als Schwarzpigment. Da Ruß ein unvollständiges Verbrennungsprodukt von Kohlenwasserstoffen ist, enthält er hauptsächlich Kohlenstoff, verunreinigt mit anderen stabilen Verbrennungsprodukten wie den polycyclischen aromatischen Kohlenwasserstoffen, kurz PAK genannt. Diese Verbindungsklasse besteht aus mindestens zwei kondensierten Ringsystemen. Sie kommen in Mineralölen, Bitumen, Teer, Pech, Ruß und daraus hergestellten Produkten vor. Bis in die 1980er-Jahre fanden PAK Anwendung als Holzschutzmittel oder als Bindemittel im Straßenasphalt. Bei der Entsorgung dieser Altprodukte aus dem Baugewerbe ist der PAK-haltige Abfall als Sondermüll zu deklarieren. In allen Produkten aus Gummi und Kunststoff sind PAKs anzutreffen, im gummiummantelten Hammergriff ebenso wie in der Badeente und den Badeschuhen. Welche PAK in welchen Konzentrationen in den unterschiedlichen Haushalts- und Gebrauchsgegenständen, auch in Kinderspielzeugen, vorkommen und welche Grenzwerte aktuell für die jeweiligen Produkte in Europa festgelegt sind, darüber informiert das Hintergrundpapier des Umweltbundesamt (2016).

Nach der REACH-Verordnung sind Erzeugnisse mit einem Gehalt von mehr als 1 mg/kg eines der acht krebserregenden PAK seit dem 27.12.2015 verboten. Dies sind Benzo[a]anthracen, Benzo[a]pyren, Benzo[b]fluoranthen, Benzo[e]pyren, Benzo[j]fluoranthen, Benzo[k]fluoranthen, Chrysen und Dibenzo[a,h]antracen. Für Spielzeug und Babyartikel gilt der Grenzwert 0,5 mg/kg. Dies gilt auch für Importartikel. Hersteller und Importeure müssen seit 2015 sicherstellen, dass die neuen Grenzwerte eingehalten werden. Bisher werden 16 verschiedene PAK unter Verwendung genormter Probenahme-, Aufarbeitungs- und Analyseverfahren mittels GC-MS oder HPLC in Produkten, Sedimenten, Klärschlamm oder Abwässern routinemäßig untersucht und quantifiziert. In Produkten wird häufig stellvertretend für alle 16 PAK das Benzo[a]pyren analysiert, da meist alle übrigen PAK mit dieser Leitsubstanz vergesellschaftet vorkommen. Benzo[a]pyren wurde deshalb als Leitsubstanz ausgewählt, weil diese Verbindung zu den besonders stark krebserregenden Substanzen gehört. Auch einfache photometrische Bestimmungsmethoden, basierend auf einer Friedel-Crafts-Alkylierung am aromatischen System mittels Chloroform und Aluminuimtrichlorid als Katalysator, sind in bestimmten Konzentrationsbereichen möglich (LAGA 2013). PAK werden wir nicht los, denn sie sind in unserer Umwelt über Verbrennungsprozesse natürlicher oder industrieller Art ubiquitär verteilt. Auch wenn die PAK-Grenzwerte in den letzten Jahren in Produkten reduziert wurden, werden sie immer noch als Weichmacheröle in Winterreifen eingesetzt (siehe IR-Spektrum in Abb. 1.1). Bis ins Jahr 2009 wurden PAK-haltige Weichmacheröle legal in Autoreifen eingesetzt. Seit dem 1. Januar 2010 gilt ein EU-weiter Grenzwert für PAK-haltige Weichmacheröle in Autoreifen. Nach Aussage des UBA liegt der durchschnittliche PAK-Gehalt in Altreifen derzeit bei 40 mg/kg (Umweltbundesamt 2016). Auch in geringerer Konzentration in Autoreifen, die sich Jahr für Jahr im Tonnenmaßstab abnutzen, können sie ihr umwelttoxisches Potenzial über Mikroplastik entfalten. Durch die Erkenntnis, dass der jährliche Reifenabrieb neben den Fasern künstlicher Textilien die Hauptursache für die Mikroplastikverteilung in aquatischen Systemen darstellt (Boucher und Friot 2017), ist die Gefährdung durch PAK nicht gebannt. Einerseits gelangen die Gummi-Mikroplastikpartikel durch Reifenabrieb (Kole et al. 2017) und nun seit einigen Jahren zusätzlich als Belag von Kunstrasenplätzen (Abb. 1.2) in die Umwelt. Das als Belag eingesetzte Granulat ist nichts weiter als das Recyclat von Altreifen, die PAK-haltig sind. In einer Stellungnahme der RAL-Gütegemeinschaft Kunststoffbeläge in Sportfreianlagen e. V. RAL-Gütegemeinschaft (http://www.ral-ggk.eu/ral-standards-news/news/49-news/198-ral-news-pak) geht hervor, dass für diese Granulate ein PAK-Grenzwert festgelegt ist und internationale Studien zu dem Ergebnis kommen, dass keine signifikante Belastung durch PAK für den Benutzer von Kunstrasenplätzen nachgewiesen wurden und dass Gummigranulat aus Altreifen kein spezielles Gesundheitsrisiko darstellt (BAG 2017). Auf den ersten Blick eigentlich eine gute Sache, dass Altreifen nicht alle thermisch verwertet werden, sondern eine sinnvolle Wiederverwertung erfahren, als elastischer Füllstoff für Kunstrasenbeläge. Auf den zweiten Blick stellt man in Eigenerfahrung fest, dass das Recyclat nicht auf dem Sportplatz verbleibt. Es gelangt über die Kleidung und Stollenschuhe der Kunstrasenbenutzer auf Straßen, in Abwasserkanäle und in Haushalte, oder es wird bei extremen Wetterlagen durch Wind und Regen in die Umwelt und in die, an den Sportplatz angrenzenden Gewässer, eingetragen. Auch wenn die PAK aufgrund ihrer Hydrophobie nicht wasserlöslich sind, können sie im Granulat als Nahrungsmittel von Fischen und anderen Wasserorganismen aufgenommen werden. Im Verdauungstrakt existieren veränderte Umgebungsbedingungen, sodass zum Beispiel an Polyethylen sorbiertes Phenanthren bei pH 4 und 37 C in einer Sodiumtaurochloratlösung, welche die In-vitro-Bedingungen im Verdauungstrakt simuliert, etwa zwölfmal schneller desorbiert als in Wasser (Bakir et al. 2014).

PAK sind mehrkernige benzoide Kohlenwasserstoffe, die sich von Benzol als Grundstrukturelement ableiten. Die chemische Struktur aller PAK besteht aus mindestens 2 oder mehr unalkylierten und unsubstituierten, kondensierten (annelierten bzw. über Kanten aneinanderhängenden) Benzolringen. Zusätzlich zu dem σ-Elektronengerüst existiert ein das gesamte Molekülgerüst überziehendes, delokalisiertes π-Elektronensystem. Dadurch sind alle Kohlenstoffatome sp^2-hybridisiert. Als Folge davon sind die PKA planar und wie das Benzol resonanzstabilisiert. Bei zwei annelierten Benzolringen entsteht Naphthalin als die einfachste PAK-Verbindung. Werden weitere aromatischer Ringe an das Zweiringsystem addiert, entstehen bei einer linearen Addition (ortho-anneliert) die sogenannten Acene (z. B. Anthracen). Bei einer gewinkelten Verknüpfung einer sogenannten peri-Kondensation erhält man mit dem Phenanthren den einfachsten Vertreter dieser Gruppe. Ist der dritte annelierte Ring an beide Ringe eines Zweiringsystems gebunden, resultiert das in Abb. 2.140 dargestellte Phenalen, mit einem innenliegenden Kohlenstoffatom. Alle PAK sind Bestandteile des Steinkohlenteers, darunter Naphthalin (10 %), Phenanthren (5 %) und Fluoranthen (3,3 %) als die prozentual anteilsreichsten (Rippen 1993).

Um das Verhalten der Verbindungsklasse der PAK in der Umwelt zu beurteilen, sind die Parameter Wasserlöslichkeit, Dampfdruck, Henry-Koeffizient (Verteilungskoeffizient zwischen Gas- und Flüssigphase) und der K_{OW}-Wert wichtig. Der K_{OW}-Wert gibt den Verteilungskoeffizienten einer Substanz im Gemisch aus n-Octanol und Wasser als logarithmischen Wert an. Er ist für die Umweltforschung einer der wichtigsten physikalisch-chemischen Parameter. Dabei ist das n-Octanol die Modellsubstanz für das tierische Fettgewebe. Über den Vergleich der K_{OW}-Werte kann man daher eine Aussage darüber machen, ob eine Substanz sich stärker in einem Organismus einlagert als eine andere. Der der K_{OW}-Wert korreliert gut mit dem sogenannten Biokonzentrationsfaktor (BCF) in Fischen, Muscheln und anderen Wasserlebewesen. Der BCF beschreibt die Anreicherung von Substanzen aus der Wasserphase im Fettgewebe. Aufgrund dieser guten

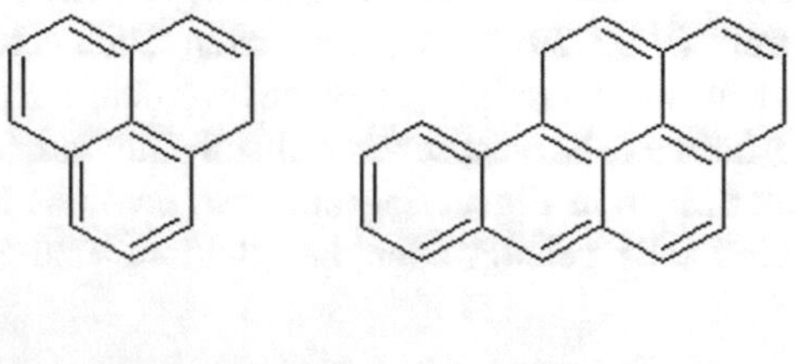

Abb. 2.140 Strukturformel von Phenalen (links) und Benzo(a)pyren (rechts)

Korrelation hat sich das n-Octanol als Modelllösungsmittel in der Umwelt-forschung etabliert (Rippen 1993).

Bezüglich Wasserlöslichkeit verhält es sich bei den PAK so, dass diese mit der Zunahme der annelierten Benzolringe abnimmt. Während sich von Naphtalin noch 30 mg in einem Liter Wasser lösen, sind es beim Fluoranthren nur noch 0,2 mg/l (Rippen 1993). Gleiches gilt auch für die Abnahme des Luft/Wasser-Verteilungs-koeffizienten (Henry-Koeffizient). Naphtalin ist mit einem Henry-Koeffizienten von $1,71 \times 10^{-2}$ um drei Zehnerpotenzen deutlich höher wasserflüchtig als bei-spielsweise das Benzo[a]pyren (Abb. 2.140) mit $2,13 \times 10^{-5}$ (Rippen 1993).

Große Unterschiede ergeben sich auch bezüglich der Adsorbierbarkeit der Substanzen. Je größer die molare Masse ist, desto besser wird die jeweilige Kom-ponente adsorbiert und umso lipophiler ist die Verbindung (Skrzypek 2003). Dies bestätigt auch der Logarithmus des Verteilungskoeffizienten der Stoffe im Sys-tem n-Octanol/Wasser (K_{OW}), da es sich bei den Schwebstoffen in Gewässern um hydrophobe nicht-wasserlösliche Materialien handelt. Den kleinsten K_{OW}-Wert mit 3,6 besitzt Naphthalin, während höher molekulare PAK wie das Fluoranthen einen Wert von 5,1 aufweisen (Rippen 1993). Schwebstoffe können geogener minerali-scher/anorganischer Art sein und aus Schluffen, Tonen, und Sanden bestehen oder aus biogenem organischen Material beschaffen sein wie Phytoplankton, Kiesel-algen, Pilze, Bakterien, Algenblüten, Huminstoffe etc.

Die Adsorption von Chemikalien an Schwebstoffe wird durch den ent-sprechenden temperaturabhängigen Adsorptionskoeffizienten K (T) beschrieben, der das Verhältnis der adsorbierten Stoffkonzentration zur gelösten Stoffkonzentration angibt.

Die aktuelle Gewässerbelastung mit Plastikmüll hat die Liste der Schwebstoffe in Gewässern durch ein zusätzliches organisches Material erweitert, Mikroplastik. Über die Adsorptionseigenschaften dieses neuen artifiziellen Schwebstofftyps ist bezüglich der Adsorption unterschiedlicher Schadstoffe an unterschiedliche Kunst-stofftypen, abhängig von der Oberflächenbeschaffenheit, noch vergleichsweise wenig bekannt. Für die POPs *(persistent organic pollutents)* PFOA, Phenantren, DDT und DEHP ergeben sich abhängig vom Kunststoffmaterial PE oder PVC deutliche Unterschiede beim Adsorptionskoeffizienten (Bakir et al. 2014). Wie stark und in welcher Konzentration Hormone, wie das Antibabypillenhormon Ethinylestradiol, an unterschiedliche Mikroplastiktypen mit unterschiedlicher Partikelgröße und Oberflächenstruktur sorbiert, ist Gegenstand aktueller wissen-schaftlicher Untersuchungen (Skrzypek 2003).

Um Erkenntnisse über potenzielle ökotoxische Auswirkungen von Schad-stoffen zu erhalten, liefert der K_{OW}-Wert und der Biokonzentrationsfaktor wich-tige Anhaltspunkte. Da bekannt ist, dass Wasserlebewesen Mikroplastikpartikel mit der Nahrung aufnehmen (Hummel 2017), kommt ein zusätzlicher Parameter für die Einschätzung von Schadstoffauswirkungen hinzu. Das Verteilungsgleich-gewicht zwischen sorbierten Schadstoffen am Kunststoff (auch Additive) und dem n-Octanol als Modellsubstanz für organisches Gewebe. Im Stoffwechsel-prozess, z. B. im Verdauungstrakt eines Fisches, können an Mikroplastikpartikel ad- und absorbierte Schadstoffe aus der Umwelt oder Additive des Kunststoffes desorbieren bzw. freigesetzt werden und ins Fettgewebe aufgenommen werden. Die über Mikroplastikpartikel als „Trojaner" in einen Organismus eingetragenen Schadstoffe können u. U. (hohe Adsorptionskonzentration oder Additivkonzentration) ein größeres toxisches Potenzial aufweisen als die in Wasser gelöste bzw. dispergierte Substanz.

Toxikologie der PAK

Zahlreichen Vertretern der PAK konnten kanzerogene, teratogene und mutagene Eigenschaften attestiert werden. Benzo(a)pyren (Abb. 2.129) hat dabei das höchste kanzerogene Potenzial. Die krebserzeugende Wirkung polycyclischer aromatischer Kohlenwasserstoffe basiert auf der Entstehung von reaktiven Stoffwechselprodukten, welche in der Lage sind, mit der DNA zu reagieren und deren Funktion damit zu beeinträchtigen. Im Entgiftungsprozess unseres Organismus können körperfremde Stoffe in der Leber zu wasserlöslichen Carbonsäuren oxidiert, in der Niere aus dem Blut filtriert und über den Urin ausgeschieden werden. Durch die Oxidation der Methylgruppe beispielsweise im Toluol wird als Abbauprodukt die Benzoesäure ausgeschieden. Im Benzol und den polykondensierten Aromaten gibt es keine funktionelle Gruppe, die oxidiert werden könnte, sodass der Abbau auf einem anderen Weg erfolgt. Mithilfe des Cytochrom-P-450-Coenzyms und der Epoxid-Hydrolase wird zunächst im ersten Schritt eine Doppelbindung des konjugierten Systems epoxidiert und anschließend zum cis-Diol hydrolysiert (Bravo et al. 2012). Nach dem zweiten Epoxidierungsschritt bleibt das reaktive Epoxid erhalten, da aufgrund der sterischen Hinderung das adäquate Anlagern der Epoxid-Hydroxylase nicht wie im ersten Schritt möglich ist. Die Folge ist, dass Nukleophile, wie zum Beispiel die exocyclische Aminogruppe des Guanins, in einer Sn_2-Reaktion das Diolepoxid angreifen und den gespannten Dreiring aufbrechen. Der beschriebene Mechanismus ist in Abb. 2.129 anhand der zweifachen Epoxidierung des Benzo[a]pyren dargestellt. Die exocyclische Aminogruppe der Purinbase steht nun nicht mehr für die Ausbildung der Wasserstoffbrückenbindung mit Adenin des komplementären Stranges der DNA zur Ausbildung der Doppelhelix zur Verfügung. Dies erklärt die karzinogene Wirkung einiger Vertreter der Substanzklasse der PAK. In Reichweite zu den nukleophilen Basenpaaren als Reaktionspartner gelangen die planaren PAK durch Interkalation in die DNA-Doppelhelix. Eine derartige signifikante Strukturänderung durch den Reaktionseinfluss auf Basenpaare kann zu Fehlern bei der DNA-Replikation führen.

Da PAK durch natürliche und industrielle Verbrennungsprozesse von Kohlenwasserstoffen nicht zu vermeiden sind und diese Substanzen eine hohe Persistenz haben, agglomerieren sie in unserer Umwelt. Zwar gilt der biologische Abbau mithilfe von Mikroorganismen als wichtigster Prozess zur Eliminierung von PAK-Konzentrationen in Böden, doch ist die Kinetik des Abbaus langsam (Klöpffer 2012). Der mikrobielle Abbau der PAK führt auch über die Bildung eines Diols (Abb. 2.141) zur anschließenden Ringspaltung, zu wasserlöslichen Carbonsäuren (Klöpffer 2012). Über die verschiedenen Abbaumechanismen von Umweltchemikalien in Luft (photochemisch), Wasser (hydrolytisch) und im Boden (mikrobiell) sei an dieser Stelle auf die weiterführende Literatur verwiesen (Rippen 1993).

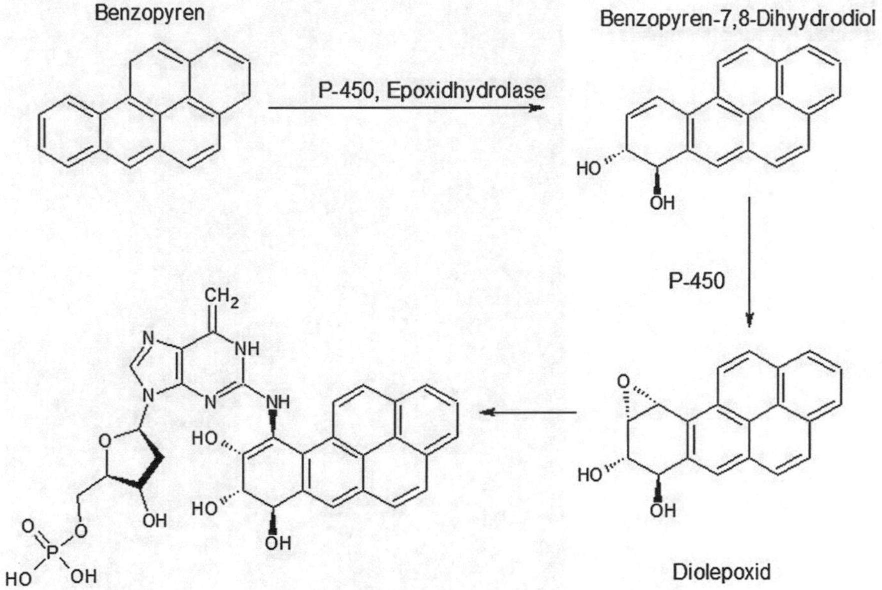

Benzopyren

Benzopyren-7,8-Dihyydrodiol

P-450, Epoxidhydrolase

P-450

Diolepoxid

Abb. 2.141 In-vivo-Abbaumechanismus von Benzo[a]pyren mit DNA-Adduktbildung. (Bravo et al. 2012)

Kunstrasengranulat

In Autoreifen wurde der PAK-Anteil durch die europäische Gesetzgebung mit der Festsetzung eines Grenzwerts reduziert. Dies ist vor dem Hintergrund neuester Erkenntnisse, dass der jährliche Reifenabrieb (Dekant und Vamvakas 1994) eine Hauptursache für die Mikroplastikbelastung in Gewässern darstellt, eine positive Entwicklung. Nicht bekannt ist, ob die gefundenen Gummipartikel tatsächlich nur über den Reifenabrieb in unsere aquatische Umwelt gelangen oder ob nicht auch das auf Kunstrasenplätzen eingesetzte Gummigranulat (Abb. 2.142) aus Altreifen dafür verantwortlich zu machen ist. Einige umweltbewusste Vereinsvertreter sind mittlerweile schon auf Korkpartikel als Alternative zum Gummigranulat übergegangen.

Die IR-Spektren in Abb. 2.131 zeigen durch die Übereinstimmung der Signale, dass es sich bei dem Kunstrasengranulat in Abb. 2.131. tatsächlich um das Reifenmaterial NBR handelt (Kumar et al. 2014). Für die Herstellung von Autoreifen wird nicht mehr der Naturkautschuk (Latex) verwendet. Der Hauptbestandteil des Naturkautschuks ist Isopren (2-Methyl-1.3 Butadien), welches beim Synthesekautschuk durch das 1,3- Butadien ersetzt wird. Durch eine Polymerisation des Monomers wird BR (Butadien-Rubber) oder mittels einer Copolymerisation des Butadiens mit Styrol oder Acrylnitril SBR (Styrol-Butadien-Rubber) oder NBR (Nitril-Butadien-Rubber) synthetisiert. Um diesen plastischen Kunststoff während der Formgebung zu härten, wird der synthetische Gummi durch Zugabe von Schwefel vulkanisiert. Dabei erfolgt eine leiterförmige Vernetzung der fadenförmigen linearen Makromoleküle

Abb. 2.142 Altreifen-
granulat auf Kunstrasenplatz

untereinander. Weitere Zusätze wie Kalk und Ruß und andere Füllstoffe beeinflussen
die Abriebeigenschaften und die Farbe des vulkanisierten Reifens.

Um im Winter bei niedrigen Temperaturen eine gute Haftung der Gummireifen
auf dem Straßenbelag zu gewährleisten, muss eine Winterreifenmischung weicher
als eine Sommerreifenmischung sein. Dies wird durch sogenannte Weichmacheröle,
die PAK-haltig sind, erreicht. Auch mit Füllstoffen wie Kalk kann die Härte eines
Reifens verändert werden. Der Kalkgehalt ist im untersuchten Sommerreifen (siehe
rotes IR-Spektrum in Abb. 2.143) deutlich höher. Erkennbar ist dies an der starken
Absorption des gelben Spektrums im Wellenzahlenbereich 1000–1300 cm^{-1}. Im
Fingerprintbereich des IR-Spektrums ist neben den Valenzschwingungen des Poly-
mergerüstes zwischen 1600 und 1000 cm^{-1} die Vulkanisation an den breiten Peaks
zwischen 570 und 710 cm^{-1} zu erkennen, welche auf die C-S-Valenzschwingung
zurückzuführen ist (von Moos et al. 2012).

Der Ausschnitt der IR-Spektren im C–H-Valenzschwingungsbereich (Abb. 2.144)
zeigt, dass in allen drei Proben auch im Kunstrasengranulat aromatische C–H-
Schwingungen vorhanden sind, die auf einen geringen Anteil an PAK schließen lassen. Wobei in diesem Wellenzahlenbereich >3000 cm^{-1} sich Winter- von
Sommerreifen unterscheiden. Vergleicht man diesen Bereich zusammen mit dem
niederenergetischen IR-Spektrum, so ist festzustellen, dass das untersuchte Kunstrasengranulat hauptsächlich das Recyclat von Sommerreifen ist, aber dennoch PAK
enthält.

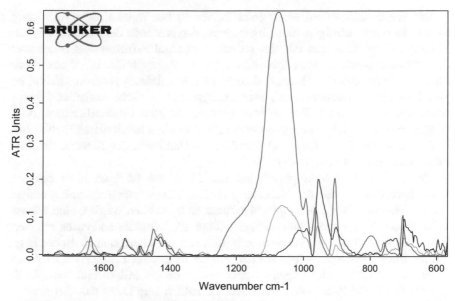

C:\Analytik\Kunstrasen.0	Kunstrasengranulat	Granulat	15.11.2017
C:\Analytik\Sommerreifen.0	Sommerreifen	Sück	06.11.2017
C:\Analytik\Winterreifen.0	Winterreifen	Sück	06.11.2017

Abb. 2.143 Vergleich der IR-Spektren des Kunstrasengranulats aus Abb. 2.142 und zweier Probestücke aus Winter- und Sommerreifen im Fingerprintbereich

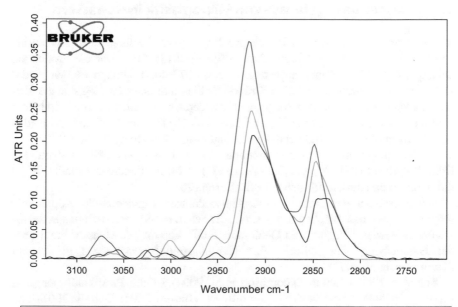

C:\Analytik\Kunstrasen.0	Kunstrasengranulat	Granulat	15.11.2017
C:\Analytik\Sommerreifen.0	Sommerreifen	Sück	06.11.2017
C:\Analytik\Winterreifen.0	Winterreifen	Sück	06.11.2017

Abb. 2.144 Vergleich der IR-Spektren des Kunstrasengranulats aus Abb. 2.142 und zweier Probestücke aus Winter- und Sommerreifen im C–H-Valenzschwingungsbereich

Die kleine Auswahl an Kunststoffadditiven ist bei Weitem nicht vollständig, sie soll lediglich aufzeigen, dass Organismen, darunter auch der Mensch, mit dem Mikroplastik nicht alleine nur das polymere Material aufnehmen, sondern auch die teilweise deutlich gesundheitsschädlicheren Zusatzstoffe. Die Liste dieser Zusatzstoffe aus den Rubriken „Antioxidanzien, Metalldesaktivatoren, Gleitmittel, Weichmacher, Lichtschutzmittel, Verstärkungsmittel, optische Aufheller, Flammschutzmittel, Farbmittel, Treibmittel, Vernetzungsmittel, Biostabilisatoren, Antistatika" usw. lässt sich beliebig fortsetzten, ist aber nicht Inhalt dieses Sachbuches. Der interessierte Leser kann sich hierüber im Handbuch der Kunststoffadditive informieren (Lusher et al. 2013).

Der Einfluss von Mikroplastik auf den Menschen ist noch nicht bekannt. Wohl aber, dass er mit der Nahrung und dem Trinkwasser regelmäßig einiges davon aufnimmt. Wenn Mikroplastikpartikel nachgewiesen werden, sind höchstwahrscheinlich dort auch Nanopartikel präsent, die wir nicht analytisch erfassen. Sobald Kunststoffpartikel Nanometerdimensionen erreichen, sind sie in der Lage, mit all ihren pathogenen Chemikalien, die sie beherbergen, in Zellen zu penetrieren und damit in jedes Organ zu gelangen. Auch bei Mikro- und Nanoplastik gilt die Regel von Paracelsius, nach der bekanntlich „die Dosis das Gift macht". Diese einfache Regel liefert eine überzeugende Begründung, weltweit das Plastikabfallmanagement zu verbessern, indem wir den Plastikeinsatz massiv reduzieren, Kunststoffprodukte mehrmals verwenden oder sie zu neuen Produkten umarbeiten, anstatt sie in der Natur zu entsorgen.

2.6   Bisherige Ergebnisse von Mikroplastik in Gewässern

Mit weltweit 1,7 Mio. Tonnen Plastik pro Jahr begann die industrielle Kunststoffproduktion in den 1950er-Jahren (PlasticsEurope 2013). 2012 war die Produktion bereits auf 288 Mio. Tonnen angestiegen, wobei 57 Mio. Tonnen in Europa produziert wurden (PlasticsEurope 2013). Gründe für diesen rasanten Anstieg sind die vielfältigen Vorteile dieses Werkstoffs gegenüber anderen Materialien. Anzuführen hierzu sind die gute chemische Beständigkeit (Cole et al. 2011), hohe Festigkeit bei niedrigem Gewicht (Andrady 2011) und die kostengünstige Herstellung (Derraik 2002).

Basierend auf der Produktionsmenge sind Polypropylen (PP), Polyethylen (PE), Polystyrol (PS), Polyvinylchlorid (PVC) und Polyethylenterephthalat (PET) die wichtigsten Kunststofftypen (PlasticsEurope 2013).

Mit Substanzen wie Stabilisatoren, Antioxidanzien, Pigmente oder Kopplungsreagenzien wie das Bisphenol A (BPA), die während des Herstellungsprozesses zugesetzt werden (Wagner und Oehlmann 2009), kommt der Mensch direkt über die Handhabung oder indirekt über Nahrungsmittelverpackungen in Kontakt (Thompson et al. 2009).

Seit den 1960er-Jahren (Thompson et al. 2004) ist die Plastikmüllmenge in marinen Habitaten kontinuierlich angestiegen (Barnes 2005; Derraik 2002) und die o. g. positiven Kunststoffeigenschaften, wie Langlebigkeit, aufgrund der chemischen Resistenz, machen diesen Werkstoff mit all seinen Additiven zu einem massiven Problem, wenn er als Müll in marine Lebensräume gelangt.

75 % der Meeresverschmutzung basiert auf Plastik (Galgani et al. 2013), wobei der Makroplastikeintrag seebasiert oder landbasiert stattfindet. Seebasiert beispielsweise über Schiffsmüllentsorgung oder landbasiert durch die Verschmutzung von Stränden und Küsten (Derraik 2002).

Ist die Partikelgröße des Kunststoffmülls kleiner als 5 mm, bezeichnet man ihn als Mikroplastik (Browne et al. 2007).

Der Eintrag von Mikroplastik kann entweder über das Festland oder direkt auf dem Meer erfolgen. Über das Festland werden die Partikel über Kanalisationssysteme oder abtreibende Abfälle eingetragen. Über das Meer wird Plastik direkt als Abfall eingetragen. Doch obwohl bekannt ist, dass Plastikabfall über das Festland in die marine Umwelt eingetragen wird, sind bisher nur wenige Veröffentlichungen zu Mikroplastik in Flusssystemen zu finden.

In Abschn. 2.6.1 werden die Ergebnisse der Rheinuntersuchung des Sommers im Jahre 2014 vorgestellt (Fath 2016). Der Rhein wurde in einer einzigartigen Beprobung von der Quelle (Tomasee) bis zur Mündung in Hoeck van Holland in Zusammenarbeit mit dem Alfred-Wegner-Institut auf Helgoland auf Mikroplastik untersucht. Nach einer dort entwickelten Methode (Löder et al. 2015a) wurden die Konzentration von Mikroplastik und die Polymertypen mittels Infrarotspektroskopie (IR) in Rheinwasser-Proben an der HFU und auf Helgoland untersucht. Um die Wasserproben für die Messungen vorzubereiten, wurden sie mit SDS, Protease, Cellulase, Chitinase und außerdem mit H_2O_2 enzymatisch aufgereinigt und in zwei Größenfraktionen geteilt. Für die Quantifikation und Qualifikation des Mikroplastiks wurden zwei verschiedene IR-Spektrometer eingesetzt. Für die Analyse der Partikel >500 μm wurde das *attenuated-total-reflection*(ATR)-IR-Spektrometer und für die Analyse der Partikel <500 μm wurde das *micro-Fourier-transformed-infrared*(FTIR)-Spektrometer eingesetzt.

Unsere Umwelt wird zunehmend mit Plastikmüll verseucht. Man findet den Kunststoffmüll weltweit an Stränden, in Oberflächengewässern in Flussbetten (Abb. 2.134) und sogar in der Tiefsee (Fath 2016). Wo wir selbst nicht leben, gelangt unser Plastikmüll hin, sei es am Tomasee (Fath 2016; Taylor et al. 2016) oder in der Tiefsee (Taylor et al. 2016). Dies ist ein besorgniserregender Zustand, denn aquatische Organismen nehmen Mikroplastikpartikel (<5 mm) mit negativen Folgen für deren Überleben, Gesundheit und Reproduktion auf (Kershaw 2014; von Moos et al. 2012; Farrell und Nelson 2013). Die Partikel werden entlang der Nahrungskette von niedrigeren biologischen Systemen in ein höheres übertragen (Eerkes-Medrano et al. 2015).

Neben den intrinsischen Schadstoffen wie Antioxidanzien, Verarbeitungshilfsmittel, UV-Licht, Stabilisatoren, Flammschutzmittel, Farbstoffe und Weichmacher adsorbieren Mikroplastikpartikel zusätzlich hydrophobe Schadstoffe aus ihrer Umgebung (Hüffer und Hofmann 2016). Mikroplastikverunreinigungen wurden zuerst in marinen Ökosystemen entdeckt (Thompson et al. 2004). Geschätzt 80 % des Plastikvorkommens in den Ozeanen stammen vom Festland und werden über

Flüsse und Küsten in die Meere eingetragen (Jambeck et al. 2015). Die Nordsee ist stark mit Mikroplastik verschmutzt und große Ströme wie die Themse oder der Rhein tragen ihren Anteil dazu bei (Morritt et al. 2014; Klein et al. 2015). Die Verunreinigungen des Rheins mit Industriechemikalien werden seit dem Sandoz-Skandal (Süddeutsche Zeitung 2011) von mehreren Rheinüberwachungsstationen untersucht (Ruff und Singer 2013). Die Mikroplastikfracht im gesamten Rheinverlauf wurde erst 2015 von zwei unabhängigen Arbeitsgruppen untersucht. Im einen Fall kam zwischen Basel und Rotterdam der Manta Trawler zum Einsatz (vgl. Ergebnisse in Abschn. 2.6.1) (Mani et al. 2015). Während im Projekt „Rheines Wasser" der HFU eine Filterpumpe, wie in Abb. 2.149 dargestellt, eingesetzt wurde (Fath 2016). Mit einer Fracht von 8–10 Tonnen Mikroplastik pro Jahr, die der Rhein in die Nordsee spült, wurde mit beiden unterschiedlichen Methoden ein vergleichbares Ergebnisse erhalten. Die Basis für die Frachtberechnung ist die Wasserabflussmenge des Rheins während des Probenahmezeitraums. Im August 2014 betrug sie etwa 2500 m^3/s (Abb. 2.145).

Die Berechnung der Fracht aus den Analyseergebnissen bezog sich bei beiden Untersuchungen auf die oberflächennahe Mikroplastikverteilung. Zusätzliche Tiefenprofil- und Sedimentuntersuchungen würden die Tonnagen der Mikroplastikfracht pro Jahr sicher noch weiter erhöhen, denn zusätzlich zu den Kunststoffen mit hoher Dichte sinken auch leichtere Plastikfragmente mit der Zeit durch aufwachsenden Biofilm nach unten ab (Barnes et al. 2009; Browne et al. 2010; Lobelle und Cunliffe 2011; Dris et al. 2015).

Auffällig und überraschend war das Ergebnis der Beprobung der Rheinquelle (Tomasee). Hier wurden 270 Partikel/m^3 aus dem Wasser filtriert. Ein Bezug dieser Menge zu angrenzenden Industrieanlagen oder der Bevölkerungsdichte

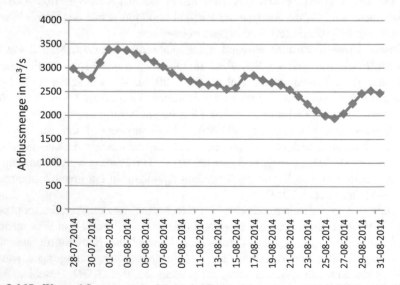

Abb. 2.145 Wasserabflussmenge des Rheins bei Emmerich im August 2014. (Klein et al. 2015)

(Mani et al. 2015) kann in dieser Höhenlage nicht hergestellt werden. Am Toma-see in den Graubündner Alpen auf 2345 Höhenmetern gibt es weder Industrie, Landwirtschaft noch private Haushalte. Der Mikroplastikeintrag ist dort anderen Ursprungs. Denkbar ist der Eintrag über den Niederschlag und damit über die abschmelzenden Schneefelder, die den Gebirgssee speisen.

Der Rhein ist bislang der einzige Fluss seiner Größenordnung, der auf seiner gesamten Länge auf Mikroplastik untersucht wurde. Das Thema „Mikroplastik in einer aquatischen Umgebung" hat in den letzten Jahren eine signifikante Steige-rung sowohl im öffentlichen als auch im wissenschaftlichen Interesse erfahren.

In den 1950er-Jahren begann die Massenherstellung von Plastik mit 1,7 Mio. Tonnen weltweit. Mittlerweile bestehen rund 75 % des marinen Abfalls aus Plas-tik. Als Mikroplastik werden Plastikpartikel bezeichnet, die kleiner als 5 mm sind. Mikroplastik wird entweder in dieser Größe direkt hergestellt (Erstquelle) oder es entsteht über den Zerfall von größeren Stücken (Zweitquelle). Die Einnahme von Mikroplastik durch marine Lebewesen kann zum Erstickungs- oder Hungertod führen. Ein anderes Problem stellt die Wechselwirkung zwischen Mikroplastik und giftigen Chemikalien dar. Der Eintrag von Mikroplastik kann entweder über das Festland oder direkt auf dem Meer erfolgen. Über das Festland werden die Partikel über Kanalisationssysteme oder abtreibende Abfälle eingetragen. Über das Meer wird Plastik direkt als Abfall eingetragen. Doch obwohl bekannt ist, dass Plastik-abfall über das Festland in die marine Umwelt eingetragen wird, sind bisher nur wenige Veröffentlichungen zu Mikroplastik in Flusssystemen zu finden.

In diesem Forschungsprojekt sollen die Konzentrationen von Mikroplastik und die Polymertypen mittels Infrarotspektroskopie (IR) im Wasser des Tennes-see River untersucht werden. Um die Wasserproben für die Messungen vorzu-bereiten, müssen sie mit SDS, Protease, Cellulase, Chitinase und außerdem mit H_2O_2 enzymatisch aufgereinigt und in zwei Größenfraktionen geteilt werden. Für die Quantifizierung und Identifizierung des Mikroplastiks wurden zwei ver-schiedene IR-Spektrometer eingesetzt. Sowohl mit den ATR- als auch mithilfe der Mikro-FTIR-Messungen können verschiedene Polymertypen identifiziert und Par-tikelgrößen vermessen werden.

Die Massenproduktion von Kunststoffen begann wie oben schon erwähnt in den 1950er-Jahren (Barnes et al. 2009) mit 1,7 Mio. Tonnen Plastik weltweit (Plastic-sEurope 2013). Im Jahre 2012 stieg die Plastikproduktion auf 288 Mio. Tonnen welt-weit an, wobei 57 Mio. Tonnen davon in Europa produziert wurden (PlasticsEurope 2013). Der Grund für den rasanten Produktionsanstieg sind einerseits die werkstoff-lichen Vorteile der Kunststoffe wie Haltbarkeit (Cole et al. 2011), geringes Gewicht und Stabilität (Andray 2011) sowie die kostengünstige Produktion (Derraik 2002). Abhängig von der Verwendung werden unterschiedliche Kunststofftypen synthetisiert. Mit verschiedenen Zusätzen wird der Einsatzbereich dieser Werkstoffe noch umfang-reicher. Die am häufigsten produzierten Kunststoffe sind Polypropylen (PP), Poly-ethylen (PE), Polystyrol (PS), Polyvinylchlorid (PVC) und Polyethylenterephthalat (PET) (PlasticsEurope 2013). Additive, die den Polymeren zugesetzt werden, sind Stabilisatoren, Antioxidanzien und Kupplungsreagenzien (Wagner und Oehlmann 2009). Monomere, wie z. B. Bisphenol A (BPA), Weichmacher wie z. B. Phthalate oder Flammschutzmittel wie z. B. polybromierte Diphenyether (PBDE) können direkt über den Kunststoffkontakt oder indirekt über die Lebensmittelverpackungen vom Menschen aufgenommen werden (Thompson et al. 2009).

Seit den 1960er-Jahren stieg die Plastikmüllmenge in marinen Lebensräumen kontinuierlich an (Derrai 2002; Barnes 2005), und der o. g. Vorteil der Langlebigkeit des Kunststoffmaterials wird somit zu einem Problem in der marinen Umwelt. Etwa 75 % des gesamten Meeresmülls bestehen aus Plastik (Galgani et al. 2013). Die Verschmutzung der Weltmeere durch große Plastikartikel geschieht auf See und vom Festland aus, seeseitig durch den absichtlichen oder unabsichtlichen Mülleintrag von Schiffen. Eine vom Festland ausgehende Verschmutzung von Meerwasser und Stränden wird hauptsächlich durch kommunale Kanalisationssysteme und herumliegenden und -treibenden Plastikmüll verursacht (Derraik 2002).

Nicht nur große Plastikstücke sind in diesem Müll enthalten, sondern auch kleinere Teile, sogenanntes Mikroplastik. In der Entstehung bzw. der Herkunft von Mikroplastik unterscheidet man zwei Quellen, wonach primäres Mikroplastik solches ist, welches schon in mikroskopischer Partikelgröße industriell hergestellt und verwendet wird, während sekundäres Mikroplastik erst durch den Zerfall von großen Plastikstücken (Makroplastik) entsteht (Thompson et al. 2004). Primäres Mikroplastik wird in Körperpflege- und Kosmetikprodukten (Barnes et al. 2009), als Granulat für den Spritzguss oder Pulver für den 3-D-Drucker, in der Medikation (Medikamentenkapseln) u. v. m. eingesetzt (Browne et al. 2011). Die Zersetzung von großen Plastikfragmenten geschieht hauptsächlich photochemisch (Cozar et al. 2014). Unter Wasser kann die Zersetzung mangels UV-Strahlung nicht stattfinden. Im Sediment erfolgt die Zersetzung daher hauptsächlich mechanisch oder bakteriell. Durch die UV-Strahlung und das Extraktionsmedium Wasser versprödet der Kunststoff und durch die Wellenbewegung, die den Kunststoff über Sand und Steine raspelt (mechanische Zersetzung), fragmentieren große Stücke nach und nach zu Mikroplastik (Ivar do Sul und Costa 2014).

Ein Hauptproblem des Plastikmülls ist dessen Aufnahme durch Meeresbiota (Barnes et al. 2009). Abhängig von der Größe und der Dichte der Kunststoffe findet man sie entlang der kompletten Wassersäule, mit Auswirkungen auf das marine Nahrungsnetz. Schwimmendes und im Wasser schwebendes Mikroplastik wird von Korallen, Riffmuscheln, Schwämmen, Röhrenwürmern und anderen Organismen, die ihre Nahrung durch das Ausfiltern von Kleinstlebewesen und Plankton aus dem Wasser beziehen, aufgenommen. Kunststoffpartikel mit hoher Dichte hingegen, die sich mit der Zeit mit einem Biofilm überziehen, der die Partikel noch schwerer macht, sinken langsam ab und werden dadurch als „Nahrungsquelle" für Lebewesen, die im oder auf dem Sediment des Meeresbodens leben, erreichbar (Browne et al. 2007).

Durch die Aufnahme von Plastikmüll kann der Verdauungstrakt blockiert oder die Magenschleimhaut beschädigt werden, wodurch die Tiere verhungern, oder der Atmungstrakt wird blockiert, und die Tiere ersticken an Mikroplastik.

Umweltschutzorganisationen haben in den sozialen Medien eine Vielzahl von Bildern verendeter Meeresvögel an unterschiedlichen Stränden veröffentlicht (Halang o. J.). Innerhalb des Verwesungsprozesses kommt nach und nach der

Mageninhalt des Kadavers zum Vorschein, der die Todesursache erschreckend belegt, denn Plastik ist das Letzte, was verrottet und bleibt übrig (Zarfl und Matthies 2010).

Mikroplastik birgt noch eine andere Gefahr. Kunststoffe können Giftstoffe auf zweierlei Wege transportieren. Kunststoffe beinhalten giftige Chemikalien, die ihnen während ihres Herstellungsprozesses zugesetzt werden und in die Umwelt freigesetzt werden können. Diese Giftstoffe haben einen ökotoxikologischen Einfluss auf den Lebensraum von Tier und Mensch. Ein Beispiel dafür ist der erwähnte östrogene Effekt von Bisphenol-A- und Alkylphenol-Additiven oder die Verringerung der Testosteronproduktion durch phtalathaltige Weichmacher (Teuten et al. 2009).

Außerdem können Mikroplastikpartikel aufgrund ihrer großen Oberfläche (Abschn. 3.2.4) Giftstoffe aus ihrer aquatischen Umgebung adsorbieren.

Die auf den Kunststoffpartikeln angesiedelten pbt(persistent, bioakkumulierbar und toxisch)-Stoffe können über die o. g. Aufnahmemöglichkeiten von den unterschiedlichsten Lebewesen als Nahrung aufgenommen werden. Das Mikroplastikpartikel wird dadurch zum Transportvehikel für eine toxische Fracht (trojanisches Pferd). Während des Versuchs, den Kunststoff zu verstoffwechseln, können dabei die mitgeführten Giftstoffe im Organismus freigesetzt, eingelagert und akkumuliert werden (Engler 2012).

Obwohl die Plastikverschmutzung der Weltmeere vom Festland ausgeht und die Annahme besteht, dass Flüsse als Transportmedium für Mikroplastik eine große Rolle spielen, ist die Mikroplastikaufnahme durch Süßwasserlebewesen bisher wenig untersucht. Süßwasseruntersuchungen, bei denen die Mikroplastikaufnahme durch die Süßwasserfauna untersucht wurde, gab es bisher lediglich in Kläranlagen, Flussmündungen und großen Seen (Imhof et al. 2013). Dabei konnte gezeigt werden, dass die Mikroplastikverunreinigungen in der Größenordnung derjenigen der marinen Lebensräume sind (Imhof et al. 2013). Dies führt zwangsläufig zur Annahme, dass Flusssysteme nicht nur Mikroplastikeintragspfade in unsere Meere sind, sondern auch als Senke für Mikroplastik zu betrachten sind.

Für den Schutz vor Verschmutzungen in maritimen Lebensräumen existieren zwei Direktiven. Zum einen die WFD (Water Framework Directive), die ihr Augenmerk auf einen guten ökologischen Zustand aller von Oberflächengewässern abhängigen Lebewesen gerichtet hat, zum zweiten die MSFD (Marine Strategy Framework Directive), die daran arbeitet, einen guten Zustand der marinen Umgebung zu erreichen bzw. zu erhalten.

Die Aufnahme von Mikroplastik von limnischen Organismen ist bisher wenig untersucht. Sowohl in der Untersuchung von Flüssen hinsichtlich der Mikroplastikfracht und der unterschiedlichen Typen als auch in der Untersuchung der Süßwasserlebewesen klafft eine wissenschaftliche Lücke.

Die Rheinuntersuchung hat hierzu zwar einen noch unvollständigen Ansatz gemacht, aber einen ersten Beitrag geliefert, der weiter ausgebaut und mit anderen Flüssen verglichen werden muss, um weitere Informationen über die Kontamination und die Akkumulation von Mikroplastik in Flüssen zu erhalten und damit das Gefährdungspotenzial für Flora und Fauna besser beurteilen zu können.

2.6.1   Mikroplastik in Binnengewässern am Beispiel des Rheins

Der Rhein entspringt in der Schweiz und mündet nach 1328 Kilometern in den Niederlanden in die Nordsee. Im Einzugsgebiet des Rheins, dem bedeutendsten und am vielfältigsten genutzten Fluss Europas, leben etwa 50 Mio. Menschen, von denen wiederum rund 22 Mio. Menschen mit Trinkwasser aus dem Rhein versorgt werden. Der Rhein hat eine große wirtschaftliche und demografische Bedeutung, schon in der Vergangenheit bildete der Fluss die Grundlage für eine erfolgreiche Ansiedlung und eine funktionierende Wirtschaft. Die zunehmende industrielle Nutzung des Rheins als Handelsroute und Transportweg führte jedoch zu einer steigenden Verschmutzung des Gewässers – so wurde und wird der Fluss leider auch als Entsorgungsweg für jegliche Abfälle missbraucht.

Vor der Entdeckung der industriellen Synthese von Kunststoffen bestanden die Abfälle noch aus organischen Bestandteilen. Diese können durch natürliche Prozesse zu ungefährlichen Abbauprodukten zersetzt werden. Durch die Einführung von langlebigen synthetischen Kunststoffen ist der natürliche Abbauprozess allerdings gestört (Hanser Kundencenter 2017). Befindet sich erst einmal Kunststoff in den Gewässern, zerfällt dieser in immer kleinere Partikel und stellt eine große Gefahr für das Ökosystem dar. Etliche Studien an marinen Organismen belegen die Folgen von Mikroplastik. Es wird von Tieren aufgenommen und blockiert ihren Verdauungstrakt oder sie erliegen den beigemengten Schadstoffen im Plastik. Etwa die Hälfte des im Meer befindlichen Plastikmülls stammt vom Land. Flüsse transportieren große Mengen an Plastikmüll meerwärts. Während einer Untersuchung der beiden Flüsse Los Angeles River und San Gabriel River im Südwesten der USA wurde innerhalb von 24 Stunden eine enorme Menge an Plastikpartikeln gefunden. Hochrechnungen ergaben 2,3 Mrd. Plastikfragmente mit einem Gewicht von 30 Tonnen pro Jahr (ntv 2017).

In den folgenden Abschnitten werden die Methoden dargestellt, wie der Belastungszustand eines Binnengewässers wie dem Rhein durch Mikroplastikpartikel im Oberflächenwasser ermittelt werden kann.

Filtration

Um die Mikroplastikbelastung in Gewässern zu untersuchen, kommen bisher drei Methoden zur Anwendung:

1. *Manta-Trawler*: Ein Manta-Trawler wurde bereits bei Untersuchungen zur Mikroplastikbelastung in der Weser und Elbe eingesetzt. Die Form der Konstruktion ähnelt einem Manta-Rochen. Das Hauptelement bildet ein rechteckiger, schwimmfähiger Körper, mit einer weiten Öffnung, an der sich ein feinmaschiges Netz aus Kunststoff befindet. Der Manta wird zur Beprobung hinter einem Wasserfahrzeug durch das Gewässer gezogen, auf diese Weise werden mögliche Plastikpartikel von der Oberfläche des Gewässers gefischt und sammeln sich in einem Sammelbehälter am Ende des Kunststoffnetzes.

2. *Kerzenfilter*: Bei diesem Verfahren wird ein definiertes Volumen durch spezielle Kerzenfilter gepumpt. Feststoffe bleiben an dem feinmaschigen Gewebe des Filters hängen und können im weiteren Verlauf untersucht werden.
3. *Sedimentproben*: Bei dieser Methode werden an verschiedenen Stellen eines Gewässers Sedimentproben entnommen. Die Proben werden anschließend im Labor aufbereitet und untersucht.

Die geeignetste Methode zur Probenahme innerhalb des gesamten Rheinverlaufs ist die Filtrierung mit Edelstahlgewebekerzen. Ein Manta-Trawler wäre eine vergleichbare Alternative gewesen, jedoch ist der Einsatz vor allem im Vorderrhein mit seinen engen und durchaus wilden Passagen aufgrund der enormen Größe nicht möglich. Auch wäre ein Wasserfahrzeug nötig, um den Manta-Trawler durch das Wasser zu ziehen. In den meisten Pflege- und Hygieneprodukten werden Mikroplastikpartikel aus Polyethylen oder Polypropylen eingesetzt (BUND 2014), diese haben eine geringere Dichte als Wasser und schwimmen auf der Wasseroberfläche eines Gewässers, anstatt sich am Grund oder im Uferbereich im Sediment abzusetzen. Des Weiteren ist die spätere Aufreinigung der Sedimentproben im Gegensatz zu dem Kerzenfilter zeitintensiver, da sich viel Sand, Gesteinsbruchstücke und organisches Material darin befinden.

Deshalb ist der Einsatz von Kerzenfiltern die beste Wahl für die Beprobung des Rheins. Mithilfe einer Membranpumpe kann ein genau definiertes Volumen gefiltert werden. Zusätzlich lassen sich die wenigen Bauteile auf ein kompaktes und platzsparendes Gerüst montieren.

Als Vorlage der Filterapparatur diente eine Anlage des AWI auf Helgoland. Diese wurde jedoch durch bestimmte Bauteile erweitert und an die besonderen Gegebenheiten am Rhein angepasst.

Um das Wasser durch die Kerzenfilter zu befördern, wurde eine Vierkammer-Membranpumpe verwendet, welche mit 12 V Gleichspannung betrieben wird. Dadurch kann eine 12-V-Batterie z. B. auf einem Boot als Stromquelle dienen. Falls keine 12-V-Quelle zur Verfügung steht, kann ein Stromerzeuger in Kombination mit einem Netzgerät eingesetzt werden. Durch die Ergebnisse einer Partikelgrößenanalyse von ausgewählten Hygiene- und Pflegeprodukten, welche primäres Mikroplastik enthalten, wurde ein Filtergewebe von 10 µm ausgewählt.

Für den Bau der Filterapparatur wurden folgende Teile verwendet:

- Vierkammer-Membranpumpe Serie 5050 der Firma Shurflo 12 V
- Filtergehäuse aus Polypropylen mit Edelstahlgewebefilterkerze der Firma Wolftechnik; Porengröße 10 µm; Länge 124 mm
- Steuergerät der Membranpumpe mit Drehzahlregelung; Ein/Aus-Schalter mit zusätzlichen 20-A-Sicherungen; Verkabelung
- Netzgerät – laboratory power supply ea-ps 3016-20b der Firma EA Elektro-Automatik
- Wassermengenzähler Typ 08188-20 der Firma Gardena
- Stromerzeuger Typ EU20i der Firma Honda
- Schlaucholive aus Edelstahl (selbst gebaut)
- PMMA-Platte (Plexiglas) für das Gerüst der Anlage

Kupplungen und Verbindungsstücke:

- Schnellkupplungen (Insert & Body) mit Rückschlagkupplung aus Polysulfon der Firma Colder Products Company; ½ Zoll AG
- Laborschlauch aus PVC der Firma Carl Roth; ½ Zoll mit zusätzlichen Schlauchklemmen
- Schlauchkupplung der Firma Gardena; ½ Zoll
- Messing-Reduzierstück ½ Zoll Innengewinde auf ¾ Außengewinde
- Hahnstück ½ Zoll auf ½ Zoll Innengewinde der Firma Gardena
- Dichtungsband aus Teflon

Abb. 2.146 zeigt den schematischen Aufbau der eingesetzten Filterapparatur mit allen verwendeten Bauteilen.

1. Schlaucholive aus Edelstahl (Abb. 2.147)
2. Laborschlauch aus PVC; ½ Zoll; Länge: ca. 2 m (2.1: 0,6 m, 2.2: 2 m)
3. Schlauchkupplung der Firma Gardena; ½ Zoll
4. Hahnstück ½ Zoll auf ½ Zoll Innengewinde der Firma Gardena
5. Vierkammer-Membranpumpe Serie 5050 der Firma Shurflo
6. Steuergerät der Membranpumpe
   a. 2 × Sicherungen 12 V, 20 A
   b. Ein/Aus-Schalter
   c. Drehzahlregler
7. Netzgerät – laboratory power supply ea-ps 3016-20b der Firma EA
8. Stromquelle (Stromerzeuger EU20i der Firma Honda)
9. Schnellkupplungen (Insert & Body) mit Rückschlagkupplung der Firma Colder Products Company; ½ Zoll

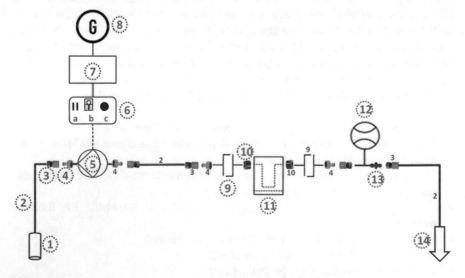

Abb. 2.146 Skizze der Filterapparatur mit allen verwendeten Bauteilen

10. Messing-Reduzierstück ½ Zoll Innengewinde auf ¾ Außengewinde
11. Filtergehäuse mit Edelstahlgewebefilterkerze der Firma Wolftechnik; Porengröße: 10 μm
12. Wassermengenzähler der Firma Gardena
13. Schlauchadapter ½ Zoll der Firma Gardena
14. Abwasserablauf

Das Wasser wird von der Membranpumpe durch eine aus Edelstahl gefertigte Saugolive (Abb. 2.147) angesaugt und anschließend durch den Kerzenfilter gefördert. Verbunden wird die Anlage durch Laborschläuche aus PVC (½ Zoll) und spezielle Schnellkupplungen mit integriertem Rückhalteventil.

Das Kernelement der Anlage bildet ein Filtergehäuse aus Polypropylen (Abb. 2.148) mit einem Durchmesser von 14 cm. Der Deckel des Gehäuses ist abschraubbar, darin befindet sich eine Edelstahlgewebekerze mit einer Länger von 12,4 cm und einem Durchmesser von 5,8 cm. Die Porenweite des Gewebes beträgt 10 μm.

Eine Vierkammer-Membranpumpe (12-V-Gleichspannung) saugt das Wasser über die Schlaucholive an und pumpt es mit einer maximalen Förderleistung von 20 l/min durch den Kerzenfilter. Ein Stromerzeuger dient als Stromquelle für das Netzgerät, welches Gleichstrom bei 12 V liefert. Ein Wassermengenzähler wurde direkt nach dem Kerzenfilter montiert und ermöglicht eine Kontrolle des bereits geförderten Probevolumens. Die Steuerung der Membranpumpe ist in ein wasserdichtes Schaltgehäuse eingebaut. Ein Drehzahlregler ermöglicht eine stufenlose Regelung der

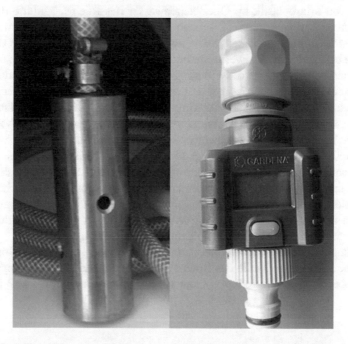

Abb. 2.147   Schlaucholive aus Edelstahl (links), Wassermengenzähler der Firma Gardena (rechts)

Abb. 2.148 Filtergehäuse aus Polypropylen der Fa. Wolftechnik, 660 ml. Rechts: Edelstahl-gewebefilterkerze, Porenweite: 10 μm

Förderleistung. Der Filter und die Pumpe sind mit einem Laborschlauch aus PVC mit einem Durchmesser von ½ Zoll verbunden, Schnellkupplungen mit Rückschlag-ventil am Filtergehäuse erlauben einen schnellen Austausch der Filterelemente. Alle Bauteile sind auf eine Plexiglasplatte mit den Maßen 60 cm × 45 cm montiert. Für den Transport wurden zusätzlich zwei Halterungen an den Seiten montiert.

Im Rahmen des Projekts „Rheines Wasser" begann am 28.07.2014 die Unter-suchung von Mikroplastik im Oberflächenwasser des Rheins. Mithilfe der Filter-anlage (Abb. 2.149) wurden 11 Proben in Doppelbestimmung entnommen. Die installierte Membranpumpe saugt Rheinwasser an und fördert es durch den Edel-stahlgewebekerzenfilter. Schwebstoffe und eventuell vorhandene Plastikpartikel set-zen sich auf der Oberfläche des Filters ab. Alle befahrbaren Abschnitte des Rheins wurden vom Boot aus beprobt, bei den restlichen Stationen (am Tomasee, in Chur und in Laufenburg) wurde die Filtration vom Ufer aus durchgeführt. Das Probe-volumen wurde mithilfe eines Wassermengenzählers kontrolliert (Abb. 2.138). Pro Filter wurden 1000 Liter Rheinwasser gefiltert. Für die Filterung wurde der Ansaugschlauch knapp bzw. maximal 15 cm unter der Wasseroberfläche platziert. Jede Entnahmestelle hat gewisse Voraussetzungen erfüllt: Sie musste frei zugäng-lich und möglichst an der Hauptströmung gelegen sein und durfte nicht in einer Buhne oder dergleichen liegen (Abb. 2.150). Um das Ende des Ansaugschlauchs möglichst in der Hauptströmung zu platzieren, wurde der Schlauch mithilfe einer Verlängerung von ca. 2 m vom Ufer aus im Strom platziert.

Ausgangspunkt der Probenahme war der Tomasee im Kanton Graubünden (CH). Der See gilt als Quelle des Rheins und wurde daher als Erstes beprobt. Die erste Probe diente als Referenz für die spätere Auswertung. Tab. 2.32 listet alle

Abb. 2.149 Komplette Filterapparatur von oben: 1. Filtergehäuse mit Edelstahlgewebefilterkerze der Firma Wolftechnik; Porengröße: 10 µm, 2. Vierkammer-Membranpumpe Serie 5050 der Firma Shurflo, 3. Steuergerät der Membranpumpe, 4. Wassermengenzähler der Firma Gardena

Abb. 2.150 Probenahme am Alpenrhein bei Chur

Tab. 2.32 Entnahmestellen entlang des Rheinverlaufs

Ort der Probenahme	Datum der Probenahme	Probevolumen in Liter
Rheinquelle, Tomasee	28.07.2014	1000
Chur (CH)	29.07.2014	800
Bodensee, Rorschach	01.08.2014	1000
Stein am Rhein (CH)	03.08.2014	1000
Laufenburg (CH)	05.08.2014	1000
Rheinkilometer 319–332	10.08.2014	1000
Mainz, Rheinkilometer 503–521	13.08.2014	1000
Rheinkilometer 635–648	15.08.2014	1025
Rheinkilometer 775–795	19.08.2014	1000
Wageningen (NL), Rheinkilometer 887–901	21.08.2014	1000
Rheinkilometer 963–973, Nebenkanal (Lek)	23.08.2014	1000

beprobten Orte entlang des Rheins auf. Nach dem Bodensee wurde die Probe-nahme vom Boot aus durchgeführt, die entsprechenden Abschnitte wurden durch Rheinkilometer angegeben.

Der Ansaugschlauch mit einem Innendurchmesser von 127 mm wurde direkt in die Strömung gehalten, dadurch konnten auch größere Partikel eingesaugt wer-den, welche bei einer Anhäufung zur Verstopfung der Pumpe führen. Nach einer gründlichen Reinigung der Bauteile kann die Beprobung fortgesetzt werden. Als Verbesserung durch die Anbringung eines einfachen Siebs am Schlauchende, mit beispielsweise 5 mm Porengröße, kann die Aufnahme „größerer" Partikel ver-meiden und trotzdem noch Mikroplastik lauft Definition gefiltert werden. Es ist ebenso darauf zu achten, dass die Membranpumpe vor und während des Betriebes keine Luft ansaugt, dadurch fällt die Pumpleistung ab, da kein Unterdruck seitens der Pumpe aufgebaut werden kann. Es dauert durchschnittlich etwa 90 Minuten, um 1 Kubikmeter Wasser zu filtrieren. Dabei fördert die Membranpumpe zwi-schen 10 und 14 Liter pro Minute. Im Uferbereich und an flachen Stellen des Flus-ses sollte zusätzlich ein Grundkontakt des Saugschlauches vermieden werden. Es kann auch vorkommen, dass sich die eingesetzten Wassermengenzähler nach einer gewissen Zeit abschalteten. Deswegen sollte man zusätzlich die Gesamtzeit und das durchschnittliche Fördervolumen im Auge behalten, um bei einem Ausfall des Wassermengenzählers das festgelegte Gesamtvolumen von einem Kubikmeter pro Filtereinheit einhalten zu können.

Insgesamt hat sich die Filteranlage in ihrem Einsatz am Rhein bewährt. Durch die kompakte Bauweise nimmt sie wenig Platz beim Transport und auf dem Boot in Anspruch und kann ohne große Mühen an die entsprechenden Entnahmestellen (Tab. 2.32) getragen werden. Bei der Wahl der Entnahmestellen sollten noch einige

Details beachtet werden. Sie sollten möglichst an schnellen Flusspassagen nahe der Hauptströmung und möglichst nicht an Zuläufen von Fabriken und Kläranlagen liegen. Da eine einzige Stelle nicht repräsentativ für den ganzen Flussabschnitt sein kann, ist die Beprobung der Hauptströmung am sinnvollsten, um ein realistisches Bild des jeweiligen Flussabschnittes zu erhalten. In Buhnen oder im Kehrwasser kann die Konzentration an Mikroplastik im Vergleich zur Hauptströmung deutlich höher sein, ebenso im Auslauf von Kläranlagen. Im Vorfeld wurde das Gesamtvolumen auf 1000 Liter pro Filter festgelegt. Die Zahl wurde nach Absprache mit dem Alfred-Wegner-Institut übernommen, da das Institut schon in der Vergangenheit ähnliche Untersuchungen durchgeführt hat. Dadurch können später die Resultate mit anderen Projekten verglichen werden. Es ist nicht immer möglich, die geplanten 1000 Liter zu filtern, da der Schwebstoffanteil zum Teil so groß sein kann, dass der Filter schon vorzeitig verstopft und so die Gefahr besteht, ihn zu beschädigen. Dies muss bei der Auswertung berücksichtigt werden. Der Einsatz von Teflonband zur Abdichtung der Anschlüsse kann oftmals nicht vermieden werden, deshalb muss bei der Auswertung der Proben besonders darauf geachtet werden. Es ist sehr wahrscheinlich, dass sich Kunststofffasern aus Teflon lösen und sich auf der Oberfläche des Filters absetzen. Der Vorteil von Teflon gegenüber anderen Dichtungsmaterialien liegt in der Dichte (2,20 g/cm^3). Bei der späteren Dichtetrennung sinkt Teflon in der Zinkchloridlösung (Dichte $= 1{,}65$ g/cm^3) ab und kann so leicht abgetrennt werden. Zusammenfassend kann man konstatieren, dass die Filteranlage zur Mikroplastikfiltration im fließenden Gewässer am Beispiel des Rheins geeignet ist und dass Konzentrationen von Mikroplastik in einem Fließgewässer ständig variieren können, da Hochwasser oder veränderte Wetterbedingungen Schwankungen verursachen.

Selektion

Während der Probenahme am Rhein wurden insgesamt elf Proben an unterschiedlichen Stellen entlang des gesamten Rheinverlaufs entnommen. Nach der Probeentnahme wurden die Proben aufgereinigt. Dabei wurden Mikroplastikpartikel von Schwebstoffen befreit und isoliert. Bei den Schwebstoffen handelt es sich um ungelöste, anorganische Mineralien oder um organische Partikel. Im Oberflächenwasser besteht der Großteil der organischen Partikeln aus Plankton, dazu zählen Algen, Bakterien und andere Mikroorganismen. Der anorganische Anteil besteht hauptsächlich aus Bodenpartikel wie Sand oder Tonverbindungen. Ebenfalls werden u. a. Insekten und Kleinstlebewesen wie Krebse oder Larven in den Filter gesaugt. Diese Bestandteile der Probe gilt es zu entfernen, um dadurch das Mikroplastik zu isolieren.

Eine Selektion bzw. Isolierung der Mikroplastikpartikel wird durch eine mehrstufige enzymatische Behandlung erreicht, bei der alle organischen Bestandteile entfernt werden. Eine anschließende Dichteseparation mit Zinkchlorid trennt anorganische Partikel ab. Zur Bearbeitung der Filterrückstände werden die nachfolgend aufgelisteten Materialien und Geräte eingesetzt.

Geräte:	• Rundfilter aus Edelstahlgewebe (500 µm und
• Filteranlage für Mikroplastik	10 µm)
• Wassermengenzähler und diverse Kupplungen	• Anodisc-Membranfilter (0,2 µm Porengröße;
• Schüttelinkubator	Durchmesser: 25 mm) Whatman
• Vakuumkontroller	• Erlenmeyerkolben und Bechergläser in
• Trockenofen	verschiedenen Größen
• Ultraschallbad	• Glasrichter
• Edelstahlgewebekerzen (Porengröße 10 µm)	• Scheidetrichter 250 ml
mit Filtergehäuse	• Spritzflaschen
• Laborwaage	• kleine Drahtbürste
• Flaschenaufsätze zur Filterung am	• Pinzette
Vakuumkontroller (Bottletop); 250 ml	• Pipette (1000 µl)
	• Druckluftanschluss
	• Schottflaschen 250 ml und 1000 ml
Verbrauchsmaterialien:	**Enzyme:**
• Aluminiumfolie	• Cellulase TXL; 30 U/ml
• Nitril-Handschuhe	• Protease A-01; 1.100 U/ml
	• Chitinase; 40 U/m, Hersteller: ASA
	Spezialenzyme
Chemikalien und Puffer:	
• Reinstwasser (Milli-Q)	
• Ethanol (25 %), Sigma	
• Wasserstoffperoxid (H_2O_2) 35 %, Sigma	
• Zinkchlorid ($ZnCl_2$); Dichte 1,65 g/cm^3, Carl Roth	
• PBS-Pufferlösung; Löslichkeit: 150 g/l, Merck	
• Dodecylsulfat Natriumsalz (SDS), Merck	

Zur Bearbeitung der Filterproben ist ein zeitaufwändiges Prozedere durchzuführen. Das Diagramm in Abb. 2.151 zeigt schematisch alle sukzessiven Aufreinigungsschritte der Methode.

Zunächst muss eine ausreichende Menge an Leitungswasser mithilfe der Filteranlage und der dazugehörigen Edelstahlgewebefilterkerze (Porengröße: 10 µm) gefiltert werden. Das gefilterte Leitungswasser wird für die Herstellung der Enzym- und Pufferlösungen verwendet. Die Enzyme und Enzymlösungen werden gemäß den verschiedenen Datenblättern angesetzt und kühl gelagert. Anschließend werden die Natriumdodecylsulfatlösung und unterschiedliche PBS-Pufferlösungen angesetzt. Für alle Lösungen muss der richtige pH-Wert eingestellt werden, die pH-Optima der Enzyme werden aus den jeweiligen Datenblättern entnommen. Die gesamte Behandlung erfolgt im Filtergehäuse. Das Gehäuse bleibt bei der gesamten enzymatischen Behandlung geschlossen und wird erst zur Vorfiltration geöffnet. Die Filtergehäuse werden mit etwa 10 Liter des gefilterten Leitungswassers mithilfe der Membranpumpe durchspült, restliches Wasser wird mit Druckluft entfernt. Sind alle Vorbereitungen getroffen, kann die eigentliche enzymatische Behandlung beginnen.

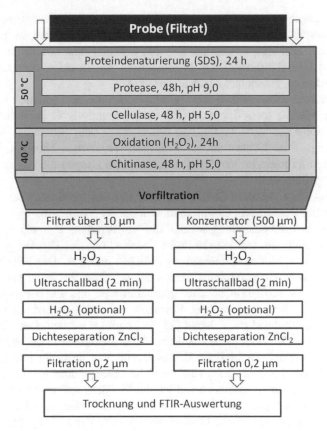

Abb. 2.151 Flussdiagramm zum Verfahren der Isolierung von Mikroplastik Datei: Präparationschema Miroplastikprobe.png

Der erste Schritt der Aufreinigung ist eine Proteindenaturierung durch eine Natriumdodecylsulfatlösung (150 g/l), auch als SDS *(sodium dodecyl sulfate)* bezeichnet. SDS ist eine Esterverbindung, die aus Schwefelsäure unter Abspaltung von Wasser entsteht. Das anionische Tensid zerstört nichtkovalente Bindungen von Proteinen. Hierfür fördert man die angesetzte Lösung unter Verwendung der Filteranlage in das Filtergehäuse mit einem Volumen von 660 ml. Bei 50 °C erfolgt die Inkubation im Schüttelinkubator. Natriumdodecylsulfat löst größere Proteinkomplexe durch Aufhebung des hydrophoben Effekts. Dadurch können organische Schwebstoffe, größtenteils Plankton, besser aufgeschlossen werden.

Nach einer Inkubationszeit von 24 h wird die Natriumdodecylsulfatlösung durch Druckluft entleert und erneut mit gefiltertem Leitungswasser gespült. Der Vorgang wird mit den Enzymen Protease und Cellulase wiederholt. Die Proben werden jeweils für 48 Stunden behandelt. Das Enzym Protease führt die Verdauung der Proteine fort, indem kovalente Proteinbindungen hydrolysiert werden (Stryer 1990). Durch die Behandlung mit Cellulase werden pflanzliche Bestandteile im Wasser abgebaut. Das Enzym bewirkt durch eine Hydrolysereaktion eine 1,4-glykosidische Spaltung der Cellulose, der Hauptbestandteil in pflanzlichen Zellenwänden. Das Enzym Chitinase spaltet auf und baut Chitin ab. Das Polysaccharid ist Hauptbestandteil des Außenskeletts von Insekten und auch in Zellwänden von Hefen, Pilzen und Algen anzutreffen.

Nach der Enzymbehandlung mit Cellulase erfolgt eine Oxidation der Probenbestandteile mit Wasserstoffperoxid (35) für 24 h und 40 °C im Inkubator. Eine Alternative wäre die Verwendung von Natronlauge oder Salzsäure. Tests haben jedoch gezeigt, dass Kunststoffe im Gegensatz zu starken Säuren oder Laugen von Wasserstoffperoxid im Vergleich zu Säuren und Laugen nicht oder nur relativ gering angegriffen werden.

Zum Abschluss werden Chitinreste von Insekten und Krebsen durch die Behandlung mit dem Enzym Chitinase in 48 h bei 40 °C entfernt.

Nach der Enzymbehandlung erfolgt die Vorfiltration. Um die spätere Auswertung zu erleichtern, werden die Proben nach Größe der Partikel getrennt. Für die Vorfiltration wird das Filtergehäuse erstmals geöffnet. Die Filterkerze wird entnommen und in ein gereinigtes Becherglas gegeben. Es ist zu beachten, dass ausschließlich mit Nitril-Handschuhen gearbeitet wird und alle benötigten Gegenstände wie z. B. Bechergläser oder Pinzetten vor der Verwendung mit Reinstwasser und anschließend mit Ethanol (25 %) gereinigt werden. Der Filterkuchen, welcher sich auf der Oberfläche des Kerzenfilters aufgebaut hat, wird sorgfältig mithilfe einer kleinen Drahtbürste in das Becherglas geschabt und mit Reinstwasser und Ethanol gespült. Mögliche Reste im Filtergehäuse werden ebenfalls in das Becherglas gegeben, zusätzlich werden das Gehäuse selbst und alle beteiligten Bauteile wie Dichtungen und der Deckel mit Reinstwasser und Ethanol gespült und im Becherglas gesammelt. Danach erfolgt eine Behandlung der Filterkerze im Ultraschallbad für maximal 3 min., daraufhin wird der Reinigungsvorgang der Filterkerze wiederholt und alle verwendeten Gegenstände (Drahtbürste, Pinzetten etc.) erneut abgespült und die Abspülflüssigkeit im Becherglas gesammelt. Der Inhalt des Becherglases wird dann über den 500-µm-Rundfilter gegeben. Das Filtrat wird gesammelt. Die Rückstände auf dem Filter werden mit Reinstwasser gespült und bis zur Auswertung in einer Schott-Flasche gelagert. Durch die Filtration über einen Rundfilter mit einer Porenweite von 500 µm werden größere Kunststoffteile getrennt. Partikel größer als 500 µm werden optisch unter dem Binokular selektiert. Partikel der kleineren Fraktion können nicht mehr manuell selektiert werden und werden deshalb spektroskopisch analysiert.

Dazu wird das gesammelte Filtrat im nächsten Schritt über ein Edelstahlgewebefilter (10 µm) am Vakuumkontroller abgenutscht. Der Rundfilter wird hierfür in den Flaschenverschluss gegeben, der auf einer 1-L-Schott-Flasche montiert ist. Nach der Vakuumfiltration wird der Edelstahlgewebefilter in eine 250-ml-Schott-Flasche gegeben und nochmals für 24 h mit Wasserstoffperoxid versetzt. Um Kontaminationen zu vermeiden, wird für jede Probe ein neuer Flaschenverschluss verwendet, Schott-Flaschen werden nicht mit dem dazugehörigen Deckel, sondern mit Aluminiumfolie abgedeckt. Vor dem letzten Schritt der Isolierung wird der Rundfilter entfernt und mit Reinstwasser und Ethanol gesäubert. Die Rückstände werden in einen Scheidetrichter zur Dichterseparation mit Zinkchlorid gegeben. Die Dichtetrennung kann bis zu 48 h in Anspruch nehmen. Anorganisches Material, beispielsweise Sand- oder Tonteilchen, werden dadurch im letzten Schritt der Aufreinigung entfernt. Dies geschieht durch eine Dichteseparation, wobei eine Zinkchloridlösung als Trennmedium eingesetzt wird.

Durch das klassische Schwimm-/Sinkverfahren sammeln sich alle Kunststoffe mit geringer Dichte auf der Oberfläche an. Kunststoffe mit höheren Dichten, beispielsweise Polyvinylidenfluorid (1,78 g/cm^3) oder Polytetrafluorethylen (2,15 g/cm^3) sinken in der Zinkchloridlösung (1,65 g/cm^3) zu Boden, wodurch eine Trennung nicht möglich ist. Aus diesem Grund wäre eine erneute Dichtetrennung der unteren Phase notwendig. Neben der Zinkchloridlösung kann zur Separation theoretisch auch konzentrierte Salzlösung oder Natriumjodid mit entsprechend höheren Dichten verwendet werden. Dadurch ist eine Abtrennung von spezifisch schwereren Kunststoffen möglich. Schwierigkeiten könnte es beim Ablassen der unteren Phase geben, da man nicht exakt weiß, wann sich letztendlich nur noch Mikroplastik im Scheidetrichter befindet. Der Zeitpunkt lässt sich schwer standardisieren und man benötigt mehrere Vorversuche, um das Timing zu optimieren. Die Zinkchloridlösung samt enthaltenen Mikroplastikpartikeln wird erneut per Vakuumfiltration auf Membranfilter mit einer Porengröße von 0,2 µm genutscht. Die Membranfilter werden schließlich für 24 h bei 40 °C getrocknet. Diese Handhabung ermöglicht die Analyse des gesamten Filters.

Während der Aufreinigung müssen einige Details beachtet werden: Die Aluminiumfolie dient zur Abdeckung von Schott-Flaschen, da der Deckel der Flaschen, insbesondere der innere Dichtungsring, eine Kontaminationsquelle darstellt. Ebenso müssen alle offenen Gefäße abgedeckt werden, da Plastikfasern aus der Umgebungsluft die Proben kontaminieren können. Um die einzelnen Aufreinigungsschritte zu kontrollieren, werden drei Kontrollen durchgeführt (s. unten). In erster Linie sollen dadurch Fehler im Aufbau der Apparatur gefunden werden und die spätere Auswertung absichern. Durch die Wiederfindungskontrolle soll ausgeschlossen werden, dass Plastikpartikel während des Filterprozesses verloren gehen. Diese Kontrolle bezieht sich vor allem auf die Filteranlage selbst. Mikroplastikpartikel können sich während des Filtervorgangs festsetzen, wodurch nicht alle Teilchen erfasst werden und dadurch das Resultat verfälscht wird. Um die Effizienz der enzymatischen Behandlung feststellen zu können, wird eine Trockenmassebestimmung vor und nach der Behandlung durchgeführt. Des Weiteren wird beim gesamten Aufreinigungsprozess eine Blindprobe mitgeführt und in gleicher Weise analysiert. Werden in der anschließenden Auswertung Kontaminationen gefunden, müssen diese bei der Analyse der Resultate berücksichtigt und abgezogen werden. Plastikfragmente aus der Luft und Fasern von Kleidungsstücken sind sehr wahrscheinlich. Während des Filtrationsprozesses können sich Kunststoffteile von der Filterapparatur lösen (Schlauchverbindungen, Kupplungen, Filtergehäuse, Membranpumpe) und dadurch Proben kontaminieren. Da beim Bau der Filteranlage nicht komplett auf Kunststoff verzichtet werden konnte, muss zusätzlich eine Liste mit verwendeten Materialien und Geräten, welche aus Kunststoff bestehen, angelegt werden. Gegebenenfalls muss eine FTIR-Datenbank der Materialien erstellt werden.

Die Isolierung von Mikroplastik ist ein sehr zeitintensives Verfahren, zusätzlich muss sehr sorgfältig und sauber gearbeitet werden, um Kontaminationen zu vermeiden. Deshalb sollten alle verwendeten Materialien möglichst kunststofffrei sein.

Kontrollen
Damit es bei der Quantifizierung der Mikroplastikpartikel nicht zu Fehlinterpretationen kommt, werden folgende Kontrollen in der angewandten Methode durchgeführt:

1. *Trockenmassebestimmung*: Dabei soll die Effizienz der enzymatischen Behandlung bestimmt werden. Dazu wird die Trockenmasse des Filterkuchens auf dem Kerzenfilter vor und nach der Aufreinigung bestimmt.
2. *Wiederfindungskontrolle:* Bei der Wiederfindungskontrolle werden sog. *PE beads* mit einem Durchmesser von 200 μm mit Wasser durch die Filteranlage gepumpt. Im Anschluss werden die Plastikpartikel unter dem Mikroskop gepickt und gezählt.
3. *Blindprobe*: Bei der Blindprobe wird ein noch unbenutzter Kerzenfilter samt Gehäuse verwendet. Das Gehäuse wird mit gefiltertem Wasser gefüllt und während der Aufreinigung ebenfalls inkubiert. Nach der Behandlung wird das Wasser gefiltert und der Filter getrocknet.

Detektion
Zur Auswertung der Proben wird ein spezialisiertes Verfahren der Fourier-Transformations-Infrarotspektroskopie eingesetzt. Dabei wird ein FPA-Detektor verwendet. Der sog. Focal-Plane-Array-Detektor ermöglicht eine spektroskopische Auswertung von größeren Flächen. Mithilfe der FTIR-FPA-Technik können komplette Filter analysiert werden. Dabei wird der Filter in einzelne Abschnitte unterteilt, ein Abschnitt wird wiederum an 4096 Stellen detektiert. Pro Detektion wird ein Interferogramm erstellt und mit bestehenden Kunststoffdatenbanken verglichen. Durch diese Technik kann jedes einzelne Partikel auf der Oberfläche des Filters qualitativ ausgewertet werden. Bei diesem Verfahren können Partikel bis zu einer Mindestgröße von 20 μm analysiert werden.

Die Messung dauert 10–12 Stunden und der FPA-Detektor muss dabei alle drei Stunden mit flüssigem Stickstoff heruntergekühlt werden. Um Kunststoffe zu identifizieren, ist die Integration von vier Wellenzahlbereichen (2980–2780 cm^{-1}, 1800–1740 cm^{-1}, 1760–1670 cm^{-1}, 1480–1400 cm^{-1}) notwendig. In diesen Bereichen treten, je nach Kunststofftyp, spezifische Adsorptionen bzw. Transmissionen auf. Abb. 2.152 zeigt das Vorgehen bei der Identifikation der einzelnen Kunststoffpartikel auf dem getrockneten Filter.

Ergebnisse und Interpretation
Im August des Jahres 2014 schwamm der Autor Prof. Dr. Andreas Fath den Rhein stromabwärts, von der Quelle am Tomasee, bis in die Nordsee bei Hoek van Holland. Begleitet wurde dieses *Sports-meets-Science*-Projekt „Rheines Wasser" von Studenten der Hochschule Furtwangen (HFU) und einigen internationalen

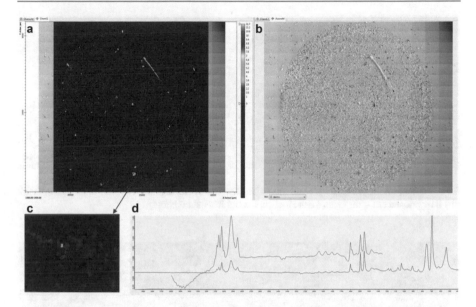

Abb. 2.152 Analyseprozedere zur Identifizierung eines einzelnen Mikroplastikpartikels. Auf dem Fehlfarben-Plot (A) wird ein Partikel (C) ausgewählt. In (D) ist sein charakteristisches IR-Spektrum zu sehen (rotes Spektrum). Dieses wird im Overlay mit einem Spektrum aus der Kunststoffdatenbank verglichen (blaues Spektrum). Bei Übereinstimmung ist der Kunststoff identifiziert. Das Bild (B) der Filteroberfläche gibt einen Überblick über den gesamten Filter und dient der Orientierung

wissenschaftlichen Instituten (EAWAG/TZW/AWI/Wetsus). Um die Gewässergüte des Rheins zu untersuchen, wurde eine Vielzahl von Analysen durchgeführt: Angefangen von den Schnelltests auf Nitrate, Phosphate, CSB, pH-Wert, O_2 und Trübung, über die instrumentelle Analyse von Schwermetallen, Pharmazeutika, Industriechemikalien, Röntgenkontrastmitteln und perfluorierten Tensiden, bis hin zu Mikroorganismen und Mikroplastik. Ein Hauptziel war und ist es, die Bevölkerung mit einer spektakulären Aktion auf den Gewässerschutz aufmerksam zu machen.

Erstmals wurde innerhalb dieses Forschungsprojekts der Rhein als Binnengewässer in seinem gesamten Verlauf auf Mikroplastik untersucht. Über den Plastikmüllstrudel im Nordpazifik und Plastik im Bodensee sowie an Deutschlands Küsten sind wir bereits informiert. Wie aber sieht es im Rhein aus? Dort wo die Sicht auf den Grund möglich ist wie z.B. an den Staustufen im Hochrhein finden sich eine Vielzahl von PET- Flaschen und Blechdosen Abb. 2.153. Das im Rhein transportierte Gestein zermahlt sich nicht nur selbst sondern auch den weicheren Kunststoff. Der Rhein ist eine riesige Plastikmühle Abb. 2.154.

Auf der 1200 km langen Strecke wurden alle 100 km mit einer an der HFU gefertigten transportablen Filterpumpe jeweils 1000 Liter durch ein 10-µm-Metallsieb gefiltert. Am Alfred-Wegner-Institut in Helgoland (Birte Beyer; Dr. Gunnar Gerdts, Dr. Martin Löder) und an der HFU (Jonas Loritz, Helga Weinschrott;

Abb. 2.153 Makroplastikfragmente am Atlantikstrand in Nordspanien (links) und Makroplastik
mit Blechdosen auf dem Grund des Hochrheins bei Rheinau (rechts)

Abb. 2.154 Der Rhein ist eine Plastikmühle

Dr. Andreas Fath) wurden die Filter in einem mehrstufigen langwierigen Prozess
aufgearbeitet, bei dem sukzessiv alle Begleitmaterialien wie Insekten, Halme,
Rindenstücke, Sand, Muscheln etc. durch den Einsatz von Enzymen und Wasserstoffperoxid eliminiert wurden. Abb. 2.155 zeigt die Arbeiten am Tomasee, der
Quelle des Rheins.

Mithilfe der Infrarotspektroskopie konnte eine Identifikation und eine Quantifizierung der Mikroplastikpartikel im Oberflächenwasser des Rheins ermittelt werden (Abb. 2.156, 2.157 und 2.158).

Im Oberflächengewässer des Rheins konnten im August 2014 beim Filtrieren
von 1000 Litern Wasser etwa 15 cm unter der Wasseroberfläche zehn verschiedene
Kunststoffe detektiert werden. Die Kunststoffe sind mit ihren Abkürzungen aufgelistet. Dabei handelt es sich um solche, die wir täglich ge- und verbrauchen.
Eine Übersicht über die am weitesten verbreiteten Kunststoffe und ihre Verwendung findet sich in Tab. 2.12 und über ihre Dichte in Tab. 2.33.

Abb. 2.155   Mikroplastikfiltration an der Quelle des Rheins

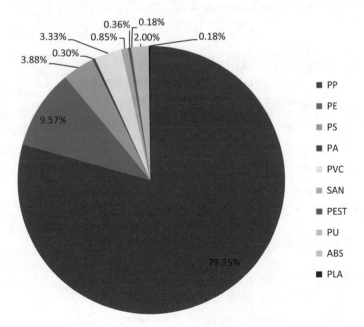

Abb. 2.156   Kunststofftypanteil der gesamten Mikroplastikproben <0,5 mm Partikelgröße

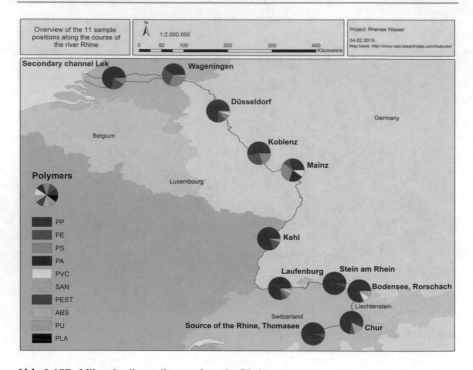

Abb. 2.157 Mikroplastikverteilung entlang des Rheins

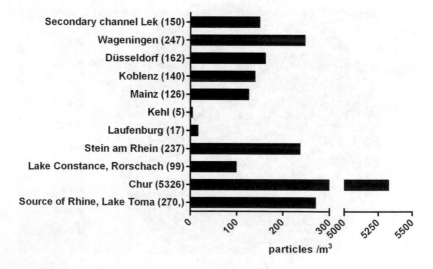

Abb. 2.158 Anzahl der Mikroplastikpartikel <0,5 mm entlang des Rheins

Den größten Anteil stellt mit rund 80 % das Polypropylen, gefolgt von Polyethylen mit rund 10 %. Die restlichen 10 % teilen sich hauptsächlich auf Polystyrol, PVC und ABS auf. Aufgrund der ermittelten Häufigkeit der Kunststoffe kann keine Massenbilanz über die gesamte Kunststofffracht im Rhein gezogen werden, denn 15 cm unter der Wasseroberfläche findet man vorzugsweise jene Kunststoffteilchen, die aufgrund ihrer geringen Dichte, die im Fall des PPs und PE sogar kleiner ist als die des Wassers, an der Wasseroberfläche schweben. Eine Probenahme in größerer Tiefe oder aus dem Sediment würde eine andere Kunststoffverteilung ergeben, zumal die Dichte von PET, bekannt von den PET-Flaschen, die zu Hauf an den Staustufen des Hochrheins im Grund des Flusses stecken, mit 1,4 g/cm^3 deutlich höher ist als bei PP mit nur 0,9 g/cm^3. Je kleiner die Dichte der Mikroplastikpartikel, desto häufiger findet man sie an der Oberfläche im Aufenthaltsbereich eines Schwimmers (vgl. hierzu das Kuchendiagramm in Abb. 2.144 und Tab. 2.33).

Der Anteil des Polyamids ist trotz geringer Dichte kleiner als erwartet. Da Polyamide größtenteils über Textilfasern in die Abwässer gelangen und diese Faserstrukturen sich überall festhaken, z. B. an Fischschuppen, Kiemen, in Fischmägen, an Treibholz und Wasserpflanzen, ist das eine Erklärung für den geringen Anteil im Oberflächenwasser des Rheins.

Das zunächst unerwartete Ergebnis der Kunststoffpartikelhäufigkeit entlang des gesamten Rheinverlaufs, in Abb. 2.157 dargestellt, und die ortsspezifische Verteilung in Abb. 2.158 lässt sich durch das Naherlebnis Rhein, wenn man die 1231 km selbst geschwommen ist und alle vertikalen und horizontalen Strömungen gespürt hat, besser interpretieren.

Ebenso wie beispielsweise bei den Arzneimitteln, wie Diclofenac, Sulfametoxazol, Metoprolol oder den Süßstoffen wie Acesulfam und Sucralose, hätte man einen kontinuierlichen Anstieg der Mikroplastikpartikelanzahl parallel zum Anstieg der Population mit jedem Rheinkilometer erwartet. Doch es ergibt sich, wie Abb. 2.158 zeigt, ein zum Teil anderer Verlauf.

Tab. 2.33 Dichte häufig verwendeter Kunststoffe in g/cm^3

Polypropylen (PP)	0,85–0,92
Polyethylen (PE)	0,88–0,98
Polyamid (PA)	1,01–1,16
Polystyrol (PS)	1,05–1,08
Styrolacrylnitril (SAN)	1,06–1,10
Polymethylmethacrylat (PMMA = Plexiglas)	1,16–1,20
Polyesterepoxy (PEST)	1,10–1,40
Polyvinylchlorid (PVC)	1,19–1,41
Polycarbonat (PC)	1,20–1,22
Polyurethan (PUR)	1,20–1,26
Polyvinylalkohol	1,21–1,31
Polyethylenterephthalat (PET)	1,33–1,41
Polyoximethylen (POM)	1,41–1,43

Ab der letzten Schleuse in Iffezheim bleibt das Gefälle bis zur Mündung annähernd konstant zwischen 0,1 und 0,2 ‰ (Ausnahme St. Goar 0,4 ‰, keine Probenahme). Auf dieser Strecke ist ein kontinuierlicher Anstieg von 126 auf 247 Mikroplastikpartikel <500 μm zu verzeichnen. Die letzte Messung in einem Seitenkanal des Niederrheins ist nicht mit der Strömung verbunden und somit als Einzelmessung zu betrachten. Es ist auch festzustellen, dass ab Mainz der Anteil der anderen Kunststofftypen neben PP und PE zunimmt. Das kann zwei Gründe haben. Entweder ist der Eintrag dieser Kunststofftypen durch die Abwassereinleitungen angestiegen oder der Mahleffekt des Rheins hat Makroplastik zu Mikroplastik transformiert. Außerdem ist in diesem Teilabschnitt des Mittelrheins die Strömung im Vergleich zum Kanal zwischen Basel und Karlsruhe stärker und nicht durch Schleusen unterbrochen. Turbulenzen durch hohes Schiffsverkehrsaufkommen sorgen außerdem für einen Rühreffekt und lassen den schwereren Kunststoffpartikeln keine Zeit sich abzusetzen.

Im Kanal von Basel bis zur Schleuse Iffeszheim wird mit fünf Partikeln pro Kubikmeter der kleinste Wert gemessen. Das liegt an der sehr schwachen bis nicht vorhandenen Strömung, wodurch sich auch Kunststoffpartikel mit niedrigerer Dichte absetzen können (der hohe PP-Anteil ist ein Indikator dafür).

Im Vorderrhein und dem Alpenrhein bleiben keine Kunststoffpartikel am Boden oder im Sediment. Alles, was durch die Wildwassermassen weggespült werden kann, wird mit 99 Partikeln pro Kubikmeter in den Bodensee als „stehendes Gewässer" eingetragen. Bis zum Auslauf des Untersees in Stein am Rhein steigen Strömung und Turbulenzen stark an und somit auch die Partikelanzahl auf 237. Der extrem hohe Wert bei Chur zeigt deutlich die Abhängigkeit des Messergebnisses vom Fließverhalten des Rheins. Im Wildwasser erleiden Kunststoffpartikel keine Dichteseparation, sodass man, was die Anzahl und den Kunststofftyp angeht, wegen der Durchmischung den kompletten Mikroplastikanteil erfasst. Die hohe Partikelanzahl von 5326/m^3 kann ein Hinweis darauf sein, dass sich in ruhigeren Abschnitten des Rheins nur der kleinere Anteil von Mikroplastikpartikeln nahe der Oberfläche aufhält, während sich der Rest in der Tiefe und am Boden verteilt befindet.

Ein weiteres unerwartetes und überraschendes Ergebnis ist die relativ hohe Anzahl von 270 Kunststoffpartikeln pro Kubikmeter m Tomasee, der Quelle des Rheins in den graubündner Alpen auf 2345 m Höhe. Dort oben gibt es weder Industrie noch Landwirtschaft. Außer den Ziegen und den Murmeltieren, die dort anzutreffen sind, gibt es auch vereinzelt Wanderer. Die allerdings könnten höchstens durch verantwortungsloses Entsorgen ihrer Proviantverpackungen für Makroplastikverunreinigungen verantwortlich gemacht werden, nicht aber für die Mikroplastikverunreinigungen im Tomasee, der eigentlich die Nullprobe unserer Analysereihe sein sollte. Wie gelangt Mikroplastik also in den Tomasee? Zunächst kann man festhalten, dass der Tomasee sich von Schmelzwasser speist und eine sehr geringe Abflussmenge hat, wodurch sich eingetragenes Mikroplastik über einen längeren Zeitraum in dieser Senke akkumulieren kann. Die abschmelzenden Schneefelder um den See enthalten bereits das Mikroplastik, welches durch unvollständiges und unsachgemäßes Verbrennen von Kunststoffen (Windelhöschen im Kamin etc.) mit der heißen Abluft und anderen Stäuben in die Atmosphäre aufsteigt und mit dem Niederschlag anderorts wieder deponiert wird, z. B. in den Alpen. Über diesen Weg ist es auch zu erklären, weshalb auch im Tomasee schon perfluorierte Tenside (z. B. durch den Einsatz von pft-enthaltendem Feuerlöschschaum bei Großbränden) nachzuweisen sind.

Wollte man anhand der vorliegenden Untersuchung allein von der oberflächennahen Rheinwasserschicht einen groben Anhaltspunkt darüber erhalten, welche Mikroplastikfracht jährlich in die Nordsee strömt, käme man auf ein Minimum von 8 Tonnen. Hierbei geht man von einer durchschnittlichen Partikelanzahl von 200 pro Kubikmeter aus. Bei einem Abflussvolumen von 2500 m3/s im August 2014 und einem Partikeldurchmesser von 500 µm (Dichte etwa 1 g/cm3 und Kugelgestalt) erhält man näherungsweise 8 Tonnen Mikroplastik pro Jahr. Das wäre die untere Grenze, denn dass es durchaus ein Vielfaches davon sein kann, zeigt das Ergebnis der Probe in Chur. Bei den dortigen Strömungsverhältnissen im Alpenrhein gibt es durch die starken Turbulenzen keine Wasserschichten, sodass man mit dem Absaugen von 1000 Liter Wasser den Partikelgehalt des kompletten Wassertiefenquerschnitts erfasst. Dabei ergibt sich eine höhere Partikelanzahl und Partikelvielfalt.

Diese Mikroplastikpartikelfracht, wie viele Tonnen pro Jahr es auch letztlich definitiv sein mögen, stellt ein unterschätztes Gefahrenpotenzial für Flora und Fauna dar. Es ist bekannt, dass Mikroplastikpartikel wie ein Magnet auf organische Schadstoffe wie beispielsweise PFTs (Bezug PFT-Skandal Düsseldorf) wirken und diese adsorbierbaren Substanzen adsorbieren. Somit umgehen Schadstoffe die Analytik, auch die der Rheinüberwachungsstationen, denn die Wasserproben werden, bevor sie in die HPLC *(high perfomance* oder *high pressure liquid chromatography)* injiziert und massenspektroskopisch analysiert werden, gefiltert, um die chromatographischen Trennsäulen (Säulen) nicht zu verstopfen. Die Schadstoffe, die an den Plastikpartikeln hängen, werden somit nicht erfasst.

Das heißt, die Fracht von PFTs und auch die der anderen Spurenstoffe, die in Kläranlagen nicht vollständig eliminiert wurden, sind höher als es uns die Analytik offenbart. Je nach Art, Menge und Oberflächenstruktur der Mikroplastikfracht und dem Verteilungsgleichgewicht kann die Diskrepanz unterschiedlich groß sein.

Ein Blick durch das Mikroskop auf Mikroplastikpartikel zeigt sehr große faszinierende Oberflächenstrukturen, welche die Adsorptionskapazität gleichermaßen vergrößern (Abb. 2.159 und 2.160). Die schon lebendig anmutenden transparenten „Medusen", vergleichbar mit der Schönheit und Vielfalt von Meerwasserquallen, lassen uns fast das toxische Potenzial beider Spezies vergessen.

Ergebnisvergleich zweier unabhängiger Studien am Rhein

In einer von der LUBW Ende 2014 in Auftrag gegebene MP-Studie in süd- und westdeutschen Binnengewässern, die neben dem Rhein und der Donau auch deren Zuflüsse umfasst, wurden die gesammelten Gewässerproben ebenfalls mit den bereits beschriebenen Verfahren vorbehandelt und Mikroplastik mit infrarotspektroskopischen Methoden zerstörungsfrei quantifiziert.

Die innerhalb der Studie gewonnenen Analysenergebnisse, die jüngst publiziert wurden (LUBW 2018), stellen einen umfangreichen Vergleich zwischen den ausgewählten Gewässern dar und liefern Erkenntnisse über die Art und Menge von Kunststoffpartikeln und geben zum Teil auch Aufschluss über deren Herkunft. Die Studie umfasst den Rhein, beginnend vom Bodensee bis zur holländischen Grenze.

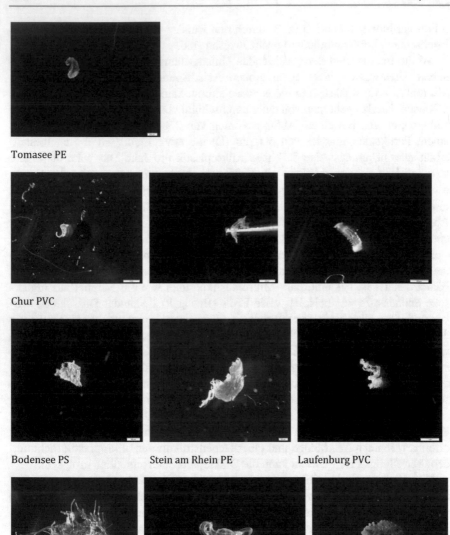

Tomasee PE

Chur PVC

Bodensee PS   Stein am Rhein PE   Laufenburg PVC

Kehl PA   Mainz PVC   Mainz PS

Abb. 2.159 Mikroskopaufnahmen von Mikroplastikpartikel >500 µm im Rhein ab dem Tomasee

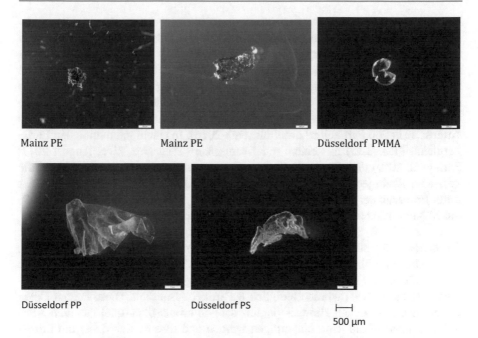

Mainz PE   Mainz PE   Düsseldorf PMMA

Düsseldorf PP   Düsseldorf PS   ⊢——⊣
                                          500 µm

Abb. 2.160 Mikroskopaufnahmen von Mikroplastikpartikel >500 µm im Rhein ab dem Tomasee

Da im Projekt „Rheines Wasser" 2014 (Fath 2016) der Rhein von der Quelle bis zur Mündung bereits auf Mikroplastik untersucht wurde, bietet sich ein Vergleich mit der LUBW-Studie am Rhein an, zumal sich beide Studien ergänzen. In beiden Studien erfolgten die Probenahmen 15 cm unter der Wasseroberfläche. Dies ist aufgrund der unterschiedlichen Dichten von Kunststoffen ein entscheidendes Kriterium für die Vergleichbarkeit. In beiden Fällen überwiegen somit an fast allen Orten die leichteren Kunststoffe PP, PE und PS. In den Zuflüssen der Ströme (Rhein und Donau) sind die Mikropartikelanzahlen deutlich höher, teilweise um einen Faktor von 10 (Emscher Mündung).

Ein wesentlicher Unterschied ist allerdings bezüglich der Partikelanzahl festzustellen. Während die Anzahl von größeren Mikroplastikpartikeln >300 µm in beiden Studien im einstelligen Bereich liegt, werden in der LUBW-Studie im Rhein „nur"niedrige zweistellige Anzahlen von Partikeln zwischen 20 und 300 µm Durchmesser gezählt, im Projekt „Rheines Wasser" allerdings dreistellige Zahlen (Tab. 2.34). Die Differenz ist damit zu erklären, dass in der LUBW-Studie alle Proben mit einem Schleppnetz der Maschenweite 300 µm gesammelt wurden, während im Projekt „Rheines Wasser" ein Kerzenfilter mit einer Porenweite von 10 µm verwendet wurde. In beiden Fällen wurden jeweils 1000 Liter Wasser gefiltert. Der Vergleich zeigt, dass teilweise über 90 % der kleinsten untersuchten MP-Kategorie (20–300 µm) in der LUBW-Bestandsaufnahme fehlen.

Dass es dennoch möglich ist, Partikel <300 µm mit dem Schleppnetz zu erfassen, liegt daran, dass sich das Netz mit allerhand „Beifang" füllt (Laub, Algen, Holzfasern, Insekten etc.), der dabei die Poren verstopft. Da die kleinsten Partikel 20–300 µm sind, die in großer Zahl vorkommt und die auch leichter von marinen

Habitaten aufgenommen werden, ist es umso wichtiger, diese in eine Bestands-
aufnahme mit aufzunehmen. Mit dem verwendeten Schleppnetz ist das quantitativ
nicht möglich und der Vergleich in Tab. 2.34 bestätigt die Aussage der LUBW-
Studie, dass die Anzahl der sehr kleinen Partikel im Gewässer tatsächlich viel
höher ist als in dieser Studie erfasst worden ist, trotz der relativ hohen Anzahl von
kleinsten MP-Partikeln im Rhein von 100–200 Partikeln. Nimmt man die Probe
von Chur (Fath) zur Durchschnittsberechnung mit hinzu, so wurden im Rhein im
August 2014 200 Partikel/m^3 ermittelt (Fath 2016). In einem internationalen Fluss-
vergleich (Tab. 2.35) mit einem amerikanischen (Tennessee River August 2017;
Fath et al. 2019) und einem asiatischen Fluss (Yankste; Wang et al. 2017) sind die
Werte im Rhein jedoch gering. Wie auch in der LUBW-Studie zeigt sich auch hier
unter Einbezug der Kinzig (777/m^3) (Jander 2017), einem Zufluss des Rheins, dass
die MP-Partikelanzahl aus den Nebenflüssen deutlich höher ist als im Hauptstrom.

In der LUBW-Studie werden die höchsten Werte für Mikroplastikpartikel der
Größenordnung 300–1000 µm in der Ruhrmündung mit 117 Teilchen ermittelt.
Es handelt sich hier hauptsächlich um PP und PE. Die Messstelle lag unterhalb
einer Kläranlage (Probe Ruh 03 NW). In der Vergleichsprobe oberhalb der Kläranlage (Ruh 02 NW) wurden lediglich 8 Partikel ausgezählt. Diese beiden Daten
geben einen deutlichen Hinweis darauf, dass Mikroplastikpartikel aus dem Klär-
anlagenablauf in die Ruhr eingetragen werden und dass es sich dabei um primäres Mikroplastik handelt. Dafür spricht einerseits die Partikelgröße der PP- und
PE-Teilchen, die hauptsächlich in Kosmetikartikeln und Peelings eingesetzt
werden, und andererseits die Tatsache, dass Makroplastik in der mechanischen
Behandlung der Kläranlage bereits in der ersten Reinigungsstufe eliminiert wurde.
In der biologischen Behandlungsstufe wird nach Abschluss der Nitrifikation und
Denitrifikation der absinkende Schlamm in den Faulturm zurückgeführt. Die leichten Mikroplastikpartikel mit einer Dichte kleiner als 1, dazu gehört PE und PP,
fließen zusammen mit dem behandelten Abwasser über den Ablauf in den Fluss.

Tab. 2.34 Vergleich der Partikelzahlen im Rhein, basierend auf zwei unterschiedlichen Probenahmen

Messstelle	>300 µm (LUBW)	>500 µm (Fath)	20–300 µm (LUBW)	25–500 µm (Fath)
Bodensee	1	1	4	99
Mainz	2	4	1	126
Koblenz	9	0	13	140
Düsseldorf	5	3	2	162

Tab. 2.35 Oberflächennahe Mikroplastikkonzentrationen in unterschiedlichen Flüssen

Fluss	MP/m^3	Abflussmenge m^3/s
Kinzig	800	5–10
Tennessee	16000	2000
Rhein	200	2500
Yangste[a]	9000	31.900

[a] Wang et al. 2017 (50–500 µm)

Interpretation der Partikelverteilung auf unterschiedliche Kunststofftypen

Bei der Verteilung der ausgezählten Mikroplastikpartikel auf die unterschiedlichen Kunststofftypen ist es, wie bereits erwähnt, aufgrund der Probenahme nahe der Wasseroberfläche nicht weiter verwunderlich, dass hauptsächlich die leichten Kunststoffe Polypropylen und Polyethylen zu finden und nachzuweisen sind. Dennoch gibt es sowohl zwischen beiden Studien als auch innerhalb der Studien deutliche Unterschiede, was die Polymertypenverteilung betrifft (Tab. 2.36 und 2.37).

Die Gründe dafür sind vielschichtig. Zum einen haben zufällige Ereignisse bei kleinerer Datenmenge einen größeren Einfluss auf statistische Erhebungen. Während sich die Verteilungsberechnung im Falle der LUBW-Studie auf teilweise sehr geringe MP-Partikelzahlen von 5, 10, 3 oder 7 (Tab. 2.37, Bodensee, Grenzach-Wylen, und Düsseldorf) stützt, basiert die Verteilungsberechnung in der

Tab. 2.36 Mikroplastiktypenverteilung entlang des Rheins. (Fath et al. 2019)

Probe	MP Σ	PP	PE	PS	PA	SAN	ABS	PU	PEST	PVC
Tomasee	270	94,7	5,3							
Chur	5326	72,8	6,9			13,3		7		
Bodensee	99	77,8	3,1			2,5	6,9			9,7
Stein am Rhein	237	94,4	5,6							
Laufenburg	17	78,7	6,9	7,2		3,6				3,6
Kehl	5	81,4	13,9			4,7				
Mainz	126	28,4	10	30	20,6					11
Koblenz	140	53	27	20						
Düsseldorf	162	73,3	12,5	7,2		2				5
Wageningen	247	41,7	27	28				3,3		
Seitenkanal Lek	150	70,7	19	8,9		1,4				

Tab. 2.37 Mikroplastiktypenverteilung entlang des Rheins. (LUBW 2018)

Probe	MP Σ	PP	PE	PS	PA	SAN	PU	PEST/PET
Bodensee 1	18	53,3	23,7	3	1			12,6
Bodensee 2	5	37	27,8	7,4			7,9	14,3
Grenzach W.	10	37,5	18,8					43,8
Weisweil	21	35,8	22,3	11,8			19	9,6
Hügelsheim	12	47,5	29,3	3,2			5,5	13,2
Nackenheim	3	9,4	76,6	4,7		4,7		
Lahnstein	22	37,9	43,8	1,6	7,8		0,4	7,4
Bad Honnef	15	51,8	44,3	1,9				
Düsseldorf	7	24,9	63,7	8,6		1,9		

Vergleichsstudie (Fath et al. 2019; Tab. 2.36) auf dreistelligen Partikelzahlen. Ein einfaches Zahlenbeispiel verdeutlicht den Einfluss der Datenmenge auf die Verteilungsberechnung. Bei drei MP-Partikeln (1 PP, 1 PE und 1 PS) pro 1000 Liter Flusswasser ergäbe sich eine Verteilung von 33,3 % für jede der drei Kunststoffarten. Erwischt man im Schleppnetz per Zufall einen weiteren Kunststoffpartikel, beispielsweise ein aus tieferen Schichten durch eine Schiffsschraube aufgewirbelten Polyamidpartikel (PA), ergibt sich eine neue, stark abweichende Verteilung mit jeweils 25 % für jeden der vier Polymere. Basiert die obige hypothetische Verteilungsberechnung auf 300 Partikeln, dann hat ein zufällig eingefangener PA-Partikel einen vernachlässigbaren Einfluss auf die Verteilung. Das Beispiel zeigt, dass mit größeren Partikelzahlen zuverlässigere, statistisch abgesichertere Aussagen hinsichtlich der Polymerverteilung getroffen werden können.

Des Weiteren ist ein direkter Datenvergleich der beiden Studien nur begrenzt möglich. Zwar können aus Tab. 2.36 und 2.37 gleiche Probenahmestandorte verglichen werden, doch können Abstände von wenigen Kilometern zwischen den Probenahmestandorten zu unterschiedlichen Resultaten führen. Hierbei spielen vor allem die Entfernung von Nebenflussmündungen eine Rolle und ob die Probenahme vor oder nach einer Einmündung erfolgte.

Physikalische, hydrodynamische und wetterabhängige sowie natürlich lokale Faktoren spielen für die MP-Typenverteilung ebenfalls eine Rolle, und diese Faktoren sind zu keinem Zeitpunkt gleich.

Sowohl die Strömungsgeschwindigkeit, Abflussvolumen und Turbulenzen (Schiffsverkehr, Gezeiten) eines Gewässers als auch die Wassertemperatur, Wassertiefe, Breite der Fahrrinne und der Anteil an gelösten und dispergierten Stoffen sowie Regenereignisse und Kläranlageneinläufe beeinflussen den Verteilungsgrad der Kunststoffe aufgrund ihrer unterschiedlichen Dichte. Turbulenzen können schwerere Kunststoffe in Richtung Wasseroberfläche transportieren und deren Sinkgeschwindigkeit hängt von der Viskosität des Wassers ab, welche wiederum durch viele weitere Faktoren beeinflusst wird. Da die analysierten Kunststoffe sich in ihrer Dichte (Tab. 2.33) verhältnismäßig wenig unterschieden, sind die hydrodynamischen und physikalischen Faktoren des Gewässers nicht vernachlässigbar. Am Beispiel des Sedimentgehalts im Gewässer an der Wasseroberfläche wird das deutlich. Der Hauptbestanteil von Flusssediment ist Sand mit einer Dichte von 1,5–2 g/cm^3 und ist größer als der der Kunststoffe und je nach Strömungsverhältnissen und Regenereignissen mal mehr, mal weniger an der Wasseroberfläche zu finden ist. Niemand kann das besser beurteilen als der Kraulschwimmer, der seine Hand in immer gleicher Entfernung von seinen Augen ins Wasser eintaucht, vor dem Beginn einer Zugphase. In einigen Schwimmabschnitten im Rhein ist die Hand gut zu sehen und in anderen aufgrund des aufgewirbelten bzw. eingetragenen Sediments nicht mehr. Ebenso spürt der Schwimmer, der selbst mit einer Dichte <1 g/cm^3 unterwegs ist, die Wasserauf-, Ab- und Vortriebskräfte in den Turbulenzen der Strömung und nimmt die Wassertiefe optisch wahr. Unter Einbezug dieser Perspektive wird eine Interpretation der Rheinergebnisse, die in Tab. 2.36 dargestellt sind, plausibler. Die inhomogene Kunststofftypenverteilung an der Wasseroberfläche kann viele Ursachen haben.

Bei ruhigem Gewässer (Tomasee) setzten sich Kunststoffpartikel mit einer Dichte, die größer ist als 1 g/cm^3, in tieferen Schichten oder im Sediment ab, und im Filter ist neben PP und PE kein weiterer schwererer Kunststoff zu finden. Das gleiche Ergebnis ist bei laminarer Strömung festzustellen, dort, wo sich der Untersee zum Fluss formiert (Stein am Rhein). Schwebstoffe auf dem Grund bewegen sich zwar mit der Strömung, verbleiben aber in den bodennahen tieferen Wasserschichten.

Im Alpenrhein bei Chur ist zum einen die Partikelanzahl mit über 5000 MP-Partikel/m^3 überdurchschnittlich hoch, obwohl der Rhein bis dahin wenige Kilometer, beginnend vom Tomasee, zurückgelegt hat und vergleichsweise noch wenige kommunale Abwässer eingeleitet wurden. Eine derart hohe Konzentration, basierend auf primärem Mikroplastik aus Kosmetikartikeln, ist daher unwahrscheinlich. Das abgebildete Kunststoffspektrum in Abb. 2.161 beinhaltet

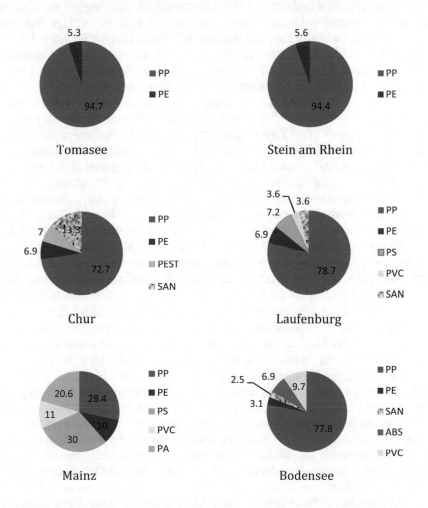

Abb. 2.161 Typenverteilung an ausgewählten Positionen im Rhein im August 2014

zusätzlich zu PP und PE auch Kunststoffe mit höherer Dichte wie das Styrolacryl-nitril (SAN, 1,1 g/cm^3) und Polyester (PEST, 1,2 g/cm^3).

Aufgrund der niedrigen Wassertiefe von weniger als einem Meter und starker Turbulenzen vor und hinter dem Gestein im Wildwasser können sich weder ein-getragene Kunststoffpartikel noch der Sand absetzen. Die Folge ist, dass alle vor-kommenden Kunststofftypen mit dem Filtersystem erfasst werden und der Filter sich zusetzt, noch bevor 1000 Liter gefiltert sind. Die transportierte Wassermenge des Rheins an dieser Stelle ist trotz starker Regenfälle mit 100 m^3/s Ende Juli 2014 vergleichsweise gering, sodass Einträge von ansässigen Chemiekonzernen und Polymerproduzenten viel stärker ins Gewicht fallen als andernorts am Rhein (Niederrhein bei Emmerich 2500 m^3/s im August 2014).

Am Hochrhein ist der Fluss des Rheins durch eine Vielzahl an Staustufen und Wehren unterbrochen und durch 11 Wasserkraftwerke hoch aufgestaut. Das von den hohen Staustufen herabstürzende schäumende Wasser beruhigt sich vom Kraftwerk Albbruck Dogen auf den wenigen Kilometern bis zur Staustufe Laufen-burg nicht mehr. An der historischen Brücke bei Laufenburg kommt es zudem zu einer angestauten gefährlichen Flussenge, mit starken Stromschnellen und Press-wassern, in denen bei einer Wassertiefe von weniger als zwei Metern das Wasser von unten nach oben drückt wie in einem Kochtopf. Ebenso wie in Chur haben auch in Laufenburg aufgrund der Strömungsverhältnisse im Wasser dispergierte Mikroplastikpartikel aller Typen keine Chance, sich im Sediment abzusetzen, sodass das gesamte vorkommende Kunststoffspektrum durch eine Probenahme an der Oberfläche erfasst werden kann. Mit SAN und PVC finden sich somit auch wieder Kunststoffe mit einer höheren Dichte in der Filterkerze wieder.

Die Bodenseeprobe wurde auf der Höhe von Rohrschach entnommen, unweit ent-fernt von der Mündung des hochwasserführenden Altrheins, der 12 °C kaltes Wasser zusammen mit seiner Mikroplastikfracht in den 19 °C warmen Bodensee einträgt. Das kalte Wasser fällt im See ab und wirbelt das Sediment und die bodennahen Wasser-schichten auf, sodass auch dort neben den Standardvertretern PP und PE mit SAN, ABS und PVC ein breiteres Spektrum an Kunststoffen nachzuweisen ist als am Ende des Untersees. Ob auch die lokalen Kunststoffverarbeiter in Rohrschach einen Ein-fluss auf die Menge und Typenverteilung haben, ist Spekulation. Generell aber ist fest-zustellen, dass die Sandmenge im Filter mit dem Anteil der schwereren Kunststoffe korreliert. In einem Filter, in dem kaum Sand zu finden ist, da klares Oberflächen-wasser gefiltert wurde, sind die Polymere PE und PE die einzigen MP-Vertreter.

Der SAN-Eintrag bei Chur zieht sich über den Bodensee bis in den Hochrhein bei Laufenburg hinein. Dass das SAN in Stein am Rhein nicht im Diagramm vor-kommt, liegt daran, dass es bei der Probeentnahme nicht mit erfasst wurde. Das SAN wird mit der laminaren Tiefenströmung in den Hochrhein transportiert.

Da die Messstelle in Mainz zwischen Rheinkilometer 495 und 505 im unmittel-baren Einflussbereich des Mains lag, ist hier das gleiche Phänomen wie bei der Bodenseeprobe festzustellen. Auffällig ist allerdings der hohe Polyamidanteil. Bei keiner anderen Probe am Rhein werden, wenn überhaupt, dann so hohe Werte für Polymid gefunden, außer in Lahnstein mit 7,8 % (LUBW-Studie). Dies ist damit zu erklären, dass der Polyamid-Mikroplastikeintrag hauptsächlich auf das Waschen von Textilien zurückzuführen ist (Boucher und Friot 2017), also auf die kommunalen

Abwässer der privaten Haushalte. Im noch jungen Rhein ist die Eintragsmenge aufgrund der geringen Bevölkerungsdichte noch verhältnismäßig gering. Bis zur Mündung in Hoek van Holland hat der Rhein die Abwässer von 56 Mio. Menschen gesammelt. Das heißt, schon in Mainz, über der Hälfte der Fließstrecke, ist insgesamt eine hohe Fracht an Waschmaschinenabwässern indirekt in den Rhein eingeflossen und mit ihnen auch der Anteil an Polyamidfasern, die nicht im Klärschlamm der Kläranlagen zurückgehalten wurden, entweder, weil die Fasern zu klein sind und damit im Filtrat der Trockenpressung des Klärschlamms verbleiben, oder da das kommunale Abwasser erst gar nicht in der Kläranlage aufgrund von Starkregenereignissen behandelt werden kann. Aufgrund der Zusammenführung der häuslichen Abwässer zusammen mit Regenwasser (Mischwasserabführung) sind bei Starkregenereignissen die Kläranlagen-Abwasserrückhaltebecken zu klein, sodass das Überschusswasser unbehandelt in Flüsse eingeleitet wird. In solchen Fällen werden die Betonabwasserrohre derart geflutet, dass ein Abtrag des in Trockenperioden entstandenen Biofilms eintritt. Wie hoch die MP-Konzentrationen in diesen Biofilmen sind und wie deren Verteilung aussieht, ist Gegenstand aktueller Untersuchungen. In Mainz wird das in tiefere Wasserregionen abgesunkene Polyamid mit einer Dichte >1,1 g/cm3 ebenso wie das noch schwerere PVC (11 %; $\rho = 1,2–1,4$ g/cm^3) durch den Eintritt des Mains aufgewirbelt und kann im Filter erfasst werden.

In Koblenz, vor dem Eintritt der Mosel auf der Höhe von Lahnstein (km 587), wurden in beiden Studien gleicherorts 1000 Liter Rheinwasser filtriert, mit einem unterschiedlichen Ergebnis (Tab. 2.36 und 2.37). Während im August 2014 neben PP, PE und PS keine schwereren Kunststoffe nachgewiesen wurden, finden sich in der LUBW-Studie zusätzlich PA und PET und wenig PU. Die Diskrepanz zeigt, dass es neben dem beschriebenen Einfluss der Strömungsverhältnisse noch weitere temporäre Faktoren gibt, die das Ergebnis signifikant beeinflussen können. Hierzu zählen beispielsweise der Schiffsverkehr und der Wasserstand. Beide Faktoren beeinflussen sowohl die Konzentration der MP-Partikel als auch deren Verteilung. Die Auswirkungen eines stromaufwärts fahrenden, voll beladenen Frachters mit Tiefgang sind für einen Schwimmer im Rhein trotz einiger Meter Abstand deutlich hör- und spürbar. Eine Beeinträchtigung der Verteilung von Kunststoffschwebstoffen im Wasser aufgrund unterschiedlichen Verkehrsaufkommens auf dem Wasser ist durchaus denkbar und liefert eine plausible Erklärung für die Abweichung in der Quantifizierung von Mikroplastikpartikeln an gleicher Stelle, aber zu unterschiedlichen Zeitpunkten.

Die Werte im Niederrhein bei Wageningen und im Rheinseitenkanal bei Lek sind nicht direkt miteinander vergleichbar. Durch die fehlende Anbindung des Kanals an den Hauptstrom sind die Mikroplastikkonzentrationen und die Verteilung im Kanal regional beeinflusst, während der Niederrhein überregional beeinflusst ist. Da er das Wasser, trotz Abzweigung in die deutlich mehr wasserführende Waal an der deutsch-niederländischen Grenze, aus allen Anrainerländern mitbringt, ist nicht nur die MP-Partikelzahl mit 247/m^3 überdurchschnittlich hoch, sondern auch die Konzentration aller anderen anthropogenen organischen Spurenstoffe wie Pharmazeutika, Insektizide, Süßstoffe, Korrosionsschutzmittel, Industriechemikalien etc. (Fath 2016).

In Breisach trifft sich der Altrhein mit dem Rheinseitenkanal und der Oberrhein
wird dann bis Iffezheim (letzte Schleuse vor der holländischen Grenze) durch
acht Schleusen unterbrochen. Die Fließgeschwindigkeit der etwa 100 km langen
begradigten Strecke von Breisach bis Iffezheim wird dadurch sehr stark verlangsamt und das Wasser teilt sich vor jeder Schleuse auf in den Rhein und den
Schleusenseitenkanal. Hier wird ein Vergleich von Mikroplastikproben schwierig, da sich die Bedingungen im Gewässer abrupt ändern. Aufgrund des geringen
Gefälles stagniert die Strömung schon einige Kilometer vor der Schleuse und das
Schwimmen in dem aufgewärmten, stehenden Gewässer ist zäh. Direkt nach der
Schleuse geht es mit frischem, kühlem, sauerstoffreichem Wasser mit stärkerer
Strömung weiter in das darauffolgende Staubecken, wobei die Fließgeschwindig-
keit und die Wassertemperatur wieder kontinuierlich abnehmen. Die Mikroplastik-
ergebnisse in Kehl (Fath), Weisweil bei Rust (LUBW) und Hügelsheim bei Rastatt
(LUBW) lassen sich aufgrund der wechselnden Bedingungen nicht vergleichen.
Weisweil liegt im Einfluss der Schleuse Schönau und Hügelsheim im Einfluss der
Iffezheimer Schleuse, während die Probe bei Kehl, wo sich das Wasser in eine
Vielzahl von Hafenbecken verteilt, und die Schleusen Straßburg und Gambsheim
von der Probeentnahme in beide Richtungen etwa 10 km entfernt liegen. Dies
erklärt die sehr geringe (kleinste Konzentration im Rhein im August 2014; Fath
2016) Konzentration von nur 5 Partikel/m^3 (Tab. 2.36) und das, trotz des hohen
Eintrags der Kinzig mit 777 Partikeln/m^3 unterschiedlichster Kunststofftypen, wie
das Kreisdiagramm in Abb. 2.162 zeigt.

Die Rheinnebenflüsse führen in der Regel im Vergleich zum Hauptstrom weni-
ger Wasser (Ausnahme ist die Aare) und haben ein stärkeres Gefälle und damit
eine stärkere, turbulentere Strömung, bei geringerer Wassertiefe. Dies hat zur
Folge, dass die Mikroplastikkonzentrationen höher sind und ein breiteres Spekt-
rum der diversen Kunststofftypen nachzuweisen ist. Am Beispiel der Probe in
Chur wurde dieser Sachverhalt bereits diskutiert. An der Kinzigmündung in den
Rhein kommt einerseits ein über 100-facher Verdünnungseffekt zum Tragen
(Abflussmenge Kinzig 10 m^3/s; Abflussmenge >1000 m^3/s) und andererseits führt
der Eintritt der flachen Kinzig in das tiefe und ruhige Kehler „Hafenbecken" zum
Absinken der schwereren Kunststofftypen.

Im Vergleich zu dem etwa gleich langen Tennessee River in den USA, der auch eine
ähnliche Wasserabflussmenge aufweist (Tab. 2.38) sind die Mikroplastikpartikelzahlen

Abb. 2.162 MP-Typenverteilung
der 777 Partikel aus der
Kinzigwasserprobe in Prozent.
(Fath et al. 2019)

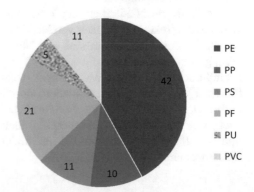

Tab. 2.38 Gegenüberstellung zweier Flüsse (Rhein vs. Tennesee River) nach ausgewählten Parametern

	Rhein	Tennessee River
Länge	1231 km	1049 km
Schwimmetappen	25	33
Start	28. Juli 2014 am Tomasee (CH)	27. Juli 2017 in Knoxville
Ende	24. Aug. 2014 in Hoek van Holland (NL)	29. Aug. 2017 in Paducah (Kentucky)
Einzugsgebiet	56 Mio. Einwohner 185.000 km²	4,8 Mio. Einwohner 105.868 km²
Länder	Schweiz, Deutschland, Frankreich, Niederlande	USA (vier Bundesstaaten: Tennessee, Kentucky, Alabama, Mississippi)
Gefundenes MP/Anzahl Typen	Zwischen 5 und 5326 Partikel/m³ Ø 200/m³ PP, PE, PS, PA, SAN, ABS, PU, PEST, PVC, PLA	Zwischen 14140–17674 Partikel/m³ Ø 16.000/m³ PP, PE, PS, PA, ABS, PSU, PVC, Silikone
Abflussmenge	2500 m³/s (im August 2014 in Emmerich) der wasserreichste Fluss in Deutschland	1998 m³/s
Fließgeschwindigkeit	zwischen 0,7 und 2,9 m/s	zwischen 0,4 und 1,5 m/s
Nebenflüsse >40 m³/h	14	6
Seen	1 Bodensee	9 Fort Loudoun Lake Watts Bar Lake Chichamauga Lake Nickajack Lake Guntersville Lake Wheeler Lake Wilson Lake Pickwick Lake Kentucky Lake
Gesamtgefälle	0,05–0,89 ‰ 2345 m vom Tomasee bis zur Nordsee Zum Vergleich: 248 m von Basel bis Rotterdam	156 m von Knoxville bis Paducah
Überwachungsstationen	7	5
Schleusen und Wehre	25	9
Wasserkraftwerke	24	29
Kernkraftwerke	3	3
Gütertransport	über 200 Mio. Tonnen pro Jahr	über 50 Mio. Tonnen pro Jahr
Name	Der Name „Rhein" geht auf die indogermanische Wortwurzel reih- für „fließen" zurück. Aus dieser Wurzel entstand auch das Verb „rinnen"	Tennessee kommt von dem Cherokee-Dorf Tanasi

relativ gering. Mit knapp 18.000 Partikeln/m³ (Fath et al. 2019) ist der Tennessee River extrem hoch mit Mikroplastik belastet. Die Konzentrationen sind sogar höher als im Yangtse (Tab. 2.38) (Wang et al. 2017), wobei zu berücksichtigen ist, dass die Partikelgrößen nicht direkt vergleichbar sind. Die Untergrenze bei Wang et al. (2017) lag bei 50 µm, während sie bei Fath et al. (2019) bei 25 µm lag. Aufgrund der Tendenz, dass die Partikelanzahl umgekehrt proportional zur Partikelgröße stark ansteigt, ist diese Differenz im Größenspektrum nicht zu vernachlässigen.

Abb. 2.163 zeigt die Verteilung der Mikroplastikpartikel von 25–500 µm im Tennessee River um die Flussmeile 219 in der Höhe von Waterloo in Alabama. Das Kreisdiagramm beinhaltet die typischen Kunststoffe, die auch im Rhein nachzuweisen sind, auch in einer ähnlichen Verteilung. Auffällig ist lediglich der PSU-Anteil und die Silikone. Bei Waterloo, etwa 20 Meilen vor dem Pickwick Damm, ist das Gewässer alles andere als beruhigt. Strömung in der Fahrrinne, Regen, starker Wind und geringe Wassertiefe (2–4 m) sind die Randbedingungen für die Probenahme und die Typenverteilung. Der hohe Anteil an Sand und pflanzlichen Schwebstoffen führt im gesamten Tennessee River dazu, dass lediglich 500 Liter Wasser bis zum Verstopfen der Poren gefiltert werden konnten. Die qualitative Aussage, dass, je höher der Sandanteil im Filter ist, auch der Anteil an Mikroplastikpartikeln höherer Dichte ansteigt, hat sich auch in dem in Abb. 2.150 ausgewerteten Filter T8 bestätigt.

Es drängt sich natürlich die Frage auf, weshalb die Mikroplastikkonzentration im Tennessee River, in dessen Wassereinzugsgebiet mit 4,8 Mio. relativ wenige Menschen leben (vgl. Rhein = 56 Mio.), derart hoch ist. Eine Erklärung dafür wäre, dass weder in Tennessee noch in Mississippi noch in Alabama oder Kentucky eine Mülltrennung durchgeführt wird. Der Plastikmüll wird weder getrennt gesammelt noch recycelt, noch einer thermischen Verwertung zugeführt. Er geht zusammen mit dem Restmüll auf die Deponie oder, um es in der Landessprache auszudrücken, in „Landfill". Der Plastikkonsum im Getränke- und Lebensmittelbereich (Einkaufstüten, Besteck, Fastfood; Strohhalme etc.) ist in den o. g. Bundesstaaten der USA deutlich höher als hierzulande und der Umweltschutz wird, wenn überhaupt, nur stiefmütterlich behandelt. Daran wird sich in der Legislaturperiode von Donald Trump nichts ändern, der sich zum Thema

Abb.
2.163 MP-Typenverteilung der 17.674 Partikel aus der Tenneseefilterprobe T8 (Meile 219) in Prozent. (www.tenneswim.org)

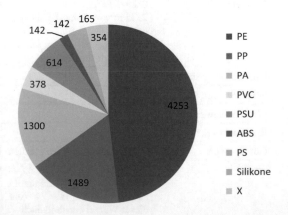

„Umweltschutz" äußerte mit: *we can leave a little* bit". Plastikmüll wird zunächst also weiter das Land und die Böden füllen.

Die bereits genannten Zersetzungsprozesse, die aus Makroplastik, Mesoplastik und schließlich Mikroplastik machen, laufen im Boden, in dem Kleinstlebewesen wie Ameisen, Insekten, Würmer, Raupen, Käfer etc. Kunststoffteile in tiefere Schichten einschleppen, weiter ab. Durch Regenereignisse gelangen so Mikroplastikpartikel von Deponien entweder über das Oberflächengewässer in Flüsse und Seen oder werden auch durch unterirdische Wasserwege in größere Wasserreservoirs eingetragen, sogar bis ins Grundwasser (LUBW 2018; Rillig 2012; DRZE 2018).

Alle in diesem Kapitel dargestellten Ergebnisse hinsichtlich der Quantifizierung und Qualifizierung von Mikroplastikpartikeln aus gefilterten und aufbereiteten Wasserproben sind unter Einbezug der Infrarotspektroskopie entstanden. Um auch die kleinsten Partikel analysieren zu können, wurde nicht im Reflexionsmodus aufgenommen, da man mit dem auf die Probe aufzusetzenden ATR-Kristall die Probe verschiebt, versetzt oder gar nicht trifft, sondern im Durchstrahlungsmodus.

Da der Filter als Trägermaterial (Aluminiumoxid) selbst im IR-Bereich unterhalb von 1600 cm^{-1} Strahlung absorbiert, kann es in diesem Bereich zu Fehlinterpretationen kommen, denn in diesem sogenannten Fingerprintbereich sind charakteristische Absorptions-Peaks für die unterschiedlichen Polymere zu finden. Mit einem Siliciumoxidfilter lässt sich der Unsicherheitsbereich verkleinern (Absorption $< 1300 \text{ cm}^{-1}$).

Da es für die Messmethodik bezüglich der Filter, der Aufnahmemodi und der hinterlegten Spektrendatenbanken keine einheitlichen Standards gibt, kann es in der Zuordnung der Spektren zu den entsprechenden Kunststoffen zu Diskrepanzen kommen. Dies trifft vor allem auf Kunststoffe mit ähnlichem Fingerprintbereich zu wie SAN und ABS oder die Polyester PEST, PBT und PET sowie PU und PSU. Dies sollte bei einem Ergebnisvergleich von unterschiedlichen Mikroplastikuntersuchungen im gleichen Medium dann berücksichtigt werden, wenn die exakte Typenverteilung eine wichtige Rolle spielt.

Die Infrarotspektroskopie in Kombination mit einem Mikroskop ist nicht die einzige Methode, um Mikroplastikvorkommen und -verteilung zu untersuchen. Da jede Methode ihre Grenzen hat, ist es wichtig, die Untersuchungsmethode der Untersuchungsaufgabe so anzupassen, dass das zuverlässigste Ergebnis erhalten wird, bzw. auch eine komplementäre Methode zu kennen, die ein Ergebnis ergänzt oder bestätigt. In Abschn. 2.7 werden deshalb alle bisher wichtigen und validierten Methoden mit ihren Stärken und Schwächen vorgestellt.

2.7 Alternative und ergänzende Mikroplastikanalyseverfahren im Vergleich

2.7.1 Raman-Mikroskopie

Nicht nur mit Infrarot- und Mikrowellenspektroskopie, sondern auch mit der Raman-Spektroskopie lassen sich Rotations- und Schwingungsspektren von Molekülen, Makromolekülen und Polymeren untersuchen. Kombiniert man die

Raman-Spektroskopie (Brandmüller und Moser 1962) mit einem Mikroskop, dann können Mikroplastiktypen mit der Raman-Spektroskopie komplementär zur IR-Spektrsokopie analysiert werden. Im Gegensatz zur IR-Spektroskopie (Absorptionsspektrum) erhält man aufgrund unterschiedlicher physikalischer Grundlagen und der Anregung der Probe ein Emissionsspektrum. Die Raman-Spektroskopie basiert auf dem Raman-Effekt, den der indische Physiker C. V. Raman 1928 (Physik-Nobelpreis 1930) experimentell bestätigte, nachdem A. Smektal ihn fünf Jahre zuvor bereits theoretisch vorausgesagt hatte. Der Effekt basiert auf der unterschiedlichen Wechselwirkung der Materie mit monochromatisiertem Licht, zum Beispiel dem eines Lasers. Während der größte Teil des Laserlichts die Probe ungehindert durchdringt (Durchstrahlung), wird ein sehr geringer Teil des Lichts (0,01 %) in alle Raumrichtungen gestreut. Diese Streustrahlung, die sogenannte Rayleigh-Strahlung, hat die gleiche Frequenz wie das eingestrahlte Licht, aufgrund der elastischen Zusammenstöße mit den Molekülen der Probe. Ein noch geringerer Anteil (10–6 %) des monochromatischen Lichts führt zu unelastischen Kollisionen mit den Molekülen der Probe (Hesse et al. 2015). Dabei kommt es zur Absorption und Emission einer Teilstrahlung, abhängig von der Schwingungs- und Rotationsanregung bzw. -relaxation. Die messbare absorbierte und reemittierte Strahlungsenergie ist abhängig von den charakteristischen Schwingungs- und Rotationsniveaus der angeregten Moleküle in der Probe und macht damit ihre Analyse mit einem photoelektronischen Detektor möglich. In Abb. 2.164 ist der Aufbau eines Raman-Spektrometers schematisch dargestellt.

Die schematische Energieniveaudarstellung in Abb. 2.165 erklärt das Zustandekommen des darunter abgebildeten typischen Raman-Emissionsspektrums. Ist die Energie der eingestrahlten elektromagnetischen Strahlung nicht groß genug, um eine Elektronenanregung in ein höheres Energieniveau zu erreichen, wird die Anregungsstrahlung elastisch gestreut und unverändert als v_0 emittiert oder die angeregten Moleküle fallen nicht wieder in den Grundzustand E_0 zurück, sondern

Abb. 2.164 Aufbau eines Raman-Spektrometers

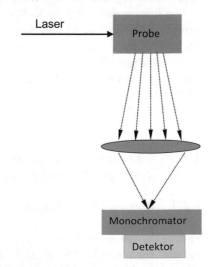

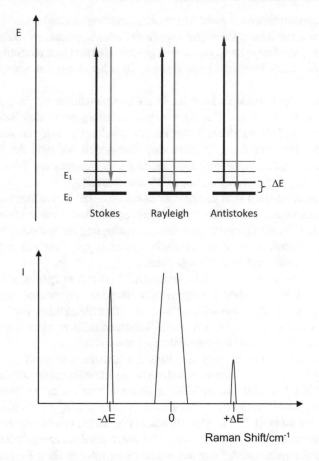

Abb. 2.165 Schematische Niveaudarstellung der Stokes-, Rayleigh- und Anti-Stokes-Linien (oben, schwarzer Pfeil = eingestrahltes Licht; grauer Pfeil = abgestrahltes Licht) mit dem dazugehörigen Raman-Spektrum (unten)

in einen ersten angeregten Schwingungszustand E_1 (unelastische Streuung), sodass die Energiedifferenz der Schwingungsenergie entspricht, die auch im IR-Spektrum als Absorptionsbande zu finden ist. Die emittierte Strahlung ist demzufolge energieärmer und als Stokes-Linie im längerwelligen Bereich, links neben der Rayleigh-Bande in Abb. 2.152, zu sehen. Die Anti-Stokes-Bande, äquidistant von der Rayleigh-Bande auf der rechten Seite, kommt dadurch zustande, dass einige Moleküle nach der Boltzmann-Verteilung sich bereits in einem thermisch angeregten Zustand E_1 befinden und nach der Wechselwirkung mit der Anregungsfrequenz ν_0 in den Grundzustand übergehen, wobei dabei eine höher energetische kurzwelligere Strahlung (Anti-Stokes-Strahlung) emittiert wird. Da sich bei Raumtemperatur die meisten Moleküle im Vibrations-Grundzustand befinden (Boltzmann-Verteilung), ist die Stokes-Streuung intensiver als die Anti-Stokes-Streuung.

Der Frequenzunterschied zwischen Stokes- und Anti-Stokes-Strahlung ist häufig als Relativwert zur Stokes-Frequenz angegeben, dem sogenannten Raman-Shift, bei dem die Anregungsfrequenz ν_0 gleich null gesetzt wird und sich die Stokes-Frequenz von der Anti-Stokes-Frequenz bzw. Energie ($E = hc/\lambda$) nur im Vorzeichen unterscheidet.

Die Raman-Spektroskopie ist deshalb als komplementar zur IR-Spektroskopie zu betrachten, da der Raman-Effekt nur dann existiert, wenn sich innerhalb einer Schwingung die Polarisierbarkeit der an der Bindung beteiligten Atome ändert, während Moleküle nur dann IR-aktiv sind, wenn sich während der Schwingung eine Dipolmomentänderung ergibt. Je leichter deformierbar die Elektronenwolke um ein Atom ist, desto größer ist seine Polarisierbarkeit.

Beide Auswahlregeln sind zueinander komplementär. Betrachtet man zum Beispiel Schwingungen, die symmetrisch zum Symmetriezentrum eines Moleküls erfolgen, wie z. B. die symmetrische Streckschwingung im linearen CO_2-Molekül, so ist diese IR-inaktiv, aber Raman-aktiv. Generell gilt, dass keine Schwingung gleichzeitig Raman- und IR-aktiv sein kann.

Innerhalb der spektroskopischen Analysemethoden der organischen Chemie hat sich die Raman-Spektroskopie aufgrund der jüngsten Lasertechologieentwicklungen, gekoppelt mit der Verwendung von Halbleiterdetektoren und computergestützen Auswerteprogrammen, aus ihrem Schattendasein zu einer leistungsstarken Ergänzung der etablierten IR-Spektroskopie entwickelt.

Beide Spekroskopiearten sind die bisher am meisten angewandten, zerstörungsfreien, optischen Untersuchungsmethoden für die Identifizierung von Mikroplastik, die in Kombination mit einem leistungsfähigen Mikroskop Partikelgrößen um 10 µm (Löder und Gerdts 2015; Löder et al. 2015b) (FTIR) bis zu 0,5 µm (Enders et al. 2015; Imhof et al. 2012, 2016; Fischer et al. 2015; Ivleva und Nießner 2015) (Raman) Durchmesser sichtbar machen und deren Analyse ermöglichen. Damit ist auch die Partikelgrößenverteilung auf einem Filter oder in einer Bodenprobe (Fath et al. 2019) durchführbar.

Mit der ATR-Technik wird meist im Durchstrahlmodus analysiert, da die Fixierung des ATR-Kristalls auf kleineren Partikeln schwierig zu positionieren ist, ohne die Probe zu verschieben. Verwertbare Signale im Durchstahlmodus werden nur in den Bereichen erhalten, in denen auch das Filtermaterial IR-durchlässig ist. Mit einem Aluminiumoxidfilter einer Porenweite von 25 µm (Anodisk 25) nimmt die Strahlungsdurchlässigkeit an 1300 Wellenzahlen rapide ab. Mit einem geätzten Siliciumdioxidfilter kann der IR-Bereich erweitert werden, sodass auch Signale unterhalb der 1300 cm^{-1} detektiert werden können (Wiesheu et al. 2016).

Der größte Nachteil der optischen Verfahren liegt in dem sehr hohen Zeitaufwand, selbst wenn man mit einem Multidiodendetektor (FPA-Detektor) arbeitet. Bei einer gefilterten Wassermenge von 1000 Litern ist zunächst die Isolierung der Mikroplastikpartikel von der Biomasse und vom Sand sehr zeitaufwendig, bis ein getrockneter Filter unter dem IR-Mikroskop-Probentisch liegt. Bei einer Filterfläche von 284 mm^2 zeigt der Probentisch in Abb. 2.166 nur einen Bruchteil von 4 mm^2. In diesem Ausschnitt wird manuell jeder Partikel angefahren, fokussiert, dann ein Spektrum davon aufgenommen und mit der hinterlegten Kunststoffspektrenbibliothek verglichen. Bei einer Übereinstimmung wird der Partikel als

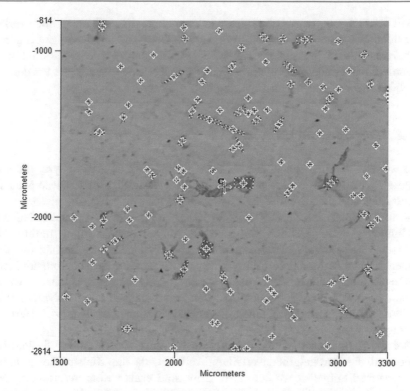

Abb. 2.166 4-mm²-Ausschnitt eines Aluminiumoxidfilters unter dem IR-Mikroskop. Die roten Kreuze zeigen bereits detektierte Mikroplastikpartikel an. Die Filterfläche zeigt 112 Messpunkte an und ist zu 75 % ausgelesen

entsprechender Kunststoff markiert. Dabei ist nicht jeder Partikel ein „Treffer", denn die Probenaufbereitung der einzelnen Filter kann ein sehr unterschiedliches Ergebnis haben. Bei guten Proben sind die Begleitmaterialien auf dem Filter gering. Bei einer weniger guten Isolierung finden sich trotz Dichteseparation Sand, Muschelkalk oder andere undefinierbare Substanzen neben den Mikrokunststoffen. Anhand dieser Beschreibung wird verständlich, dass es schwierig werden kann, innerhalb der Messzeit, solange noch flüssiger Stickstoff vorhanden ist, der den Wärmedetektor kühlen muss, ein Probenfenster vollständig auszuwerten. Wenn dabei immer mal wieder die Software abstürzt und man sich wieder an die gerade ausgewertete Messstelle herantasten und fokussieren muss, ist diese Methode als sehr mühsam zu bezeichnen.

Der Hauptmessfehler einer Probe basiert hauptsächlich auf der Auswertung von nur wenigen Filterausschnitten (3–5), deren Mittelwert dann auf die gesamte Filterfläche extrapoliert wird. Die Standardabweichung in diesem Verfahren liegt zwischen 5 und 20 %. Bei einer derart hohen Partikeldichte in einem Messfeld ist auch nicht auszuschließen, dass sich kleinste Kunststoffteilchen überdecken und nicht als einzelne Partikel bewertet werden.

Mit der FPA-Detektor-Technik ist man zwar um einiges schneller, doch verliert man durch das automatisierte Abscannen der Oberfläche an Genauigkeit, gerade dann, wenn der Filter einiges an Mikroplastik überdeckendes Material trägt. Außerdem muss dabei eine unüberschaubare Datenmenge verarbeitet werden und eine Software vorhanden sein, die das ohne Probleme schafft.

2.7.2 Flüssigextraktion

Eine weitere, deutlich schnellere Methode für die Mikroplastikanalyse, die auch größere Probemengen bearbeiten kann, ist die Flüssigextraktion. Diese Methode basiert auf den herkömmlichen Labortechnologien in der organischen Synthese und bedient sich der chemischen Extraktion und der anschließenden Auftrennung der Extrakte durch eine chromatographischer Trennung mithilfe der Reversed-Phase-Liquid-Chromatographie (RP-LC). Durch den Einsatz der Gelpermeationschromatographie (GPC) oder auch Größenaustauschchromatographie (SEC = Science-Exclusion-Chromatographie) für die unterschiedlichen Extrakte können zusätzliche Informationen über den Zersetzungsgrad der Polymerpartikel erhalten werden und durch einen Datenbankabgleich Aussagen zur Herkunft getroffen werden.

Bei der Extraktionsmethode gehen zwar die Informationen über die Partikelgröße und die Partikelgrößenverteilung verloren, da die Kunststoffe in einem Lösungsmittel aufgelöst werden, aber dafür sind exakte Konzentrationsangaben möglich. Nachdem die Retentionswerte der Polymerstandards unter fixierten Säulenparametern festgelegt und deren Peak-Flächen im Chromatogramm ausgewertet und in die Erstellung einer Kalibrationsgerade eingeflossen sind, kann die Kunststoffkonzentration im Extrakt chromatographisch analysiert werden.

Mithilfe der GPC kann die Molmassenverteilung der einzelnen Polymere bestimmt werden. Ein nicht unwesentlicher Aspekt für die Untersuchung von Mikroplastik aus Umweltproben, wenn es darum geht, Alterungsprozesse über Oxidationsprodukte oder Zersetzungsprodukte nachzuweisen. Während sich der oxidative Zersetzungsprozess von Polypropylen beispielsweise über die Bildung von Hydroxy-, Carbonyl- und Doppelbindungen im Polymer mittels IR- und Raman-Spektroskopie nachweisen lässt (Käppler et al. 2015), lassen sich Bindungsbrüche innerhalb der langkettigen Moleküle durch eine Veränderung der Molekulargewichtsverteilung nachweisen (Elert et al. 2017).

Bei Gewässerproben ist es natürlich auch möglich, trotz des Auflösens der herausgefilterten Mikroplastikpartikel durch eine vorherige arbeitsaufwendige fraktionierte Filtration, Informationen über MP-Partikelgrößen unterschiedlicher Polymertypen zu erhalten, auch ohne sie unter einem Mikroskop sichtbar zu machen.

Geeignete Extraktionsmittel, die häufig verwendet werden, um Mikroplastik aus Bodenproben bzw. Filterrückständen zu extrahieren, sind DMF (Dimethylformamid), THF (Tetrahydrofuran), DMAc (Dimethylacetamid) und HFIP (1,1,1,3,3,3-Hexafluoro-2-propanol).

Ein Nachteil dieser Methode ist, dass sich gerade die am meisten in der Umwelt vorkommenden Kunststoffe PP und PE in keinem der genannten Lösungsmittel lösen. Allerdings löst THF Polystyrol (PS) und PVC sehr gut, und HFIP ist ein geeignetes Lösungsmittel für PET und andere Polyester (Elert et al. 2017; Fuller und Gautam 2016).

2.7.3 Thermische Extraktion und Desorption (TED-GC-MS)

Eine polymertypencharakteristische trockene Extraktion, bei der thermisch polymerspezifische Zersetzungsprodukte freigesetzt, auf einem Sorbens gesammelt und wieder thermisch desorbiert werden, stellt eine wertvolle Ergänzung der bisher vorgestellten Untersuchungsmethoden für MP dar, zumal mit dieser Methode alle Kunststoffe, auch die o. g. lösungsmittelunlöslichen PP und PE, mit erfasst werden und mittels GC-MS analysiert und quantifiziert werden können. Auch mit dieser nicht-zerstörungsfreien Methode sind keine Partikelgrößen und Partikelgrößenverteilungen bestimmbar, es sei denn, man pyrolysiert fraktionierte Filterrückstände wie bereits erwähnt.

Ebenso wie das in Abschn. 2.3.5 vorgestellte ABS setzt auch jeder andere Kunststoff innerhalb einer thermogravimetrischen Analyse, bei der eine eingewogene Probe pyrolysiert (thermische Extraktion) bzw. unter Sauerstoffausschluss über die Glasübergangstemperatur erhitzt wird, polymerspezifische gasförmige Zersetzungsprodukte frei. Der Gewichtsverlust ist messbar und die gasförmigen Produkte der thermisch induzierten Reaktion können dann in einem Gaschromatographen quantifiziert werden. Da sich Polymere erst bei Temperaturen ab 300 °C zersetzen, kann die Bodenmatrix bzw. Restbiomasse der Filterrückstände thermisch abgetrennt werden. Um die Prozessgase der Kunststoffpyrolyse aufzukonzentrieren, werden sie an Polydimetylsiloxan(PDMS)-Festphasenadsorber gebunden, um dann in der Thermodesorptionseinheit ein zweites Mal erhitzt zu werden. Dabei werden die vorher adsorbierten Zersetzungsprodukte desorbiert und durch einen Inertgasstrom (Helium) in ein Kaltaufgabesystem befördert, wo sie bei −100 °C kondensieren und sich aufkonzentrieren.

Nach dieser Kryofixierung werden die Zersetzungsprodukte nochmals kontrolliert verdampft und über eine chromatographischen Säule getrennt (GC-MS). Die Trennung ist einerseits abhängig von den Siedepunkten der Analyten sowie der Wechselwirkung zwischen mobiler und stationärer Phase der chromatographischen Säule. Für die Trennung von polymerspezifischen Zersetzungsprodukten werden aufgrund ihres unpolaren Charakters Reversed-Phase-Trennphasen verwendet.

Ein Vergleich der erhaltenen Massenspektren und des Fragmentierungsmusters der in der GC Säule aufgetrennten Substanzen mit der hinterlegten Spektrendatenbank identifiziert den Kunststoff und über die Peakflächen im Chromatogramm kann der jeweilige Kunststoffmassenanteil in der eingewogenen Probe ermittelt werden.

In Abb. 2.167 ist das TED-GC-MS-Chromatogramm, der in Abb. 2.163 zerstörungsfrei gemessenen Tenneseefilterprobe T8 (Meile 219) zu sehen. Über die

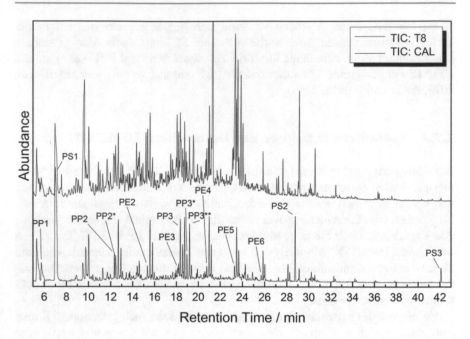

Abb. 2.167 TED-GC-MS-Chromatrogramm einer gefilterten (500 Liter) Gewässerprobe des Tennessee Rivers (Filter T8 oben) im Vergleich zu einer Referenzprobe mit den Polymeren PE, PP und PS (unten)

Intensitäten (TIC = *Total Ion Counts*) der Peaks zu den unterschiedlichen Retentionszeiten und der zugehörigen Fragmentierung im Massenspektrum können Aussagen zu dem Massenanteil der unterschiedlichen Polymere im Filterkuchen gemacht werden. Hierzu ist es bei komplexen Proben mit hohem Nichtpolymeranteil, wie Bodenproben oder unbehandelte Filterproben, wichtig, die polymerspezifischen Signale zu kennen.

Im Chromatogramm sind die typischen Peaks im Referenzchromatrogramm entsprechend gekennzeichnet, und in Abb. 2.155, 2.156 und 2.157 sind die dazugehörenden Strukturen der Zersetzungsprodukt abgebildet. Sind all diese Signale auch im Probenchromatogramm zu sehen, dann ist damit zweifelsfrei die Präsenz des entsprechenden Polymers in der Probe bestätigt.

Polyethylen (PE)

Dass bei einer Pyrolyse von Polyethylen der langkettige lineare aliphatische Kunststoff in kürzere gesättigte, einfach- und zweifach ungesättigte aliphatische Verbindungen zersetzt, ist bekannt (Serrano et al. 2005; Sojak et al. 2017). Dies wird auch im Zuge eines thermischen Recyclings angewandt. Im Chromatogramm der Zersetzungsprodukte von reinem Polyethylen, dem am meisten verwendeten Kunststoff, sind abhängig von der Kettenlänge eine Vielzahl von Multipletts entlang der Retentionszeitskala zu sehen. Je nach Höhe der chromatographischen Auflösung sind bei einer bestimmten Retentionszeit Tripletts bis Pentetts anzutreffen. Die Signale der Multipletts gehören zu den entsprechenden Alkanen, Alkenen und Dienen und den dazugehörenden *cis-* und *trans-*Isomeren.

Bei der thermischen Behandlung einer Umweltprobe sind allerdings nicht alle Zersetzungsprodukte polymerspezifisch, da sich sowohl in der Bodenmatrix als auch in der Filtermatrix, trotz enzymatischer Behandlung weiterhin Lipide und Fettsäuren befinden können, die ebenfalls gesättigte und einfach ungesättigte aliphatische Verbindungen während einer Pyrolyse freisetzen (Kebelmann et al. 2013). Nur bei einer langen aliphatischen Polymerkette können bei einer konzertierten zweifachen Spaltung aus dem Makromolekül die vier in der Abb. 2.168 dargestellten PE-repräsentativen α,ω-Diene entstehen. Sie werden daher zur Identifikation herangezogen (Dümichen et al. 2015).

PP

Für das am zweithäufigsten verwendete Polymer Polypropylen sind die Strukturen seiner thermischen Abbauprodukte aufgrund der Verzweigung bzw. des Methylsubstituenten an der polymeren Kette komplexer. Die Taktizität führt bei der Spaltung zu unterschiedlichen diastereomeren Produkten. Aus diesem Grund sind im Chromatogramm (Abb. 2.167 und 2.169) sechs unterschiedliche Fragmente mit PP1-PP6 markiert bzw. abgebildet. Wie auch beim PE entstehen verzweigte Alkane, Alkene und Diene, wobei die Alkene die höchste Intensität im Chromatogramm zeigen (Sojak et al. 2017). Die abgebildeten PP-Zersetzungsprodukte werden zur Identifizierung von PP herangezogen und sind unabhängig von der Probenvorbehandlung, auch wenn die Probe starken oxidativen Bedingungen ausgesetzt wurde (Dümichen et al. 2017).

Polystyrol (PS)

Das aromatische Polystyrol zerfällt thermisch sukzessiv an den Kettenenden, wobei mesomeriestabilisierte Allyl-Benzylradikale entstehen, welche sich über einen cyclischen Übergangszustand von der Hauptkette mit einem Proton stabilisieren und das Monomer Styrol zurückbilden (Recycling) oder intermolekular mit weiteren Allyl-Benzylradikalen zu Di- und Trimeren rekombinieren.

Die Hauptprodukte der Polystyrolpyrolyse sind demnach Styrol (PS1) und die Oligomere des Styrols, hauptsächlich das Dimer 2,4-Diphenyl-1-buten (PS2) und das Trimer 2,4,6-Triphenyl-1-hexen (PS3) (Abb. 2.170).

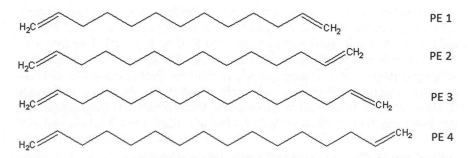

Abb. 2.168 Zweifach ungesättigte Kohlenwasserstoffe, charakteristische Pyrolyseprodukte von Polyethylen; PE1 = 1,12-Tridekadien, PE2 = 1,13-Tetradekadien, PE3 = 1,14-Pentadekadien, PE4 = Hexadekadien

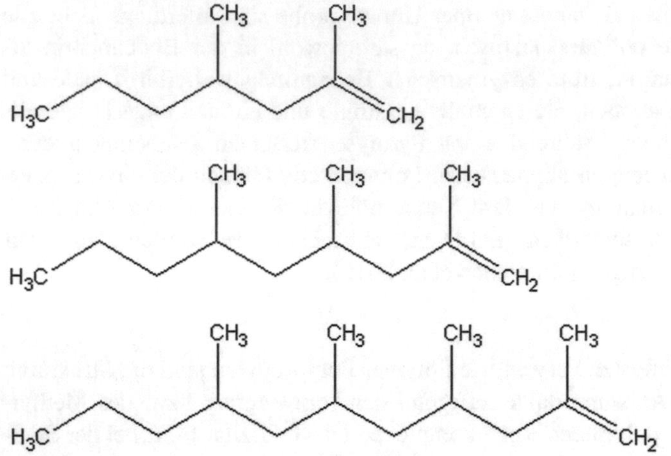

Abb. 2.169 Charakteristische thermische Abbauprodukte des Polypropylens; PP1 = 2,4-Dimethylhept-1-en, PP2 und PP3 = Diastereomere von 2,4,6-Trimethylnon-1-en, PP4, PP5 und PP6 = Diastereomere von 2,4,6,8-Tetramethylundek-1-en

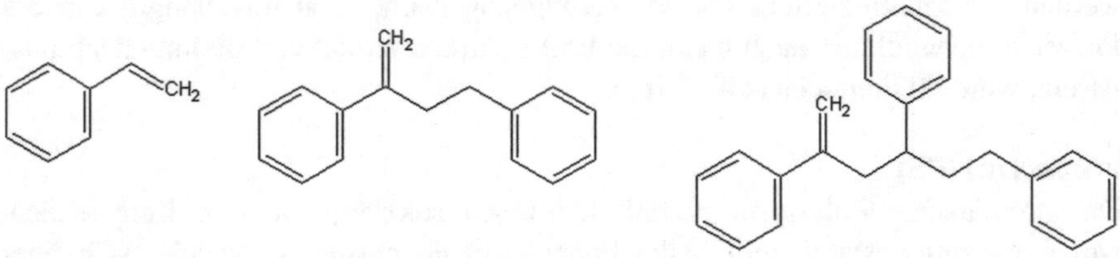

Abb. 2.170 Charakteristische thermische Abbauprodukte des Polystyrols; PS1 = Styrol, PS2 = 2,4-Diphenyl-1-buten, PS3 = 2,4,6-Triphenyl-1-hexen

Polyethylenterephthalat von PET-Flaschen kann anhand der thermischen Abbauprodukte Vinylbenzoat und Benzoesäure sowie Etylbenzoat und 1,1-Biphenyl identifiziert werden.

Im Polyester kommt es thermisch zu einer α-Spaltung, bei der im ersten Schritt neben Etylbenzoat Bezoesäure entsteht. Diese decarboxyliert zu einem Phenylradikal, welches mit einem weiteren Phenylradikal zu Biphenyl (Dimitrov et al. 2013) dimerisiert. Im Hauptabbaumechanismus des Esters über einen sechsgliedrigen ringförmigen Übergangszustand, wird ein Proton des β-C-Atoms auf die Carbonylgruppe übertragen. Als Endprodukt dieser thermisch induzierten Spaltung entsteht neben dem Vinylbezoat die Benzoesäure, das Ausgangsprodukt der Polymerisation (Buxbaum 1968; DePuy und King 1960; Holland und Hay 2002). Auch damit ist über einen thermischen Weg ein Recycling bzw. eine teilweise Rückführung des Polymers ins seine Edukte möglich.

Polyamid 6 aus Textifasern spaltet sich thermisch hauptsächlich homolytisch in das flüchtige cyclische Ausgangsprodukt der Nylonherstellung, in das ε-Caprolactam (Braun et al. 2010). Nebenprodukte der Pyrolyse sind Aldehyde und Nitrile (Düssel et al. 1976; Ohtani et al. 1982; Dümichen et al. 2017).

Auf der Basis der Retentionszeiten der polypropylenspezifischen und polystyrolspezifischen Peaks im TED-Chromatogramm ergeben sich für die Tennesseefilterprobe (500 Liter Flusswasser gefiltert) auf dem Filter 20 µg (25–500 µm Partikeldurchmesser) Polypropylen- und 3 µg Polystyrolmikroplastikpartikel, mit einer Standardabweichung von 20–30 %; (Dümichen et al. 2017; Imhof et al. 2012). Der Anteil von etwa 10 % PS gegenüber PP ergibt sich auch aus der optischen Analyse mittels des IR-Mikroskops. Bei einer durchschnittlichen Partikelgröße der MP-Partikel von 60 µm × 60 µm × 10 µm (keine sphärischen Partikel, hauptsächlich Flakes) entsprächen die 20 µg etwa 1500 PP-Partikeln. 1487 wurden mit einer Standardabweichung von 25 % auf dem Filter ausgezählt. Das Ergebnis beider Untersuchungen zeigt, dass sich beide Methoden sehr gut ergänzen. Mit der TED-GC-MS-Methode lässt sich die Masse der Kunststoffpartikel bestimmen und mit der IR-mikroskopischen Methode die Partikelanzahl sowie deren Form und Größe.

Für den Tennessee River kann man somit auch eine Mikroplastikfracht besser abschätzen als mit den optischen Methoden. Die Filterergebnisse von Gewässerproben sind auf 1000 Liter normiert, sodass 40 µg PP und 6,3 µg PS, multipliziert mit der Abflussmenge von 2000 m^3/s (Tab. 2.38), auf ein Jahr hochgerechnet eine Fracht von 2,5 Tonnen PP-Mikroplastik und 0,4 Tonnen PS ergeben, die jährlich dem Ohio River zugeführt werden. Der Anteil von PP und PS an der Gesamtmikroplastikmenge beträgt allerdings nur knapp 19 % (Abb. 2.163) sodass die Gesamtmikroplastikfracht im Tennessee River um die 15 Tonnen beträgt.

2.8 Ausblick in die Mikroplastikentwicklung

Wenn man zugrunde legt, dass die Anzahl der Mikroplastikpartikel umgekehrt proportional zu deren Partikeldurchmesser ansteigt, so wie es bei den Gewässerproben des Rheins (Fath 2016) der Fall ist und wie die Kurve in Abb. 3.34 beschreibt, deren Verlauf auf einer kaskadenartigen Partikelteilung basiert, dann befindet sich in unserer Umwelt eine unzählbare Anzahl von Nanoplastikpartikeln. Denn die Kunststoffpartikelzersetzungsprozesse stoppen natürlich nicht am Übergang der Mikro- zur Nanometerdimension. Eine Filtration, um in Gewässern Nanoplastikpartikel nachzuweisen, ist mit einem erheblicheren technischen und zeitlichen Aufwand verbunden als das mit Mikroplastik bereits der Fall ist. Dies kommt der vielzitierten Suche nach der Nadel im Heuhaufen gleich, denn kleinste Kunststoffteilchen müssen aus einem hohen Anteil von Biomasse isoliert und analysiert werden. Eine Reinigung von mit Mikroplastik belasteten Gewässern stellt eine bislang unlösbare Aufgabe dar, sodass an die Entfernung von Nanoplastik aus der Luft, dem Boden oder den Gewässern noch gar nicht gedacht wird.

Auf der einen Seite liegen keine wissenschaftlichen Erkenntnisse darüber vor, welchen Einfluss die kleinsten künstlichen Polymerpartikel auf pflanzliches, tierisches und menschliches Leben haben, und auf der anderen Seite stehen viele offene Fragen, wie zum Beispiel jene, ob die genannten Lebensformen als Filtersystem zu betrachten sind, in denen die synthetischen Mikro- und Nanopartikel hängen bleiben und wenn ja, in welchen Organen und was richten sie dort an? Sind körperfremde Nanoplastikpartikel beispielsweise in der Lage, die menschliche Darmwand zu durchdringen, um so in den Blutkreislauf zu gelangen, wo sie Arteriosklerose begünstigen? Oder ist es ihnen aufgrund ihrer Größe und des unpolaren Charakters sogar möglich, die Bluthirnschranke zu überwinden und durch Verstopfungen der Hirnblutgefäße ein Auslöser für einen Schlaganfall zu sein, da auch die Blutgerinnung beeinflusst werden könnte? Sind Nanoplastikpartikel befähigt, Zellwände zu passieren und die Zellteilung zu stören, sodass diese weniger kontrolliert ablaufen kann und sich damit das Krebsrisiko erhöht? Das alles sind Fragen, die einer dringenden Antwort bedürfen, zumal wir Mikro- und wahrscheinlich auch Nanoplastikpartikel mit der Luft einatmen (Rillig 2012) und mit der Nahrung aufnehmen (Karami et al. 2017; Jander 2017; Fath et al. eingereicht) sei es durch maritimes Speisesalz, Meeresfrüchte, Nahrungsmittel aus in einer Kunststoffschüssel hergestelltem Teig oder geschlagener Sahne. Scheiden wir die Mikro- und Nanopolymere dann wieder vollständig aus, ohne dass sie einen Schaden anrichten konnten, oder wird es dem „Wundermaterial" Kunststoff, nach Abschluss aller Studien, so ergehen, wie dem einstigen Wundermaterial der 1960er- und 1970er-Jahre, dem Asbest, dessen Verwendung aufgrund der bestätigten karzinogenen Wirkung heute verboten ist?

Ich möchte hier nicht falsch verstanden werden. Die o. g. kritischen Anmerkungen sind kein Plädoyer gegen den Einsatz von Plastik. Kunststoff ist ein smartes, vielseitig einsetzbares Material, mit einem schier unendlichen Anwendungs- und Eigenschaftsspektrum von maximal elastisch bis hin zu metallischen Festigkeitseigenschaften und das bei einem geringen Gewicht. Ohne die leichten Kunststoffbauteile hätte beispielsweise der Spritverbrauch und damit der CO_2-Ausstoß von Fahrzeugen nicht die aktuellen niedrigen Werte erreichen können. Kunststoff ist für viele Anwendungen ein hervorragendes Material, das ist unbestritten, aber aufgrund der massiven Verschmutzung unserer Weltmeere, Küsten, Flüsse, Seen und aller anderen Lebensräume wächst die Kritik, und in erster Linie Umweltverbände, aber auch die Politik und Gesellschaft wird hinterfragen, ob Plastik für jeglichen Verwendungszweck eingesetzt werden sollte. Zumindest solange, bis wir den Stoffkreislauf des Plastiks unter Kontrolle haben, muss der Einsatz von Kunststoffen beschränkt werden. Wenn eine Vermeidung von Plastikgütern, dort wo es möglich ist, nicht auf Einsicht stößt, kann sie auch durch Verbote erzwungen werden. In allen afrikanischen Staaten existiert bereits ein Verbot für Plastiktüten. Kenia war das letzte afrikanische Land, welches im Jahr 2018 seinen Nachbarn folgte. Bereits seit sechs Jahren gibt es in Ruanda das strengste Gesetz gegen Plastiktüten überhaupt, wo eine eigens eingesetzte Plastikpolizei Passanten mit Plastiktüten bestraft. Auch in Europa kommt etwas in Bewegung in Sachen Plastikverbote. Schweden und kürzlich auch Großbritannien verbietet Mikroplastik in Kosmetika, Zahnpasta, Duschgel und generell in Drogerieprodukten. Frankreich verbannt Plastikgeschirr und Plastikbesteck und auch die USA verbieten mit dem „Microban" Mikroplastik aus Kosmetikprodukten seit Juli 2017.

Gesundheits- oder umweltgefährdende Stoffe generell zu verbieten, macht allerdings keinen Sinn. Unser technologischer Fortschritt wäre ohne den Einsatz von Gefahrstoffen gar nicht möglich, aber wir haben gelernt, diese Stoffe und deren Zersetzungsprodukte weitestgehend zu kontrollieren, sodass sie weiterhin der „Treibstoff" unserer Produktionsanlagen sind. Dass die Kontrolle auch wieder verloren gehen kann, zeigt der Dieselabgasskandal. Dennoch würde niemand auf die Idee kommen, das Fördern von Erdöl oder die Treibstoffproduktion zu verbieten, zumal Erdöl auch eine wichtige Ressource ist, um lebenswichtige Medikamente zu synthetisieren. Das Verbot, diese Flüssigkeiten in der Umwelt zu entsorgen, leuchtet (fast) jedem ein. Beim Plastik haben wir da noch einen längeren Weg der Aufklärung vor uns, zu dem dieses Buch hoffentlich einen Beitrag leistet. Er hat bereits begonnen und wird in Zukunft noch schneller Fahrt aufnehmen, wenn auf der Waagschale der Bilanz zwischen Nutzen und Schaden von Kunststoffen neue Erkenntnisse über die negativen Auswirkungen von Mikro- und Nanopartikeln den Ausschlag eventuell sogar umkehren könnten. Solange wir global noch keine vollständige Kontrolle über unseren Plastikmüll in allen Stadien von Makro- über Meso- zu Mikro- und Nanoplastik haben, ist die Vermeidungsstrategie, dort wo es möglich und sinnvoll ist, die beste Handlungsanweisung.

2.9 Vermeidung von Mikroplastik

Das Umweltproblem „Mikroplastik" umfasst ein Ausmaß, das uns noch in ferner Zukunft beschäftigen wird. Es bedarf weiterer Studien, welche die Auswirkungen von Mikroplastik besonders auf den Menschen erforschen. Denn die Folgen für die menschliche Gesundheit sind noch nicht bekannt und können nur erahnt werden, doch zeigen zahllose Untersuchungen an Tieren alarmierende Resultate.

Nach der Auflistung der Eintragsquellen von Kunststoffen in den Rhein, das betrifft aber auch andere Binnengewässer, gibt es also mindestens drei Möglichkeiten, die Mikroplastikfracht des Rheins zu reduzieren.

1. Die Umstellung aller Kosmetikprodukte auf Mikroplastikfreiheit durch den Einsatz von biologisch abbaubaren Naturprodukten.
2. Dem Rhein kein Mahlgut (Makroplastik) zur Verfügung stellen. Hier muss man am Verbraucherbewusstsein ansetzen und über die Auswirkungen einer nicht sachgerechten Entsorgung Aufklärungsarbeit leisten.
3. Eintrag über Oberflächengewässer vermeiden, beispielsweise durch mit Plastik belasteten Dünger.

Fassen wir zusammen, dann ergibt sich aus zweierlei Gründen eine Gefährdung des Menschen durch Verunreinigungen mit Mikroplastik. Aufgrund der kleinen Größe, aber zum Teil sehr großen Oberfläche (Abb. 3.6) und der geringen Polarität sind mikrostrukturierte Kunststoffe sehr gut in der Lage, organische Stoffe zu adsorbieren. Diese Eigenschaft haben wir uns in Form des Passiv Samplers ja auch zunutze gemacht, um organische Schadstoffe zu ermitteln, indem man sie auf einer Kunststoffmembran akkumuliert hat. Diesen Sampler trug der Autor während der Schwimmphasen immer am rechten Unterschenkel. Ein Fisch, der Mikroplastikpartikel verzehrt, kann somit u. U. ein höheres toxisches Potenzial in sich aufnehmen, als wenn er einen Liter Wasser trinken würde. Man kann sich Mikroplastikpartikel wie einen Magneten für organische Substanzen vorstellen. Gerade oberflächenaktive Schadstoffe wie perfluorierte Tenside (PFT) suchen große Oberflächen um sich anzulagern (Fath et al. 2016).

Dass Fische Mikroplastikpartikel von ihrer Nahrung nicht unterscheiden können, zeigt die Infrarotaufnahme des Magen-Darm-Traktes eines Rapfen (Abb. 2.63 und 2.64), der im April dieses Jahres im Rhein bei Karlsruhe gefangen wurde.

Zu sehen sind die grünen Polyamidfasern, eventuell aus unseren Fleecetextilien. Beim Waschvorgang fließen mit dem Abwasser der Waschmaschine immer auch Fasern in Richtung Kläranlage. Dort werden diese nicht vollständig zurückgehalten. Ein Abstrich am Sieb des Trockners zeigt uns, wie viel Abrieb etwa pro Waschgang entsteht. Außerdem sind Mikropartikel von Polypropylen (rot) und Polyethylen (blau) zu sehen.

Den Magen-Darm-Inhalt des Fisches essen wir nicht, aber die Schadstoffe, die an den Mikroplastikpartikeln hängen, nimmt der Fisch während des Nahrungsabbaus in sein Gewebe auf. Die zweite Gefahr besteht darin, dass die aufgelisteten Kunststoffinhaltsstoffe, wie beispielsweise Weichmacher, durch die Magensekrete aus der Kunststoffmatrix herausgelöst und ebenfalls im Gewebe eingelagert werden. Am Ende der Nahrungskette steht der Mensch, der kontaminierten Fisch zu sich nimmt.

Mikroplastikpartikel sind ein Vehikel (Trojaner), welches Schadstoffe in unsere Nahrungskette einschleusen kann. Somit ist jeder Chemieunfall oder Chemieskandal wie z. B. kürzlich der erneute PFT-Skandal, von dem berichtet wird, wie vergiftetes Düsseldorfer Grundwasser in den Rhein fließt, mit größter Sorge zu betrachten, da das „Gift" nicht nur stromabwärts fließt, sondern auch unter Zuhilfenahme von Mikroplastik in Flora und Fauna vor Ort verbleibt.

Mikroplastikpartikel und Mikrofasern finden sich nicht nur im Magen-Darm-Trakt, sondern auch unter den Schuppen und zwischen den Kiemen von Fischen (Abb. 2.158). Welche Gefährdung für den Menschen durch das Grillen eines Fisches entsteht, wobei über der Glut auch der Kunststoff verbrennt und dabei toxische Gase freigesetzt werden können, wird derzeit an der HFU untersucht.

Literatur

Abts, G. (2014). *Kunststoff-Wissen für Einsteiger* (4. Aufl.). München: Hanser.

Alonso, M., & Finn, E. J. (2000). *Physik* (3. Aufl.). München: Hanser.

Andrady, A. L. (2011). Microplastics in the marine environment. *Marine Pollution Bulletin, 62,*1596–1605. https://doi.org/10.1016/j.marpolbul.2011.05.030.

ARD. (2015). Kontraste: Öko-Irrweg Biotonne: Plastikverseuchter Kompost macht Äcker zu Müllhalden. https://www.rbb-online.de/kontraste/ueber_den_tag_hinaus/wirtschaft/oekoirrweg-biotonne.html.

Atkins, P. W. (2013). *Physikalische Chemie* (5. Aufl.). Weinheim: Wiley-VCH.

BAG (Bundesamt für Gesundheit). (2017). Gesundheitsgefährdung durch Kunstrasen? Fakten-blatt. https://www.bag.admin.ch/bag/de/home/gesund-leben/umwelt-und-gesundheit/chemi-kalien/chemikalien-a-z/kunstrasen.html.

Bakir, A., Rowland, S. J., & Thompson, R. C. (2014). „Enhanced desorption of persistent organic pollutants from microplastic under simulated physiological conditions". *Environmental Pollution*, *185*, 16.

Barnes, D. K. A. (2005). Remote islands reveal rapid rise of southern hemisphere, sea debris. *ScientificWorldJournal*, *5*, 915–921.

Barnes, D. K. A., Galgani, F., Thompson, R. C., & Barlaz, M. (2009). Accumulation and frag-mentation of plastic debris in global environments. *Philosophical Transactions of the Royal Society of London Series B*, *364*, 1985–1998. https://doi.org/10.1098/rstb.2008.0205.

Bergmann, M., Sandhop, N., Schewe, I., et al. (2016). Observations of floating antropogenic lit-ter in the barents sea and fram strait, arctic. *Polar Biology*, *39*, 553. https://doi.org/10.1007/s00300-015-1795-8.

BfR (Bundesinstitut für Risikobewertung). (2003a). Quellen für Acrylamid in Kosmetika. Stellungnahme vom 24. März 2003. http://www.bfr.bund.de/cm/343/quellen_fuer_acrylamid_in_kosmetika.pdf.

BfR (Bundesinstitut für Risikobewertung). (2003b). „Weichmacher DEHP: Tägliche Aufnahme höher als angenommen?" Stellungnahme vom 23. Juli 2003. https://mobil.bfr.bund.de/cm/343/taegliche_aufnahme_von_diethylhexylphthalat.pdf.

BfR (Bundesinstitut für Risikobewertung). (2005). Übergang von Weichmachern aus Schraub-deckel-Dichtmassen in Lebensmittel. Stellungnahme Nr. 010/2005. http://www.bfr.bund.de/cm/343/uebergang_von_weichmachern_aus_schraubdeckel_dichtmassen_in_lebensmittel.pdf.

BfR (Bundesinstitut für Risikobewertung). (2010). Endokrine Disruptoren: Substanzen mit schädlichen Wirkungen auf das Hormonsystem. A/2010, 19.04.2010. https://www.bfr.bund.de/de/presseinformation/2010/A/endokrine_disruptoren__substanzen_mit_schaedlichen_wir-kungen_auf_das_hormonsystem-50488.html.

Bibra Toxicology Advice & Consulting. (2005). Toxicity profile for ethylene bis stearamide. https://www.bibra-information.co.uk/downloads/toxicity-profile-for-ethylene-bis-steara-mide-2005.

Birnbaum, L. S., & Staskal, D. F. (2004). Brominated flame retardants: Cause for concern? *Environmental Health Perspectives*, *112*, 9–17. https://doi.org/10.1289/ehp.6559.

BMG (Bundesministerium für Gesundheit). (Hrsg.) (2005). Stoffmonographie Di(2-ethylhexyl) phthalate (DEHP)-Referenzwerte für 5oxo-MEHP und 5OH-MEHP im Urin. *Bundesgesund-heitsblatt – Gesundheitsforschung – Gesundheitsschutz*, *48*(6), 706–722.

Bohren, C. F., & Huffman, D. R. (2008). *Absorption and scattering of light by small particles*. New York: Wiley-VCH.

Bombelli, P., Howe, C. J., & Bertocchini, F. (2017). Polyethylene bio-degradation by cater-pillars of the wax moth Galleria mellonella. *Current Biology*, *27*(8), 292–293. https://doi.org/10.1016/j.cub.2017.02.060.

Boucher, J., & Friot, D. (2017). *Primary microplastics in the oceans: A global evaluation of sources* (S. 43). Gland: IUCN.

Brandmüller, J., & Moser, H. (1962). Einführung in die Ramanspektroskopie. *Wissenschaftliche Forschungsberichte. Naturwissenschaftliche Reihe* 70. Steinkopff: Darmstadt.

Braun, U., Bahr, H., & Schartel, B. (2010). Fire retardancy effect of aluminium phosphinate and melamine polyphosphate in glass fibre reinforced polyamide 6. *EPolymers 41*, 1–14.

Braun, G., Brüll, U., Alberti, J., & Furtmann, K. (2001). *„Vorkommen von Phthalaten in Ober-flächenwasser und Abwasser"*. Essen: Landesumweltamt NRW

Bravo, R., et al. (2012). Plastic ingestion by harbour seals in the Netherlands. *Marine Pollution Bulletin*, *67*, 200–2002.

Briehl, H. (2008). *Chemie der Werkstoffe* (2. Aufl.). Wiesbaden: Teubner.

Browne, M. A., Galloway, T., & Thompson, R. (2007). Microplastic – An emerging contaminant of potential concern? *Integrated Environmental Assessment and Management*, *3*, 559–566.

Browne, M. A., Galloway, T., & Thompson, R. (2010). Spatial patterns of plastic debris along estuarine shorelines. *Environmental Science & Technology, 44*(9), 3404–3409. https://doi.org/10.1021/es903784e.

Browne, M. A., Crump, P., Niven, S. J., Teuten, E., Tonkin, A., Galloway, T., et al. (2011). Accumulation of microplastic on shorelines woldwide: Sources and sinks. *Environmental Science-Technology, 45,* 9175–9179. https://doi.org/10.1021/es201811s.

Bruker Optik. (2008). Einführung in die FT-IR-Spektroskopie, Version 2.0; Tutorial Bruker.

BUND (Bund für Umwelt und Naturschutz Deutschland). (2014). Stoppt Mikroplastik in Alltagsprodukten – Umweltbewusst einkaufen! https://klimaschutzfonds-wedel.de/pdf/140527-bund-mikroplastik_produktliste.pdf.

BUND (Bund für Umwelt und Naturschutz Deutschland). (2018). Mikroplastik und andere Kunststoffe in Kosmetika. Der BUND-Einkaufsratgeber. https://www.bund.net/fileadmin/user_upload_bund/publikationen/meere/meere_mikroplastik_einkaufsfuehrer.pdf.

Buxbaum, L. H. (1968). The degradation of Poly(ethylene terephthalate). *Angewandte Chemie International Edition in English, 7,* 182–190.

Carrington, D. (6. September 2017). Plastic fibres found in tap water around the world, study reveals. *The Guardian.* https://www.theguardian.com/environment/2017/sep/06/plastic-fibres-found-tap-water-around-world-study-reveals.

Catarino, A. I., Macchia, V., Sanderson, W. G., Thompson, R. C., & Henry, T. B. (2018). Low levels of microplastics (MP) in wild mussels indicate that MP ingestion by humans is minimal compared to exposure via household fibres fallout during a meal. *Environmental Pollution, 237,* 675–684.

Cheng, Z., Nie, X. P., Wang, H. S., & Wong, M. H. (2013). "Risk assessments of human exposure to bioaccessible phthalate esters through market fish consumption". *Environment International, 57–58,* 75–80. https://doi.org/10.1016/j.envint.2013.04.005.

Chi, Z., Wang, D., & You, H. (2016). „Study on the mechanism of action between dimethyl phthalate and herring sperm DNA at molecular level". *Journal of Environmental Science and Health, Part B, 51*(8), 553–557.

Choi, K., et al. (2012). In Vitro metabolism of di(2-ethylhexyl)phthalate (DEHP) by various tissues and Cytochrome P 450s of human and rat. *Toxicology in Vitro: An International Journal Published in Association with BIBRA, 26*(8), 315–322.

CIRS (Chemical Inspection and Regulation Service). (2008). Reach SVHC candidate list. http://www.cirs-group.com/uploads/soft/140227/3-14022F92616.pdf.

Claessens, M., de Meester, S., van Landuyt, L., de Clerck, K., & Janssen, C. R. (2013). Occurrence and distribution of microplastics in marine sediments along the Belgian coast. *Marine Pollution Bulletin, 10,* 2199–2204. https://doi.org/10.1016/j.marpolbul.2011.06.030.

Codina-García, M., Militão, Teresa, Moreno, Javier, & González-Solís, Jacob. (2013). Plastic debris in Mediterranean seabirds. *Marine Pollution Bulletin, 1–2,* 220–226. https://doi.org/10.1016/j.marpolbul.2013.10.002.

Cole, M., Lindeque, P., Halsband, C., & Galloway, T. S. (2011). Microplastics as contaminants in the marine environment: A review. *Marine Pollution Bulletin, 62*(12), 2588–2597. https://doi.org/10.1016/j.marpolbul.2011.09.025.

Cole, M., Lindeque, P., Fileman, E., Halsband, C., Goodhead, R., Moger, J., et al. (2013). Microplastic ingestion by zooplankton. *Environmental Science & Technology, 12,* 6646–6655. https://doi.org/10.1021/es400663f.

Collard, F., Gilbert, B., Compère, P., Eppe, G., Das, K., Jauniaux, T., et al. (2017). Microplastics in livers of European anchovies (*Engraulis encrasicolus,* L.). *Environmental Pollution, 229,* 1000–1005.

Cozar, A., et al. (2014). "Plastic debris in the open ocean". *Proceedings of the National Academy of Sciences USA, 111,* 10239–10244.

Dekant, W., & Vamvakas, S. (1994). „Toxikologie für Chemiker und Biologen". Heidelberg: Spektrum Akademischer.

DePuy, C. H., King, R. W., & Cozar, A. (2014). Pyrolytic Cis eliminations. *Chemical Reviews, 60,* 431–457.

Derraik, J. G. B. (2002). The pollution of the marine environmental by plastic debris: A review. *Marine Pollution Bulletin, 44,* 842–852.

Dickmann, R. (1933). Studies on the waxmoth Galleria mellonella with particular reference to the digestion of wax by the larvae. *Journal of Cellular and Comparative Physiology, 3,* 223–246.

Dimitrov, N., Kratofil Krehula, L., Ptiček Siročić, A., & Hrnjak-Murgić, Z. (2013). Analysis of recycled PET bottles products by pyrolysis-gas chromatography. *Polymer Degradation and Stability, 98,* 972–979.

Dris, R., et al. (2015). Beyond the ocean: Contamination of freshwater ecosystems with (micro-) plastic particles. *Environmental Chemistry, 12,* 539–550.

DRZE (Deutsches Referenzzentrum für Ethik in den Biowissenschaften). (2018). Planet Plastik. http://www.drze.de/bibliothek/presseschau/artikel?aid=43810&set_language=de.

Dümichen, E., Barthel, A.-K., Braun, U., Bannick, C. G., Brand, K., Jekel, M., et al. (2015). Analysis of polyethylene microplastics in environmental samples. *Water Research, 85,* 451–457.

Dümichen, E., Eisentraut, P., Bannick, C. G., Barthel, A.-K., Senz, R., & Braun, U. (2017). Fast identification of microplastics in complex environmental samples by a thermal degradation method. *Chemosphere, 174,* 572–584.

Düssel, H. J., Rosen, H., & Hummel, D. O. (1976). Feldionen- und Elektronenstoß-Massenspektrometrie von Polymeren und Copolymeren, 5. Aliphatische und aromatische Polyamide und Polyimide. *Macromolecular Chemistry and Physics, 177,* 2343–2368.

Dutescu, R. M. (2011). "Expressionsanalyse der nukleären Rezeptoren PPAR-α/γ-1/γ-2 und der Transkriptionsfaktoren T-bet und GATA-3 nach Stimulation von dermalen Endothelzellen mit den Weichmacher, Di(2-ethylhexyl)phthalat-Metaboliten 2-Ethylhexanol und 4-Heptanon"; Inauguraldissertation, Institut für Klinische Chemie und Molekulare Diagnostik des Fachbereichs Medizin der Philipps-Universität Marburg.

Eerkes-Medrano, D., Thompson, R. C., & Aldridge, D. C. (2015). Microplastics in freshwater systems: A review of the emerging threats, identification of knowledge gaps and prioritisation of research needs. *Water Research, 75,* 63–82.

EFSA (European Food Safety Authority). (2016). Presence of microplastics and nanoplastics in food, with particular focus on seafood. EFSA Panel on Contaminants in the Food Chain (CONTAM). *EFSA Journal, 14*(6), 4501.

Elert, A. M., Becker, R., Duemichen, E., Eisentraut, P., Falkenhagen, J., Sturm, H., & Braun, U. (2017). Comparison of different methods for MP detection: What can we learn from them, and why asking the right question before measurements? *Environmental Pollution,* Dec 231(Pt 2), 1256–1264. https://doi.org/10.1016/j.envpol.2017.08.074. Epub 2017 Sep 21.

Enders, K., Lenz, R., Stedmon, C. A., & Nielsen, T. G. (2015). Abundance, size and polymer composition of marine microplastics $\geq$10 mm in the Atlantic Ocean and their modelled vertical distribution. *Marine Pollution Bulletin, 100,* 70–81.

Engler, R. E. (2012). The complex interaction between marine debris and toxic chemicals in the ocean. *Environmental Science & Technology, 46,* 12302–12315.

Farrell, P., & Nelson, K. (2013). Trophic level transfer of microplastic: *Mytilus edulis* (L.) to *Carcinus maenas* (L.). *Environmental Pollution, 117,* 1–3.

Fath, A. (2010). Hansgrohe – Wassersymposium.

Fath, A. (2016). *Rheines Wasser – 1231 Kilometer mit dem Strom.* München: Hanser.

Fath, A. et al. (2016). „Electrochemical decomposition of fluorinated wetting agents in plating industry waste water". *Water Science & Technology, 73*(7), 1659–1666.

Fath, A., Juri Jander, A., Birte Beyer, B., Jonas Loritz, A., Erik Dümichen, C., Martin Knoll, D., & Gunnar Gerdts, B. (2019). *Quantification and identification of microplastics in the surface waters of the river Rhine and the river Tennessee.* Anthropocene: Elsevier.

Fath, A. et al. (eingereicht). Scientific Reports. „*Microplastic entry in homemade food".*

Feldhahn, T. (2008). Thesisarbeit, Hochschule Offenburg.

Fischer, D., Kaeppler, A., & Eichhorn, K.-J. (2015). Identification of microplastics in the marine environment by raman microspectroscopy and imaging. *American Laboratory, 47,* 32–34.

Fraunhofer UMSICHT. (2014). *Biowachspartikel Heals Alternative zu Mikroplastik*. http://www.umsicht.fraunhofer.de/de/presse-medien/2014/140612-mikroplastik.html. Stand: 11.09.2014.

Fromme, H., Becher, G., Hilger, B., & Völkel, W. (2016). Brominated flame retardants – Exposure and risk assessment for the general population. *International Journal of Hygiene and Environmental Health, 219*(1), 1–23. https://doi.org/10.1016/j.ijheh.2015.08.004, PMID 26412400.

Fuller, S., & Gautam, A. (2016). A procedure for measuring microplastics using pressurized fluid extraction. *Environmental Science & Technology, 50*(11), 5774–5780.

Gächter, R., & Müller, H. (1993). *Plastics additives handbook*. München: Hanser.

Gaihre, B., & Jayasuriya, A. C. (2016). Fabrication and characterization of carboxymethyl cellulose novel microparticles for bone tissue engineering. *Materials Science and Engineering, 69*, 733–743. https://doi.org/10.1016/j.msec.2016.07.060. Epub 2016 Jul 22.

Galgani, F., Hanke, G., Werner, S., & De Vrees, L. (2013). Marine litter within the European Marine Strategy Framework Directive. *Ices Journal of Marine Science, 70*, 1055–1064.

González-Castro, M. I., Olea-Serrano, M. F., Rivas-Velasco, A. M., Medina-Rivero, E., Ordon͂ez-Acevedo, L. G., & De León-Rodríguez, A. (2011). "Phthalates and Bisphenols migration in Mexican food cans and plastic food containers". *Bulletin of Environmental Contamination and Toxicology, 86*(6), 627–631. https://doi.org/10.1007/s00128-011-0266-3.

Günzler, H., & Heise, H. M. (2003). *IR-Spektroskopie – Eine Einführung* (4. Aufl.). Weinheim: Wiley-VCH.

Halang, V. (o. J.). Ist Mikroplastik wirklich gefährlich? *enorm*, http://enorm-magazin.de/ist-mikroplastik-wirklich-gefaehrlich.

Hanser Kundencenter. (2017). Mikrokunststoff in Binnengewässern – Untersuchungen am Beispiel des Rheins. https://www.kunststoffe.de/fachinformationen/online-beitraege/artikel/mikrokunststoff-in-binnengewaessern-3988323.html?article.page=5.

Harrison, J. P. et al. (2012). The applicability of reflectance micro-Fourier-transform infrared spectroscopy for the detection of synthetic microplastics in marine sediments. *Science of the Total Environment, 416*, 455–463.

Harsch, A., & Kirschner, N. (2014). Entwicklung eines Schnelltests zur Bestimmung des Weichmachergehalts in Kunststoffen. Hochschule Furtwangen. Villingen-Schwenningen: s.n., S. 12, Projektarbeit.

Hart, H., Craine, L. E., & Hart, D. J. (2002). *Organische Chemie, 2. vollständig überarbeitete und aktualisierte Auflage*. Weinheim: Wiley-VCH.

Hartline, N. L., Bruce, N. J., Karba, S. N., Ruff, E. O., Sonar, S. U., & Holden, P. A. (2016). Microfiber masses recovered from conventional machine washing of new or aged garments. *Environmental Science & Technology, 50*(21), 11532–11538. https://doi.org/10.1021/acs.est.6b03045.

HELCOM BASE Project. (2014). Preliminary study on synthetic microfibers and particles at a municipal waste water treatment plant. http://helcom.fi/Lists/Publications/Microplastics%20at%20a%20municipal%20waste%20water%20treatment%20plant.pdf. Stand: 11. Sept. 2014.

Hesse, M., Meier, H., & Zeeh, B. (1987). *Spektroskopische Methoden in der organischen Chemie* (3. Aufl.). Stuttgart: Thieme.

Hesse, M., Meier, H., Zeeh, B., Tagg, A. S., Sapp, M., Harrison, J. P., & Ojeda, J. J. (2015). Identification and quantification of microplastics in wastewater using focal plane array-based reflectance micro-FT-IR imaging. *Analytical chemistry, 87*, 6032–6040.

Hesse, M., Meier, H., & Zeeh, B. (2016). *Spektroskopische Methoden in der organischen Chemie* (9. überarbeitete Aufl.). New York: Georg Thieme.

Hinterbuchner, T. (2006). Das Verhalten von Benzotriazolen in Abwasserreingungsanlagen Als DIPLOMARBEIT eingereicht an der Fachhochschule Wels zur Erlangung des akademischen Grades Diplom-Ingenieur (FH) von Weber, W. H. & Müller, A & Weiss, Stefan & Seitz, W & Schulz, Wolfgang. (2009). 1H-benzotriazole and tolyltriazoles in the aquatic environment. Occurrence in ground, surface and wastewater. *Vom Wasser, 107*, 16–24.

Holland, B. J., & Hay, J. N. (2002). The thermal degradation of PET and analogous polyestersmeasured by thermal analysise – Fourier transform infrared spectroscopy. *Polymer, 43*, 1835–1847.

Hüffer, T., & Hofmann, T. (2016). Sorption of non-polar organic compounds by micro-sized plastic particles in aqueous solution. *Environmental Pollution, 214,* 194–201.

Hummel, D. (2017). *Untersuchung der Sorption wässrig gelöster organischer Substanzen an Polymerpartikel.* Furtwangen: Studiengang NBT.

Imhof, H. K., Schmid, J., Niessner, R., Ivleva, N., & Laforsch, C. (2012). A novel, highlyefficient method for the separation and quantification of plastic particles in sediments of aquatic environments. *Limnology and Oceanography: Methods, 10,* 524–537.

Imhof, H. K., et al. (2013). Contamination of beach sediments of a subalpine lake with microplastic particles. *Current Biology, 23,* 867–868.

Imhof, H. K., Laforsch, C., Wiesheu, A. C., Schmid, J., Anger, P. M., Niessner, R., et al. (2016). Pigments and plastic in limnetic ecosystems: a qualitative and quantitative study on microparticles of different size classes. *Water Research, 98,* 64–74.

IPASUM (Institut und Poliklinik für Arbeits-, Sozial- und Umweltmedizin der Universität Erlangen-Nürnberg). (o. J.). Phthalate – Weichmacher – DEHP. https://www.arbeitsmedizin. uni-erlangen.de/forschung/studien/phthalate.shtml.

Ivar do Sul, J. A., & Costa, M. F. (2014). The present and future of microplastic pollution in the marine environment. *Environmental Pollution, 185,* 352–364.

Ivashechkin, P. (2005). „Kurzfassung des Berichts zum Vorhaben: Literaturauswertung zum Vorkommen gefährlicher Stoffe im Abwasser und in Gewässern". AZ IV 9 – 042 059, für das Ministerium für Umwelt und Naturschutz Landwirtschaft und Verbraucherschutz des Landes Nordrhein-Westfalen.

Ivleva, N. P., & Nießner, R. (2015). Kunststoffpartikel im Süßwasser. *Nachrichten Aus der Chemie, 63,* 46–50.

Jambeck, J. R., et al. (2015). Plastic waste inputs from land into the ocean. *Science, 347,* 768–770. https://doi.org/10.1126/science.1260352.

Jander, J. (2017). *Mikroplastik in Flüssen und Lebensmitteln.* HFU: Masterthesis.

Käppler, A., Windrich, F., Löder, M. G. J., Malanin, M., Fischer, D., Labrenz, M., et al. (2015). Identification of microplastics by FTIR and Raman microscopy: A novel silicon filter substrate opens the important spectral range below 1300 cm_1 for FTIR transmission measurements. *Analytical and Bioanalytical Chemistry, 407,* 6791–6801.

Karami, A., Golieskardi, A., Choo, C. K., Larat, V., Galloway, T. S., & Salamtinia, B. (2017). The presence of microplastics in commercial salts from different countries. *Scientific Reports.* https://doi.org/10.1038/srep46173.

Kebelmann, K., Hornung, A., Karsten, U., & Griffiths, G. (2013). Intermediate pyrolysis and product identification by TGA and Py-GC/MS of green microalgae and their extracted protein and lipid components. *Biomass Bioenergy, 49,* 38–48.

Kemmlein, S., Hahn, O., & Jann, O. (2003). Emissionen von Flammschutzmitteln aus Bauprodukten und Konsumgütern. project no. (UFOPLAN reference no.) 299 65 321, Environmental Research Programme of the Federal Ministry for Environment, Nature Conservation and Nuclear Safety, commissioned by the Federal Environmental Agency (UBA), UBA-FB 000475, Berlin.

Kershaw, P. J. (2014). Sources, fate and effects of microplastics in the marine environment: A global assessment. *Report & Studies GESAMP, 90*(96), 2015.

Klein, S., Worch, E., & Knepper, P. (2015). Occurrence and spatial distribution of microplastics in river shore sediments of the rhine-main area in Germany. *Environmental science & technology, 49,* 6070–6076.

Klöpffer, W. (2012). *Verhalten und Abbau von Umweltchemikalien* (2. Aufl.). Weinheim: Wiley-VCH.

Koch, H. M. (2006). Institut und Poliklinik für Arbeits-, Sozial- und Umweltmedizin der Universität Erlangen; „Phthalate". https://www.arbeitsmedizin.uni-erlangen.de/forschung/studien/phthalate.shtml.

Kole, P. J., Löhr, A. J., Van Belleghem, F.-G., & Ragas, A. M. J. (2017). "Wear and tear of tyres: A stealthy source of microplastics in the environment". *International Journal of Environmental Research and Public Health, 14*(10), 1265. https://doi.org/10.3390/ijerph14101265.

Kurzenberger, I. (2010). Benzotriazole in der aquatischen Umwelt – Entwicklung einer spurenana-lytischen Bestimmungsmethode und Verhalten bei der Trinkwasseraufbereitung, Diplomarbeit, Universität Hohenheim, Institut für Lebensmittelchemie.

LAGA (Bund/Länder-Arbeitsgemeinschaft Abfall). (2013). Abschlussbericht LFP-Vorhaben L1.11. „Erarbeitung eines PAK-Schnellerkennungsverfahrens zur Abfalluntersuchung". Zugegriffen: 28. Mai 2013.

Lagerberg, J. W., et al. (2015). In vitro evaluation of the quality of blood products collected and stored in systems completly free of di(2-ethylhexyl)-phthalates plasticized materials. *Transfusion, 55*(3), 322–531.

Lart, W. (2018). Sources, fate, effects and consequences for the seafood industry of micro and nanoplastics in the marine environment. Seafish Information Sheet No FS 92.04.19. Grimsby, Seafish.

Leser, C. (2015). *Zukunftsfähige Verwertungswege des Gärrests von Nawaros und Abfällen nach Kreislaufwirtschaftsprinzip.* Hochschule Furtwangen: Thesisarbeit.

Lewin-Kretzschmar, U. (o. J.). Prävention, Kompetenz-Center Gefahrstoffe und biologische Arbeitsstoffe. Berufsgenossenschaft Rohstoffe und chemische Industrie, Leuna.

LfU (Bayerisches Landesamt für Umwelt). (2016). Publikationen des Bayerischen Landesamts für Umwelt. https://www.lfu.bayern.de/publikationen/doc/publikationskatalog_des_lfu.pdf.

Liebezeit, G., & Dubaish, F. (2012). Mikroplastik – Quellen, Umweltaspekte und Daten zum Vorkommen im Niedersächsischen Wattenmeer. *Zeitschrift der Naturschutz- und Forschungsgemeinschaft Mellumrat, 11*(1), 21–31.

Liebezeit, G., & Liebezeit, E. (2014). Synthetic particles as contaminants in German beers. *Food Additives & Contaminants. Part A, Chemistry, Analysis, Control, Exposure & Risk Assessment, 9,* 1574–1578. https://doi.org/10.1080/19440049.2014.945099.

Lobelle, D., & Cunliffe, M. (2011). Early microbial biofilm formation on marine plastic debris. *Marine Pollution Bulletin, 62,* 197–200.

Löder, M. G. J., & Gerdts, G. (2015). Methodology used for the detection and identification of microplasticsda critical appraisal. In M. Bergmann, L. Gutow, & M. Klages (Hrsg.), *Marine Anthropogenic Litter* (S. 201–227). Cham: Springer.

Löder, M. G. J., Kuczera, M., Mintenig, S., Lorenz, C., & Gerdts, G. (2015a). FPA-based micro-FTIR imaging for the analyses of microplastics in environmental samples. *Environmental Chemistry, 12,* 563–581. https://doi.org/10.1071/EN14205.

Löder, M. G. J., Kuczera, M., Mintenig, S., Lorenz, C., & Gerdts, G. (2015b). Focal plane array detector-based micro-Fourier-transform infrared imaging for the analysis of microplastics in environmental samples. *Environmental Chemistry, 12,* 563–581.

Lopez L, R., & Mouat, J. (2009). *Marine litter in the Northeast Atlantic Region.* London: OSPAR Commission.

Loritz, J., (2014). "Mikroplastikbelastung im Rhein", Bachelor-Thesisarbeit, HFU.

LUBW (Landesanstalt für Umwelt Baden-Württemberg). (2018). Mikroplastik in Binnengewässern Süd- und Westdeutschlands. http://www4.lubw.baden-wuerttemberg.de/servlet/is/274206/.

Lunder, S., Sharp, R., Ling, A., & Colesworthy, C. (2008). *Study finds record high levels of toxic fire retardants in breast milk from American mothers.*

Lusher, A. L., McHugh, M., & Thompson, R. C. (2013). Occurrence of microplastics in the gastrointestinal tract of pelagic and demersal fish friom the English Channel. *Marine Pollution Bulletin, 67*(1–2), 94–99. https://doi.org/10.1016/j.marpolbul.2012.11.028.

Lusher A, Hollman P, & Medonza-Hill. (2017). Microplastics in fisheries and aquaculture. Status of knowledge on their occurrence and implications for aquatic organisms and food safety. *FAO Fisheries and Aquaculture Technical Paper No 615.* Rome: FAO.

Maier, R.-D., & Schiller, M. (2016). *Handbuch Kunststoff-Additive* (4. Aufl.). München: Hanser.

Mani, T., et al. (2015). Micoplastic Profile along the River Rhine. *Scientific Reports, 5,* 17988. https://doi.org/10.1038/srep17988.

Manickum, T., & John, W. (2014). Occurrence, fate and environmental risk assessment of endocrine disrupting compounds at the wastewater treatment works in Pietermaritzburg (South Africa). *The Science of the Total Environment, 468–469,* 584–597.

Mato, Y., Isobe, Tomohiko, Takada, Hideshige, Kanehiro, Haruyuki, Ohtake, Chiyoko, & Kaminuma, Tsuguchika. (2001). Plastic resin pellets as a transport medium for toxic chemicals in the marine environment. *Environmental Science & Technology, 2,* 318–324. https://doi.org/10.1021/es0010498.

Meeker, J. D., Sathyanarayana, S., & Swan, S. H. (2009). Phthalates and other additives in plastics: Human exposure and associated health outcomes. *Philosophical Transactions of the Royal Society of London Series B, Biological Sciences, 1526,* 2097–2113. https://doi.org/10.1098/rstb.2008.0268.

Metrio, G. de, Corriero, A., Desantis, S., Zubani, D., Cirillo, F., Deflorio, M., Bridges, C. R., Eicker, J., de la Serna, J. M., Megalofonou, P., & Kime, D. E. (2003). Evidence of a high percentage of intersex in the Mediterranean swordfish (Xiphias gladius L.). *Marine Pollution Bulletin, 3,* 358–361, https://doi.org/10.1016/s0025-326x(02)00233-3.

Moore, C. J. (2008). Synthetic polymers in the marine environment: A rapidly increasing, long-term threat. *Environmental Research, 2,* 131–139. https://doi.org/10.1016/j.envres.2008.07.025.

Moore, C. J., Lattin, G. L., & Zellers, A. F. (2011). Quantity and type of plastic debris flowing from two urban rivers to coastal waters and beaches of Southern California. *Revista de Gestão Costeira Integrada, 1,* 65–73. https://doi.org/10.5894/rgci194.

Morritt, D., Stefanoudis, P. V., Pearce, D., Crimmen, A., & Clark, P. F. (2014). Plastic in the Thames: A river runs through it. *Marine Pollution Bulletin, 78,* 196–200.

NABU. (o. J.). Recycling und der gelbe Sack – It's complicated. https://www.nabu.de/umwelt-und-ressourcen/abfall-und-recycling/recycling/21113.html.

Naumer, H., & Heller, W. (1997). *Untersuchungsmethoden in der Chemie* (2. Aufl.). Stuttgart: Thieme.

NDR. (2010). „45 Min – Gefahr Weichmacher": Warum sind immer mehr Männer nur noch eingeschränkt fruchtbar? https://www.ndr.de/der_ndr/presse/mitteilungen/pressemeldungndr5930.html.

Neek, P., Weinschrott, H., & Fath, A. (2017). *Galvanotechnik – „Polycarbonatgehaltsbestimmung mittels Infrarotspektroskopie",* Bd. 1 (S. 30–33). Leuze.

Ntv. (2017). Schwer wie 822.000 Eiffeltürme – Acht Milliarden Tonnen Plastik gibt es bereits. https://www.n-tv.de/wissen/Acht-Milliarden-Tonnen-Plastik-gibt-es-bereits-article19944523.html.

Oehlmann, J., Schulte-Oehlmann, U., Kloas, W., Jagnytsch, O., Lutz, I., Kusk, K. O., Wollenberger, L., Santos, E. M., Paull, Gr. C., Van Look, K. J. W., & Tyler, C. R. (2009). A critical analysis of the biological impacts of plasticizers on wildlife. *Philosophical Transactions of the Royal Society of London. Series B, Biological Sciences, 1526,* 2047–2062. https://doi.org/10.1098/rstb.2008.0242.

Ohtani, H., Nagaya, T., Sugimura, Y., & Tsuge, S. (1982). Studies on thermal degradation of aliphatic polyamides by pyrolysis-glass capillary chromatography. *Journal of Analytical and Applied Pyrolysis, 4,* 117–131.

Ortner, J., & Hensler, G. (1995). Beurteilung von Kunststoffbränden. PDF, 54 S.

Patel, M. M., Goyal, B. R., Bhadada, S. V., Bhatt, J. S., & Amin, A. F. (2009). Getting into the brain: Approaches to enhance brain drug delivery. *CNS drugs, 1,* 35–58.

Pillard, D. A., Cornell, J. S., Dufresne, D. L., & Hernandez, M. T. (2001). Toxicity of benzotriazole and benzotriazole derivatives to three aquatic species. *Water Research, 35,* 557–560.

PlasticsEurope. (2013). Plastics – The facts 2013. An analysis of European latest plastics production, demand and waste data. http://www.plasticseurope.org/documents/document/20131018104201-plastics_the_facts_2013.pdf. Zugegriffen: 3. Okt. 2014.

Rajesh Kumar, S., Asseref, P. M., Dhanasekaran, J., & Krishna Mohan, S. (2014). A new approach with prepregs for reinforcing nitrile rubber with phenolic and benzoxazine resins. *RCS Advances, 24,* 12526–12533.

Reemtsma, T., Miehe, U., Dünnbier, U., & Jekel, M. (2010). Polar pollutants in municipal wastewater and the water cycle: Occurrence and removal of benzotriazoles. *Water Research, 44,* 596–604.

Rillig, M.-C. (2012). Microplastic in terrestrial ecosystems and the soil? *Environmental Science & Technology, 46*(12), 6453–6454. https://doi.org/10.1021/es302011r.

Rios, L. M., Moore, C., & Jones, P. R. (2007). Persistent organic pollutants carried by synthetic polymers in the ocean environment. *Marine Pollution Bulletin, 8,* 1230–1237. https://doi.org/10.1016/j.marpolbul.2007.03.022.

Rippen, G. (1993). „Datensammlung über Umweltchemikalien – Naphthalin". *Handbuch Umweltchemikalien,* Ecomed, Loseblattsammlung, 20. Erg. Lieferung.

Rosado-Berrios, C. A., et al. (2011). Mitochondrial permeability and toxicity of diethylhexyl and monoethylhexyl phthalates on TK6 human lymphoblasts cells. *Toxicology in Vitro: An International Journal Published in Association with BIBRA, 25*(8), 2010–2016.

Ruff, M., & Singer, H. (2013). "20 Jahre Rheinüberwachung". Aqua & Gas Nr. 5, S. 16–25.

Ryan, P. G., Moore, Charles J., van Franeker, Jan A., & Moloney, Coleen L. (2009). Monitoring the abundance of plastic debris in the marine environment. *Philosophical Transactions of the Royal Society of London Series B, Biological Sciences, 1526,* 1999–2012. https://doi.org/10.1098/rstb.2008.0207.

Saechtling, H., & Baur, E. (2007). *Saechtling-Kunststoff-Taschenbuch* (30. Aufl.). München: Hanser.

Selke, S. E. M., & Culter, J. D. (2016). *Plastics packaging – Properties, processing applications and regulations* (3. Aufl.). München: Hanser.

Serrano, D. P., Aguado, J., Escola, J. M., Rodríguez, J. M., & San Miguel, G. (2005). An investigation into the catalytic cracking of LDPE using PyeGC/MS. *Journal of Analytical and Applied Pyrolysis, 74,* 370–378.

Sjödin, A., Hagmar, L., Klasson-Wehler, E., Kronholm-Diab, K., Jakobsson, E., & Bergman, Å. (1999). Flame retardant exposure: Polybrominated diphenyl ethers in blood from Swedish workers. *Environmental Health Perspectives, 107*(8), 643–648.

Skrzypek, K. P. (2003). „*Austauschprozesse von organischen Umweltchemikalien mit biogenen Tensiden in quellfähigen Tonmineralien*". Dissertation, vorgelegt beim Fachbereich Geowissenschaften der Wolfgang-Goethe-Universität Frankfurt am Main.

Sojak, L., Kubinec, R., Jurdakova, H., Hajekova, E., & Bajus, M. (2007). High resolution gas chromatographic-mass spectrometric analysis of polyethylene and polypropylene thermal cracking products. *Journal of Analytical and Applied Pyrolysis, 78,* 387–399.

Spangenberg, B. (o. J.). Laborvorschrift zum Versuch IR-Spektroskopie, HS Offenburg.

Spiegel online. (20. Januar 2016). Umweltschutz: Schwimmbarrieren sollen Müll aus Meer fischen. http://www.spiegel.de/wissenschaft/technik/umweltschutz-schwimmbarrieren-sollen-muell-aus-dem-meer-fischen-a-1070868.html.

Streitwieser, A., Heathcock, C. H., & Kosower, E. M. (1994). *Organische Chemie.* Weinheim: Wiley-VCH.

Stryer, L. (1990). *Biochemie.* Heidelberg: Spektrum der Wissenschaft.

Suchentrunk, R. et al. (2007). „*Kunststoffmetallisierung*" (3.Aufl.). Leuze.

Süddeutsche Zeitung. (2011). 25 Jahre Sandoz-Katastrophe. Als im roten Rhein die Fische starben. http://www.sueddeutsche.de/wissen/jahre-sandoz-katastrophe-als-im-roten-rhein-die-fische-starben-1.1177611.

SWR2. (2016). Dick durch Weichmacher – Plastikverpackungen untersucht. https://www.swr.de/swr2/wissen/plastikverpackungen-untersucht-dick-durch-weichmacher/-/id=661224/did=16849468/nid=661224/8j0s6a/index.html.

Taylor, M. L., et al. (2016). Plastic microfibre ingestion by deep-sea organisms. *Scientific Reports, 6,* 33997. https://doi.org/10.1038srep33997.

Teuten, E. L., Saquing, J. M., Knappe, D. R. U., Barlaz, M. A., Jonsson, S., Björn, A., Rowland, S. J., Thompson, R. C., Galloway, T. S., Yamashita, R., Ochi, D., Watanuki, Y., Moore, C., Viet, P. H., Tana, T. S., Prudente, M., Boonyatumanond, R., Zakaria, M. P., Akkhavong, K., Ogata, Y., Hirai, H., Iwasa, S., Mizukawa, K., Hagino, Y., Imamura, A., Saha, M., & Takada, H. (2009). Transport and release of chemicals from plastics to the environment and to wildlife. *Philosophical Transactions of the Royal Society of London. Series B, Biological Sciences, 1526,* 2027–2045. https://doi.org/10.1098/rstb.2008.0284.

Thalheim, M. (2016). „Phthalate: Innovation mit Nebenwirkung". *Dtsch Arztebl, 113*(45), A-2036/B-1704/C-1688.

Thompson, R. C., et al. (2004). Lost at sea: Where is all the plastic? *Science, 304*, 838.

Thompson, R. C., et al. (2009). Our plastic age. *Philosophical Transactions of The Royal Society B Biological Sciences, 364,* 1973–1976.

Torre, M., Digka, N., Anastasopoulou, A., Tsangaris, C., & Mytilineou, C. (2016). Anthropogenic microfibres pollution in marine biota. A new and simple methodology to minimize airborne contamination. *Marine Pollution Bulletin, 113*(1–2), 55–61.

Troitzsch, J. (2012). Flammschutzmittel. Anforderungen und Innovationen. *Kunststoffe, 11,*84.

Umweltbundesamt. (2007). „Phthalate – Die nützlichen Weichmacher mit den unerwünschten Eigenschaften". https://www.umweltbundesamt.de/sites/default/files/medien/publikation/long/3540.pdf.

Umweltbundesamt. (2008). Bromierte Flammschutzmittel – Schutzengel mit schlechten Eigenschaften? https://www.umweltbundesamt.de/sites/default/files/medien/publikation/long/3521. pdf.

Umweltbundesamt. (2011). Telegramm: Umwelt und Gesundheit, Ausgabe 01/2011; „Neue Weichmacherin Kunststoffen". https://www.umweltbundesamt.de/sites/default/files/medien/.../ Ausgabe01-2011.pdf.

Umweltbundesamt. (2013). „Häufige Fragen zu Phthalaten bzw. Weichmachern. https://www. umweltbundesamt.de/themen/gesundheit/umwelteinfluesse-auf-den-menschen/chemische-stoffe/weichmacher/haeufige-fragen-zu-phthalaten-bzw-weichmachern#textpart-1.

Umweltbundesamt. (2016). Polyzyklische Aromatische Wasserstoffe – Umweltschädlich! Giftig! Unvermeidbar? https://www.umweltbundesamt.de/sites/default/files/medien/376/publikationen/polyzyklische_aomatische_kohlenwasserstoffe.pdf.

Umweltbundesamt Österreich. (o. J.). Mündliche Mitteilung eines Mitarbeiters.

Van Cauwenberghe, L., & Janssen, C. R. (2014). Microplastics in bivalves cultured for human consumption. *Environmental Pollution, 193,* 65–70.

Van Cauwenberghe, L., Vanreusel, A., Mees, J., & Janssen, C. R. (2013). Microplastic pollution in deep-seea sediments. *Environmental Pollution, 182,* 495–499. https://doi.org/10.1016/j. envpol.2013.08.013.

van der Meer, P. F., & Devine, D. V. (2017). Alternatives in blood operations when choosing non-DEHP bags. *View Issue TOC, 112*(2), 183.

Vianello, A., et al. (2013). Microplastic particles in sediments of Lagoon of Venice, Italy: First observations on occurrence, spatial patterns and identification. *Estuarine, Coastal and Shelf Science, 130,* 54–61.

von Moos, N. (2010). *Histopathological and cytochemical analysis of ingested polyethylene powder in the digestive gland of the blue mussel.* Switzerland: Basel.

von Moos, N., Burkhardt-Holm, P., & Kohler, A. (2012). Uptake and effects of microplastics on cells and tissue of the blue mussel Mytilusedulis L. after an experimental exposure. *Environmental Science & Technology, 46,* 11327–11335.

Wagner, M., & Oehlmann, J. (2009). Endocrine disruptors in bottled mineral water: Total estrogenic burden and migration from plastic bottles. *Environmental Science and Pollution Research, 16,* 278–286.

Wang, W., Ndungu, A. W., Li, Z., & Wang, J. (2017). Microplastics pollution in inland freshwaters of China: A case study in urban surface waters of Wuhan, China. *The Science of the Total Environment, 575,* 1369–1374.

Weber, C. (2002). „Plastikmüll mit Infrarotspektroskopie sortieren". *Physik Journal, 1*(7–8), 116–119.

Welle, F., Wolz, G., & Franz, R. (2004). „Study on the migration behaviour of DEHP versus an alternative plasticiser, Hexamoll® DINCH, from PVC tubes into enteral feeding solutions", Poster presentation at the 3rd international Symposium on Food Packaging, 17–19 November 2004, Barcelona. https://www.ivv.fraunhofer.de/content/dam/ivv/en/documents/Forschungsfelder/Produktsicherheit-und-analytik/Study_on_the_migration_behaviour_of_DEHP.pdf.

Welle, F., Wolz, G., & Franz, R. (2005). Migration von Weichmachern aus PVC-Schläuchen in enterale Nährlösungen. *Pharma International, 3,* 17–21.

Wick, A., Jacobs, B., Kunkel, U., Peter Heininger, P., & Ternes, T. (2016). Benzotriazole UV stabilizers in sediments, suspended particulate matter and fish of German rivers: New insights into occurrence, time trends and persistency. *Environmental Pollution, 212,* 401–412.

Wiesheu, A. C., Anger, P. M., Baumann, T., Niessner, R., & Ivleva, N. P. (2016). Ramanmicrospectroscopic analysis of fibers in beverages. *Analytical Methods, 8,* 5722–5725.

Wiig, O., Derocher, A. E., Cronin, M. M., & Skaare, J. U. (1998). Female pseudohermaphrodite polar bears at Svalbard. *Journal of Wildlife Diseases, 4,* 792–796. https://doi.org/10.7589/0090-3558-34.4.792.

Wilhelm, S. (2008). *„Wasseraufbereitung"* (7. Aufl.). Heidelberg: Springer.

World Economic Forum. (2016). The new plastic economy: Rethinking the future of plastics. http://www3.weforum.org/docs/WEF_The_New_Plastics_Economy.pdf.

WSV (Wasser- und Schifffahrtsverwaltung des Bundes). (o. J.). Bereitgestellt durch die Bundesanstalt für Gewässerkunde (BfG).

Yamada-Onodera, et al. (2001). Degradation of polyethylene by fungus. *Polymer Degradation and Stability, 72,* 323–327.

Yoshida, S., et al. (2016). A Bakterium that degrades and assimilates poly(ethylene terephthalate). *Science, 351,* 1196–1199.

Zarfl, C., & Matthies, M. (2010). Are marine plastic particles transport vectors for organic pollutants to the Arctic? *Marine Pollution Bulletin, 60,* 1810–1814.

Zhang, Z. et al. (2017). *Nature Communications, 8,* 14585.

Ziccardi, L. M., Edgington, A., Hentz, K., Kulacki, K. J., & Kane Driscoll, S. (2016). Microplastics as vectors for bioaccumulation of hydrophobic organic chemicals in the marine environment: A state-of-the-science review. *Environmental Toxicology and Chemistry, 35*(7), 1667–1676.

Zubris, K. A. V., & Richards, B. K. (2005). *Synthetic fibers as an indicator of land application of sludge.* Environmental pollution (Barking, Essex: 1987): 2, S. 201–211, https://doi.org/10.1016/j.envpol.2005.04.013.

Mikroplastik als Chance

3

Inhaltsverzeichnis

© Springer-Verlag GmbH Deutschland, ein Teil von Springer Nature 2019
A. Fath, *Mikroplastik*, https://doi.org/10.1007/978-3-662-57852-0_3

Spezielle Kunststoffe werden als Adsorbermaterialien für eine große Anzahl von Spurenstoffen in Gewässern eingesetzt. Im Gegensatz zu einer unmittelbar vor Ort entnommen Wasserprobe für die Analytik wird eine Kunststoffmembran eingesetzt, die über einen längeren Zeitraum Spurenstoffe adsorbiert. Dieser sogenannten Passivsammler stellt die Probe dar, aus der die Adsorbate nach der Extraktion schließlich analysiert werden können.

3.1   Passivsammler als Wasserfilter

Passivsammler werden seit 1990 für die Untersuchung von Gewässern eingesetzt. Sie besitzen einen einfachen Aufbau, benötigen keine Stromversorgung und können in abgelegenen Gebieten zum Einsatz kommen. Die Ergebnisse sind zudem reproduzierbar (Rüdel et al. 2007). Passivsammler werden als „künstliche Muschel" oder „künstliche Fischhaut" bezeichnet und zeigen die Stoffe auf, mit denen Wasserorganismen in Kontakt kommen. Passivsammler sind wartungsarm und kostengünstiger als andere Probenahmesysteme. Der schematische Aufbau eines Passivsammlers ist in Abb. 3.1 vereinfacht dargestellt. Aufgrund von Diffusionsprozessen lagern sich Spurenstoffe aus der Umgebung auf dem Passivsammler an. Der Spurenstoff diffundiert aufgrund der Differenz der chemischen Potenziale aus der Wasserphase in die Sammelphase (Kraus et al. 2015; Górecki und Namieśnik 2002).

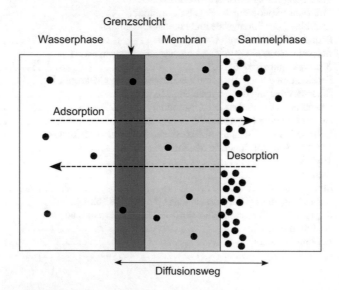

Abb. 3.1   Schematischer Aufbau eines Passivsammlers. Die Chemikalien (schwarze Punkte) diffundieren von der Wasserphase über die Grenzschicht und die Membran in die Sammelphase. (Modifiziert nach Kraus et al. 2015; Mills et al. 2007)

Als Passivsammler sind unterschiedliche Kunststoffe im Einsatz, der Grundaufbau ist jedoch nahezu identisch. Die gelösten Substanzen befinden sich im Wasser, welches den Passivsammler umströmt. Die Sammelphase kann aus unterschiedlichen Materialien bestehen, z. B. aus Silikon, Polyethylen oder Adsorberharzen. Die Oberfläche der Sammelphase kann so modifiziert werden, dass dadurch die Anlagerung der untersuchten Substanzen verbessert wird. Bei einigen Passivsammlern wird zusätzlich eine Membran auf die Sammelphase aufgebracht. Diese Membran kann bspw. aus Polyethylen, Polyethersulfon oder Celluloseacetat bestehen (Kraus et al. 2015). Eine semipermeable (halbdurchlässige) Membran sorgt dafür, dass nur die gewünschten Chemikalien zur Sammelphase gelangen. Dadurch werden Feststoffe und andere unerwünschte Substanzen ausgeschlossen (Alvarez et al. 2005).

Die Substanzen werden in der Sammelphase durch Adsorption gebunden (Kraus et al. 2015). Als Adsorption wird der Vorgang bezeichnet, in dem sich gelöste Stoffe an einer Oberfläche anreichern. Das Adsorptiv oder Adsorbat sind die freien Teilchen in der Lösung (Spurenstoff) und das Adsorbens ist in der geschilderten Anwendung die Oberfläche des Passivsammlers (Job und Rüffler 2011).

Passivsammler ermöglichen eine Anreicherung von Schadstoffen, sodass selbst kleine Konzentrationen in Gewässern detektiert werden können (Vrana et al. 2005). Die Menge des Spurenstoffs, die sich in der Sammelphase anhäuft, hängt von der Konzentration des Spurenstoffs im Gewässer ab. Zudem ist entscheidend, wie lange der Passivsammler im Gewässer eingesetzt wird. Die Temperatur und die Strömungsverhältnisse spielen bei der Anreicherung ebenfalls eine Rolle (Rüdel et al. 2007).

Passivsammler erfassen Spurenstoffe, die polar sind und sich in Organismen akkumulieren können. Mithilfe des Passivsammlers kann eine kontinuierliche Probenentnahme über mehrere Tage bis Wochen erfolgen. Für die Untersuchung von hydrophilen Substanzen in Gewässern sind verschiedene Passivsammler-Typen im Einsatz, z. B. der POCIS (Polar Organic Chemical Integrative Sampler) oder der Chemcatcher (Ricking 2009). Beim Chemcatcher besteht die Sammelphase meist aus Styrol-Divinylbenzol (SDB). Die Membran ist aus Polyethersulfon (PES) aufgebaut, jedoch wird die Membran nur optional verwendet. Bei POCIS befindet sich die Sammelphase zwischen zwei Membranen, die ebenfalls aus PES aufgebaut sind (Moschet et al. 2015).

Vrana et al. (2005) geben einen umfangreichen Überblick über verschiedene Passivsammler (Daten über die Konstruktionsweise, die jeweils analysierbaren Stoffe usw.). Mithilfe der unterschiedlichen Passivsammler können verschiedene Substanzen nachgewiesen werden. Die Substanzen, die sich an einen speziellen Passivsammler anlagern, liegen in einem ähnlichen Hydrophobizitätsbereich. An POCIS haften Chemikalien (Polar Organic Chemical Integrative Sampler), die einen log-K_{OW} von 0–3 haben, wohingegen am Chemcatcher Spurenstoffe mit einen log-K_{OW} von 1–6 adsorbieren (Vrana et al. 2005).

Passivsammler haben den Vorteil, dass sie permanent im Wasser verbleiben können und dadurch einen Überblick über alle Substanzen geben, die in diesem Zeitraum im Gewässer vorkommen. Bei Stichproben werden lediglich die

Substanzen zu einem gewissen Zeitpunkt erfasst, wodurch einmalige Ereignisse unentdeckt bleiben können wie z. B. Unfälle, bei denen Chemikalien ins Wasser gelangen (Alvarez et al. 2005). Richtlinien für die Verwendung von Passivsammlern in der Wasseranalytik (Vorbereitungen, Durchführung des Experiments und Analyse des Passivsammlers) wurden bereits 2010 festgelegt (Alvarez 2010).

Der Passivsampler SDB-RPS (Styrol-Divinylbenzol–Reversed-Phase-Sulfonat) „Chemcatcher" (Abb. 3.2) besteht aus einem Divinylbenzol-Polymer, welches mit Sulfonsäuregruppen modifiziert wurde, um eine bestimmte Hydrophilie zu erreichen.

In Abb. 3.3 ist die Herstellung des SDB-RPS „Chemcatcher" aus den beiden Monomeren Styrol und Divinylbenzol dargestellt, und Tab. 3.1 zeigt das IR-Spektrum des Polymers.

Passivsammler mit einer mikrostrukturierten Kunststoffoberfläche werden hauptsächl ich in der Gewässerüberwachung eingesetzt. Abb. 3.4 zeigt den Einsatz von Passivsammlern, die in festgelegten Distanzen zueinander entlang eines Flusses und eines Nebenflusses platziert wurden. Kommt es zu Auffälligkeiten in einer Flussüberwachungsstation, kann durch die Auswertung der Sammler die Herkunft einer Verunreinigung eingegrenzt werden. In dem dargestellten hypothetischen Fall ist der Nebenfluss für die Verunreinigung verantwortlich zu machen, an dessen Ufer eine Industrieanlage ihre Abwässer einleitet.

Im Projekt „Rheines Wasser" (Fath 2016) trug der Autor des Sachbuchs als Schwimmer den Passivsammler vier Wochen durch den Rhein, um herauszufinden, mit welchen organischen Stoffen Wasserorganismen, wie beispielsweise der Lachs, der seit wenigen Jahren wieder angesiedelt wurde, im Rhein in Kontakt kommen. In Abb. 3.5 ist der Autor während des Projektes „Rheines Wasser"

Abb. 3.2 Links: SDB-RPS „Chemcatcher". Rechts: SDB-RPS„Chemcatcher", geschützt mit Aluminiumdrahtnetzt und auf einen Neoprenstrumpf aufgetackert, damit ihn ein Schwimmer tragen kann

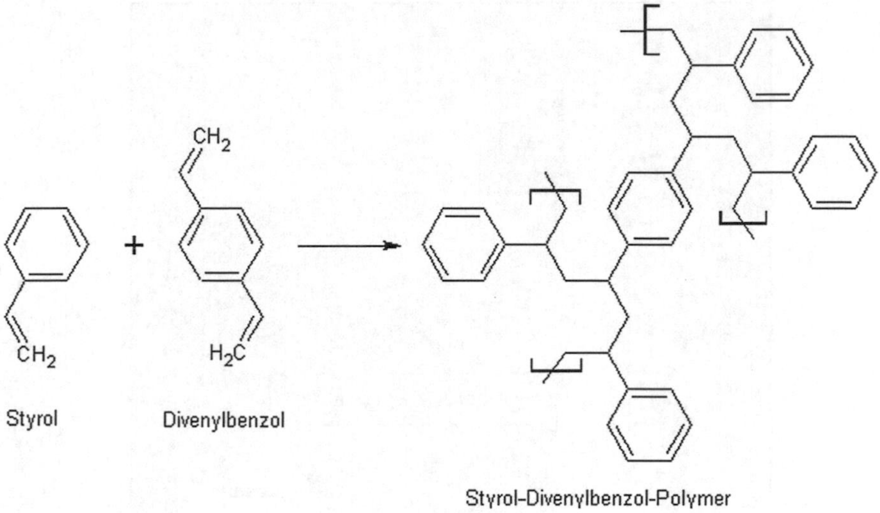

Abb. 3.3 Herstellung des Styrol-Divinylbenzolpolymers

Tab. 3.1 Charakteristische IR Schwingungsfrequenzen ($\tilde{v}$) von Polystyroldivinylbenzol (SDB)

Wellenzahl	Schwingung
3443	
3019	C–H-Valenzschwingungen von aromatischen Substanzen
2960	Asymmetrische Valenzschwingung der C–H-Bindung von der funktionellen Gruppe CH_3
2923	Asymmetrische Valenzschwingung der C–H-Bindung von der funktionellen Gruppe CH_2
1603	Benzolfinger zwischen 1650 und 2000
1486	Asymmetrische Deformationsschwingung der C–H-Bindung von der funktionellen Gruppe CH_2
1448	Asymmetrische Deformationsschwingung der C–H-Bindung von der funktionellen Gruppe CH_3
1243	
1212	
1155	Valenzschwingung der Sulfonsäure (?)
1095	Fingerprintbereich:
1041	Out-of-plane-Schwingungen Deformationsschwingung bei Aromaten
1017	
828	
794	
707	

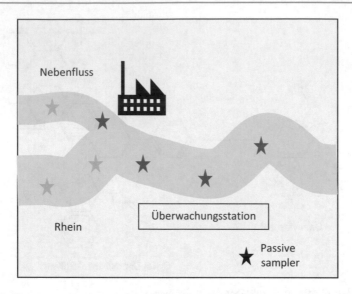

Abb. 3.4   Einsatz von Passivsammlern zur Gewässerüberwachung

Abb. 3.5   Andreas Fath während des Projektes „Rheines Wasser" im Sommer 2014 mit fixiertem Passivsammler am Bein. (Braxart/Hochschule Furtwangen, Projekt Rheines Wasser)

zu sehen, wobei der Passivsammler auf einem Neoprenstrumpf am rechten Unterschenkel fixiert ist. Diese passive Art der Probenahme spiegelt die natürlichen Lebensbedingungen von Wasserorganismen wider. Die nachgewiesenen Schadstoffe können sich potenziell in den Organen oder im Fettgewebe aquatischer Organismen anlagern (Fath 2017).

Mithilfe des Passivsammlers wurden 128 Substanzen nachgewiesen. Bei diesen 128 Substanzen handelt es sich um jene, die an die Membran in einer nachweisbaren Menge adsorbierten. Dies sind natürlich bei Weitem nicht alle Spurenstoffe, die sich im Rhein befinden.

Bei den meisten Adsorbaten handelt es sich um Pharmazeutika und Pestizide sowie deren Metabolite (Fath 2017). Das Projekt konnte zeigen, dass die Konzentration von Spurenstoffen ansteigt, je weiter der Rhein fließt. Diese Erhöhung ist auf anthropogene Ursachen zurückzuführen, z. B. auf private Haushalte, Industrie, Landwirtschaft etc. (Hochschule Furtwangen 2014). Die Zunahme des anthropogenen Einflusses ist beispielsweise anhand der Bevölkerungsdichte ersichtlich. In der Nähe des Bodensees wohnen durchschnittlich 120 Einwohner/km^2 und am Niederrhein (von Bonn bis Düsseldorf) 680 Einwohner/km^2 (IKSR 2009).

3.2 Mikroplastik als Wasserfilter

Wenn eine strukturierte Kunststoffmembran, wie die der Passivsammler, schädliche Spurenstoffe aus Gewässern adsorbieren kann, stellt sich zwangsläufig die Frage, ob es nicht möglich wäre, durch Vergrößerung der Sorbensoberfläche größere Mengen von unerwünschten Stoffen aus belasteten Gewässern adsorptiv zu eliminieren.

Wenn Mikroplastikpartikel wie „Magnete" auf Schadstoffe wirken, könnte man gezielt spezifiziertes Mikroplastik einsetzen um Gewässer zu reinigen. Ob ein solches Ziel realisierbar ist, hängt von den Adsorptionseigenschaften von Mikroplastikpartikeln unterschiedlicher Größe und Struktur ab. Wichtig, wäre auch festzustellen, ob es selektive Anlagerungen an bestimmte Kunststofftypen mit unterschiedlichen Größen und Oberflächenstrukturen gibt. Wenn das der Fall wäre, könnte man technische Kunststoffe, die ausgedient haben, zermahlen und zur selektiven Reinigung von Gewässern einsetzen und nach einer Desorption die organische Verbindung, welche oftmals ein wertvoller Wirkstoff ist, somit zurückgewinnen und das Mikroplastikfiltermaterial erneut einsetzen.

Mikroplastik wird in der Form, wie wir es in unseren Gewässern finden, technisch nicht eingesetzt. Zwei Mikroskopaufnahmen aus der Untersuchung des Rheins sind beispielhaft abgebildet (Abb. 3.6).

Dieser Effekt der großen Oberfläche zur Anlagerung von Schadstoffen ist bereits bekannt. Er wird bei der Reinigung von Abwässern mit Aktivkohle genutzt. Die elektronenmikroskopische Aufnahme der Aktivkohle in Abb. 3.7 zeigt die stark strukturierte Oberfläche.

Diese mikroparikuläre „Berg- und Tallandschaft" hat zur Folge, dass ein Gramm Aktivkohle die Oberfläche in der Größe eines Fußballfeldes besitzt. Als

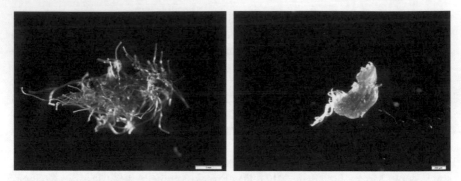

Abb. 3.6 Links: Faserstruktur von Polyamid. Rechts: stark zerklüftete Polyethylen. Beide Partikel sind kleiner als einen halben Millimeter und besitzen eine große Oberfläche, auf die es bei der Anlagerung von Schadstoffen ankommt

Abb. 3.7 REM-Aufnahme von AktivKohle

vierte Behandlungsstufe in einigen Kläranlagen wird deshalb eine Aktivkohle-filtration nachgeschaltet, um Spurenstoffe aus dem Zulauf in unsere Flüsse zu eliminieren.

Neben unterschiedlichen Aktivkohlen (Steinkohle, Kokosnuss, etc.) kommen auch andere Adsorbermaterialien für eine Physisorption bzw. Chemisorption von Molekülen zum Einsatz, um diese aus der Fluidphase zu eliminieren (Trockenmittel)

Tab. 3.2 Häufig verwendete
Adsorbermaterialien

Adsorbens	Oberfläche in m^2/g
Aktivkohle	300–2500
Kieselgel	300–350
Aluminiumoxid	200–500
Molsiebe (Zeolithe)	500–1100

oder um Substanzgemische aufzutrennen (Säulenchromatographie). Hierbei handelt es sich immer um Adsorbermaterialien mit einen größen Oberfläche. In Tab. 3.2 ist eine Auswahl verschiedener, häufig eingesetzter Adsorbenzien mit deren aktiver Oberfläche aufgelistet.

Auch Mikroplastikpartikel lagern organische Schadstoffe an (Wedler 1970). Wenn es gelingt, aus Kunststoffabfällen Filtermaterialien für die Wasser- bzw. Abwasserreinigung herzustellen, bekäme der Plastikmüll eine Funktion und damit eine Wertigkeit, die ein gedankenloses „Entsorgen" in aquatischen Habitaten reduzieren und damit die Ressource Wasser schützen würde. Als Grundmaterial stehen ungeheure Plastikmüllmengen zur Verfügung, die ungenutzt lediglich einer thermischen Verwertung zugeführt werden. Diese Art der Verwertung wäre mit dem beladenen Kunststofffiltermaterial immer noch möglich, zumal man damit auch gleichzeitig die Schadstoffe mit verbrennt. Andererseits ergibt sich mit MP die Chance, die sehr guten Adsorptionseigenschaften der Aktivkohle mit einer Rückgewinnung der Spurenstoffe und der Wiederverwendbarkeit des Filtermaterials zu verbinden.

Dass die Sorption von Schadstoffen an Polymeren potenziell zur Wasserreinigung genutzt werden kann, wurde bereits gezeigt (Muhandiki 2008; Matsuzawa 2010).

Bis zur Entwicklungsreife eines effektiven und zur Aktivkohle konkurrenzfähigen Filtermaterials aus Kunststoffabfall muss jedoch noch weiter in die Grundlagenforschung investiert werden. Dabei geht es um Themen wie Sorptionsuntersuchungen unterschiedlicher Stoffe an unterschiedliche Kunststoffmaterialien, Optimierung der Partikelgrößenverteilung, Vergrößerung der Oberfläche und damit der Adsorptionskapazität, Kunststofftypenauswahl bzw. Kunststoffkombinationen für Universalfiltermaterial, Kunststoffvorbehandlung, Selektivitätsuntersuchungen, Packungsdichte für entsprechende Durchfluss-Wasservolumina, Regeneration, Eluataufarbeitung u. v. m. Diese Grundlagenuntersuchungen haben gerade erst begonnen.

Zu den Grundlagenuntersuchungen, um festzustellen, ob Mikroplastikpartikel bestimmte Substanzen stark, weniger stark oder gar nicht auf ihrer Oberfläche anlagern, gehören die Messungen der Adsorption, die in gleicher Art und Weise durchgeführt werden, wie die Messung der Adsorption an Böden (Klöpffer 2012).

3.2.1 Messung der Adsorption von Substanzen an Mikroplastik

Für die Messung der Adsorption bestimmt man eine Adsorptionsisotherme. Dabei ist es wichtig, dass die Temperatur konstant gehalten wird, da sowohl Adsorptions- wie auch Desorptionsgeschwindigkeit temperaturabhängig sind und sich nur bei einer konstanten Temperatur nach einer bestimmten Zeit ein Gleichgewichtszustand einstellt. Dieser Gleichgewichtszustand ist die Basis für die Ermittlung der Adsorptionsisotherme. Die Adsorptionsisotherme ist eine Kennlinie, deren Auswertung Informationen über die Wechselwirkungen zwischen Adsorbat und Adsorbens und über die Oberfläche des Adsorbens liefert. Für die Messung der Isotherme sollte die Wasserlöslichkeit der zu adsorbierenden Substanz bekannt sein. In weiteren Vorversuchen werden die optimalen Versuchsbedingungen ermittelt. Über den K_{ow}-Wert kann das optimale Verhältnis der Mikroplastikmenge zur Lösung vorausberechnet werden (Hummel 2017). Das Festlegen der Wartezeit bis zur Gleichgewichtseinstellung und auch die Überprüfung der Stabilität der Substanz über die gesamte Äquilibrierungszeit sind hierzu ebenfalls wichtige Vorversuche.

Die Adsorptionsisotherme gibt Aufschluss über das Verteilungsgleichgewicht einer Substanz in Lösung in Bezug zur adsorbierten Konzentration an einem Adsorbens bei einer konstanten Temperatur. Auf der x-Achse ist die Konzentration der Substanz in der Lösung in g/l aufgetragen und auf der Y-Achse die sorbierte Konzentration an einem Festkörper z. B. Mikroplastik in g/kg.

Um die Adsorptionsisothermen aufzunehmen, werden unterschiedliche Konzentrationen der Prüfsubstanz in einer 0,01 M $CaCl_2$-Lösung hergestellt und zusammen mit Plastikpulver, dessen Trockengewicht bekannt ist, stark gerührt bzw. geschüttelt, solange bis sich das Verteilungsgleichgewicht eingestellt hat. Die dafür notwendige Schüttelzeit muss vorher analytisch ermittelt werden. Sie ist dann erreicht, wenn sich die Konzentration der Prüfsubstanz in der Lösung nach periodischen Messintervallen nicht mehr signifikant ändert. Nach der Trennung der beiden Phasen durch Zentrifugation erfolgt die Konzentrationsbestimmung der Prüfsubstanz in der wässrigen und in der festen Phase (direkte Methode). Eine Konzentrationsbestimmung der Prüfsubstanz auf Mikroplastikpartikel erfordert einen sehr hohen Aufwand, zumal die Prüfsubstanz sowohl ad- als auch absorbieren kann und nicht unbedingt fluoreszenzaktiv ist. Eine quantitative Desorption mit einem geeigneten Lösungsmittel wäre notwendig. Um die Sorption an Mikroplastikpartikel zu quantifizieren, ist die indirekte Methode geeigneter, auch wenn sie bei sehr geringer und sehr starker Adsorption ungenau wird. Bei der indirekten Methode wird die Differenzkonzentration in der wässrigen Phase vor und nach der Zugabe von Mikroplastikpartikeln ermittelt. Da nach der Zentrifugation teilweise noch Kunststoffpartikel auf der Flüssigkeitsoberfläche schwimmen, erfolgt die Probenahme aus der Mitte des Zentrifugenglases. Um zu verhindern, dass eventuell dennoch mitgeführte Kunststoffpartikel in die HPLC-Trennsäule gelangen, wird eine Vorsäule installiert, welche diese abfangen kann. Trotz des Trennungsaufwandes der Zentrifugation im Vergleich zu einer Filtration hat sich diese Methode etabliert, da Einflüsse durch Sorption der Prüfsubstanz an unterschiedlichen Filtermaterialien eliminiert werden. Aus demselben Grund empfiehlt es sich, für die weitere Probenbearbeitung Glasgeräte zu verwenden, da bei Glas die geringste Sorption zu erwarten ist (Walker und Watson 2010). Über welchen Konzentrationsbereich sich Adsorptionsisothermen erstrecken, hängt von zwei Faktoren ab. Während die Konzentrationsobergrenze von der Löslichkeit der Testsubstanz festgelegt ist, wird die untere Grenze durch die Messgenauigkeit des Analyseverfahrens bestimmt. Die Interpretation der aufgenommenen Adsorptionsisothermen erfolgt nach einem Fit mit den in Abschn. 3.2.2 vorgestellten Adsorptionsmodellen.

3.2.2 Grundlagen zur Adsorption

Feststoffe besitzen die Fähigkeit, Atome und Moleküle aus ihrer gasförmigen Umgebung oder ihrer fluiden Umgebung an ihre Oberfläche anzubinden. Dies bezeichnet man als Adsorption. Dringen im weiteren Verlauf dieser Wechselwirkung Moleküle in die Festphase ein, spricht man von Absorption. Unter dem Begriff „Sorption" fasst man beide Prozesse zusammen. Gase können nicht nur in Flüssigkeiten absorbieren, sondern auch in Festkörper, sofern ihr Gefüge dies zulässt. Zum Verständnis der Terminologie der Adsorption an Festkörperpartikel, wie beispielsweise Mikroplastik, sind die unterschiedlichen Begriffe der Einzelzustände in Abb. 3.8 dargestellt.

Der Feststoff, das Adsorptionsmittel quasi, wird als „Adsorbens" bezeichnet und die adsorbierten Stoffe als „Adsorbtiv" bzw. als „Adsorpt" oder „Adsorbat" im adsorbierten Zustand. Den Prozess der Ablösung des Adsorbats zurück in

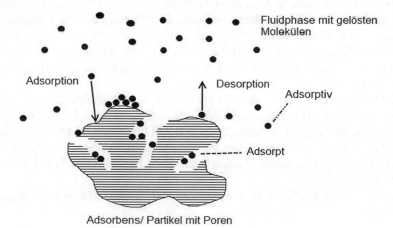

Abb. 3.8 Grundbegriffe der Adsorption von Molekülen oder Atomen aus der flüssigen bzw. Gasphase an einen Partikel mit strukturierter (poröser) Oberfläche

die Flüssigphase nennt man „Desorption". Zwischen der Adsorption und der Desorption entsteht, nach Ablauf einer endlichen Exposition, ein Gleichgewichtszustand, bei dem beide Geschwindigkeiten gleich groß sind und damit die Konzentrationen der adsorbierten Stoffe und der in der fluiden Phase gelösten Stoffe konstant bleiben.

Dass es bei der Annäherung eines Adsorptivs an ein Festkörper-Adsorbens zu einer attraktiven Wechselwirkung kommt, macht man sich in vielen technischen Anwendungen wie der Beschichtungstechnologie, der heterogenen Katalyse und der Abwasserreinigung zunutze.

Je nach Stärke der Wechselwirkung zwischen Adsorbens und Adsorptiv unterscheidet man zwischen einer Physisorption und einer Chemiesorption. Der Unterschied zwischen einem physikalisch gebundenen Adsoptiv und einem chemisch gebundenen Adsorptiv wird alleine durch die Reaktionsenthalpie der freiwerdenden exothermen Adsorptionsreaktion bestimmt.

Eine physikalische Wechselwirkung entsteht durch Dipol-Dipol-Wechselwirkungen zwischen den sich annähernden Molekülen, durch die Verschiebung ihrer Elektronenhüllen. Die Dipolinduzierung entsteht entweder durch den Einfluss der Sorbensmoleküle oder aber das Adsoptiv besitzt bereits einen Dipolcharakter und kann mit einem unpolaren Sorbens wechselwirken. Die dabei wirkenden Van-der-Waals-Kräfte erreichen nur geringe Energiebeträge bis in den Bereich der Wasserstoffbrückenbindungen von 40–50 kJ/mol. In Abb. 3.10 ist die Physisorption einer Fettsäure an einer aktivierten Glasoberfläche durch die Ausbildung zweier Wasserstoffbrückenbindungen dargestellt. Bei einer starken Affinität des Adsorbens zum Adsorptiv kann die physikalische Bindung des Adsorbates als Vorstufe für eine chemische Bindung betrachtet werden. Sobald die Aktivierungsenergie überwunden wird, kann eine chemische Oberflächenbindung des Adsorbats erfolgen. Hierbei werden deutlich größere Energiebeträge>100 kJ/mol frei. Dieser Vorgang ist im Potenzialdiagramm in Abb. 3.9 dargestellt. Die chemische Anbindung beispielsweise von Gasen an Feststoffe ist die Grundlage für wichtige heterogen ablaufende Katalysen wie beispielsweise die mit einer Goldoberfläche katalysierte Oxidation von Stickstoff. Hierbei wird die Dreifachbindung im Stickstoff zugunsten der Ausbildung einer Oberflächenbindung gebrochen und der Stickstoff für eine Bindung mit Sauerstoff zugänglich (Abb. 3.10 rechts).

Nicht nur in der Katalyse sind die chemischen Oberflächenbindungen wichtig, sondern auch in der Beschichtungstechnologie, wo zum Beispiel Silberoberflächen durch die Ausbildung einen Ag-S-Bindung mit Thiolen eine SAM(*self assembled monolayer*)-Schicht als sogenannten Primer ausbilden, der weiter mit einer Polysiloxanschicht funktionalisiert werden kann (Fath 2009). In der Abb. 3.11 ist die Schichtfolge zu sehen.

Auf der Silberoberfläche läuft eine exotherme Redoxreaktion nach folgender Gl. 3.1 ab:

$$Ag(s) + RSH(aq) \rightarrow AgSR(s) + H_2(g) \tag{3.1}$$

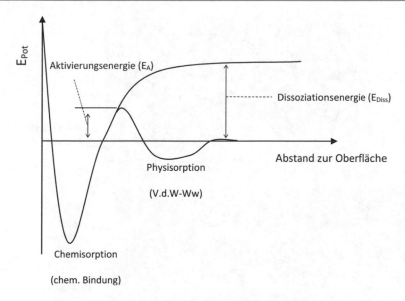

Abb. 3.9 Energiepotenzialdiagramm eines sich der Festkörperoberfläche nähernden Moleküls

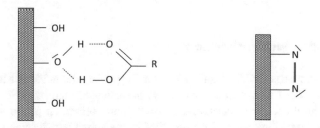

Abb. 3.10 Physisorption einer undissoziierten Fettsäure an einer aktivierten Glasoberfläche (links) und Chemisorption von Stickstoff an einer Goldoberfläche

Die chemische Anbindung hat sowohl Ionischen als auch kovalenten Charakter aufgrund der Polarisierbarkeit des weichen Schwefels (HSAB-Konzept).

Die chemische Fixierung von Biomolekülen z. B. von Proteinen an GlasTrägermaterialien (Hartmann 1993) ist in der biochemischen Analyse von großer Bedeutung. Durch die Proteinimmobilisierung mittels chemischer Anbindung an eine feste Substratoberfläche können Antikörper fixiert und als Biosensoren bzw. Immunosensoren eingesetzt werden (Schmidt und Bilitewski 1992).

Während die chemische Adsorption in der Katalyse und für die Beschichtungstechnologie die entscheidende Rolle spielt, basieren physikalische Stofftrennungen wie z. B. die Chromatographie auf der schwächeren Physisorption, wobei die physikalische Wechselwirkung reversibel ist und die Trägermaterialien dadurch regeneriert werden können.

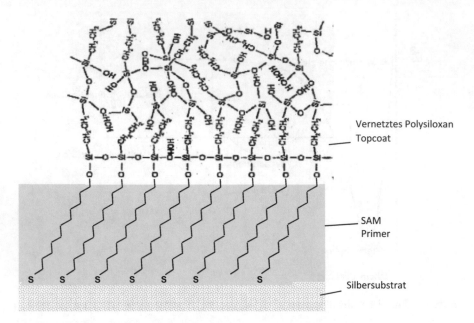

Vernetztes Polysiloxan
Topcoat

SAM
Primer

Silbersubstrat

Abb. 3.11 Chemische Anbindung eines *self assembled monolayers* (SAM) an eine Silberoberfläche

3.2.3 Adsorptionsisothermen

Das Adsorptionsverhalten von Stoffen aus der Gasphase oder gelöster Stoffe in der flüssigen Phase lässt sich mithilfe von Adsorptionsisothermen bzw. Sorptionsisothermen beschreiben. Die experimentell ermittelten Isothermen geben Aufschluss über das Verteilungsgleichgewicht eines Stoffes zwischen der flüssigen oder gasförmigen Phase und der Festphase bei einer konstanten Temperatur. Da aufgrund der komplexen Vorgänge zur Adsorptions- und Desorptions-Gleichgewichtseinstellung und der unterschiedlichen Einflussgrößen vonseiten des Adsorbens und Adsorptivs keine universelle Gleichung existiert, werden verschiedene empirische Modelle herangezogen, die die experimentell ermittelten Isothermen mathematisch am besten beschreiben. Über das Adsorptionsmodell mit dem besten Fit lassen sich Aussagen zur Wechselwirkung zwischen Adsobat und Adsorbens und die Beschaffenheit der Oberfläche des Adsorptionsmittels treffen. Die Verteilung einer Substanz in der Festphase und der Flüssigphase lässt sich mit dem passenden Modell berechnen. Auch die Wechselwirkung der Adsorbate untereinander hat einen Einfluss auf die Form und damit die Gleichung der Adsorptionsiotherme. Dabei macht es einen großen Unterschied, ob eine Monolagen- oder Multilagenadsorption stattfindet. Im Folgenden werden die wichtigsten Modelle unter der Annahme ihrer spezifischen Vereinfachungen vorgestellt.

Lineare (Henry'sche) Adsorptionsisotherme

Für die Adsorption von Substanzen an Festkörperoberflächen wird anstelle der Grenzflächenkonzentration die Belegungsdichte bzw. der Bedeckungs- oder Beladungsgrad θ verwendet.

Der Beladungsgrad θ ist eine Funktion der Konzentration c_i des Adsoptivs i in der Lösung bzw. des Partialdrucks p_i des Adsorptivs in der Gasphase. Dabei ist θ der Quotient aus Oberflächenkonzentration c_{ad} und der Oberflächensättigungskonzentration c_{max}.

$$\theta = f(c_i)_T \text{ oder } \theta = f(p_i)_T \text{ (für gasförmige Adsoptive)} \tag{3.2}$$

Für die Gasadsorption gilt entsprechend $\theta = V_\sigma / V_{mono}$. Dabei ist V_σ das spezifische Oberflächenvolumen in cm³/g Festkörper und V_{mono} das spezifische Oberflächenvolumen bei maximaler Bedeckung der Oberfläche.

In Oberflächengewässern spielt die Adsorption von gelösten Substanzen an Schwebstoffe eine große Rolle für die Analytik. Zu den biologischen und anorganischen Schwebstoffen gesellen sich mit Mikroplastikverunreinigungen zunehmend neue synthetische Schwebstoffe. Bei niedriger Oberflächenbelegung c_{ad} infolge einer geringen Gelöstkonzentration c_w zeigen die Adsorptionsisothermen noch weit entfernt von einer Oberflächensättigung einen linearen Verlauf, abgeleitet vom Henry'schen Gesetz.

Das Henry'sche Gesetz aus dem Jahre 1803 ist das älteste Verteilungsgesetz überhaupt (Henry 1803). Es besagt, dass der Dampfdruck eines gelösten Stoffes i direkt proportional seiner Konzentration in Lösung ist. Die Proportionalitätskonstante ist der sogenannte Henry-Koeffizient H_i:

$$p_i = H_i \cdot x_i \text{ (Henry'sches Gesetz)} \tag{3.3}$$

Dabei ist x_i der Molenbruch der Komonente x_i mit $x_i = n_i / (n_i + n_A)$.

Durch die lineare Beziehung $H_i = c_{i,g}/c_{i,w}$, welche die Konzentrationen eines Stoffes in der Gasphase und der wässrigen Phase im Gleichgewicht beschreibt, und die Kenntnis des Henry-Koeffizienten H_i ist es möglich, die Konzentration eines Stoffes i, zum Beispiel DEHP $(H = 5,98 \times 10^{-5})$ (Klöpffer 2012), in wässriger Lösung mithilfe der Head-Space-Technik (Kolb 1999) gaschromatographisch zu bestimmen. Der Henry-Koeffizient einer schwerlöslichen Substanz kann auch aus dem Sättigungsdampfdruck der Substanz und seiner Wasserlöslichkeit berechnet werden (Klöpffer 2012).Der anfängliche lineare Verlauf des Verteilungsgleichgewichts zwischen adsorbierter Konzentration c_{ad} und gelöster Konzentration im Gleichgewicht c_w kann somit sehr gut mit einer linearen Gleichung modelliert (beschrieben) werden, mit einem dem Henry'schen Gesetz analogen Verteilungskoeffizienten K_H.

Die Oberflächenkonzentration an einem Mikroplastikpartikel lässt sich in diesem linearen Bereich mit der Gleichung $c_{ad} = K_H \cdot c_w$ berechnen. Anstelle von K_H wird in der Literatur auch K_d (d = *distribution*) für den linearen Verteilungskoeffizienten verwendet.

Damit steht auch der Bedeckungsgrad in einem linearen Verhältnis zur Gleich-
gewichtskonzentration des Adsorptivs in wässriger Lösung. Für diese in Abb. 3.12
dargestellte Henry-Isotherme gilt:

$$\theta = c_{ad}/c_{max} = K \cdot c_w \tag{3.4}$$

Freundlich'sche Adsorptionsisotherme

In der von Freundlich (1906) abgeleiteten Adsorptionsisothermen wird die
Adsorption von Substanzen an heterogene Oberflächen beschrieben. Das heißt,
die Wechselwirkungen der aktiven Zentren der Oberfläche mit dem Adsobat in
der Monolage sind nicht überall gleich groß. Dies hat zur Folge, dass mit steigen-
der Bedeckung die Adsorptionsenergie exponentiell abnimmt. Gl. 3.5, welche die
Freundlich'sche Adsorptionsisotherme beschreibt, trägt für $n_F > 1$ (der häufigere
Fall) dem Umstand Rechnung, dass bei steigender Konzentration in Lösung die
Oberflächenkonzentration einer Sättigung zuläuft:

$$c_{ad} = K_f \cdot c_w^{1/n_F} \tag{3.5}$$

Aufgrund des exponentiellen Wachstums wird allerdings eine vollständige
Beladung der Oberfläche durch die Gleichung nicht erreicht und kann mit dem
Freundlich-Modell nicht abgebildet oder beschrieben werden. Der Fall $n_F = 1$
(linear; Henry-Verhalten) stellt in der Freundlich'schen Betrachtung einen
Grenzfall dar, in dem der Freundlich-Koeffizient K_f bzw. die Freundlich'sche
Adsorptionskonstante dem Verteilungskoeffizienten K_d entspricht.

Durch eine doppelt logarithmische Auftragung der Gleichgewichts-
konzentration in wässriger Lösung gegen die Beladung des Sorbens erhält man,
wie in Abb. 3.13 gezeigt, eine Gerade, mit deren Steigung sich der Freundlich-
Exponent n_F berechnen lässt. Über den Achsenabschnitt der Geraden lässt sich der
Freundlich-Koeffizient K_F bestimmen (Abb. 3.13).

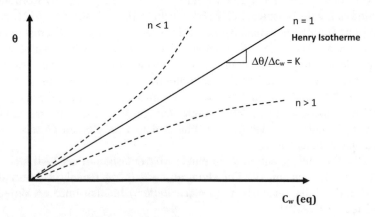

Abb. 3.12 H'sche-Adsorptionsisotherme (durchgezogene Linie) und deren Abweichungen nach
Freundlich (gestrichelte Kurven)

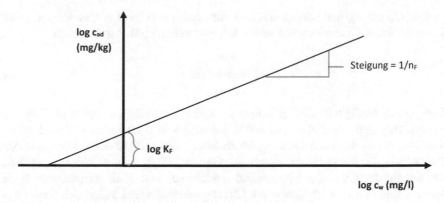

Abb. 3.13 Doppelt logarithmische Auftragung der Freundlich'schen Adsorptionsiotherme

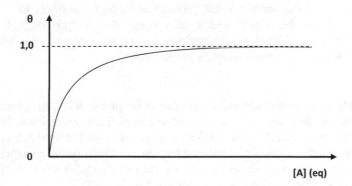

Abb. 3.14 Langmuir'sche Adsorptionsisotherme

Langmuir'sche Adsorptionsisotherme

Das Langmuir-Modell beschreibt klassische Isothermen, die einer Sättigung zulaufen. In der Abb. 3.14 ist eine solche Isotherme zu sehen. Der Verlauf der Isothermen basiert auf der Annahme, dass sich auf einer Oberfläche nur eine Monolage von Adsorbaten anlagert, wobei die Wechselwirkungen zwischen Adsobat und Adsobens überall auf der homogenen Oberfläche gleich groß sind. Das Langmuir-Modell ist demzufolge eine Art Parkplatzmodell, bei dem nur in der ersten Reihe geparkt wird und nur eine beschränkte Anzahl von gleichen Parkplätzen, je nach Oberflächengröße, zur Verfügung steht. Dabei ist die Belegung eines „Parkplatzes" unabhängig davon, ob Plätze in der Nachbarschaft bereits belegt sind oder nicht. Das heißt, sowohl die Wechselwirkungen innerhalb der Adsobatmoleküle als auch die Wechselwirkungen der Adsorbate zu den Lösungsmittelmolekülen sind vernachlässigbar. Bei einer vollständigen Belegung der gleichwertigen Bindungsstellen auf der Oberfläche eines Adsobens kann nach Ermittlung der Sättigungsbelegung bei $\theta = 1$ die Oberfläche des Sorbens, zum Beispiel die der Mikroplastikpartikel, berechnet werden.

Die Gleichung der Langmuir'schen Adsorptionsisothermen lässt sich aus der Reaktionskinetik für die reversible Reaktionsgleichung (Gl. 3.6) herleiten:

$$S + A \underset{k_{De}}{\overset{k_{Ad}}{\rightleftharpoons}} SA \tag{3.6}$$

Die Geschwindigkeit der Adsorption eines gasförmigen oder in Lösung befindlichen Adsorbats A an ein festes Substrat S in der Hinreaktion wird durch die Geschwindigkeitskonstante k_{Ad} beschrieben, während die Geschwindigkeit der Desorption als Rückreaktion durch die Geschwindigkeitskonstante k_{De} gegeben ist. Sobald der Gleichgewichtszustand erreicht ist, sind beide Reaktionen gleich schnell, und in diesem dynamischen Gleichgewichtszustand ändert sich weder die Oberflächenkonzentration des Adsobats noch die Gelöstkonzentration [A], obwohl auf molekularer Ebene beide Prozesse weiter ablaufen, aber makroskopisch beispielsweise durch die Analytik keine Veränderung mehr festzustellen ist.

Im Gleichgewichtszustand ändert sich somit der Bedeckungsgrad θ nicht mehr. Unter diesen Gleichgewichtsbedingungen läuft der Prozess der Adsorption genauso schnell ab wie die Desorption, sodass gilt:

$$V_{Ad} = V_{De} \tag{3.7}$$

Die Reaktionsgeschwindigkeit der Adsorption ist proportional zum Partialdruck von A bzw. der Konzentration von A. und zur noch freien Anzahl von Bindungsstellen. Die freie Anzahl von Bindungsstellen lässt sich durch den Ausdruck $N(1-\theta)$ beschreiben, wobei N die Gesamtanzahl der Bindungsstellen angibt.

Die Reaktionsgeschwindigkeit der Desorption ist eine Reaktion 1.Ordnung und nur abhängig von der Anzahl der adsorbierten Teilchen $N\theta$.

Damit erhält man für die Reaktionsgeschwindigkeit beider Reaktionen die folgenden Geschwindigkeitsgesetze:

$$V_{Ad} = \mathrm{d}\theta/\mathrm{d}t = K_{Ad}\,[A]\,N(1-\theta) \tag{3.8}$$

$$v_{De} = -\mathrm{d}\theta/\mathrm{d}t = k_{De}\,[A]\,N\theta \tag{3.9}$$

Setzt man beide Reaktionsgeschwindigkeiten gleich, erhält man mit dem Langmuir'schen Adsorptionskoeffizeinten $K_L = k_{Ad}/k_{De}$ Gl. 3.10 der in Abb. 3.14 dargestellten Langmuir-Isothermen

$$\theta = \frac{K_L[A]}{1 + K_L[A]} \tag{3.10}$$

Gl. 3.10 lässt sich zu

$$K_L[A]\theta + \theta = K_L[A] \tag{3.11}$$

umstellen. Ersetzt man den Belegungsgrad θ durch den Quotienten aus spezifischer Oberflächenkonzentration c_{ad} und maximaler Oberflächenkonzentration c_{max}, lässt sich die Langmuir-Gleichung in einer linearisierten Form darstellen:

$$\theta = \frac{c_{ad}}{c_{max}} = \frac{K_L[A]}{1 + K_L[A]} \qquad (3.12)$$

$$C_{ad} = (1 + K_L[A]) = c_{max}K_L[A]$$

$$\frac{[A]}{c_{ad}} = \frac{1 + K_L[A]}{c_{max}K_L}$$

$$\frac{[A]}{c_{ad}} = \frac{1}{c_{max}}[A] + \frac{1}{K_L c_{max}}$$

Linearisierte Form der Langmuir-Gleichung
Trägt man den Quotienten der Teilchenkonzentration in der Lösung im Gleichgewicht $[A]$ und der Oberflächenkonzentration c_{ad} auf der y-Achse gegen $[A]$ auf der x-Achse auf, dann ergibt sich eine Gerade mit einer Steigung, die dem Kehrwert der Sättigungsbelegung entspricht. Mit der Sättigungskonzentration c_{max} lässt sich dann über den Achsenabschnitt der Langmuir,sche Adsoptionskoeffizient K_L ermitteln.

Die spezifische Oberfläche A_{spez} von Partikeln lässt sich mithilfe der Sättigungsbelegung c_{max} $[\mu g/g]$ durch die folgende Gleichung berechnen:

$$A_{spez} = n_{max}N_A A_{ad} \qquad (3.13)$$

$$n_{max} = c_{max}/M_{ad} \qquad (3.14)$$

Die spezifische Oberflächenbestimmung von Festkörpern wird hauptsächlich aber durch eine Gasadsorption, die volumetrisch oder gravimetrisch erfasst wird, bestimmt. Lagern sich die Gasmoleküle nur in einer Monolage auf der Oberfläche an, dann resultiert nach Einsatz von $\theta = V_\sigma/V_{Mono}$ in die Langmuir-Gleichung (Gl. 3.10) die folgende linearisierte Form:

$$\frac{p}{V_\sigma} = \frac{p}{V_{Mono}} + \frac{1}{K_L V_{Mono}}. \qquad (3.15)$$

Dabei ist p der Partialdruck des eingesetzten gasförmigen Adsobats.

Beispielsweise werden für eine Adsorption von Kohlenmonoxid an Aktivkohle bei 0 °C folgende spezifische Oberflächenbedeckungsvolumina V_σ, je nach eingestelltem Partialdruck p_{co}, erhalten (Tab. 3.3):

Tab. 3.3 Oberflächenbedeckungsvolumen von Aktivkohle in Abhängigkeit vom Kohlenmonoxid Partialdruck bei 0°C

p_{co} [kPa]	13,4	26,6	39,9	53,3	66,8	79,9	93,4
V_σ [cm³]	10,3	18,7	25,4	31,5	37,0	41,5	46,2

Durch die Auftragung des Quotienten p_{co}/V_σ gegen p_{co} wird eine Gerade mit Steigung 0,0091 erhalten. Der Kehrwert der Steigung gibt das Volumen der Monolage CO an und beträgt in diesem Fall 110 cm³. Die Oberfläche A_C eines Gramms der eingesetzten Aktivkohle beträgt damit nach Gl. 3.16:

$$A_c = n\, N_A\, A_M \quad (A_M = \text{Platzbedarf des adsorbierten Gasmoleküls}) \qquad (3.16)$$

Geht man davon aus, dass aufgrund der vergleichbaren Bindungslänge und der gemittelten Atomdurchmesser des dem Stickstoffmolekül isoelektronischen Kohlenmonoxids ein ähnlicher Platzbedarf von $16,2 \cdot 10^{-20}\, m^2$ benötigt wird, dann ergäbe sich dadurch eine spezifische Aktivkohleoberfläche von:

$$A_c = (V_{Mono}/22400)\, 6,022\, 10^{23}\, 16,2 \cdot 10^{-20}\, m^2 = 479\, m^2/g \qquad (3.17)$$

BET-Adsorptionsisotherme

Brunauer et al. (1938) erweiterten das Langmuir-Modell in den Bereich der Löslichkeitsgrenze bzw. der Sättigungskonzentration der Adsorbate. Die grundlegende Erweiterung der nach ihnen benannten BET-Isothermen basiert auf einer Mehrschichtadsorption. Nach der Chemisorption der ersten Monolage beschreibt das BET-Modell die Physisorption von weiteren, bis zu unendlich vielen Adsorptivschichten in einem Multilagensystem. Im höheren Konzentrationsbereich der Adsorptionsisotherme (Abb. 3.15) steigt daher nach dem Erreichen der Oberflächensättigung der Belegungsgrad θ nochmals weiter an. Dabei müssen nicht alle Plätze in der ersten Reihe belegt sein, um den Schichtaufbau fortzusetzen. Die Steigung im „Plateaubereich" hängt von der Differenz der Chemisorptions- und Physisorptionsenergie ab. Die BET-Isotherme zeigt so einen typischen S-förmigen Verlauf, wie er in Abb. 3.15 dargestellt ist.

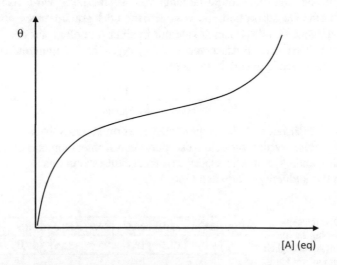

Abb. 3.15 Beispiel einer BET-Adsorptionsisothermen

Die Herleitung von Gl. 3.18 für die BET-Adsorptionsisothermen basiert ebenfalls auf einer kinetischen Betrachtung, bei der Adsorption und Desorption sich im dynamischen Gleichgewicht befinden:

$$\theta = \frac{K[A]}{([A]_s - [A])\left[1 + (K - 1)[A]\big/[A]_s\right]} \tag{3.18}$$

Dabei ist die Konstante K der BET-Adsorptionskoeffizient und $[A]_s$ gibt die die Löslichkeit bzw. Sättigungskonzentration des Adsorbats in wässriger Lösung an.

Auch die Voraussetzungen, dass sich die Oberfläche energetisch homogen verhält und damit die Adsorptionsenergie für alle Positionen gleich groß und unabhängig vom Bedeckungsgrad ist, entspricht dem Langmuir'schen Ansatz. Zwischen den adsorbierten Molekülen einer Schicht gibt es keine Wechselwirkungen, während die Mehrschichtadsorption durch Van-der-Waals-Wechselwirkungen zwischen den Molekülwagen eingeleitet wird. Dabei wird die Kondensationsenergie von adsorbierten Gasmolekülen frei.

Das BET-Modell findet seine praktische Anwendung in der Bestimmung der aktiven Oberfläche von Sorbenzien, unter Einbezug von Porenanzahl und Porenverteilung. Das Modell liefert damit die Grundlage für die Entwicklung von effektiven heterogenen Katalysatoren und Adsorberharzen, deren Leistungsfähigkeit von den genannten Oberflächencharakteristika bestimmt wird.

Ermittlung der spezifischen Oberfläche von Mikroplastikpartikeln durch Gasadsorption

Mittels der BET-Isotherme lässt sich über die Adsorption von Gasmolekülen, hauptsächlich Stickstoff, die spezifische Oberfläche von Mikroplastikpartikeln und anderer Materialien mit einem großen Oberflächen-Volumen-Verhältnis berechnen. Dazu muss man zunächst die adsorbierten Stoffmengen bei unterschiedlicher Adsorbatkonzentrationen bestimmen. Diese Messungen werden bei Gasen hauptsächlich volumetrisch in speziellen Apparaturen durchgeführt (Best und Spingler 1972). Sie sind aber auch gravimetrisch möglich. In einem Vorratsgefäß wird dabei zunächst ein Vordruck p_0 des gasförmigen Adsorbats eingestellt. Daraufhin wird ein zweiter Hahn zu einem zweiten Gefäß, in dem sich eine Einwaage des Adsorbens befindet, geöffnet. Nach einer gewissen Zeit hat sich ein Gleichgewichtsdruck p eingestellt. Die Volumina beider Gefäße sind bekannt. Wenn keine Adsorption des Stickstoffs stattfinden würde, ergäbe sich ein höherer Ausgleichsdruck als mit Adsorption. Das heißt, die Stoffmenge des Gases in beiden Gefäßen hat sich durch die Adsorption um Δn verändert. Mit der Zustandsgleichung der idealen Gase lässt sich das spezifische Oberflächenvolumen V_σ des Stickstoffs berechnen. Für die beschriebene Gasadsorption lässt sich die BET-Gleichung folgendermaßen linearisieren:

$$\frac{p}{V_\sigma(p_0 - p)} = \frac{p(K - 1)}{p_0 K V_{\text{Mono}}} + \frac{1}{K V_{\text{Mono}}} \tag{3.19}$$

Die BET-Konstante K ist dabei ein dimensionsloses Maß für das Verhältnis der Chemisorptionsenegie q_1 der Monolage zur Physisorptionsenergie der Multilagen q_2:

$$K = e^{\frac{q_2 - q_1}{RT}} \tag{3.20}$$

Trägt man nun in einem Koordinatensystem $p / V_\sigma (p_0 - p)$ gegen p/p_0 auf, erhält man eine Gerade, aus deren Steigung m und dem Achsenabschnitt y_0 sich sowohl die spezifische Oberfläche A_s als auch der BET-Koeffizient K berechnen lassen:

$$m = \frac{K-1}{KV_{\text{Mono}}} \text{ und } y_0 = \frac{1}{KV_{\text{Mono}}} \tag{3.21}$$

$$m = \frac{K}{KV_{\text{Mono}}} - \frac{1}{KV_{\text{Mono}}}$$

$$m = \frac{1}{V_{\text{Mono}}} - y_0$$

$$\frac{1}{V_{\text{Mono}}} = m + y_0$$

$$V_{\text{Mono}} = \frac{1}{m + y_0}$$

$A_s = n N_A A_M$ (A_M = Platzbedarf des adsorbierten Gasmoleküls)

$n = V_{\text{Mono}} / 22.400 \, \text{cm}^3$ (Molvolumen V_m eines idealen Gases bei 273 K)
K berechnet sich aus dem Achsenabschnitt y_0

$$y_0 = \frac{1}{KV_{\text{Mono}}} \tag{3.22}$$

$$y_0 = \frac{m + y_0}{K}$$

$$K = \frac{m}{y_0} + 1$$

Ermittlung der Porengröße und Porenanzahl auf der Partikeloberfläche durch Gasdesorption

Für die Charakterisierung poröser Festkörper bezüglich der Porenverteilung und Porengröße werden ebenfalls Gasadsorptions- und Desorptionsmessungen durchgeführt. Mit der Methode der Stickstofftieftemperaturadsorption können Makro-($\emptyset > 50$ nm), Mikro- ($\emptyset < 2$ nm) und Mesoporen ($\emptyset = 2$–50 nm) festgestellt und vermessen werden. Mit der bereits beschriebenen volumetrischen Messung wird die Menge eines Adsorptivs A bei konstanter Temperatur (77 K für Stickstoff als Adsorptiv) in Abhängigkeit vom Relativdruck p_0/p ermittelt. Aus den Resultaten der Messungen können Adsorptions- bzw. Desorptionsisothermen aufgezeichnet werden, aus deren Verlauf die spezifische Oberfläche, die Porengrößen, die Porengrößeverteilung und die mittleren Porendurchmesser berechnet werden können (Reichert 1987). Bei der Auswertung der Isothermen spielt auch das sogenannte Sondenmolekül eine wichtige Rolle, gerade wenn es um die Bestimmung der Mikroporen geht. Kleinere Sondenmoleküle wie CO_2 oder H_2 „sehen" eine größere Adsorbensoberfläche als N_2, da die Adsorbatmoleküle in kleinere Poren eindringen können und größere nicht. Bereits die Form der Isothermen gibt Aufschluss über die Art der Poren in einem porösen Adsorptionsmittel. Eine mikroporige Oberfläche liefert eine Langmuir-Isotherme, während sich bei Makroporen häufig eine BET-Isotherme abzeichnet. Bei Mesoporen zeigt sich innerhalb der BET-Isothermen eine Hysterese, wenn man nach der Adsorption eine Desorption durchführt, das heißt, den Relativdruck wieder zurückfährt. Die Hysterese kommt dadurch zustande, dass die Adsorption auf einer Oberfläche mit Mesoporen anders verläuft als die Desorption. Betrachtet man eine Mesopore als Zylinder, dann lässt sich die chronologisch ablaufende Befüllung in Bezug zu den entsprechenden Isothermen, wie in Abb. 3.16 gezeigt, veranschaulichen. Zunächst belegt sich das Innere des Zylinders mit Adsorbat. Nach der kompletten Oberflächenbelegung mit einer Monolage wird der Zylinder immer enger, bis er sich ganz geschlossen hat und mit Adsorbermolekülen gefüllt ist. Die Desorption dagegen verläuft nicht auf dem gleichen Weg zurück. Sie verläuft halbkugelförmig immer tiefer in die Pore hinein. Da über einer Halbkugel ein anderer Druck herrscht als über einem Zylinder, resultiert ein messbarer Unterschied zwischen Ad- und Desorption. Der Unterschied lässt sich über die Kelvin-Gleichung (Gl. 3.23) mathematisch erfassen, und die Form der Hysterese gibt Aufschluss über die Größe der Mesoporen. Unter der Annahme einer zylindrischen Porengeometrie

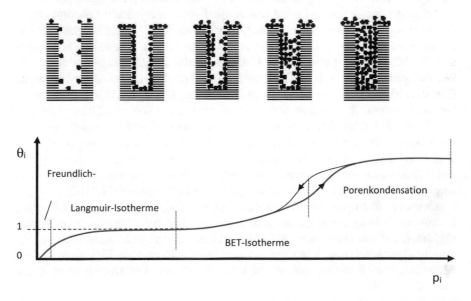

Abb. 3.16 Bildung von mono- und polymolekularen Schichten auf porösen Oberflächen und Ausbildung einer Hysterese

lässt sich unter Zuhilfenahme der Klevin-Gleichung der Radius r_K eines Zylinders mit

$$r_K = \frac{-2\sigma V_m}{RTln\left(\frac{p}{p_0}\right)}$$ (3.23)

berechnen (Barrett et al. 1951). Dabei ist σ die Oberflächenspannung des Sondenmoleküls bei Siedetemperatur und V_m sein Molvolumen im flüssigen Aggregatzustand.

3.2.4   Sorption von wässrig gelösten organischen Substanzen an Mikroplastikpartikeln

Prinzipiell sorbieren in Wasser gelöste organische Substanzen, je nach ihrer Polarität, mehr oder weniger stark an Schwebstoffen. Je weniger wasserlöslich die organischen Substanzen sind, desto höher ist die Sorption an Festphasen zu erwarten. Dies zeigt sich vor allem bei den PAK. Um deren Konzentration in Gewässern zu analysieren, ist eine Festphasenextraktion an den Schwebstoffen der Wasserprobe erforderlich. Mikroplastikpartikel gehören zu einer neuen und noch wenig untersuchten Kategorie von Schwebstoffen in Gewässern, deren Sorptionskapazität eine wichtige Voraussetzung dafür ist, um zu bewerten, ob mithilfe der Sorptionseigenschaften Gewässer durch Mikroplastikfilter gereinigt werden könnten.

Um dieser Fragestellung nachzugehen, wurde die Sorption von Hormonen an unterschiedlichen Polymerpartikeln untersucht (Hummel et al. eingereicht).

Aufgrund der steroiden Grundstruktur sind Hormone je nach Substitution am Grundgerüst wenig wasserlöslich und unpolar, also ein prädestiniertes Adsorptiv an unpolare Kunststoffe. Ein weiterer Grund für die Auswahl von Hormonen als Adsorptiv ist deren starker Einfluss auf das Fortpflanzungsverhalten von Wasserlebewesen wie z. B. auf Amphibien (Meeker et al. 2009). Die schädigende Hormonwirkung führt zur Verweiblichung der Amphibienpopulationen und somit bei anhaltendem Einfluss zum langfristigen Aussterben von Amphibienarten. Der WWF beziffert einen Biodiversitätsverlust von über 70 % bei aquatischen Tierarten seit den 1970er-Jahren (WWF 2014). Hormone tragen dafür möglicherweise eine Mitschuld. Natürliche wie auch künstliche Östrogene finden sich im Ablauf von Kläranlagen, wo sie nur zum Teil abgebaut bzw. sogar reaktiviert in Flüsse eingeleitet werden (Tamschick et al. 2016). 17α-Ethinylestradiol (EE2) ist ein synthetisches Östrogen, welches in Empfängnisverhütungspillen verwendet wird. Es kommt zwar in der Umwelt nicht vor, wird aber durch eine geringe Bioverfügbarkeit teilweise über den Urin ausgeschieden und in Kläranlagen nur unvollständig abgebaut. Dadurch gelangt das synthetische Hormon in biologisch aktiven Konzentrationen in die aquatische Umwelt und stört dort den Hormonhaushalt der aquatischen Habitate.

Die Konzentrationen von 17α-Ethinylestradiol auf die Fortpflanzung und die Entwicklung von Fischen liegen bei sehr viel niedrigeren Konzentrationen als die für eine akute Toxizität. Aus ökotoxikologischen Tests geht hervor, dass der Schwellenwert, bei dem endokrine Auswirkungen nachgewiesen werden, im Bereich von 0,3–1 ng/l liegen. Die 17α-Ethinylestradiolkonzentratio nen in europäischen Oberflächengewässern liegen unter der Nachweisgrenze von 0,1–0,3 ng/l, vereinzelt wurden dennoch Werte um 1 ng/l nachgewiesen. Das Vorkommen von 17α-Ethinylestradiol in Gewässern stellt auch bei sehr niedrigen Konzentrationen nahe an der Bestimmungsgrenze ein potenzielles Risiko für Fische (und andere Wirbeltiere) dar. Dabei ist anzumerken, dass die Festlegung dieser Sicherheitsmarge aufgrund analytischer Einschränkungen nur teilweise möglich ist, da die nachgewiesenen Konzentrationen von 17α-Ethinylestradiol in Oberflächengewässern unter oder um die Nachweisgrenze der Analysenmethode liegen (IKSR o. J.).

Um die Sorption von Hormonen an Mikroplastik zu untersuchen, wurde eine Auswahl von Vertretern, der in unserer aquatischen Umwelt zu findenden, getroffen. Hierzu gehören 17α-Ethinylestradiol (EE2), Norethisteron (Nor) und Östron (E1).

Die Sorption von 17α-Ethinylestradiol (EE2), Norethisteron (Nor) und Östron (E1) an PE, PVC, PVC-DINCH, PA-6, PA-12 und ABS wird durch die Bestimmung der Sorptionsisothermen ermittelt. Die Konzentrationen der Hormone vor der Sorption in der Flüssigphase und nach der Sorption in der Flüssigphase (indirekte Methode) werden nach der Einstellung des Gleichgewichts mit der HPLC-Analysetechnik erfasst. Dabei wird für EE2 und E1 ein Fluoreszenzdetektor (Emission: 275 nm; Detektion: 310 nm) und für Norethisteron ein (240 nm) UV-Detektor eingesetzt (Walker und Watson 2010).

Das Schaubild in Abb. 3.17 stellt einen Überblick über die Kombinationen zwischen den Mikroplastiktypen als Sorbens und der unterschiedlichen Hormone als Sorbate dar.

Zerkleinerung von Polymeren zur Herstellung von Mikroplastik

Zur Zerkleinerung der Polymere in Mikroplastikpartikel <50 μm Durchmesser wird z. B. eine Kryogenschwingmühle wie in der Abb. 3.18 dargestellt, verwendet. Dazu wird der Mahlbecher, in dem sich eine Edelstahlprallkugel befindet, mit den in Stücke geschnittenen Polystyrollöffelchen gefüllt. Der Mahlbecher wird anschließend in den Kühlmantel der Kryogenmühle eingeschraubt. Während des Mahlvorgangs wird der Mahlbehälter durch den Einsatz von flüssigem Stickstoff auf −196 °C herunter gekühlt. Der Mahlbehälter wird in Schwingung versetzt, bis zu einer Frequenz von 30 Hz. Der tiefgekühlte versprödete Kunststoff wird dabei durch den wiederholten Aufprall der Edelstahlkugel immer weiter zerschlagen und dabei zerkleinert, bis zu einem feinen Pulver (Abb. 3.18). Zusätzlich wird durch die Kühlung die entstehende Reibungshitze, welche im Innern des Mahlbehälters entsteht, abgeführt und so eine chemische Veränderung der Kunststoffe durch deren Temperaturerhöhung verhindert.

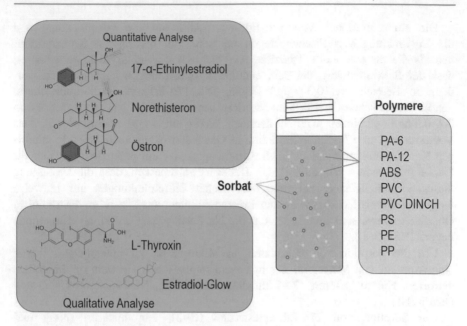

Abb. 3.17 Überblick über die Adsorption von Hormonen an Polymerpartikeln. (Hummel 2017)

Abb. 3.18 Herstellung von PS-Pulver aus Kunststoffabfall

Das dabei erhaltene Polymerpulver kann aus verschiedenen Kunststoff-granulaten, Ausschussteilen oder Plastikabfall hergestellt werden.

Größere Mikroplastikpartikel bis 5 mm Durchmesser können auch schon durch einen herkömmlichen Schredder, der zur Rückgewinnung von thermoplastischem Recyclat aus Angüssen oder Ausschussteilen eingesetzt wird, erhalten werden. Das Ergebnis dieses Zerschneidevorgangs ist in Abb. 3.19 zu sehen.

Abb. 3.19 Herstellung von Recyclat (Mikroplastik) aus Angussteilen in einer Kunststoff-spritzerei

Charakterisierung des hergestellten Mikroplastiks

Anhand der Laserbeugungsspektrometrie wurde die Partikelgrößenverteilung der Polymere in wässriger Calciumchloridlösung bestimmt. Die in Tab. 3.4 angegebenen Werte sind die Mittelwerte einer Dreifachbestimmung.

Die spezifische Oberfläche und das Porenvolumen (Tab. 3.5) der Polymere wurden mittels N_2-BET bestimmt. Die spezifische Oberfläche innerhalb eines relativen Druckbereichs $\left(\frac{p}{p_0}\right)$ von 0,074 bis 0,297 sowie das Porenvolumen mit $\frac{p}{p_0} = 0{,}989$.

Die geringen Messwerte für das Porenvolumen zeigen, dass keine Poren bei der Herstellung von technischem Mikroplastik, zum Beispiel für den Betrieb von 3-D-Druckern oder für das Rapid Prototyping im selektiven Lasersinterver-fahren (SLS), entstehen. Auch durch den Zerkleinerungsprozess in der Kryogen-mühle entstehen keine Poren bzw. werden auch keine freigelegt. Anders als bei dem Mikroplastik, welches schon einige Zeit in der Umwelt (Rhein) unterwegs war (Abb. 3.6).

Quantitative Ergebnisse der Adsorption

Nachdem sich in der Lösung nach mehreren Tagen ein Gleichgewicht eingestellt hat zwischen Adsorption und Desoption der Hormone an die unterschiedlichen zugesetzten Mikroplastiktypen, wird nach der Trennung der Flüssig- von der Fest-phase durch Zentrifugation die verbliebene Konzentration der Hormone in der

Tab. 3.4 Ergebnisse der Partikelgrößenmessung aller Polymere mittels Laserbeugungsspektrometer, unter Angabe des Messbereichs. (Gewichtung: Anzahl)

Polymer	d_{10}	d_{50}	d_{90}	Messbereich-Beginn [µm]	Messbereich-Ende [µm]
PA-6	0,89	2,38	8,92	1	300
	12,19	24,08	55,30	10	2000
PA-12	19,33	39,25	63,63	1	300
	1,01	3,69	28,96	10	2000
ABS	0,89	2,38	11,60	1	300
	13,08	24,98	57,09	10	1000
PVC	13,68	29,44	89,20	10	2000
PVC-DINCH	21,11	52,03	103,18	10	2000
PS	11,30	19,33	43,71	10	2000

Tab. 3.5 Spezifische Oberfläche (BET-SSA, *specific surface area*) und Porenvolumen (TPV, *total pore volume*) der verwendeten Polymere

	PS	PVC	PVC DINCH	PA-6	PA-12	ABS	PE
BET-SSA [m²/g]	2,317	0,689	0,517	0,241	5,315	0,681	0,857
TPV [cc/g]	3,48E-03	1,12E-03	7,06E-04	5,41E-04	1,00E-02	1,06E-03	1,79E-03

flüssigen Phase mittels HPLC chromatographisch bestimmt und anhand der Differenz zur Hormoneinwaage die sorbierte Menge an den Polymeren berechnet. Die daraus ermittelten Adsorptionsisothermen sind in Abb. 3.20 dargestellt. Die Gelöstkonzentration ist gegen die Festphasenkonzentration aufgetragen.

Bei allen Kombinationen des EE2 mit den unterschiedlichen Polymeren (der Übersichtlichkeit wegen sind hier nur PA und PVC dargestellt) zeigen die Isothermen einen linearen Verlauf und sind am besten mit dem linearen bzw. dem Freundlich'schen Adsorptionsmodell zu interpretieren. Der stetige Anstieg spricht dafür, dass eine Sättigung der Hormonkonzentration auf der Kunststoffpartikeloberfläche noch nicht erreicht wurde und damit noch weitere Adsorptionsplätze zur Verfügung stehen.

In Tab. 3.6 sind die Parameter der Adsorptionsmodelle mit den entsprechenden Korrelationsfaktoren aufgelistet. Je höher der Verteilungskoeffizient K_d oder der Freundlich-Koeffizient K_F, desto mehr EE2 adsorbiert an den Polymerpartikeln.

Die stärkste Sorption ist für PA-12 und PA-6 zu beobachten. Ein K_d von 12.887 bedeutet nach der Definition von $K_d = C_s/C_w$, dass die Konzentration von EE2 an einem Kilogramm Festkörperpartikel (C_s) um den genannten Faktor größer ist als die Konzentration des Hormons in einem Liter Wasser. Über den Verteilungskoeffizient lässt sich somit die Gesamtkonzentration zum Beispiel des EE2 in einem Gewässer berechnen, bzw. die Abweichung von einem Analyseergebnis abschätzen, bei dem man eigentlich das Filtrat untersucht. Vor oder in einer HPLC-Säule (Vor-

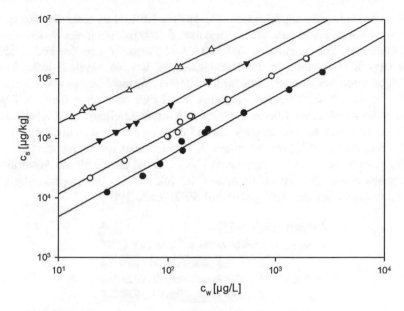

Abb. 3.20 Isothermen für die Sorption von 17α-Ethinylestradiol an PVC (●), PVC mit dem Weichmacher DINCH (○), PA-6 (▼) und PA-12(△)

Tab. 3.6 Parameter des linearen und des Freundlich-Modells für die Adsorption von EE2 an Polymerpartikel

Polymer	Lineares Modell		Freundlich-Modell		
	K_d	r^2	K_F	n_F	r^2
ABS	174,12	0,8925	276,24	0,9333	0,9049
PA-6	3497,46	0,9945	4125	0,9714	0,9942
PA-12	12.887,54	0,796	24.441,56	0,8688	0,9965
PVC	515,09	0,9727	437,9	1,021	0,9696
PVC-DINCH	1220,91	0,9815	1101,2491	1,0144	0,9802

säule) werden Wasserproben filtriert, um die eigentliche Trennsäule nicht durch Festkörper zu verstopfen. Die Vorfilter im HPLC-System haben eine Porenweite von 0,5 μm. Die an Mikroplastik sorbierten Substanzen, die dort zurückgehalten werden, werden somit nicht in der Analyse erfasst, können jedoch auch vom Eluenten erfasst werden, wodurch sorbierte Schadstoffe dabei möglicherweise extrahiert werden und dadurch zumindest teilweise in das Analyseergebnis eingehen. Findet die Desorption durch den verwendeten Eluenten nicht satt, so kann das Analyseergebnis, je nach Mikroplastikpartikelanzahl und Größe, signifikant beeinträchtigt werden. Nach dem in Tab. 3.6 aufgeführten Verteilungskoeffizient von knapp 13.000 für das Hormon EE2 an Polyamid 12 würde bei einer Wasserbelastung mit 10 Polyamid-12-Partikeln mit einem Durchschnittsdurchmesser von 100 μm (sphärische Geometrie angenommen) die Analyse für EE2 in einer Gewässerprobe um etwa 10 % zu niedrig ausfallen, wenn nach dem Injizieren in der Vorsäule keine Festphasenextraktion stattfindet. Bei 100 PA-12-Partikeln läge der Fehler schon bei knapp 50 %. Gerade in der Hormonanalyse, wo die physiologische Beeinträchtigung von aquatischen Habitaten schon bei Hormonkonzentrationen festzustellen ist, die an der Bestimmungsgrenze von 1 ng/l oder sogar darunter liegen, müssen die angeführten Effekte für eine Gewässerbeurteilung mit berücksichtigt und untersucht werden, um die tatsächliche Belastung bewerten zu können.

Die Sorption an PVC, aus welchem DEHP extrahiert wurde, ist schwächer als die Sorption an mit DINCH versetztem PVC. Anhand der durch die Adsorptionsisothermen erhaltenen Ergebnisse lassen sich folgende Affinitätsreihenfolgen der Polymere gegenüber dem Ethinyestradiol (EE2) festhalten.

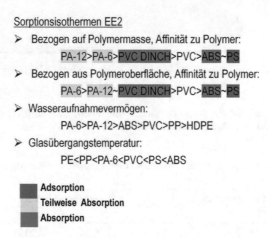

Dass die Sorption von der Struktur und der Polarität der gelösten Hormone abhängig ist, zeigt das folgende Resultat: Werden die Sorptionsisothermen auf die Oberfläche der Polymere normiert, zeigt Norethisteron die stärkste Sorption an PE, gefolgt von PVC-DINCH. Der Verlauf der Isothermen für PS, PA-6, PA-12 und PVC ist ähnlich (Hummel 2017).

Für die Sorption von EE2 und E1 an allen Polymeren ist dieselbe Tendenz bezüglich der Affinität der Hormone zu den Kunststoffen zu erkennen. Die Affinitätsabfolge zeigt auch eine gewisse Abhängigkeit der Sorption vom Wasseraufnahmevermögen der Polymere. Mit zunehmender Quellfähigkeit steigt auch die Sorptionsfähigkeit, während die spezifischen Glasübergangtemperaturen (Tab. 3.7) keinen Einfluss auf die Affinität haben.

Durch die Normierung der Isothermen auf die Oberfläche ist im Falle reiner Adsorption die Beladung der Oberfläche darstellbar. Die Normierung auf den Octanol-Wasser-Verteilungskoeffizienten ergibt keine signifikante Korrelation.

Um die Sorption der Hormone besser einordnen zu können, sind in Tab. 3.8 die Verteilungskoeffizienten anderer toxischer bzw. endokrin wirkender Stoffe, die auch in Gewässern nachzuweisen sind, von zwei unterschiedlichen Polymerartikeln, aufgeführt.

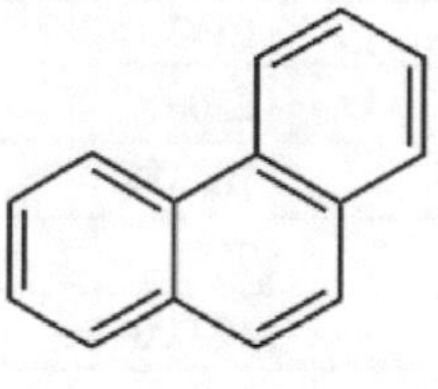

Phe

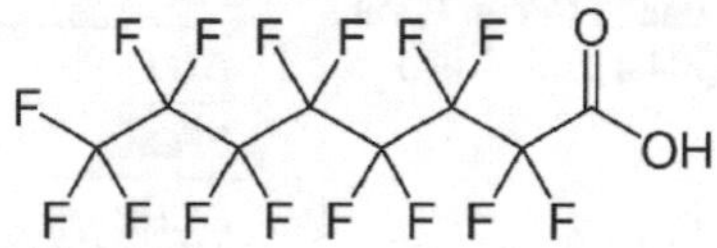

PFOA

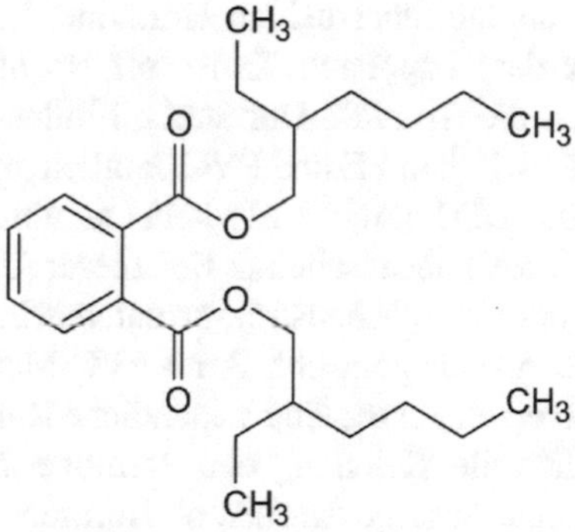

DEHP

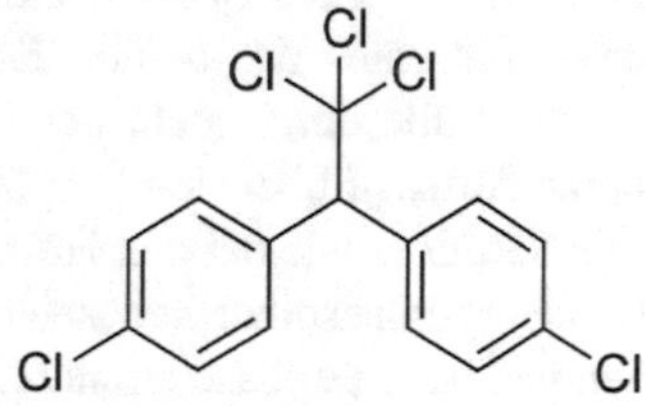

DDT

Abb. 3.21   Strukturformeln der POP *(persistent organic pollutants)*

Tab. 3.7   Physikalische Eigenschaften unterschiedlicher Polymerpartikel. (Wypych 2016)

Polymer	$T_g{}^a[°C]$	Wasserabsorption [%]	SA^b [m²/g]	d_{32} [µm]
HDPE	−118bis −133	0,005–0,01	0,857	k. A.
PP	−	0,02–0,04	k. A.	k. A.
PA-6	50–75	7,1–10	0,241	39,6
PA-12	55	1,3–1,5	5,315	50,7
PS	85–102	0,03–0,1	2,317	140,7
ABS	102–107[c]; −58[d]	0,7–1,03	0,681	45,0
PVC	82–87	0,04–0,4	0,689	114,4
PVC-DINCH	k. A.	k. A.	0,517	107,9

[a]Glasübergangstemperatur
[b]Spezifische Oberfläche, [c]Acrylonitril-Styrol-Mesophase, [d]Butadienkomponente
d_{32} ist der sogenannte Sauterdurchmesser, eine Kenngröße für die Partikelgrößenverteilung; Def.: Wird das gesamte Volumen aller Partikel in gleich große Kugeln umgeformt, deren Volumen- zu Oberflächenverhältnis wiedergegeben werden soll, dann haben diese Kugeln den Sauterdurchmesser

Tab. 3.8 Verteilungs-koeffizienten von Phe, DDT, DEHP und PFOA an PE und PVC. (Bakir et al. 2014)

K_d	PE	PVC
Phe	52.000	2300
DDT	97.000	105.000
PFOA	500	7
DEHP	98.000	12.000

Die Daten in Tab. 3.8 zeigen, dass der unpolare polyaromatische Kohlenwasserstoff Phenantren (Phe) und der Weichmacher Diethylhexylphtalat eine höhere Affinität an PE und auch an PVC besitzen als die untersuchten Hormone. Erhöht sich die Polarität des Adsorbats gegenüber dem unpolaren Kunststoff, so nimmt der Verteilungskoeffizient ab und damit auch die Affinität. Der starke Einfluss des Kunststofftyps als Sorbens wird im Vergleich zwischen PE und PVC deutlich gegenüber Phe, DEHP und PFOA, wohingegen das DDT (Abb. 3.21) keine signifikante „Vorliebe" für eines der beiden Kunststoffe zu haben scheint. Bei dieser Untersuchung wird allerdings nicht der Einfluss der Oberflächenstruktur untersucht und auch keine Aussage über den Sorptionsmechanismus gemacht. Beim PVC-Material spielt die Sorption, wie bei den Hormonen zu erkennen ist, eine wesentliche Rolle.

Die Adsorptionsisothermen zeigen lediglich die Verteilung der Hormone in der flüssigen und der Festphase an, liefern aber keine Aussage darüber, ob Hormone oder andere Substanzen von den Mikroplastikpartikeln adsorbiert werden, sprich sich nur auf der Oberfläche anlagern oder ob sie absorbiert werden und in die Partikelmatrix eindringen. Die Sorption beschreibt beide Mechanismen. Um die Sorption von Hormonen an unterschiedliche Mikroplastiktypen zu untersuchen, können qualitative Verfahren, wie die konfokale Laser-Scanning-Mikroskopie, angewendet werden, wobei die Fluoressenz des Adsorbats für die Bildgebung genutzt wird.

Adsorption oder Absorption?

Die Hormonkonzentration am und im Polymerpartikel kann auch auf direktem Weg qualitativ bestimmt werden. Entweder zeigt das zu untersuchende Adsorbat, wie beispielsweise das L-Thyroxin, nach entsprechender Anregung Fluoressenz oder man setzt ein fluoressenzmarkiertes Hormonderivat wie das Estradiol-Glow ein, dessen Konzentration auf der Oberfläche des Polymerpartikels mittels konfokaler Laser-Scanning-Mikroskopie bestimmt werden kann. Da die Laser-Scanning-Mikroskopie eine gewisse Eindringtiefe in das Polymer hat, lassen sich durch diese Methode Erkenntnisse darüber gewinnen, ob ein Sorbat an der Oberfläche adsorbiert oder ob es in die Polymermatrix eindringt und absorbiert wird. Über die Art der Sorption und die Eindringtiefe innerhalb der Absorption gibt die konfokale Fluoressenzmikroskopie Aufschluss.

Konfokale Laser-Scanning-Mikroskopie (qualitative Methode)

Ein Konfokalmikroskop ist ein spezielles Lichtmikroskop, welches nur in den Bereichen bildgebend ist, die gemeinsam im Fokus stehen. Im Gegensatz zur konventionellen Lichtmikroskopie wird nicht das gesamte Objekt beleuchtet, sondern zu jedem Zeitpunkt des Scannings nur ein Bruchteil davon, in vielen Fällen nur ein kleiner Lichtfleck, der im Fokus steht.

Das Verfahren der Konfokalmikroskopie besitzt im Gegensatz zur Weitfeldmikroskopie den Vorteil, dass Oberflächenstrukturen besser dargestellt werden können und je nach Eindringtiefe des Laserstrahls auch tiefere Schichten betrachtet werden können. Während bei der Weitfeldmikroskopie das Gesamtbild der Probe auf einmal mit dem Okular erfasst wird, wird mit der Konfokalmikroskopie eine Probe Punkt für Punkt oder linienartig gescannt. Der Laserstrahl eines Laser-Scanning-Mikroskops wird auf eine bestimmte Stelle der Probe fokussiert und der Fokus innerhalb einer Ebene der Probe bewegt, um die gesamte Ebene zu scannen. Die Fokalebene kann innerhalb der Probe frei gewählt werden, solange diese im durch das Objektiv fokussierbaren Bereich liegt und die Probenbeschaffenheit das Eindringen des Laserstrahls zulässt. In der Reflexion wird der von der Probe reflektierte Laserstrahl detektiert, um die Struktur eines Objektes zu erfassen. Bei der Fluoressenzmikroskopie wird ein Fluorophor durch dessen Absorptionswellenlänge angeregt und das von ihm emittierte Licht detektiert. Dabei wird die Anregungswellenlänge vor der Detektion herausgefiltert, um kein Bild der Reflexion des untersuchten Objektes zu erhalten. Durch Variation der Laserleistung kann die Intensität der detektierten Strahlung geregelt werden (Schwarzenbach et al. 2016).

3.2.5 Sorption von Hormonen an Mikroplastik

Für die Untersuchung der Sorption von Hormonen mithilfe der konfokalen Fluoressenzmikroskopie werden drei unterschiedliche Methoden vorgestellt. Zum einen nutzt man die Eigenfluoressenz ausgewählter Hormone, deren Fluoressenzwellenlänge sich im Bereich der Detektionswellenlänge des Fluoressenzmikroskops befindet, um sie sichtbar zu machen. Ein zweiter Ansatz beruht auf der Verwendung von bereits fluoressenzomarkierten Hormonen, die kommerziell erhältlich sind, wie beispielsweise das Estradiol-Glow. Da sich durch die Funktionalisierung des Hormons neben der Struktur auch die Größe und die Polarität ändern und diese Veränderungen auch einen Einfluss auf die Sorptionseigenschaften haben, sind diese Verbindungen nur begrenzt aussagekräftig. Die Methode ist dennoch geeignet, um den Typeneinfluss und den oberflächenstrukturellen Einfluss, also einen relativen Vergleich unterschiedlicher Mikroplastikpartikel, bezogen auf eine Modellsubstanz darzustellen, und auch Erkenntnisse zu deren Wirkungsweise als Sorbenzien zu gewinnen. Die dritte Methode eliminiert den Einfluss eines Fluoressenzmarkers, indem erst nach der Sorption eine Kopplung mit einem Fluorophor stattfindet. Dennoch müssen auch bei dieser Methode Einschränkungen gemacht werden, aufgrund eventuell unterschiedlicher Sorptionseigenschaften der Hormone und ihrer Kopplungsreagenzien.

Thyroxin

Das Schilddrüsenhormon Thyroxin gehört zur Gruppe der nichtproteinogenen α-Aminosäuren (siehe Strukturformel in Abb. 3.22). Bei einer Schilddrüsenunterfunktion werden thyroxinhaltige Präparate verschrieben, um das fehlende eigene

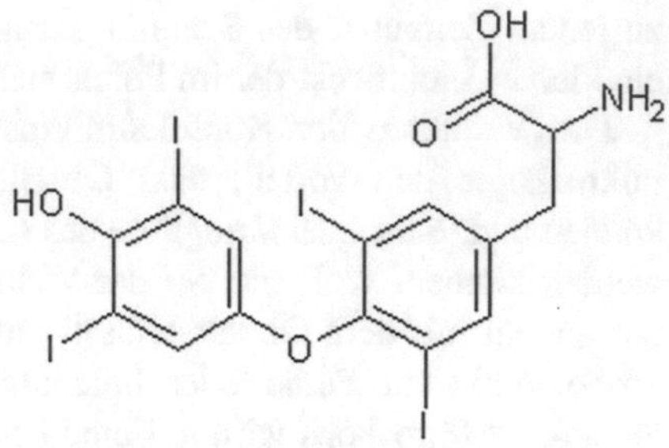

Abb. 3.22 Strukturformel
des Thyroxins

Hormon Thyroxin zu substituieren, das für den Energiestoffwechsel gebraucht
wird. Durch die Steigerung der Herz-Kreislauf-Tätigkeit und den damit verbundenen erhöhten Energieumsatzwerden diese Hormonpräparate auch miss-
bräuchlich als „Diätpille" verwendet. Thyroxin gehört zu den fünf weltweit am
häufigsten verordneten Medikamenten (Löffler und Petridas 2014). Aufgrund der
häufigen Verwendung und der schlechten Bioverfügbarkeit werden entsprechend
hohe Konzentrationen wieder ausgeschieden und gelangen ins Abwasser und
schließlich in Gewässer.

Bei einer Anregungswellenlänge von 400 nm emittiert Thyroxin eine Fluoressenzfarbstoffe Fluoreszenswellenlänge bei 454 nm (Hummel 2017).

Diese emittierte Strahlung wird im Fluoressenzmikroskop sichtbar und ist in
Abb. 3.23 dargestellt. An der orangeroten Eigenfluoressenz ist deutlich zu erkennen,

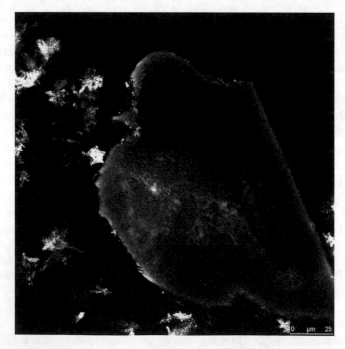

Abb. 3.23 Aufnahme von Polyamid 6 mit Thyroxin mit digitaler Verstärkung der Fluoressenz.
(Nach Löffler und Petridas 2014)

dass Thyroxin an der Oberfläche des Polyamid-6-Partikels adsorbiert und sogar einige µm in den Kunststoff absorbiert.

Die Thyroxinkristalle emittieren aufgrund ihrer Morphologie bei einer anderen Wellenlänge (weiß) als das an Polyamid 6 sorbierte Thyroxin (gelborangener Bereich).

Estradiol

Mit den bereits erwähnten Einschränkungen lassen sich die Sorptionseigenschaften des 17β-Estradiols mit dem fluoreszensmarkierten Derivat Estradiol-Glow untersuchen. Die Fluoressenzmarkierung ist notwendig, um die emittierte Fluoressenzstrahlung in den messbaren Beriech des Fluoressenzmikroskops zu verschieben. Bei einer Fluoressenzanregung mit $\lambda = 467$ nm emittiert das Estradiol-Glow eine vom Mikroskop detektierbare Fluoressenzstrahlung von $\lambda = 618$ nm. Dass dabei der anhängende langkettige Chromophor, der über eine Etherbindung an das weibliche Steroidhormon gebunden ist, einen Einfluss auf den Sorptionsmechanismus haben kann, ist an der Strukturformel in Abb. 3.24 unschwer zu erkennen.

Abb. 3.25 zeigt ein dreidimensionales Bild von Polyamid-6-Partikeln, anhand dessen man Informationen über die Form und Oberflächenbeschaffenheit von Mikroplastikpartikeln erhält. Das dreidimensionale Bild wurde aus den Ergebnissen der einzelnen Schichtebenen der Z-Achse berechnet und zusammen gesetzt. Der Abstand der Einzelbilder beträgt 1 µm.

Die Fluoressenz auf der eingefärbten Partikeloberfläche zeigt die Estradiol-Glow-Verteilung darauf an. Die unterschiedlichen Konzentrationen des Estradiol-Glows auf der Oberfläche korrelieren mit der Intensität der Fluoressenzstrahlung, welche durch die Farbunterschiede angezeigt werden. Dieses Prinzip gilt auch für die zweidimensionalen Aufnahmen in Abb. 3.26.

Im linken Bild der Abb. 3.26 sind die unterschiedlichen Intensitäten der Fluoressenz auf der Oberfläche von Polyamid-6-Mikroplastikpartikeln zu sehen, die auf das Vorhandensein von Estradiol-Glow hinweisen. Während im rechten Bild der Abb. 3.26 die Fluoressenzsignale bei einer Eindringtiefe von 25 µm in den Kunststoffpartikel in der Aufnahme festgehalten sind. Es ist deutlich zu erkennen, dass im Innern des Polyamid-6-Partikels kein Estradiol-Glow mehr vorhanden ist. Lediglich aus den Randbereichen der Partikel ist ein schmales Fluoressenzband von etwa 5 µm Dicke zu beobachten. Weiter ist das Estradiol-Glow bei einer Einwirkzeit von vier Tagen nicht eingedrungen.

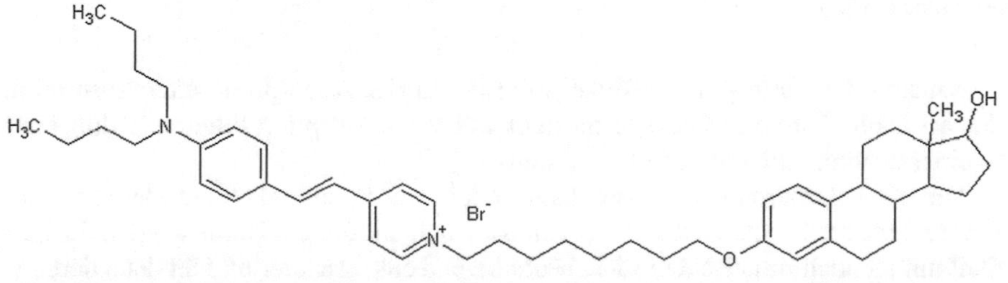

Abb. 3.24 Strukturformel von Estradiol-Glow

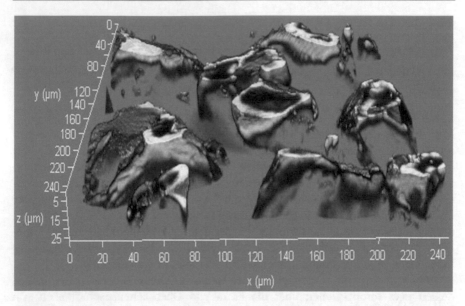

Abb. 3.25 3-D-Bild von Polyamid-6-Partikeln mit sorbiertem Estradiol-Glow, berechnet aus einem Bildstapel

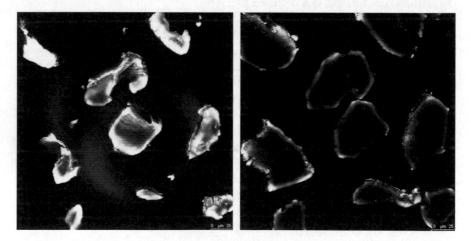

Abb. 3.26 Polyamid-6-Partikel mit 0 µm Probeneindringtiefe (links) und mit 25 µm Probenein-dringtiefe (rechts)

Anhand der vorliegenden Bilder kann neben der Adsorption auch Absorption des Moleküls Estradiol-Glow festgestellt werden. Absorption findet allerdings nur in einer äußeren Schicht der Partikel statt.

Um die Polymerpartikel besser darzustellen, wurde zusätzlich zur Detektion der Fluoreszenz der Partikel auch deren Reflexion aufgenommen. Dafür wurden die Partikel mit monochromatischem Licht bestrahlt und das reflektierte Licht detektiert.

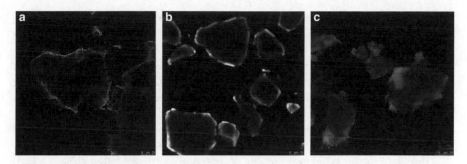

Abb. 3.27 Bilder der Fluoressenz von Estradiol-Glow nach der Sorption an PP (**A**) (Adsorption), PA-6 (**B**) (Absorption mit geringer Eindringtiefe des Moleküls) and PVC mit dem Weichmacher DINCH (**C**) (Absorption in das Gesamtvolumen der Partikel), aufgenommen mittels konfokaler Laser-Scanning-Mikroskopie

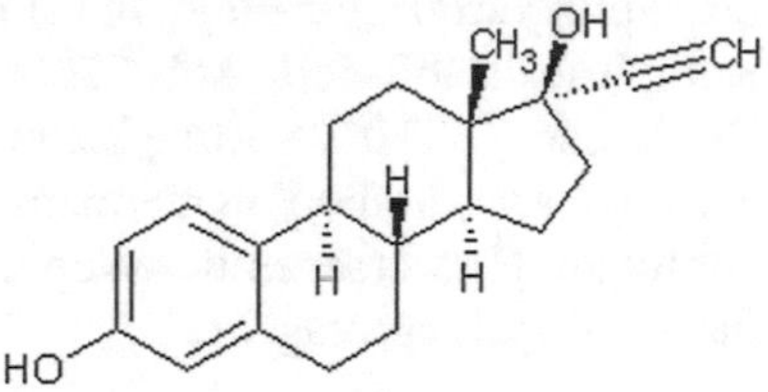

Abb. 3.28   Strukturformel
des 17α-Ethinylestradiols

Dass die Art der Sorption und die Eindringtiefe von Substanzen kunststofftypenabhängig sind, zeigt das Ergebnis der Exposition unterschiedlicher Mikroplastikgranulate in einer Estradiol-Glow-Lösung. In Abb. 3.27 sind die unterschiedlichen Resultate optisch dargestellt.

Während Estradiol-Glow an Polypropylen nur adsorbiert, dringt das markierte Hormon wenige μm in das PA ein, und im PVC mit Weichmacher wird das Testhormon vollständig absorbiert und durchdringt das gesamte Volumen der PVC-Partikel, trotz der vergrößerten Molekülgröße durch das angehängte Fluorophor.

Ethinylestradiol

Da das Ethinylestradiol (EE2, Strukturformel siehe Abb. 3.28) ein Absorptionsmaximum bei 275 nm besitzt und eine Strahlung mit einem Emissionsmaximum von 310 nm emittiert (Hummel 2017) und mit den verwendeten Fluoressenzdetektoren nur Wellenlängen >350 nm detektierbar sind, wird die Anbindung des Hormons an ein Kunststoffpartikel im Fluoreszensmikroskop nicht sichtbar. Durch eine chemische Bindung des EE2 an ein anderes Molekül, einen sogenannten Fluoressenzmarker, kann das EE2 im konfokalen Fluoressenzmikroskop anhand seines Markers erkannt werden.

Dabei muss man natürlich davon ausgehen, dass die Sorptionseigenschaften des Ethinylestradiols durch die Reaktion mit dem Fluoressenzfarbstoff beeinflusst werden. Um diesen Einfluss auszuschließen, kann die Kopplung auch erst nach der Sorption durchgeführt werden.

Anbindung eines Fluoressenzmarkers durch die Klick-Chemie

Da die Detektion von 17α-Ethinylestradiol an der Oberfläche von Polymer-partikeln aus den o. g. Gründen nicht direkt erfolgen kann, besteht die Möglich-keit, mithilfe der Klick-Chemie Fluoressenzfarbstoffe an das Hormon chemisch zu binden und es somit zu markieren. Bei der Klick-Chemie handelt es sich um eine 4+2-Diels-Alder-Cycloaddition zwischen der terminalen Alkingruppe des Ethinylestradiols und einer terminalen Azidgruppe des Fluorophors. Bei der Cyc-lisierung entsteht ein thermodynamisch stabiler aromatischer Triazolring. Der Heterocyclus verbindet das Hormon EE2 mit dem Chromophor.

Klick-Reaktionen reagieren nahezu vollständig und irreversibel (Kunz 2009). Um die Reaktion zu beschleunigen, ist ein Katalysator notwendig. Hierfür wer-den Kupfer(I)-Ionen eingesetzt. Da Kupfer(I)-Salze in wässriger Lösung nicht stabil sind, werden sie durch die Reduktion von $CuSO_4$ mit Natriumascorbat gebildet und sofort durch den polyhaptischen Chelatliganden THPTA (Tris(3-hy-droxypropyltriazolylmethyl)amin) innerhalb des sich formierenden tetraedrischen Komplexes stabilisiert. Abb. 3.29 zeigt die Struktur des mehrzähligen Liganden. Der Kupfer(I)-THPTA-Komplex muss zur Ausübung seiner Katalysatorfunktion in der Lage sein, in die Polymermatrix einzudringen, um absorbiertes EE2 durch das konfokale Fluoressenzmikroskop erkennbar zu machen. Dies gilt natürlich auch für das Kopplungsreagens.

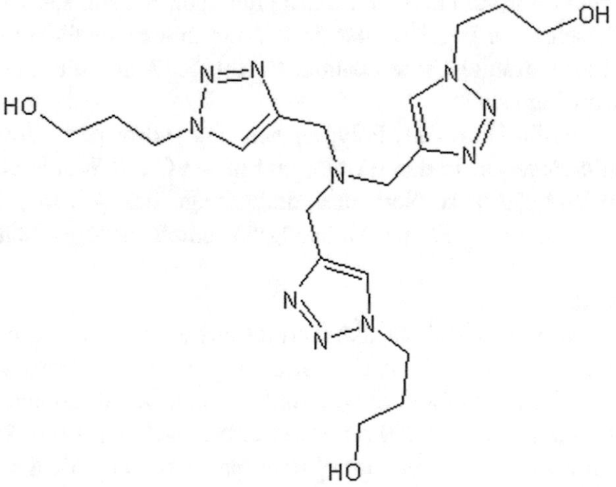

Abb. 3.29 Strukturformel von THPTA (Tris(3-hydroxypropyltriazolylmethyl)amin)

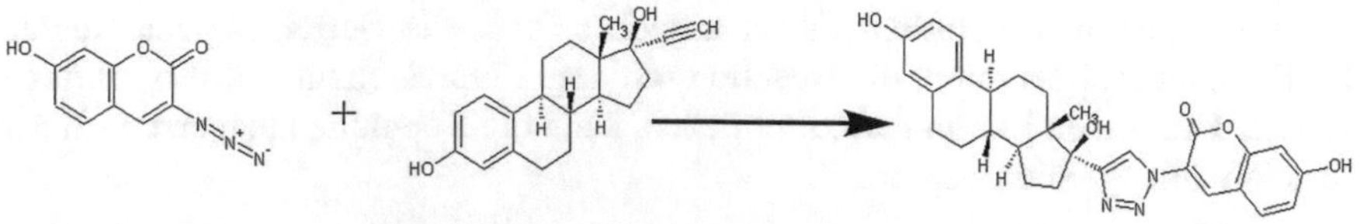

Abb. 3.30 Klick-Reaktion von 3-Azido-7-hydroxycumarin mit 17α-Ethinylestradiol

Die in Abb. 3.30 dargestellte Kopplungsreaktion des 17α-Ethinylestradiols mit dem Fluorophor 3-Azido-7-hydroxycumarin als Fluoressenzindikator für EE2 findet in einem Puffersystem bei pH 7 statt. Da das 3-Azido-7-hydroxycumarin bei einer Anregungswellenlänge von 405 nm Fluoressenz zeigt und selbst an Polymerpartikel ad- und absorbiert, stellt sich die Frage, wie man dann überhaupt das Vorhandensein von Hormonen an der Oberfläche und im Polymer nachweisen kann. Hierzu wird der Anstieg der Fluoressenzintensität um ein Vielfaches durch die Kopplung des Azidocumarins zur Bildgebung genutzt. Der Fluoressenzanstieg ist das Resultat der Erweiterung des delokalisierten π-Elektronensystems durch die Konjugation mit dem entstandenen Triazols (Abb. 3.30).

Für die Klick-Reaktion mit der Acethylengruppe des Ethinylestradiols können natürlich auch noch andere azidfunktionalisierte Fluoressenzfarbstoffe eingesetzt werden, die sich in ihrer Struktur und Polarität stark unterschieden und damit deren Sorptionseigenschaften an Polymere und andere Sorbenzien bestimmen. Ein Beispiel hierzu ist das sogenannte Sufo-Cy5-Azid, dessen Struktur in Abb. 3.31 zu sehen ist.

Der Einfluss der Molekülgröße, der funktionellen Gruppen und der Polarität auf das Sorptionsverhalten eines Stoffes lässt sich durch den Vergleich von Sufo-Cy5-Azid mit dem 3-Azido-7-hydroxycumarin anhand der Konfokalmikroskopaufnahmen mit Fluoressenzdetektion in Abb. 3.32 veranschaulichen. Die Mikroskopaufnahmen zeigen die Fluoressenz von Polyamid-6-Partikeln mit einem Partikeldurchmesser von 50–100 μm, die sich über drei Tage in einer der jeweiligen Fluoressenzfarbstofflösung befanden.

In den Aufnahmen (Abb. 3.32) ist anhand der unterschiedlichen Fluoressenzintensitäten zu erkennen, dass das 3-Azido-7-hydroxycumarin die PA-6-Matrix nahezu vollständig durchdringt (links), während das Sulfo-Cy5-Azid nur an der Oberfläche adsorbiert und wenige μm absorbiert wird. Eine Erklärung dafür ist einerseits die geringere Molekülgröße bei einer Molmasse von 203,15 g/mol gegenüber dem deutlich sperrigeren Sulfo-Cy5-Azid mit mit 833,01 g/mol und auch die schlechtere Wasserlöslichkeit des Cumarinderivats.

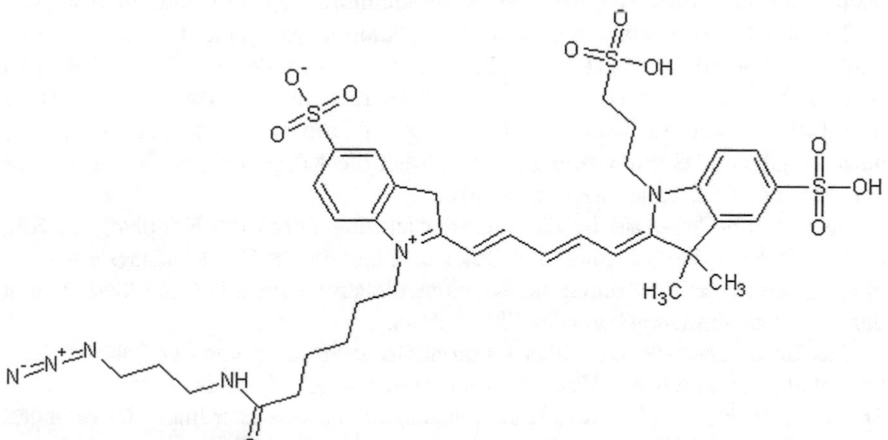

Abb. 3.31 Strukturformel von Sufo-Cy5-Azid

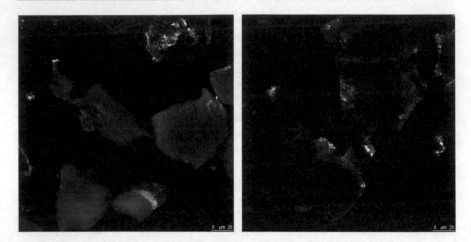

Abb. 3.32 PA-6-Partikel nach dreitägiger Sorption des Farbstoffs 3-Azido-7-hydroxycumarin (links) bzw. nach dreitägiger Sorption des Farbstoffs Sulfo-Cy5-Azid (rechts)

Zur Untersuchung des Sorptionsverhaltens weiblicher Steroidhormone wurde mittels Klick-Chemie die Markierung von EE2 nach der Sorption an Polyamid-6 vorgenommen. Da das Sorptionsverhalten wesentlich durch die Polarität des Sorbens, funktionelle Gruppen und die Molekülgröße beeinflusst wird, wurde das Labeling nach der Sorption des Hormons vorgenommen, um die Sorptionseigenschaften nicht durch chemische Veränderung des Sorbens zu beeinflussen.

Kopplung der Fluoressenzfarbstoffe mit Ethinylestradiol an der Polymermatrix

Um die Sorptionseigenschaften von Ethinylestradiol an Mikroplastikpartikel zu untersuchen, werden die Kunststoffpulver drei Tage in der Reaktionslösung mit dem jeweiligen Fluoressenzfarbstoff und zusammen mit dem Katalysator aufbewahrt und anschließend unter dem Konfokalmikroskop gescannt. In Abb. 3.33 sind in der linken Bildhälfte (a und c) die Fluoressenzsignale der Chromophore ohne eine Anbindung des Hormons EE2 zu sehen. Nach der Zugabe des Hormons ist eine deutliche Fluoressenzzunahme auf der rechten Seite von Abb. 3.33 (Bild b und d) zu erkennen. Durch die Erhöhung der Fluoressenzintenstät (Abb. 3.33) nach Zugabe der Hormonlösung kann indirekt die Kopplung des Farbstoffes mit dem Hormon EE2 nachgewiesen werden.

Beim Sulfo-Cy5-Azid ist der Intensitätsanstieg durch die Kopplung an EE2 nicht mit einer Veränderung der Delokalisation des π-Elektronensystems verbinden, sondern mit der durch die Kopplung einhergehenden Polaritätsänderung in der unmittelbaren Umgebung des Fluorophors.

Das Emissionsspektrum vieler Fluorophore hängt stark von der Polarität ihrer Umgebung ab. Auch ein Wechsel des Lösungsmittels führt in vielen Fällen zu Spektren, die hinsichtlich ihres Emissionsmaximums und ihrer Intensität verändert sind (Lakowicz 1983).

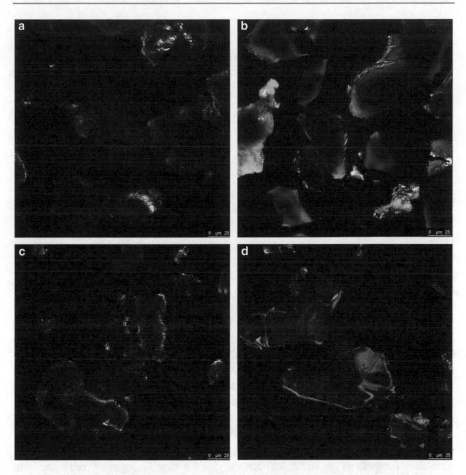

Abb. 3.33 PA-6-Referenzprobe, versetzt mit 3-Azido-7-hydroxycumarin (**a**), PA-6-Probe mit
sorbiertem EE2, versetzt mit 3-Azido-7-hydroxycumarin (**b**), PA-6-Referenzprobe, versetzt mit
Sulfo-Cy5 (**c**), PA-6-Probe mit sorbiertem EE2, versetzt mit Sulfo-Cy5 (**d**)

Für eine bessere optische Unterscheidung zwischen sorbiertem Fluorophor und
an EE2-gekoppeltem Fluorophor zieht man die Strahlungsintensität der Mikroplastikproben mit Fluorophor ohne Hormon als Nullwert von den mit Hormon
versetzten Proben ab. In Abb. 3.33 sind diese Vergleichsbilder einander gegenübergestellt. Dabei ist für das an EE2 gekoppelte Sulfo-Cy5-Azid hauptsächlich
Adsorption zu erkennen. Für EE2-gekoppeltes 3-Azido-7-hydroxycumarin wird
Absorption beobachtet, da aus dem Innenraum der PA 6-Mikroplastikpartikel
erhöhte Fluoressenz gegenüber der Referenzprobe zu sehen ist.

Die dargestellten Bilder der mit Sulfo-Cy5 versetzten Proben wurden mit 5 μm
Probeneindringtiefe aufgenommen.

Die Fluoressenzintensität bei beiden verwendeten Fluoressenzmarker ist in den
Randbereichen der Partikel höher als im Innern der Partikel. Dass das Hormon tat-

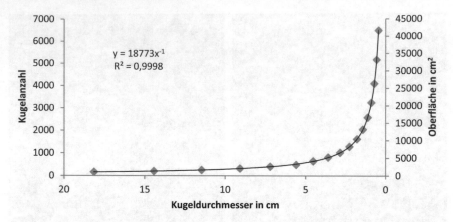

Abb. 3.34 Abhängigkeit der Kugeloberfläche vom Kugeldurchmesser und der Anzahl der Teilungsschritte

sächlich nicht nur auf der Oberfläche des Polymerpartikels adsorbiert, sondern tief ins Innere vordringt, wird in Abb. 3.33 deutlich. Die Zentren der größeren Mikroplastikpartikel bleiben dunkel. Ein Anzeichen dafür, dass in diesen Regionen keine Kopplung mit dem Fluorophor Azido-7-hydroxycumarin stattgefunden hat. Dass das Cumarinderivat diese Bereiche erreicht, zeigt Abb. 3.32 (links). Dennoch ist nicht auszuschließen, dass das Hormon Ethinylestradiol in allen dargestellten PA-6-Polymerpartikeln durchgehend absorbiert wird, denn ohne Absorption des Katalysators für die Kupplung in den entsprechenden Bereichen bleiben diese aufgrund der Differenzmessung dunkel.

Der Ligand THPTA ($M = 434{,}5$ g/mol), der den Katalysator, das Kupfer(I)-Ion, stabilisiert, hat im Vergleich zu 3-Azido-7-hydroxycumarin ($M = 203{,}15$ g/mol) eine über doppelt so große Molekülmasse, sodass eine geringere Eindringtiefe in die Polymerpartikel die Folge sein kann.

Zusammenfassung

Für die untersuchten Sorbate hat mit Ausnahme von Norethisteron Polyamid-6 die höchste Sorptionskapazität. Die Sorptionskapazität von Polymeren hängt vom Zusammenspiel von Ad- und Absorption ab. Bei starker zusätzlicher Absorption können Kunststoffpartikel größere Stoffmengen binden als im Falle von reiner Adsorption. Für die Absorption spielt das Wasseraufnahmevermögen bzw. die Quellfähigkeit eines Kunststoffs eine entscheidende Rolle (Hummel 2017). Kunststoffe mit einem hohen Weichmacheranteil sind durch die flüssigen Weichmacher bereits gequollen und zeigen deshalb starke Absorption im Vergleich zu den weichmacherfreien Polymeren. Es ist also nicht so, dass durch die vorherige Extraktion von beispielsweise DEHD aus der PVC-Matrix Hohlräume entstehen, die durch andere Stoffe aus der Lösung gefüllt werden, sondern eher dispergieren die unpolaren Hormone in die flüssige Weichmacherphase. Ein Zusammenhang der Adsorptionsfähigkeit eines Kunststoffs, bezogen auf seine Glasübergangstemperatur, ist in der dargestellten Auswahl von Sorbenzien und Sorbaten nicht zu erkennen, denn es ist davon auszugehen, dass je niedriger die Glasübergangstemperatur eines Kunststoffs ist, desto besser sind seine Sorptionseigenschaften (Guo et al. 2012). Bei der Untersuchung der Sorption von Phenanthren, Lindan, Naphthalen oder 1-Naphthol an PE spielt auch der prozentuale Kristalinitätsanteil in der Polymermatrix eine Rolle (Guo et al. 2012).

Die Konfokalfluoressenzmikroskopie hat sich als aussagekräftiges Werkzeug für die Untersuchung der Sorptionsmechanismen erwiesen. Die vorgestellten Resultate zeigen, dass die Ad- und Absorption von mehreren Faktoren abhängig sind und keinesfalls zu verallgemeinern sind. Sowohl die Molekülgröße, Polarität und Struktur der Sorbate haben ebenso wie die unterschiedlichen Kunststofftypen als Sobenzien einen starken Einfluss auf die Sorptionsart und -menge, wobei ein Kunststofftyp selbst wiederum durch seine Partikelgröße, sein Quellvermögen, seine Oberflächenstruktur und Additive seine Sorptionseigenschaften auf unterschiedliche Sorbate verändert. Dies zeigt das Beispiel PVC mit und ohne DINCH (Hummel 2017).

Die Aufnahmen der Konfokalmikroskopie haben gezeigt, dass es sinnvoll wäre, die Daten der Adsorptionsisothermen auf die Partikeloberfläche und nicht auf die Polymermasse zu beziehen. In der Darstellung der Adsorptionsisothermen hat sich in der Literatur die Auftragung der adsorbierten Stoffmenge pro kg Adsobens gegenüber der Gelöstkonzentration etabliert (Klöpffer 2012).

Diese Art der Auftragung macht es ohne die Kenntnis der spezifischen Oberfläche von Polymeren schwierig, einen direkten Vergleich zu ziehen, da eine höhere Konzentration an der Partikeloberfläche sowohl durch die Affinität zum Polymer bestimmt ist als auch von der Anzahl der möglichen Anbindungsstellen, sprich der Oberfläche. Ein Vergleich durch die Partikelgrößenverteilung ist nur eingeschränkt möglich, denn bei der Laserbeugungsspektrometrie werden weder die Oberflächenstruktur noch Poren oder Kanäle in den Partikeln erfasst. Die Partikelgrößenverteilung hat, wenn kein Formfaktor mit eingerechnet wird, nur Gültigkeit für nahezu sphärische Partikel.

Wie aus den hier dargestellten Ergebnissen zu erkennen ist, spielt die Größe der Oberfläche vor allem bei der Adsorption eine große Rolle, im Hinblick auf die Adsorptionskapazität an eine bestimmte Menge Sorbens. Dies ist ein Grund für die Effektivität der Aktivkohle, bei der 4 g die gleiche Oberfläche wie ein Fußballfeld aufweisen. Da sowohl die Herstellung von Aktivkohle unter Sauerstoffausschluss als auch die Regeneration sehr energieintensiv ist da hiebei Temperaturen bis zu 1000 °C erreicht werden müssen, könnte Mikroplastik, welches aus Plastikmüll generiert wird, eine rentable Alternative darstellen, sofern im Zerkleinerungs- und einem Obefflächenstrukturierungsprozess ähnlich große Oberflächen generiert werden können wie bei der Aktivkohle.

In welchem Maße sich die Oberfläche eines Festkörpers durch Zerkleinerung vergrößert, zeigt das folgende hypothetische Beispiel. Zerteilt man eine Kunststoffkugel mit einem Volumen von einem Liter, einem Durchmesser von 18 cm und einer Oberfläche von $1037\ cm^2$ in zwei gleich große Kugeln, dann vergrößert sich deren Gesamtoberfläche zur Ausgangskugel um etwa 30 % auf $1035\ cm^2$. Führt man den Zerteilungsprozess des Kunststoffs weiter fort, mit den jeweiligen Vorgängerbruchstücken, bis zu einem sphärischen Partikeldurchmesser unterhalb von 5 mm, also in die Mikroplastikregion, dann hat sich die Oberfläche der resultierenden 65.526 Mikroplastikpartikel nach 16 Teilungsschritten auf fast $42.000\ cm^2$ vergrößert – also um mehr als das 40-Fache der ursprünglichen Oberfläche. Die Steigung der Kurve in Abb. 3.34 nimmt kontinuierlich zu. Das heißt, je kleiner die Partikel, desto größer ist der Oberflächenzuwachs nach einer Teilung. Mit der angegebenen Gleichung der Kurve lässt sich die Oberfläche bei weiterer Zerkleinerung bis in den µm-Maßstab berechnen. Die mittleren Partikeldurchmesser der Kunststoffpulver, die für die Sorption von Hormonen eingesetzt wurden, lagen bei etwa 50 µm. Dies entspräche, ausgehend von der Ursprungskugel, einer Oberflächenvergrößerung um den Faktor 3620.

Dem Zerfall von Makro- zu Mikroplastik durch unterschiedliche mechanische, chemische und photochemische sowie bakterielle Umwelteinflüsse wird das o. g. Modell nicht gerecht, da bei der Berechnung der Oberflächenvergößerung zum einen von einer exakten Kugelform ausgegangen wurde und zum anderen von einer glatten unstrukturierten Oberfläche. Beide Annahmen spiegeln nicht die Wirklichkeit wider, was unter der Betrachtung der Mikroplastikfunde im Rhein (Abb. 2.158) und der sich zersetzenden Plastikfolie in Abb. 3 (im Vorwort) deutlich wird. Dennoch zeigt das Modell eindrücklich das extreme Wachstum der Oberfläche mit fortschreitender Zerkleinerung des Plastikmülls.

Hinsichtlich der Nutzbarmachung von Mikroplastikpartikeln als Wasserfilter ist allerdings dann eine kritische Grenze in der Partikelgröße erreicht, wenn die Packungsdichte des Filtermaterials so groß wird, dass unrealistische und praxisferne Durchlaufzeiten die Folge wären.

In der bisherigen Betrachtung wurde der Faktor „Oberflächenstrukturierung" zur Oberflächenvergrößerung und damit zur Vergrößerung des „Parkplatzangebots" für beispielsweise Hormone noch nicht berücksichtigt. Dass hierbei noch Potenzial zur Optimierung vorhanden ist, zeigt zum Beispiel die Golfballoberfläche, die mit 300–450 Dellen, sogenannten Dimbles, überzogen ist. Der Grund dafür ist zwar nicht die Oberflächenvergrößerung um 50 %, die dadurch auch erreicht wird, sondern der geringere Luftwiderstand im Vergleich zur glatten Ausführung. Eine über 20-fache Oberflächenvergrößerung würde man durch das Herausbeizen der Glasfasern in einem glasfaserverstärkten Kunststoff erreichen. Dies sind nur wenige Beispiele, die zeigen, welche Auswirkungen eine Strukturierung auf die Größe der Oberfläche hat.

Bis zur Entwicklungsreife eines effektiven und zur Aktivkohle konkurrenzfähigen Filtermaterials aus Kunststoffabfall sind noch weitere Grundlagenforschungen notwendig. Diese sind, um nur einige zu nennen, Optimierung der Partikelgrößenverteilung, Vergrößerung der Oberfläche und damit der Adsorptionskapazität, Kunststofftypenauswahl bzw. Kunststoffkombinationen für Universalfiltermaterial, Kunststoffvorbehandlung, Selektivitätsuntersuchungen, Packungsdichte für entsprechende Wasservolumina, Regeneration, Eluataufarbeitung etc.

Der erste Schritt, bevor wir über ein sinnvolles Recycling eventuell sogar im Sinne eines Upcylings nachdenken, sollte sein, dass wir den Kunststoffmüll reduzieren. An erster Stelle steht also eine verringerte Verwendung und an zweiter ein wiederholter Einsatz und erst an dritter Stelle ein sinnvolles Recycling.

Literatur

Alvarez, D. A. (2010). *Guidelines for the Use of the Semipermeable Membrane Device (SPMD) and the Polar Organic Chemical Integrative Sampler (POCIS) in Environmental Monitoring Studies*. Chapter 4 of Section D, Water Quality, Book1, Collection of Water Data by Direct Measurement, Reston.

Alvarez, D. A., Stackelberg, P. E., Petty, J. D., Huckins, J. N., Furlong, E. T., Zaugg, S. D., et al. (2005). Comparison of a novel passive sampler to standard water-column sampling for organic contaminants associated with wastewater effluents entering a New Jersey stream. *Chemosphere, 61*(5), 610–622. https://doi.org/10.1016/j.chemosphere.2005.03.023.

Bakir, A., Rowland, S. J., & Thompson, R. C. (2014). Enhanced desorption of persistent organic pollutants from microplastic under simulated physiological conditions. *Environmental Pollution, 185,* 16 ff.

Barrett, E. P., Joyner, L. G., & Halenda, P. H. (1951). The Determination of Pore *Volume and Area Distributions* in Porous *Substances*. I. Computations from Nitrogen Isotherms. *Journal of the American Chemical Society, 73*(1), 373–380.

Best, R., & Spingler, E. (1972). Messung von Adsorptions- und Desorptionsisothermen mit einer vollautomatischen Apparatur. *Chemie Ingenieur Technik, 44*(21), 1222. https://doi.org/10.1002/cite.330442108.

Brunauer, S., Emmett, P. H., & Teller, E. (1938). Adsorption of gases in multimolecular layers. *Journal of the American Chemical Society, 60,* 309.

Fath, A. (2009). Qualifizierung von Effektbeschichtungen. In R. Suchentrynk (Hrsg.), *Jahrbuch Oberflächentechnik* (Bd. 65, S. 285). Bad Saulgau: Leuze.

Fath, A. (2016). *Rheines Wasser – 1231 Kilometer mit dem Strom*. München: Hanser.

Fath, A. (2017). Auswertung & Ergebnisse des Projekts „Rheines Wasser". Fakultätsinterne unveröffentlichte Daten, Villingen-Schwenningen.

Freundlich, H. (1906). Über die Adsorption in Lösungen. *Zeitschrift für Physikalische Chemie, 57,* 385–470.

Fröhlich, E., & Roblegg, E. (2012). Models for oral uptake of nanoparticles in consumer products. *Toxicology, 291*(1–3), 10–17.

Górecki, T., & Namieśnik, J. (2002). Passive sampling. *TrAC Trends in Analytical Chemistry, 21*(4), 276–291. https://doi.org/10.1016/s0165-9936(02)00407-7.

Guo, X., Wang, X., Zhou, X., Kong, S., Tao, S., & Xing, B. (2012). Sorption of four hydrophobic organic compounds by three chemically distinct polymers: Role of chemical and physical composition. *Environmental Science and Technology, 46*(13), 7252–7259.

Hartmann, A. (1993). *Immobilisierung von Immunoglobulin G auf ultradünnen vernetzten Langmuir-Blodgett-Filmen*. Diplomarbeit, Universität Heidelberg.

Henry, W. (1803). Experiments on the quantity of gases absorbed by water, at different temperatures, and under different pressures. *Philosophical Transactions of the Royal Society of London, 93,* 29–42 und 274–276. https://doi.org/10.1098/rstl.1803.0004 (Volltext).

Hochschule Furtwangen. (2014). „Rheines Wasser": Erstmals Ergebnisse vorgestellt. Beim Hansgrohe Wassersymposium berichtet Rheinschwimmer Andreas Fath über die Wasser-Analytik, Villingen-Schwenningen

Hummel, D. (2017). *Untersuchung der Sorption wässrig gelöster organischer Substanzen an Polymerpartikel*. Masterthesis, Hochschule Furtwangen, Studiengang NBT.

Hummel, D., Hüffer, T., Fath, A., Nestle, N., & Rueckel, M. (eingereicht). „Sorption of different 17-α-Ethinylestradiol and Estrone to micro-sized plastic particles from aqueous solution: Quantitative and qualitative sorption analysis"; Environmental Pollution.

IKSR (Internationale Kommission zum Schutz des Rheins). (2009). International koordinierter Bewirtschaftungsplan für die internationale Flussgebietseinheit. (Teil A = übergeordneter Teil) Dezember, Koblenz.

IKSR (Internationale Kommission zum Schutz des Rheins). (o. J.). Fachbericht IKSR. https://www.iksr.org/fileadmin/user_upload/DKDM/Dokumente/Fachberichte/DE/rp_De_0186.pdf.

Job, G., & Rüffler, R. (2011). *Physikalische Chemie. Eine Einführung nach neuem Konzept mit zahlreichen Experimenten.* Wiesbaden: Vieweg + Teubner/Springer Fachmedien.

Klöpffer, W. (2012). *Verhalten und Abbau von Umweltchemikalien* (2. Aufl.). Weinheim: Wiley-VCH.

Kolb, B. (1999). *Gaschromatographie in Bildern – Eine Einführung.* Weinheim: Wiley-VCH.

Kraus, U. R., Theobald, N., Gunold, R., & Paschke, A. (2015). Prüfung und Validierung der Einsatzmöglichkeiten neuartiger Passivsammler für die Überwachung prioritärer Schadstoffe unter der WRRL, der MSRL und im Rahmen von HELCOM und OSPAR. 01.01.2010 – 30.10.2012. Umweltbundesamt Forschungskennzahl 3709 22 225, UBA-FB 001938, Dessau-Roßlau.

Kunz, D. (2009). Synthesen, die gelingen Klick-Chemie. *Chemie in unserer Zeit, 43,* 224–230.

Lakowicz, J. R. (1983). *Principles of fluorescence spectroscopy.* New York: Plenum Press.

Löffler, G., & Petridas, P. E. (2014). *Biochemie und Pathobiochemie* (9. Aufl., S. 514). Berlin: Springer. ISBN 978-3-642-17972-3.

Matsuzawa, Y., Kimura, Z.-I., Nishimura, Y., Shibayama, M., & Hiraishi, A. (2010). Removal of hydrophobic organic contaminants from aqueous solutions by sorption onto biodegradable polyesters. *Journal of Water Resource and Protection, 2*(3), 214–221.

Meeker, J. D., Sathyanarayana, Sheela, & Swan, Shanna H. (2009). Phthalates and other additives in plastics: Human exposure and associated health outcomes. *Philosophical transactions of the Royal Society of London. Series B, Biological sciences, 1526,* 2097–2113. https://doi.org/10.1098/rstb.2008.0268.

Mills, G. A., Vrana, B., Allan, I., Alvarez, D. A., Huckins, J. N., & Greenwood, R. (2007). Trends in monitoring pharmaceuticals and personal-care products in the aquatic environment by use of passive sampling devices. *Analytical and Bioanalytical Chemistry, 387*(4), 1153–1157. https://doi.org/10.1007/s00216-006-0773-y.

Moschet, C., Vermeirssen, E. L. M., Singer, H., Stamm, C., & Hollender, J. (2015). Evaluation of in-situ calibration of chemcatcher passive samplers for 322 micropollutants in agricultural and urban affected rivers. *Water Research, 71,* 306–317. https://doi.org/10.1016/j.watres.2014.12.043.

Muhandiki, V. S., Shimizu, Y., Adou, Y. A. F., & Matsui, S. (2008). Removal of hydro-phobic micro-organic pollutants from municipal wastewater treatment plant effluents by sorption onto synthetic polymeric adsorbents: Upflow column experiments. *Environmental Technology, 29*(3), 351–361.

Reichert, W. M., Bruckner, C. J., & Joseph, J. (1987). Langmuir-Blodgett films and black lipid membranes in biospecific surface-selective sensors. *Thin Solid Films, 152*(1–2), 345–376.

Ricking, M. (2009). Umweltprobenbank des Bundes – Probenahme polarer Wasserinhaltsstoffe an Probenahmeflächen der UPB. Endbericht. Freie Universität Berlin UBA FKZ 301 02 026, Berlin.

Rüdel, H., Bester, K., Eisenträger, A., Franzaring, J., Haarich, M., Köhler, J., Körner, W., Oehlmann, J., Paschke, A., Ricking, M., Schröder, W., Schröter-Kermani, C., Schulze, T., Schwarzbauer, J., Theobald, N., Trenck, T. v. d., Wagner, G., & Wiesmüller, G. A. (2007). Positionspapier zum stoffbezogenen Umweltmonitoring. Erarbeitet vom Arbeitskreis Umweltmonitoring in der GDCh-Fachgruppe Umweltchemie und Ökotoxikologie. Fraunhofer-Institut für Molekularbiologie und Angewandte Oekologie IME, Schmallenberg.

Schmidt, R. D., & Bilitewski, U. (1992). Biosensoren. *Chemie in unserer Zeit, 26*(4), 163–174.

Schwarzenbach, R. P., Gschwend, P. M., & Imboden, D. M. (2016). *Environmental Organic Chemistry*. Hoboken: Wiley.

Tamschick, S., Rozenblut-Kościsty, B., Ogielska, M., Lehmann, A., Lymberakis, P., Hoffmann, F., et al. (2016). Impaired gonadal and somatic development corroborate vulnerability differences to the synthetic estrogen ethinylestradiol among deeply diverged anuran lineages. *Aquatic Toxicology, 177,* 503–514. https://doi.org/10.1016/j.aquatox.2016.07.001.

Vrana, B., Mills, G. A., Allan, I. J., Dominiak, E., Svensson, K., Knutsson, J., et al. (2005). Passive sampling techniques for monitoring pollutants in water. *TrAC Trends in Analytical Chemistry, 24*(10), 845–868. https://doi.org/10.1016/j.trac.2005.06.006.

Walker, C. W., & Watson, J. E. (2010). Adsorption of estrogens on laboratory materials and filters during sample preparation. *Journal of Environmental Quality, 39*(2), 744–748.

Wedler, G. (1970). *Adsorption – Einführung in Physisorption und Chemisorption*. Weinheim: Chemie.

WWF (World Wildlife Fund). (2014). Half of global wildlife lost, says new WWF Report. https://www.worldwildlife.org/press-releases/half-of-global-wildlife-lost-says-new-wwf-report.

Wypych, G. (2016). *Handbook of polymers* (2. Aufl.). Toronto: ChemTec.

Schlusswort

4

Mittlerweile erschließt sich fast jedem gesunden Menschenverstand, dass es ein Verbrechen an der Umwelt ist, Altöl im Wald oder am Flussufer abzulassen. Bei der Beseitigung unseres Plastikmülls in der Natur ist unser Gewissen immer noch nicht schlecht genug, dabei handelt es sich doch um ein ebenso großes Verbrechen an der Umwelt, welches wir in letzter Konsequenz auch selbst mit unserer Gesundheit bezahlen, wenn wir das entstandene Mikroplastik essen. Wenn sich diese Erkenntnis durch Aufklärung durchsetzt, dass auch die Plastikmüllentsorgung in der Umwelt kein Kavaliersdelikt ist und er letztlich als genauso bedrohlich für unser Ökosystem empfunden wird wie Altöl, dann wäre schon viel erreicht. Mein Ziel ist es, mit diesem Buch einen kleinen Beitrag dazu zu leisten.

16. Tipps, um Plastikmüll und dessen Eintrag in unsere Gewässer zu vermeiden

- Lieber Glas statt Plastik, vor allem bei Nahrungsmitteln (Milchflasche, Jogurt, Ketchup, Dressing etc.), für Glas gibt es ein dichtes Netz von Sammelcontainern.
- Wenn schon Plastikflaschen, dann nur welche mit Pfand!
- Bei Kosmetikprodukten nur Marken kaufen, die selbst Nachfüllmöglichkeiten im Laden anbieten. Nicht nur Seifen sondern auch Shampoos in fester Form (vgl. Eishockeypuk gibt es mittlerweile ohne Plastikbehältnis)
- Bei Kosmetikprodukten darauf achten, dass sie kein Mikroplastik enthalten. Anzeichen dafür sind die Inhaltsstoffe die mit „Poly" beginnen.
- Beim Obst und Gemüseeinkauf auch im Supermarkt auf die kleinen Plastiktütchen, die die man in der Frischwarenabteilung abreißen kann und die man nur mit viel Fingerspitzengefühl öffnen kann, so gut es geht, verzichten. Fleischtomaten, Salatgurke, Blumenkohl, Kopfsalat, Bananen etc. kann man auch so aufs Band legen. Man wäscht Obst und Gemüse sowieso ab und Weichmacher möchte man auch nicht mitessen.
- Prinzipiell vorausschauend bzw. geplantes Einkaufen. Das heißt eigene Behältnisse mitbringen in den Supermarkt und in alle anderen Geschäfte, die Ihre

© Springer-Verlag GmbH Deutschland, ein Teil von Springer Nature 2019
A. Fath, *Mikroplastik,* https://doi.org/10.1007/978-3-662-57852-0_4

Waren für Sie in Plastik verpacken (z. B. Schnitzel, Steaks, Salate, Wurst vom Metzger).

- Kunststoffabfälle, wenn sie nicht wiederverwendbar sind (Plastiktüten kann man wieder verwenden, auch als Müllbeutel), im gelben Sack entsorgen. Wichtig! Kunststoffe können nur recycelt werden, wenn sie sortenrein sind. Das heißt, Kunststoffverbunde trennen (Beispiel: Plastikjoghurtbecher mit Etikett und Deckel).
- An der Wursttheke darauf hinweisen, dass man den rohen Schinken ohne Plastikzwischenfolie haben möchte (ist auch billiger und ohnehin ein Gefummel).
- Größere Mengen in einem großenGebinde kaufen als viele kleine reduziert den Plastikverpackungsmüll. Das kostet leider oftmals mehr. Hier muss der Gesetzgeber handeln. Es kann doch nicht sein, dass wenn man z. B. 1 kg Maultaschen zubereiten möchte, drei oder vier kleine Verpackungseinheiten wählt, nur weil der Kilopreis billiger ist als die Einkilopackung. Der sparende Kunde wird quasi gezwungen viel Verpackungsmüll zu produzieren. Anreize in die andere Richtung müssen auf diesem Weg geschaffen werden.
- Niemals Plastikreste oder abgelaufenes Obst verpackt in die Biotonne werden. Der Biomüll wird zum Teil geschreddert und landet als Dünger eventuell dann mit Mikroplastik auf unseren Äckern.
- Immer einen Einkaufskorb aus Naturmaterialien (Hanf, Jute, Bast, Weide etc.) im Kofferraum haben für den Einkauf (auch spontan). Keine Plastiktüten.
- Nach einer Party am See oder Fluss nicht den Müll liegen lassen. Beim nächsten Regen landet der Müll im Wasser und irgendwann in unseren Ozeanen. (Das Problem ist bekannt.)
- Eigene Tasse aus Keramik in der Kantine bzw. an den Automaten am Arbeitsplatz verwenden. Keine Deckel auf den Pappbechern von Coffee to go. Die sind aus Polystyrol.
- Den Kindern keine Trinkhalme anbieten. Oder nur jene, die man wieder verwenden kann nach der Spülmaschine. (In den USA werden täglich 500 Mio. Trinkhalle verbraucht). Also den Cocktail am Abend ohne Trinkhalm oder aus abbaubaren nachwachsenden Rohstoffen (echte Strohhalme).
- Vermehrt Textilien aus Naturmaterialien tragen. Eine Fleecejacke produziert beim Waschgang 1,7 g Kunststofffasern, die als Mikroplastik in Wasser und in Fische gelangen. Oder einen verschließbaren Wäschesack verwenden, aus dem man nach dem Waschvorgang die Wäsche und Fasern herausholen kann.
- Die gelben Säcke erst am Tag vor die Haustür stellen, an dem sie auch abgeholt werden. Nagetiere, Wind und Regen haben sonst Zeit, den Inhalt in der Umwelt zu verteilen.
- Nicht länger als unbedingt nötig mit Winterreifen fahren.

Die aufgelisteten Tipps wurden in die Graphik der Stuttgarter Zeitung (Abb. 4.1) eingearbeitet.

Abb. 4.1 Grafik aus der Stuttgarter Zeitung. (Jana Evers, Wochenende – das Magazin von Sonntag aktuell)

Anhang

5

Inhaltsverzeichnis

Mark Twain: Eine Floßfahrt auf dem Neckar (1878)

Der Fluss war voller Stämme – langer, schlanker, rindenloser Fichtenstämme –, und wir stützten uns auf das Brückengeländer und sahen zu, wie die Leute sie zu Flößen zusammenfügten.

Diese Flöße hatten eine Form und Bauart, die dem gewundenen Lauf und der außerordentlichen Schmalheit des Neckars angepasst waren. Sie waren fünfzig bis hundert Yard lang und verjüngten sich allmählich von neun Stämmen Breite am Heck zu drei Stämmen Breite am Bug. Gesteuert wird hauptsächlich vom Bug aus mit einer Stange; die dortige Breite von drei Stämmen gibt nur dem Steuermann Platz, denn diese kleinen Stämme haben keinen größeren Umfang als die durchschnittliche Taille einer jungen Dame. Die Verbindungen zwischen den verschiedenen Abschnitten des Floßes sind schlaff und nachgiebig, sodass man das Floß leicht zu jeder Krümmung zurechtbiegen kann, welche die Gestalt des Flusses erfordert.

Deutschland ist im Sommer der Gipfel der Schönheit, aber niemand hat das höchste Ausmaß dieser sanften und friedvollen Schönheit begriffen, wirklich wahrgenommen und genossen, der nicht auf einem Floß den Neckar hinabgefahren ist.

Die Bewegung eines Floßes ist gerade die richtige; sie ist träge, gleitend, sanft und geräuschlos; sie beruhigt alle fiebrige Betriebsamkeit, schläfert alle nervöse Hast und Ungeduld ein; unter ihrem beruhigenden Einfluss schwindet jeglicher Ärger, Verdruss und Kummer, der den Geist quält, und das Leben wird ein Traum, ein Zauber, eine tiefe und stille Verzückung. Welchen Gegensatz bildet es zu dem

© Springer-Verlag GmbH Deutschland, ein Teil von Springer Nature 2019
A. Fath, *Mikroplastik*, https://doi.org/10.1007/978-3-662-57852-0_5

mühseligen Wandern und der staubigen, betäubenden Eisenbahnraserei und dem langweiligen Holpern über grellweiße Straßen hinter müden Pferden!

Wir glitten still zwischen den grünen, duftenden Ufern dahin, mit einem Gefühl der Freude und Zufriedenheit, das immerzu wuchs. Manchmal hingen über die Ufer dichte Weidenmassen herab, die das dahinterliegende Land völlig verdeckten; manchmal hatten wir auf der einen Seite prächtige Berge, bis zum Gipfel dicht mit Laub bekleidet, und auf der anderen Seite offene Ebenen, flammend von Mohn oder vom satten Blau der Kornblume bedeckt; manchmal trieben wir im Schatten der Wälder und manchmal am Rande langer Strecken samtigen Grases dahin, frischen, grünen und leuchtenden Grases, einem ewig jungen Zauber für das Auge. Und die Vögel! – sie waren überall; sie strichen ständig über den Fluss hin und her, und nie schwieg ihr jubelnder Gesang.

Mittags gingen wir an Land, kauften ein paar Flaschen Bier und ließen uns ein paar Hühner kochen, während das Floß wartete; dann stachen wir sofort wieder in See und aßen, solange das Bier kalt und die Hühner heiß waren. Es gibt keinen angenehmeren Ort für eine solche Mahlzeit als ein Floß, das den gewundenen Neckar hinabgleitet, an grünen Wiesen und bewaldeten Hügeln, an schlummernden Dörfern und felsigen, mit verfallenden Türmen und Zinnen geschmückten Höhen vorüber.

Wir wollten noch vor Anbruch der Dunkelheit die acht Meilen lange Strecke bis Heidelberg zurücklegen. In der milden Glut des Sonnenuntergangs schossen wir mit der reißenden Strömung in die enge Durchfahrt zwischen den Dämmen hinein. Ich glaubte, selbst unter der Brücke hindurchsteuern zu können, und so ging ich zu den drei Stämmen an der Spitze und nahm dem Steuermann die Stange und die Verantwortung ab.

Wir rasten in ungeheuer aufregendem Stil dahin, und ich erfüllte die heiklen Pflichten meines Amtes für einen ersten Versuch wirklich sehr gut, aber da ich plötzlich bemerkte, dass ich tatsächlich dabei war, die Brücke selbst anzusteuern statt des Gewölbes unter ihr, sprang ich verständig genug an Land. Im nächsten Augenblick war mein lang gehegter Wunsch erfüllt: ich sah ein Floß zerschellen. Es traf den Pfeiler genau in der Mitte und zersplitterte und zerfetzte wie eine vom Blitz getroffene Schachtel Streichhölzer.

Literatur

Twain, M. (2014). Gesammelte Werke: Reise um die Welt; Reise durch Deutschland. Band 5 der Ausgewählten Werke in zwölf Bänden von Mark Twain, hrsg. von Karl-Heinz Schönfelder im Aufbau Verlag, Berlin. Aus dem Amerikanischen übersetzt von Ana Maria Brock. © Aufbau Verlag GmbH & Co. KG, Berlin 1963, 2008. Abdruck mit freundlicher Genehmigung.

Stichwortverzeichnis

Printed in the United States
By Bookmasters